원리로 이해하는 통신 이론

Analog & Digital Communications

JN435547

한빛아카데미 Hanbit Academy, Inc.

지은이 **한동석** dshan@knu.ac.kr

경북대학교 전자공학과를 졸업하고 KAIST 전기 및 전자공학과에서 석사 · 박사학위를 취득하였다. 이후 삼성전자 신호 처리 연구소에서 HDTV 통신모뎀 칩을 개발했으며, 1996년부터 현재까지 경북대학교 전자공학부 교수로 재직 중이다. 주로 통신이론, 이동통신, 정보이론 등을 강의하고 있다. 또한 IEEE 시니어 회원, 대한전자공학회 상임이사, 한국방송공학회 상임이사를 역임하였으며, 연암 해외 연구교수로 선발되어 미국 플로리다대학교의 교환교수와 정보통신연구진흥원 디지털TV/방송 사업단 단장으로도 활동했다. 연구 분야는 통신 신호 처리, 레이더 신호 처리, 차량 통신 시스템 분야 등이다.

원리로 이해하는 통신이론 : Analog & Digital Communications

초판발행 2015년 1월 1일
5쇄발행 2026년 1월 23일

지은이 한동석 / **펴낸이** 전태호
펴낸곳 한빛아카데미(주) / **주소** 서울시 서대문구 연희로2길 62 한빛아카데미(주) 2층
전화 02-336-7112 / **팩스** 02-336-7199
등록 2013년 1월 14일 제2017-000063호 / **ISBN** 979-11-5664-144-5 93560

총괄 박현진 / **책임편집** 김평화 / **기획** 박현진 / **편집** 고지연, 박민정 / **진행** 심진성
디자인 표지 인투, 일러스트 iTeX Solution
영업 김성삼, 이정훈, 임현기, 이성훈, 김주성, 심지연

이 책에 대한 의견이나 오탈자 및 잘못된 내용은 출판사 홈페이지나 아래 이메일로 알려주십시오.
파본은 구매처에서 교환하실 수 있습니다. 책값은 뒤표지에 표시되어 있습니다.

홈페이지 www.hanbit.co.kr / 이메일 question@hanbit.co.kr

Published by HANBIT Academy, Inc. Printed in Korea

지은이 머리말

원리 중심의 아날로그 및 디지털 통신의 기본 이론과 통신 시스템 설계를 담은 입문서

통신 기술이 급속히 발전하여 언제 어디서나 인터넷과 멀티미디어 정보를 주고받을 수 있는 시대가 되었습니다. 1837년 개발된 모스 부호로 시작된 통신의 역사는, 1900년대 초반에 AM과 FM 기술이 개발되고, 1937년 디지털 통신의 바탕이 되는 PCM의 개발을 필두로 1991년 GSM 이동통신이 상용화되었으며, 오늘날의 와이파이와 LTE 기술에 이르기까지 비교적 짧은 시간에 눈부신 발전을 이루었습니다.

이러한 통신 시스템의 근간에는 아날로그와 디지털 통신이론이 있지만, 예나 지금이나 학생들은 이를 매우 어려운 과목으로 인식하고 있습니다. 특히 통신이론은 수학에 근거한 학문이라 더 어렵게 느끼는 듯합니다.

대부분의 학생들은 고등학교까지 교과서 외에 설명이 잘되어 있는 참고서를 많이 활용했습니다. 그러나 대학 수준의 교재에는 이러한 보조 참고서가 존재하지 않습니다. 그래서인지 수업을 하면서 학생들의 질문을 받아보면 자세하게 설명된 교재의 필요성을 종종 느끼게 됩니다. 또한 필자는 왜 이 주제를 공부해야 하는지 학생들에게 자세히 설명해야 할 필요가 있다고 생각했습니다.

그 결과 필자는 지난 20년간 통신 분야에서 일하고 강의해 온 경험을 바탕으로 통신이론의 원리를 정리한 이 책을 집필하게 되었습니다. 책을 쓰면서 수업 중 학생들이 자주 하는 질문을 중심으로 하면서도 일반적인 통신 관련 교재에서 명확하게 밝히지 않은 개념을 자세히 다루고 통신 시스템의 전체적인 윤곽을 보여 주고자 노력했습니다.

이 책의 구성

이 책은 시스템 관점에서 원리 중심으로 설명되어 있어 대학 강의는 물론이고 기업체의 사원 교육용으로도 활용할 수 있습니다. 총 8개 장으로 이루어졌으며, 1~6장에서 아날로그 통신의 내용을 다루고 7~8장에는 디지털 통신 입문 내용을 담았습니다. 아날로그 통신과 디지털 통신 부분은 각각 한 학기 동안 공부하기에 적합하도록 구성되었습니다. 또한 장마다 MATLAB 실습과 연습문제를 실어 실제 통신 시스템의 개념을 익힐 수 있도록 했습니다. 각 장에서 다루는 주요 내용은 다음과 같습니다.

1장_통신 시스템의 개요

통신이라는 학문을 접하기 전에 통신의 발전 역사를 훑어보았습니다. 이어서 아날로그 통신을 위한 기본 기술을 공부한 다음, 음성 등의 신호가 구리 선이나 공기를 통해 전달될 수 있도록 하는 통신 시스템의 기본 개념을 익히게 됩니다. 또한 디지털 통신에서 필요한 기본 요소 기술에는 어떤 것이 있는지 공부합니다. 마지막으로 인터넷 통신을 위한 요소 기술의 개념을 익히고, 인터넷 통신과 디지털 통신 시스템의 상호 관계를 살펴봅니다.

2장_신호의 푸리에 급수 표현

먼저 신호를 종류에 따라 구분하는 방법을 살펴본 다음, 단위 임펄스 신호와 같이 통신에서 많이 사용되는 몇 가지 신호의 특징을 공부합니다. 그리고 일반적인 주기 신호를 정현파의 조합으로 표현하는 푸리에 급수 전개 방법을 공부합니다.

3장_푸리에 변환과 신호 해석

비주기 신호의 주파수 성분을 찾기 위해 제안된 것이 푸리에 변환인데, 푸리에 변환을 얻게 된 과정과 그 특징을 살펴봅니다. 그리고 통신에서 많이 사용되는 신호의 푸리에 변환에 대해 공부합니다.

4장_진폭 변조

통신이론에서 가장 중요한 개념인 변조를 공부합니다. 변조는 보내고자 하는 원 신호의 주파수를 고주파 대역으로 이동하여 신호를 멀리까지 보낼 수 있도록 하는 과정입니다. 진폭 변조는 가장 기초가 되는 변조 방식인데, 이를 통해 원 신호의 주파수를 이동하는 방법과 수신기에서 원 신호를 복원하는 과정을 배웁니다.

5장_각변조

진폭 변조보다 잡음에 강하다는 특징을 가진 각변조와 이것의 복조에 대해 공부합니다. 각변조에는 FM 및 PM 변조 방식이 있는데, 반송파 신호의 진폭에 신호를 실어 보내는 진폭 변조와는 달리 반송파 신호의 주파수 또는 위상에 정보를 실어 보내는 변조 방식입니다.

6장_잡음과 통신 품질

잡음이 통신 신호의 품질에 미치는 영향에 대해 살펴봅니다. 통신 수신기에서 수신된 신호의 품질을 떨어뜨리는 열 잡음의 특징을 시간과 주파수 영역에서 공부하고, 신호와 열 잡음의 전력비에 따른 복조된 신호의 품질을 예측하는 방법도 다룹니다.

7장_디지털 통신의 기초

디지털 통신은 아날로그 통신과 달리 표본화를 거쳐 정보가 이진으로 표시됩니다. 이진 정보를 압축하여 데이터의 양을 감소시킬 수도 있으며, 정보가 전송되면서 발생하는 신호의 감쇄와 잡음에 의한 왜곡을 보상하는 방법도 있습니다. 이와 같은 디지털 통신의 각 요소 기술에 대한 원리를 공부합니다.

8장_디지털 변조

디지털 통신의 다양한 변조 기술에 대해 살펴봅니다. 기본적인 디지털 통신 변조 방식인 BPSK, QPSK, QAM 변조의 원리 및 이를 변형한 OQPSK, $\pi/4$ −DQPSK, MSK 변조, 그리고 최근 대부분의 디지털 통신에 적용되고 있는 OFDM 변조를 공부합니다.

당부와 감사의 글

필자는 통신이론을 강의하면서 학생들을 위해 핵심적인 내용을 쉽게 설명한 책을 찾으려고 했는데, 부분적으로 잘 집필된 책은 많았지만 통신의 원리를 쉽게 해설한 교재에 대한 아쉬움이 늘 있었습니다. 그러던 차에 한빛아카데미(주)와 인연이 닿아 이 책의 집필을 시작하게 되었습니다. 그러나 책을 쓰는 동안 필자가 20여 년 동안 다뤄 온 통신이론의 개념을 쉽고 명확하게 설명하기가 참으로 어렵다는 사실을 몸소 깨닫게 되었습니다. 지식을 전달하는 데 한계를 느끼고 고민하기도 했지만 3년여의 집필 기간은 필자 자신에게도 통신이론을 다시 정립하는 값진 시간이었습니다.

통신이론에서 꼭 필요한 부분을 이 책에 모두 담으려고 노력했지만, 여전히 부족한 부분이 많이 있습니다. 이 책을 활용하면서 수정하거나 보강해야 할 부분을 발견한다면 언제든지 알려주시기 바랍니다. 독자들의 빛나는 의견은 다음 개정판에 반영하도록 노력하겠습니다. 아무쪼록 이 책이 통신을 처음 공부하는 사람들에게 많은 도움이 되기를 바랍니다.

이 책이 나오기까지 대학교재 전문 출판사로서 꼼꼼한 조언을 해주신 한빛아카데미(주)에 감사의 마음을 전합니다. 또한 경북대학교 대학원 전자공학부 무선전송연구실의 조봉균, 장은정, 주지훈, 홍성원, 박해용, 이희창, 현승화, 박명철 학생의 꼼꼼한 조언으로 책의 수준을 학생들의 눈높이에 맞출 수 있었습니다. 다소 오랜 집필을 하는 동안 기도와 응원으로 활기를 준 사랑하는 가족에게도 고마움을 전합니다.

경북대학교 복현캠퍼스에서

지은이 **한동석**

미리보기

Chapter 04

진폭 변조

Amplitude Modulation

학습목표

- 진폭 변조의 원리를 이해할 수 있습니다.
- 진폭 변조에서 주파수 이용 효율을 높이는 변조 방식을 알 수 있습니다.
- 각종 진폭 변조 방식의 송수신 방식과 변조 신호의 스펙트럼 특징을 알 수 있습니다.
- 진폭 변조된 신호를 수신기에서 복원하는 반송파 복원과 위상 동기 루프의 원리를 이해할 수 있습니다.
- 진폭 변조된 신호를 수신하는 슈퍼헤테로다인 수신기의 동작 원리를 이해할 수 있습니다.

4.1 개요

이 장에서는 통신 이론에서 가장 중요한 개념인 변

학습목표
해당 장을 학습함으로써
성취하는 목표를 소개한다.

미리보기
해당 장의 주요 내용을
미리 보여준다.

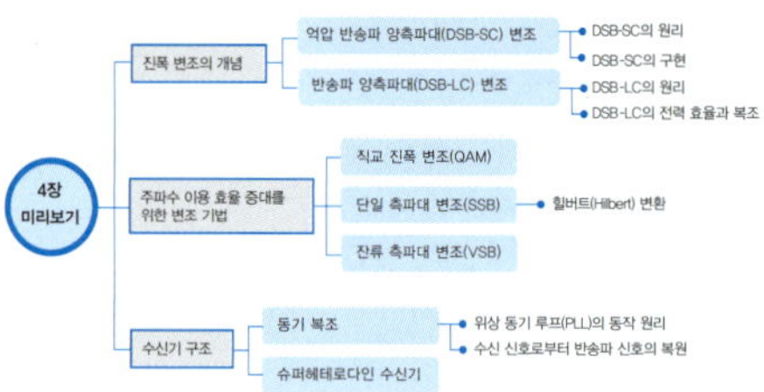

4.2 변조

지금까지는 통신을 이해하기 위한 기초 과정으로 주파수 영역에서 신호를 해석하는 방법을 공부했습니다. 이 장부터는 본격적으로 통신 방식에 대해 살펴보겠습니다.

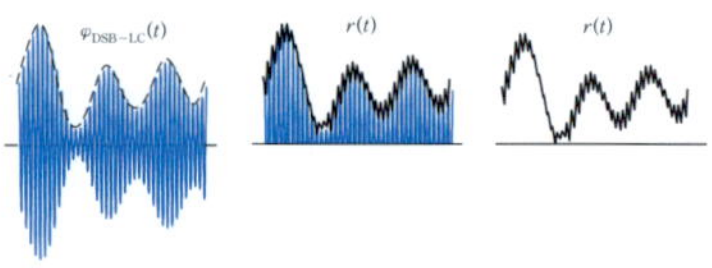

[그림 4-14] 포락선 검파기를 이용한 DSB-LC 비동기 복조

핵심포인트 DSB-LC 변조

DSB-SC 변조에서 반송파 복원이라는 문제를 해소하기 위해 별도의 반송파를 보내는 방식을 DSB-LC 변조라고 하며, 변조 파형은 $\varphi_{DSB-LC}(t)=\{A_c+x(t)\}\cos\omega_c t$와 같습니다. DSB-LC 신호는 반파 정류기나 포락선 검파기를 이용하여 간단하게 비동기식 복조가 가능합니다.

예제 4-7

메시지 신호 $x(t)=mA_c\cos\omega_m t$를 DSB-LC 변조한 다음 신호 에 대해 다음 문제를 푸세요. 이와 같은 단일 정현파 신호의 변조를 단일 톤single tone 변조라고 합니다.

$$\varphi_{DSB-LC}(t)=A_c(1+m\cos\omega_m t)\cos\omega_c t$$

(a) $\varphi_{DSB-LC}(t)$의 전력 효율을 구하세요.

(b) $\varphi_{DSB-LC}(t)$의 평균 전력이 3[kW], 변조 지수가 1일 때, A_c를 구하여 반송파 신호의 전력과 측파대 전력을 구하세요.

풀이

(a) $E\{x^2(t)\}=(mA_c)^2/2$이므로 식 (4.22)는 $\eta=m^2/(2+m^2)\times100$이 됩니다. 변조 지수는

예제
본문에서 다룬 개념을
응용한 문제와 풀이를
제시한다.

❖ 본 교재의 연습문제 답안은 다음 경로에서 다운로드할 수 있습니다.
http://www.hanbit.co.kr/exam/4144

핵심포인트
본문에서 다룬 주요 개념을 다시 한 번 정리한다.

> **핵심포인트** **변조**
> 변조는 신호를 멀리 보내기 위해 원 신호의 주파수 성분을 높은 주파수로 이동하는 것입니다. 변조의 장점은 주파수가 높아지면 작은 안테나를 사용해도 신호를 먼 곳까지 잘 주고받을 수 있고, 동시에 여러 신호를 혼신 없이 보낼 수 있는 것입니다.

2 최근의 WiFi, LTE(Long Term Evolution), HDTV(High Definition TeleVision) 등 디지털 통신 방식에서 데이터는 '0'과 '1'의 디지털로 표현되지만 마지막 전송 부분은 아날로그 변조 방식을 사용합니다. 따라서 아날로그 변조는 디지털 통신을 이해하는 데 중요한 기초가 됩니다.

1886~1940)이 미국 특허를 출원했고, 1927년 뉴욕과 런던 간 장 ...음 장에서 공부할 FM의 대역폭을 제시한 카슨의 법칙(Carson's ...진 통신공학자입니다.

사마다 서로 다른 반송파 주파수를 사용하면 여러 방송이 섞이지 않고 전송됩니다. TV나 라디오에서 방송사를 선택하는 것은 바로 해당 방송사의 반송파 주파수 근처의 신호를 대역 통과 필터[BPF : Band Pass Filter]로 선택하는 것입니다.

DSB-SC 변조

메시지 신호 $x(t)$에 정현파를 곱한 결과를 DSB-SC 변조라고 하며, 변조된 신호는 다음과 같이 나타낼 수 있습니다.

$$\varphi_{DSB-SC}(t) = x(t)\cos\omega_c t \quad (4.1)$$

[그림 4-1]에 DSB-SC 변조기와 복조기의 개념을 나타냈습니다. 억압 반송파라는 이름은 변조된 신호의 스펙트럼에 반송파 $c(t)=\cos\omega_c t$에 의한 임펄스 신호가 나타나지 않기 때문에 붙은 것입니다. 수신기에서는 송신된 신호와 함께 잡음 $n(t)$가 더해집니다. 이는 수

중요 내용

중요 수식

참고
참고로 알아두면 좋을 내용, 심화 내용 등을 설명한다.

> **참고**
> 사람은 주파수가 20[Hz]~20[kHz]인 소리를 들을 수 있는데, 이를 오디오 대역이라고 합니다. 일반적으로 사람의 목소리는 300~3400[Hz]의 주파수로 구성되어 있습니다. 지금도 공기를 통해 여러 개의 방송 신호와 휴대전화 신호가 전달되고 있지만, 이 신호들은 변조로써 높은 주파수로 이동한 뒤 전송되어 우리 귀에는 전혀 들리지 않습니다.

Chapter 04 연습문제

4.1 다음 설명 중 잘못된 것을 바르게 고치세요.

(a) 변조는 기저 대역 신호를 멀리 전송하는 데 사용됩니다.

(b) 신호를 고주파 대역으로 이동하는 것을 변조라고 합니다.

(c) 변조를 하면 송수신기의 안테나 크기를 줄일 수 있습니다.

(d) 여러 방송사의 신호를 동시에 보내도 섞이지 않는 것은 변조된 모든 신호가 동일한 주파수를 활용하기 때문입니다.

4.2 다음 설명 중 잘못된 것을 바르게 고치세요.

(a) DSB-SC 변조를 수행하면 기저 대역 음의 주파수 스펙트럼이 양의 주파수로 이동합니다.

연습문제
문제를 통해 해당 장에서 배운 내용을 확인한다.

MATLAB 실습문제
통신 시스템 개념을 익힐 수 있는 MATLAB 실습문제를 제시한다.

...고 $x_1(t)$, $x_2(t)$, $x_3(t)$의 조합으로 $x(t)$를 생성

2.23 MATLAB 함수의 푸리에 급수 전개 결과를 다음과 같이 출력하는 MATLAB 프로그램을 작성하세요.

(a) $x(t)=|t|$, $-\pi<t<\pi$

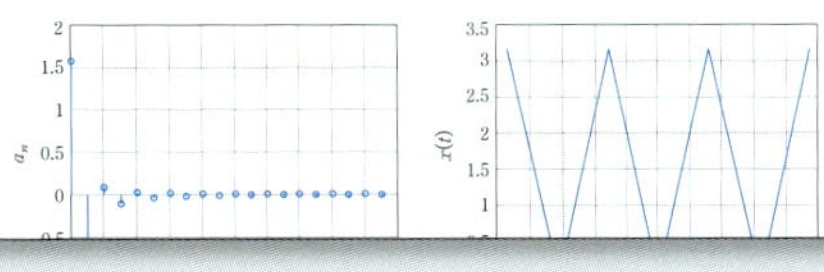

학습 로드맵

이 책에서 다루는 내용이 무엇이고, 각 주제가 어떻게 연계되는지를 보여줍니다. 로드맵에 제시된 학습 순서대로 공부하면 통신의 중요한 개념을 체계적으로 익힐 수 있습니다.

통신 시스템의 개념과 신호 해석

1장 | 통신 시스템의 개요

- 통신 시스템의 역사
- 아날로그 통신 시스템
- 디지털 통신 시스템
- 인터넷 통신

→ **2장 | 신호의 푸리에 급수 표현**

- 신호의 종류
- 직교 함수를 이용한 신호의 표현
- 푸리에 급수 전개

→ **3장 | 푸리에 변환과 신호 해석**

- 비주기 신호의 스펙트럼
- 푸리에 변환의 특징
- 에너지 스펙트럼 밀도
- 전력 스펙트럼 밀도

↓

아날로그 변조

4장 | 진폭 변조

- DSB 변조
- AM 변조
- QAM 변조
- SSB, VSB 변조

→ **5장 | 각변조**

- FM, PM 변조
- 스테레오 FM

↓

잡음과 신호 품질

6장 | 잡음과 통신 품질

- 랜덤 변수와 랜덤 프로세스
- 부가성 백색 가우스 잡음
- 진폭 및 FM 변조의 수신 품질

↓

디지털 통신

7장 | 디지털 통신의 기초

- 디지털 통신 시스템의 구조
- 이진 정보의 검파 오율

→ **8장 | 디지털 변조**

- QPSK, OQPSK, DQPSK 변조
- FSK, CPFSK, MSK 변조
- VSB, OFDM 변조

→ 학습 순서

목차

Chapter 01

통신 시스템의 개요

Introduction to Communication Systems

학습목표

- 통신 시스템의 역사를 통해 통신 기술의 발전 단계를 알고 앞으로의 추세를 예측할 수 있습니다.
- 아날로그 통신과 디지털 통신의 차이를 이해할 수 있습니다.
- 아날로그 통신과 디지털 통신 시스템에 필요한 요소 기술을 알 수 있습니다.
- 인터넷 통신과 디지털 통신의 상호 관계를 이해할 수 있습니다.

1.1 개요

우리는 매일 사람들과 대화로 소통을 하며, 우리의 의사를 멀리까지 전달하기 위해 통신을 발전시켜 왔습니다. 오늘날 음성뿐만 아니라 영상, 문자 등의 정보는 휴대전화, 텔레비전, WiFi, 인터넷 등의 통신 수단을 통해 멀리 전달됩니다.

통신 시스템은 100여 년 동안 모스 부호를 이용한 무선 전신 시스템을 시작으로 유선 전화기를 비롯해 오늘날의 인터넷과 셀룰러cellular 통신에 이르기까지 급속히 발전해 왔습니다. 통신 시스템은 음성, 사진, 문자 등의 정보를 전기 신호로 표현하는 기법과 이것을 멀리까지 보내기 위한 기법으로 크게 나눌 수 있습니다. 이 책에서는 전기 신호를 멀리까지 보내기 위한 기술을 다룰 것입니다.

통신 시스템은 신호를 멀리까지 왜곡 없이 보내고 받기 위한 시스템으로, 아날로그 통신 시스템과 디지털 통신 시스템으로 나눌 수 있습니다. 디지털 통신 시스템은 정보를 디지털이라는 방식으로 표현한 것일 뿐 아날로그 통신의 기술이 그대로 사용됩니다.

이 장에서는 통신이라는 학문에 본격적으로 입문하기 전에 통신 시스템의 역사를 살펴볼 것입니다. 이를 살펴보면 통신의 요소 기술이 왜 개발되었는지를 이해하게 되고 통신 기술의 발전 방향을 예측할 수 있습니다.

먼저 아날로그 통신의 기본 기술을 공부한 다음, 음성 등의 신호가 구리 선이나 공기를 통해 전달될 수 있도록 하는 통신 시스템의 기본 개념을 살펴볼 것입니다. 또한 디지털 통신에서 필요한 기본 요소 기술에는 어떤 것이 있는지를 공부합니다. 특히 이 장에서는 아날로그 통신과 디지털 통신의 연계 관계를 이해하는 것이 중요합니다. 마지막으로 인터넷 통신을 위한 요소 기술의 개념을 살펴보고 인터넷 통신과 디지털 통신 시스템의 상호 관계를 공부할 것입니다.

이제 여러분은 저와 함께 통신이라는 큰 바다를 항해하게 되었습니다. 이 항해가 끝날 때까지 제 손을 놓치지 마시기 바랍니다.

1.2 통신 시스템의 역사

이 절에서는 통신 시스템이 개발되어온 역사를 간략히 살펴봄으로써 미래 통신 시스템의 발전 방향을 생각하는 기회를 마련하겠습니다.

통신의 역사에서 연도는 자료마다 조금씩 차이가 있을 수 있는데, 이는 어떤 발견이나 발명이 통신의 발전에 미친 영향의 의미를 판단하는 데 다소 차이가 있기 때문입니다. 이 책에서는 여러 자료에서 가장 많이 언급되는 연도를 기준으로 제시했음을 밝힙니다.

통신 분야의 주요 발견, 발명, 발전 내용

[그림 1-1]에 통신의 발전 역사를 간략하게 시대순으로 나타냈습니다.

[그림 1-1] 통신의 간추린 역사

■ 1837 모스 Samuel Finley Breese Morse

통신 시스템이 실제로 우리 생활에 활용되기 시작한 것은 1837년 미국의 발명가 모스의 **유선 전신 시스템**입니다. 전자석의 원리를 이용한 모스의 유선 전신 시스템은 1844년 모스 부호를 사용하여 61km 떨어진 워싱턴과 볼티모어 간의 장거리 전보 통신에 성공했습니다. 특이한 사실은 모스의 직업이 발명가이기 이전에 화가라는 것입니다.

■ 1864 맥스웰 James Clerk Maxwell

무선 통신 시스템은 1864년 영국의 물리학자 맥스웰이 빛의 속도로 움직이는 **전자기파의 존재를 예측**하면서부터 개발되기 시작했습니다.

■ 1876 벨 Alexander Graham Bell

본격적인 음성 통신은 1876년 미국의 발명가 벨이 **유선 전화기**에 대한 미국 특허를 취득하면서 시작되었습니다. 특히 벨은 웅변술과 언어 교정의 전문가이기도 했습니다. 그러나 2002년에 미국 의회는 정식 특허로 등록하지는 않았으나 안토니오 메우치 Antonio Meucci 가 1854년 최초로 전화를 발명한 것으로 인정하였습니다.

■ 1887 헤르츠 Heinrich Rudolf Hertz

1887년 독일의 물리학자 헤르츠가 **전자기파의 존재를 실험적으로 증명**했습니다.

■ 1893 테슬라Nikola Tesla

1893년 **라디오파 실험을 통해 무선 통신의 가능성을 본** 오스트리아 제국(현재의 크로아티아) 출신의 미국인 발명가 테슬라는 1897년 무선 전신에 대한 미국 특허를 획득했습니다.

■ 1895 마르코니Guglielmo Marconi

1895년 이탈리아의 마르코니는 장거리 무선 전신 시스템 개발에 성공했습니다. 그는 1901년 대서양을 사이에 두고 3500km 떨어진 두 나라 간의 무선 전신에 성공하여 **무선 통신**을 실용화하는 계기를 마련했습니다.

■ 1906 페선던Reginald Fessenden

1906년 캐나다의 페선던은 **진폭 변조를 이용하여 음성과 음악을 전송하는 라디오 방송을 최초로 송출**했습니다.

■ 1918, 1933 암스트롱Edwin Howard Armstrong

1918년 미국의 암스트롱은 **슈퍼헤테로다인**superheterodyne **라디오 수신기**라는 효율적인 통신 수신 장치를 발명하고, 1933년 **FM 라디오를 선보였습니다**. 참고로 BBC는 1936년 세계 최초로 상업용 정규 TV 방송을 시작했습니다.

■ 1937 리브스Alec Reeves

디지털 통신의 시초는 1937년 영국인 리브스의 **펄스 부호 변조**PCM : Pulse Code Modulation **방식**입니다. 그는 PCM을 이용하여 음성 통신을 하는 방법을 발명했습니다.

■ 1991 GSMGroup Special Mobile 또는 Global System for Mobile Communications

1991년 유럽에서 GSM을 이용한 디지털 셀룰러 음성 통신 서비스가 시작되어 오늘에 이르게 되었습니다.

1.3 아날로그 통신과 디지털 통신

아날로그는 원 신호의 크기를 숫자로 표현할 때 그 크기와 정확히 일치하는 숫자로 표현하는 방식입니다. 반면 디지털은 신호의 크기를 미리 정해진 몇 가지 숫자 중의 하나로 근사화하여 표현하는 방식입니다. 따라서 **아날로그는 신호의 미세한 크기 차이를 표현할 수 있지만, 디지털은 이미 정해진 몇 개의 숫자로 근사화하는 한계를 가지고 있습니다.** 아날로그 통신과 디지털 통신의 차이를 이해하려면 먼저 이와 같은 아날로그와 디지털의 개념을 정립해야 합니다. 아날로그와 디지털 신호에 대해서는 2장에서 자세히 다루겠습니다.

1.3.1 아날로그 통신 시스템의 구조

통신 시스템의 개발은 음성 신호를 전송하는 것에서 시작되었습니다. [그림 1-2]는 가장 기본적인 통신 시스템의 구조를 나타낸 것입니다.

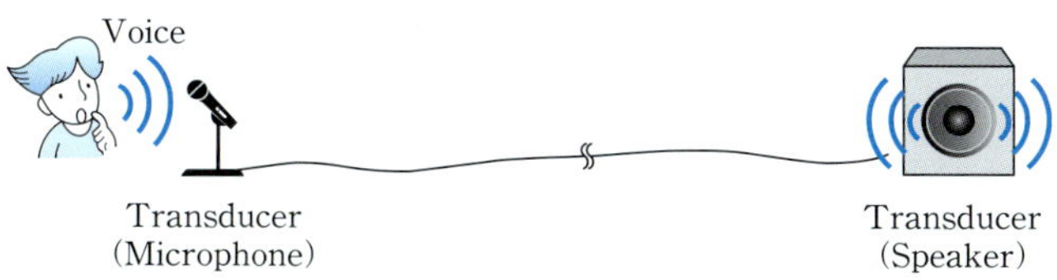

[그림 1-2] 구리 선을 통한 음성 신호 전달

우리의 일상적인 대화 소리는 멀리까지 전달되지 않고, 벽을 넘어 다른 공간으로 전달되기도 어렵습니다. 이는 사람의 목소리가 공기의 진동을 유발하여 호수 위의 파동처럼 퍼져가기 때문으로, 음파는 벽을 만나면 잘 전달되지 않습니다. 그렇다면 목소리를 벽 너머로 멀리 보내는 과정을 찬찬히 살펴봅시다.

변조

신호 파형의 모양을 다른 모양으로 바꾸는 것을 넓은 의미의 변조modulation**라고 합니다.** 통신에서는 사람의 목소리를 멀리 보내기 위해 우리 귀에 들리지 않는 높은 주파수의 신호로 바꾸는 과정을 거칩니다. 고주파 신호는 음파와 달리 신호가 벽을 지나서 멀리까지 전달되는 특징이 있습니다. **통신에서 변조라고 하면 이처럼 원 신호를 높은 주파수의 신호로 바꾸는 과정을 의미합니다.**

음성 신호인 음파를 멀리까지 보내려면 우선 음성을 전기 신호로 바꿔야 하는데, 이때 마이크microphone를 사용하면 사람의 목소리가 전기 신호로 변형됩니다. 마이크는 소리로 인한 공기의 진동을 전기 신호로 바꾸는 장치로서, 이처럼 한 신호의 에너지를 다른 에너지로 바꾸는 장치를 트랜스듀서transducer라고 합니다. 마이크 출력은 사람의 목소리 크기에 따라 양과 음의 전압으로 나타납니다. 사람의 목소리에는 음의 개념이 없지만, 마이크에서는 최댓값과 최솟값을 각각 양과 음의 최댓값으로 표현합니다. 그리고 이 신호는 구리 선을 통해 일정 거리까지 전송될 수 있습니다.

수신 쪽에서는 전기 신호를 소리로 바꾸는 스피커speaker가 필요한데, 이때 스피커는 트랜스듀서가 됩니다. 또한 구리 선은 길이가 길어질수록 저항의 영향을 받게 되므로 전기 신호의 세기가 작아집니다. 따라서 유선을 통해 보내는 신호는 대체로 통달 거리가 짧을 수밖에 없습니다. 그리고 구리 선은 특정 주파수 신호를 전달하지 못하기 때문에 어떤 신호는 가까운 거리에서도 잘 전달되지 않는 경우도 있습니다.

주파수 영역 신호 해석

시간 영역에서 파형을 관측하기 위해 오실로스코프oscilloscope[1]라는 장치를 이용합니다. 그러나 **시간에 따라 변화하는 전압의 크기를 마이크 출력과 스피커 입력단에서 관측할 때, 어떤 신호가 잘 전달되지 않는지를 발견하기가 쉽지 않습니다.**

통신에서는 신호를 주파수가 다른 정현파sinusoidal wave[2]의 조합으로 표현하는 것을 선호하는데, 이러한 표현을 주파수 영역 신호 해석이라고 합니다. 예를 들어 통신을 위한 구리 선의 신호 전달 특성을 주파수 영역에서 관찰하면 특정 주파수의 정현파 신호 입력에 대한 왜곡의 정도를 알 수 있습니다. 이를 통해 주파수에 따른 구리 선의 전달 특성을 알 수 있습니다. 대체로 구리 선은 저주파성분과 특정 주파수 이상의 높은 주파수 성분을 멀리까지 전달하지 못하는 대역 통과 필터BPF : Band Pass Filter의 특성을 가지고 있습니다. 그리고 **사람의 음성은 일반적으로 300～3400Hz 정도의 주파수 성분을 가지고 있습니다.**

진폭 변조, FM 변조

구리 선을 이용한 신호 전달의 한계를 극복하기 위해 무선으로 전달하는 방식이 발명되었습니다. **마이크를 통해 표현된 음성 신호가 전달자carrier 또는 반송파라고 불리는 높은 주파수의 정현파에 곱해지면 원래의 음성 신호와 달리 높은 주파수 성분을 가지게 됩니다. 즉 원 음성의 주파수 성분이 반송파 주파수만큼 더해진 고주파 신호가 됩니다. 일반적으로 반송파가 곱해지기 전의 원 신호를 메시지message 신호라고도 합니다. 이 신호를 주파수 관점에서 기저 대역 신호baseband signal라고 하며, 변조에 의해 높은 주파수 성분으로 바뀐 신**

---

1 시간에 따른 입력 전압의 변화를 화면에 출력하는 장치로, 전기 진동이나 펄스처럼 시간적 변화가 빠른 신호를 관측할 수 있습니다.

2 정현파는 $x(t)=A\sin(2\pi ft)$와 같은 모양을 가진 사인sine파를 의미합니다.

호를 통과 대역 신호passband signal**라고 합니다. 그리고 메시지 신호에 단순히 고주파수의 정현파를 곱한 변조 방식을 진폭 변조**AM : Amplitude Modulation**라고 합니다.**

진폭 변조된 신호는 원 신호의 주파수가 높은 주파수로 바뀌면서 음파보다 건물 등과 같은 방해물을 잘 뚫고 진행하는 특징이 있습니다. 반송파 주파수에 따라서 전달 거리나 건물을 투과하는 특성 등이 달라집니다. 수신부에서는 송신부에서 사용한 동일한 주파수의 반송파를 곱하고 저역 통과 필터LPF : Low Pass Filter를 거치면 원래의 음성 신호를 재생할 수 있습니다.

[그림 1-3]의 진폭 변조는 우리가 공부할 가장 기본적인 아날로그 통신 시스템의 블록도입니다. 진폭 변조를 이용하여 음성 신호를 전송할 때, 변조된 신호는 (300+반송파 주파수)Hz ~ (3400+반송파 주파수)Hz의 주파수 특성을 가지고 있습니다.

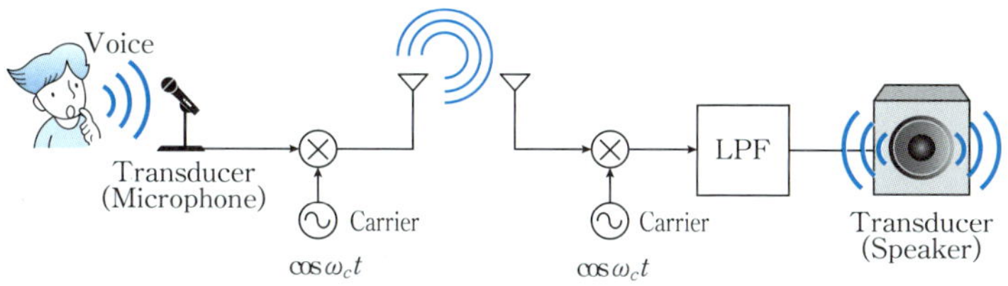

[그림 1-3] 진폭 변조를 이용한 음성 신호 전달

암스트롱은 신호 전달에 필요한 주파수 폭을 줄이기 위해 FM Frequency Modulation **변조를 발명했습니다. 결국 FM 변조로 암스트롱이 생각한 주파수 폭의 감소를 이루지는 못했지만, 좋은 음질을 유지하는 장점이 있었습니다.**

> 핵심포인트 **변조**
>
> 마이크를 통해 표현된 음성 신호는 정현파 신호와 곱해져서 원래의 신호보다 높은 주파수를 가진 통과 대역 신호로 바뀌게 됩니다. 이처럼 원 신호의 주파수를 높은 주파수 신호로 바꾸는 것을 통신에서는 변조라고 합니다.

1.3.2 디지털 통신 시스템의 구조

아날로그 신호를 디지털 신호로 바꾸는 기술이 등장한 이후로 **지금의 통신 시스템은 대부분 디지털 통신 시스템입니다.** 아날로그와 디지털의 차이는 2장에서 자세히 설명하겠습니다. 여기서는 단순히 우리의 목소리를 아날로그라 하고, 디지털은 우리의 목소리를 두 가지 전압으로 표현한 방식이라고 하겠습니다.

디지털 통신 시스템도 기본적으로 [그림 1-2]와 [그림 1-3]에서 나타낸 아날로그 통신 시스템을 활용하고 있습니다.

유선을 이용한 디지털 통신 시스템

[그림 1-4]는 유선을 이용한 디지털 통신 시스템의 기본 구조입니다.

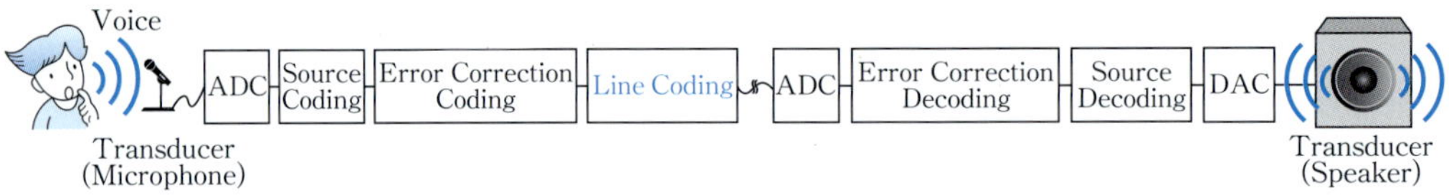

[그림 1-4] 유선 디지털 통신 시스템의 구조

디지털 통신에서는 먼저 [그림 1-4]와 같이 AD 변환기ADC : Analog to Digital Converter를 이용하여 아날로그 신호를 디지털로 변환합니다. 그리고 디지털 정보의 양을 압축하기 위한 소스 부호화Source Coding를 거칩니다[3]. 데이터를 보내면서 잡음이나 신호 감쇄 등으로 신호가 왜곡될 경우, 수신기에서 정보를 잘못 판단해도 원래의 정보를 복원할 수 있도록 하는 오류 정정 부호화ECC : Error Correction Coding를 거칩니다. 그리고 **디지털 정보를 구리 선의 특성에 맞게 멀리까지 전송될 수 있도록 하기에 적절한 전압 파형으로 바꿔야 하는데, 이 과정을 선 부호화Line Coding라고 합니다.**

디지털 통신 수신기는 송신기의 역방향 기능을 수행합니다. 구리 선을 통해 수신된 신호를 디지털 정보로 바꾸려면 ADC가 필요하고, 신호 왜곡에 의한 오류를 오류 정정 복호화Error Correction Decoding를 통해 정정합니다. 또한 압축된 정보를 원 정보로 풀기 위해 소스 복호화Source Decoding 과정을 거치게 되고, 스피커로 음성을 재생하려면 DA 변환기DAC : Digital to Analog Converter를 통해 아날로그 신호로 바꿉니다.

이렇듯 **디지털 통신은 아날로그 통신과 많은 차이가 있으며, 전송 과정에서 발생하는 신호의 왜곡에 의한 오류를 수정할 수 있다는 큰 장점을 가지고 있습니다.**

---

3 이것은 컴퓨터 파일을 압축하는 zip 파일과 같은 역할을 합니다. 일상생활에서 사용하는 소스 부호로는 음악, 동영상, 사진 신호를 각각 부호화하는 MP3, MPEG, JPEG가 있습니다.

무선을 이용한 디지털 통신 시스템

[그림 1-5]와 같이 무선으로 디지털 신호를 보내는 것에 대해 살펴봅시다. [그림 1-5]가 [그림 1-4]와 다른 점은 선 부호화 대신에 **펄스 성형**Pulse Shaping**을 한다는 것입니다. 펄스 성형은 디지털 정보를 무선 채널로 전달하기에 적합한 아날로그 파형으로 바꾸는 과정입니다.** 여기에는 [그림 1-3]과 같이 반송파를 이용한 변조와 수신기에서 수신된 신호에 반송파 신호를 곱하는 복조 단계가 필요합니다.

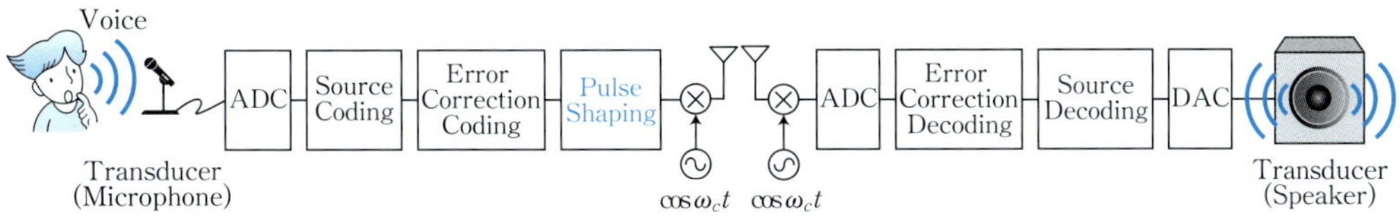

[그림 1-5] 무선 디지털 통신 시스템의 구조

> **핵심포인트** **아날로그 통신과 디지털 통신**
>
> 아날로그 통신은 전송하려는 원래의 신호를 전기 신호로 바꿔 높은 주파수의 정현파를 곱하고 안테나를 통해 먼 곳까지 전달합니다. 디지털 통신에서는 전송하려는 신호를 ADC를 통해 0과 1의 이진 신호로 표현합니다. 그리고 소스 부호화와 오류 정정 부호화를 거치고 DAC를 통해 아날로그 신호 파형으로 바뀌는데, 이 신호가 고주파의 정현파에 곱해져서 안테나를 통해 멀리 전송되는 것입니다. 그러므로 아날로그든 디지털이든 통신에 필요한 기본 기술은 같습니다.

1.4 인터넷 통신과 디지털 통신

1950년대 최초로 전자식 컴퓨터 ENIAC의 개발과 더불어 컴퓨터 간 통신의 필요성이 대두되면서 발전한 것이 오늘날의 인터넷 통신입니다. 이러한 인터넷 통신도 일종의 디지털 통신이라고 할 수 있습니다.

앞에서 언급한 디지털 통신은 송신 측과 수신 측이 일대일로 연결된 회선 교환circuit switching 방식으로서 회선을 독점으로 사용하는 경우입니다. 그러나 **컴퓨터의 수가 늘어남에 따라 컴퓨터들을 일일이 연결하여 통신하기가 힘들어졌으며, 제한된 통신 선로를 공유하기 위해 만들어진 것이 패킷 교환**packet switching **방식의 인터넷 통신입니다.**

1.4.1 OSI 7계층 모델

컴퓨터 통신의 필요성이 커지면서 1984년 국제표준화기구인 ISO[International Organization for Standardization]는 종류가 다른 컴퓨터 간의 원활한 통신을 위한 개념적 모델을 제안했습니다. 이것을 OSI[Open System Interconnection] 7계층 모델이라고 하는데, 이 모델은 전송하려는 데이터를 동일한 길이의 몇 개 데이터로 나누고[4] 목적지까지 전달하기 위해 정보를 추가하는 과정을 거치게 됩니다. 이와 같이 통신 과정을 몇 개의 세부 절차로 나누어 개념화한 것이 OSI 7계층 모델입니다.

예를 들어, 이메일을 보낼 때 응용 프로그램을 활용하여 메일 내용을 작성하고 이것을 컴퓨터가 이해할 수 있는 0과 1의 조합으로 변환해야 합니다. 그리고 이메일을 보내는 컴퓨터[Sender]와 받는 컴퓨터[Receiver]를 알려주어야 하며, 수신 오류 여부를 판단하는 방법도 있어야 합니다. 마지막으로 0과 1로 이루어진 이진 정보를 시간 영역에서 연속적인 모양의 전기적 파형으로 전송하는 등 데이터 준비부터 전송까지의 전 과정을 기능별로 나누어 고려합니다. 다음 [그림 1-6]에 OSI 7계층 모델을 나타냈습니다.

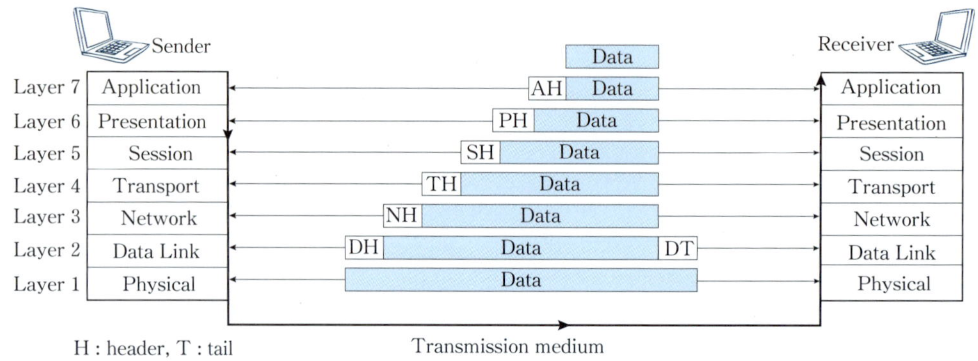

[그림 1-6] 컴퓨터 통신을 위한 OSI 7계층 모델

OSI 7계층의 이름을 '알프스[APS] 터널[TN] 대표[DP]'라고 하면 쉽게 기억할 수 있습니다.

■ 응용 계층

데이터를 보내는 컴퓨터가 이메일이나 파일 전송과 같은 각종 응용 서비스에서 응용 프로그램을 이용하여 데이터를 준비하는 단계를 7계층인 응용 계층[Application Layer]이라고 합니다.

---

4 이를 패킷화라고 합니다.

■ 표현 계층

7계층에서 준비된 데이터에는 정보의 시작을 알리는 헤더header 정보가 부가되어 6계층인 표현 계층Presentation Layer으로 전달됩니다. 각 계층마다 헤더 정보나 끝을 알리는 테일 정보가 덧붙게 됩니다. 6계층에서는 상대방과 약속한 이진 부호code로 정보를 변환하고 암호화 및 압축을 수행합니다. 예를 들어, EBCDICExtended Binary Coded Decimal Interchange Code로 부호화encoding된 문서 파일을 ASCIIAmerican Standard Code for Information Interchange로 인코딩된 파일로 바꾸는 것입니다.

■ 세션 계층

5계층인 세션 계층Session Layer은 서비스의 제공자와 요청자를 처음으로 연결시키고 대화 도중 연결이 유지되도록 하는 역할을 담당합니다. 이 계층은 목적지 컴퓨터로 데이터를 전송할 때 목적지 컴퓨터가 데이터를 받을 준비가 될 수 있도록 협의하는 계층입니다.

■ 전송 계층

4계층인 전송 계층Transport Layer에서는 네트워크를 통해 효율적으로 데이터를 전송하기 위해 데이터를 알맞은 크기로 나누는데, 이것을 패킷packet이라고 합니다. 이후 수신 측 컴퓨터에서는 패킷을 재결합하는 과정을 담당합니다.

■ 네트워크 계층

3계층인 네트워크 계층Network Layer은 4계층에서 전달된 패킷을 목적지인 수신 컴퓨터의 논리적 주소를 찾는 일을 합니다. 그리고 연결된 네트워크를 통해 목적지에 정보를 보낼 수 있는 최적 경로를 선택합니다.

■ 데이터 링크 계층

2계층인 데이터 링크 계층Data Link Layer은 인접 통신 장치 간의 신뢰성 있는 정보 전송을 보장하기 위한 회선 사용 규칙, 오류 검출, 프레임 전달, 흐름 제어 등에 관여합니다.

■ 물리 계층

마지막으로 1계층인 물리 계층Physical Layer에서는, 실제로 상위 계층에서 만들어진 이진 정보를 물리적인 전송 매질[5](媒質)을 통해 전송하기 위한 물리적 구조를 정의합니다. 예를 들

---

5 물리적 작용을 한 곳에서 다른 곳으로 옮겨주는 매개물로써 음파를 전달하는 공기, 전기 신호를 전달하는 구리 선, 동축 케이블, 광케이블 등이 있습니다.

면 전송에 필요한 전송 매질의 종류, 데이터 전송 속도, 데이터 파형의 전기적 모양 등 전기적 세부 사항을 정하는 계층입니다. 여기에는 무선 인터넷에서 사용하는 IEEE 802.11a/b/g/n 등의 규격이나 유선 랜에서 사용하는 10BASE-T, DOCSIS Data Over Cable Service Interface Specification 등의 규격이 있습니다.

1.4.2 TCP/IP 프로토콜

오늘날 인터넷은 일반적으로 TCP/IP **프로토콜(인터넷 통신 프로토콜)을 사용하고 있습니다.** TCP/IP는 OSI 7계층의 개념을 가지고 있으나 똑같지는 않습니다. 이는 OSI 7계층이 너무 세분되어 실제로 다양한 프로토콜이 존재하는 망에서 사용하는 데는 불편하기 때문입니다. **TCP/IP는 4계층만을 가지고 있는데 응용 계층, 전송 계층, 인터넷 계층** Internet Layer**, 링크 계층** Link Layer**의 순으로 구성되어 있습니다.**

TCP/IP 프로토콜의 응용 계층은 OSI 7계층 모델의 응용, 표현 계층과 세션 계층의 일부 기능을 포함하고, 전송 계층은 OSI 7계층의 세션 계층 일부와 전송 계층을 포함하고 있습니다. 또한 TCP/IP 프로토콜의 인터넷 계층은 OSI 7계층의 네트워크 계층 일부 기능을 수행하고, 링크 계층은 OSI 7계층의 네트워크 계층 일부와 물리 계층의 기능을 수행합니다.

인터넷 전송과 앞에서 설명한 디지털 통신 시스템의 관계는 이렇습니다. 인터넷의 전송될 디지털 정보는 TCP/IP 프로토콜의 응용, 전송, 인터넷, 링크 계층에 적합한 데이터로 변형된 후, [그림 1-4] 또는 [그림 1-5]의 소스 부호화 블록에 공급되어 디지털 통신 시스템을 거쳐서 공기나 케이블을 통해 전송됩니다.

핵심포인트 **인터넷 통신**

컴퓨터에서 유선으로 인터넷 서비스를 받는 것도 일종의 디지털 통신입니다. 인터넷 통신에서는 하나의 인터넷 선에 많은 컴퓨터가 연결된 경우가 일반적입니다. 인터넷 통신과 일반적인 디지털 통신의 차이점은, 서로 다른 인터넷 사이트에서 전송된 정보가 이 정보를 요청한 컴퓨터에 제대로 전달될 수 있도록 하기 위한 별도의 정보가 필요하다는 것입니다.

인터넷 통신에서 정보의 시작 위치와 목적지를 정해 잘 전달될 수 있도록 데이터를 표현하는 규칙을 프로토콜이라고 합니다. 컴퓨터 간 통신을 위한 대표적인 데이터 표현 규칙으로는 OSI 7계층 모델과 TCP/IP 프로토콜이 있습니다.

Chapter 01 연습문제

1.1 다음 설명 중 잘못된 것을 바르게 고치세요.

(a) 디지털 통신에서 공기를 통해 전송되는 파형은 디지털 신호입니다.

(b) 원 신호에 정현파를 곱해 통과 대역 신호로 바꾸는 것은 원 신호를 멀리 떨어진 곳에서도 받을 수 있도록 하기 위함입니다.

(c) 인터넷 정보를 인터넷 케이블을 이용하여 기저 대역 신호로 전송할 때, DC 근처의 저주파와 아주 높은 주파수 신호를 통과시키지 못하는 인터넷 케이블의 특성에 맞도록 신호 파형을 발생시키는 것을 선 부호화라고 합니다.

(d) 인터넷을 통해 정보를 보낼 때, 데이터를 TCP/IP라는 프로토콜에 따라 포맷을 맞춰 보냅니다.

1.2 음성 신호를 마이크를 사용하여 전기 신호로 바꿔 구리 선을 통해 전달할 때 구리 선의 길이가 길어질수록 신호의 세기가 작아지는데, 이것은 어떤 현상 때문일까요? 이러한 문제를 해결하여 무선으로 신호를 멀리 보내는 방법도 설명하세요.

1.3 디지털 통신 시스템에서 음성 신호를 전송하는 데 필요한 블록도를 제시하고 각 블록의 역할을 상세히 설명하세요. 아날로그 통신 시스템과의 연관성도 설명하세요.

1.4 FM은 아날로그 통신의 대표적인 방식입니다. 자신이 사는 지역의 FM 방송 주파수를 조사하세요.

1.5 현재 서비스되는 이동통신은 디지털 통신 기술을 이용하고 있습니다. 현재 이동통신 서비스 사업자별 서비스 주파수를 조사하세요.

1.6 주파수는 무선 통신을 위한 기본 자원이라고 할 수 있습니다. 전파에 데이터를 실어 보내려면 특정 주파수를 사용할 수 있는 권리를 국가로부터 받아야 합니다. 우리나라는 주파수 경매제를 시행하고 있는데, 최근 이동통신 사업자를 대상으로 이루어진 주파수 경매의 사용 기간과 주파수 할당 대역 및 대가를 조사하세요. 이를 통해 눈에 보이지 않는 주파수가 매우 값비싼 가치를 지녔다는 것을 확인할 수 있습니다.

1.7 우리나라 정부는 각종 무선 통신 시스템을 위해 대부분의 주파수를 서비스별로 지정해 두었습니다. 대한민국 주파수 분배표를 인터넷에서 찾아 주파수별 용도를 확인해 보세요. 눈에 보이지 않는 주파수도 이미 포화 상태라 신규 무선 서비스가 매우 힘들다는 것을 알 수 있을 것입니다.

1.8 유선 인터넷 서비스를 제공하기 위해 UTP^Unshielded Twisted Pair^ 케이블을 사용합니다. 인터넷 서비스를 위한 대표적인 케이블의 종류는 CAT^CATegory^ 1~6이며 케이블의 종류별로 제공할 수 있는 최대 인터넷 속도가 다릅니다. CAT 1~6 케이블이 제공할 수 있는 최대 인터넷 속도와 다양한 응용 사례를 설명하세요.

1.9 주파수에 따른 음성의 크기를 그림으로 나타낸 것을 음성의 주파수 스펙트럼^spectrum^이라고 합니다. 인터넷에서 음성의 주파수 스펙트럼을 찾아 제시하고, 음성은 어떤 주파수의 정현파로 구성되었는지 밝히세요. 그리고 신호의 주파수에 따른 전화선의 전달 특성을 제시하세요.

Chapter 02

신호의 푸리에 급수 표현

Fourier Series of Signal

학습목표

- 전기 신호를 아날로그 신호와 디지털 신호로 구분하는 방법을 알 수 있습니다.
- 신호의 에너지와 평균 전력의 개념, 그리고 그 쓰임새에 대해 이해할 수 있습니다.
- 통신 해석에 많이 사용되는 단위 임펄스 신호, 단위 계단 신호, 부호 신호를 알 수 있습니다.
- 어떤 신호를 다른 신호로 근사시켜 표현하는 방법을 이해함으로써 푸리에 급수 전개 방법을 알 수 있습니다.
- 푸리에 급수 전개를 통해 주기 신호의 주파수 성분을 파악하는 방법을 알 수 있습니다.
- 푸리에 급수 전개를 통해 신호의 평균 전력을 계산하는 파시발의 정리를 알 수 있습니다.

2.1 개요

이 장에서는 통신 신호communication signal를 쉽게 이해하는 방법을 공부할 것입니다. 먼저 신호를 종류에 따라 구분하는 방법을 알아본 다음, 단위 임펄스 신호와 같이 통신에서 많이 사용되는 신호의 종류를 살펴볼 것입니다.

이 장에서 가장 중요한 부분은 신호를 정현파의 조합으로 표현하는 방법을 이해하는 것입니다. 오디오 시스템으로 음악을 들을 때 전기 신호가 스피커를 통해 음파로 바뀌어 우리가 들을 수 있는 소리가 됩니다. 사람들은 앰프나 스피커의 특성에 따라서 선호하는 오디오 시스템이 있기도 합니다. 이는 사람에 따라 좋아하는 음색이 있기 때문인데, 시간에 따른 음의 높이 변화라는 관점에서만 보면 어떤 음색을 좋아하는지 그 이유를 정확하게 설명하기가 어렵습니다.

푸리에[1]는 신호를 다양한 주기의 정현파로 표시하는 방법을 제안했습니다. 푸리에의 관점에서 오디오 시스템의 출력을 보면 특정 정현파 신호의 특성이 오디오 앰프에 따라 바뀌는 현상을 쉽게 알 수 있습니다. 즉 푸리에는 시간에 따라 변화하는 크기의 관점이 아니라 주파수라는 새로운 관점으로 신호를 이해하려고 했습니다.

푸리에

통신 공학은 신호가 왜곡 없이 먼 곳까지 전달되도록 하는 기술과 관련된 학문입니다. 현실에서는 신호가 유선 인터넷과 같이 구리 선을 통해 전달되든, 무선 인터넷 또는 휴대전화와 같이 공기를 통해 전달되든 신호 파형의 특성이 변합니다. 푸리에 급수 전개는 어떤 주파수의 신호가 어떤 형태로 변형되는지를 알려주어 송신단 또는 수신단에서 왜곡을 방지할 대책을 세우도록 실마리를 제공합니다.

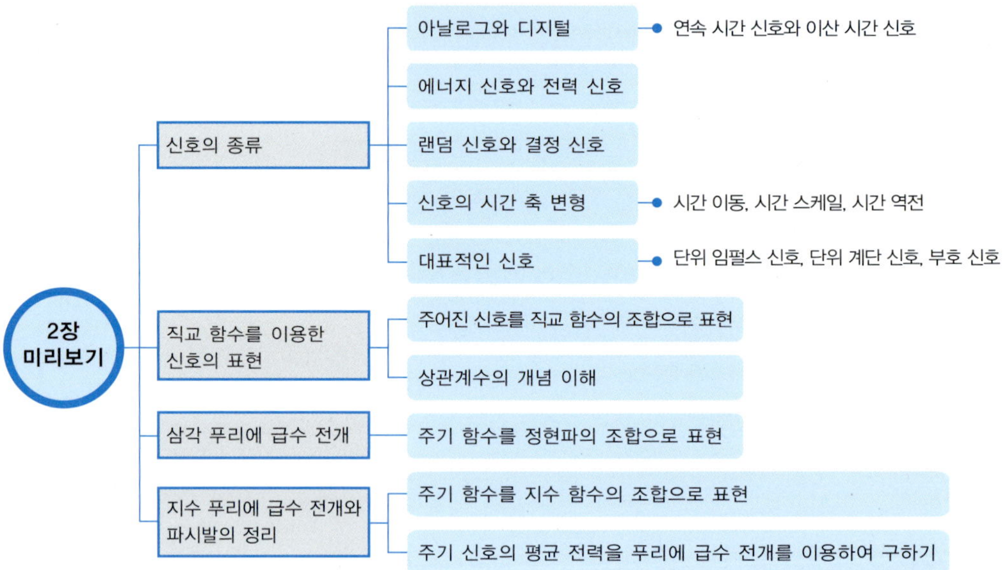

2.2 신호의 종류

2.2.1 아날로그 신호와 디지털 신호

휴대전화, TV, 라디오 등 통신 수단을 통해 소리, 영상, 문자 등의 다양한 정보가 전송됨

1 푸리에(Jean Baptiste Joseph Fourier, 1768~1830)는 프랑스의 수학자이자 행정가입니다. 1807년 푸리에는 금속판에서 열이 전도되는 현상을 무한급수로 전개하여 해석하는 이론을 제시했는데, 이를 푸리에 급수 전개라고 합니다.

니다. 통신에서는 이런 정보를 전압 또는 전류 등의 파형으로 표현하며, 이를 전기 신호라고 합니다. 전기 **신호의 종류를 가장 일반적인 방법으로 구분하면 아날로그**analog**와 디지털**digital **신호로 나눌 수 있습니다.**

크기 관점에서의 신호 구분

아날로그 신호는 연속적인 물리량으로 그 크기가 표현되는 신호입니다. 반면에 **디지털 신호는 몇 가지 지정된 크기의 신호로 표현됩니다.**

자연에서 일어나는 현상은 대부분 아날로그 신호입니다. 예를 들면 목소리의 크기, 빛의 밝기, 기온 등은 최곳값과 최젓값 사이에서 어떠한 값도 가질 수 있는 아날로그 신호입니다. 우리의 목소리도 아날로그 신호이며, 마이크를 통해 얻은 목소리의 전기 신호도 여전히 아날로그 신호입니다. 그러나 마이크 출력을 미리 정해진 몇 가지 크기 중 가장 가까운 값으로 변환하여 표현하면 디지털 신호가 됩니다. 디지털 신호의 또 다른 예로는 문자를 들 수 있습니다. 한글은 24개의 자음과 모음으로 문자를 표현하는데 한글로 표현할 수 있는 문자의 수가 한정되어 있으므로 한글은 디지털 신호입니다. 이제 디지털과 아날로그의 개념 차이를 이해할 수 있나요?

오늘날 HDTVHigh Definition TeleVision나 휴대전화로 전송되는 신호는 모두 디지털 신호입니다. 그런데 **디지털 시대에 왜 아날로그 신호를 공부할까요?** 휴대전화는 음성 신호를 0과 1이라는 디지털 신호로 표현하여 공기 중으로 보냅니다. 이때 **정보는 디지털 형태로 표현되지만, 공기나 구리 선을 통해 전달되는 통신 신호는 크기가 연속적으로 변화하는 정현파의 형태로 표현됩니다. 디지털 정보가 최곳값과 최젓값 사이에서 연속적으로 변화하는 아날로그 파형으로 표현되어 보내지는 것입니다.** 이처럼 신호를 멀리 보내기 위해 높은 주파수의 정현파로 구성된 아날로그 신호로 변형하는 방법을 통신에서는 변조라고 합니다. 변조에 대해서는 4장에서 자세히 공부하겠습니다.

시간 관점에서의 신호 구분

신호는 또한 시간의 관점으로도 종류를 나눌 수 있습니다. **시간이 흐름에 따라 연속적으로 정보를 갖는 신호를 연속 시간 신호**continuous-time signal**라 하고, 특정 시각에서만 정보를 갖는(즉 띄엄띄엄 나타나는) 신호를 이산 시간 신호**discrete-time signal**라고 합니다.** 통신에서는 아날로그 신호와 디지털 신호에 시간의 개념을 포함하여 신호를 네 가지로 구분하는 것이 일반적입니다([그림 2-1] 참조).

진폭과 시간 결합 관점에서의 신호 구분

[그림 2-1(a)]는 모든 시각에서 값을 가지며 어떠한 크기의 값도 가능한 연속 시간 아날로그 신호continuous-time analog signal의 한 예이고, [그림 2-1(b)]는 이산 시간 아날로그 신호discrete-time analog signal의 예로 특정한 시각에서만 크기를 가지며 그 크기는 어떠한 값도 가능합니다. [그림 2-1(c)]는 연속 시간 디지털 신호continuous-time digital signal의 예로, 연속 시간 아날로그 신호와 다른 점은 그 크기가 미리 정해진 몇 가지 높이 중 하나로만 표현된다는 것입니다. 마지막으로 [그림 2-1(d)]는 특정 시각에서만 미리 정해진 몇 가지 높이 중 하나로만 표현된다는 특징이 있는 이산 시간 디지털 신호discrete-time digital signal의 한 예입니다. 그러므로 [그림 2-1(c), (d)]를 통해 볼 때, **디지털 신호란 시간의 관점이 아니라 그 크기가 미리 정해진 유한한 개수의 크기 중 하나로 표현되는 신호입니다. 디지털 신호에서 신호의 크기를 [그림 2-1(d)]와 같이 이진 부호로 표현하는 것을 양자화quantization라고 합니다.** [그림 2-1(d)]에서 양자화되어 이진 부호로 표현된 신호의 결과는 '011101110110…' 입니다. 양자화하기 위해 신호의 진폭을 이진 부호로 표현하는 방식은 여러 가지인데, 이에 대해서는 7장에서 자세히 살펴보겠습니다.

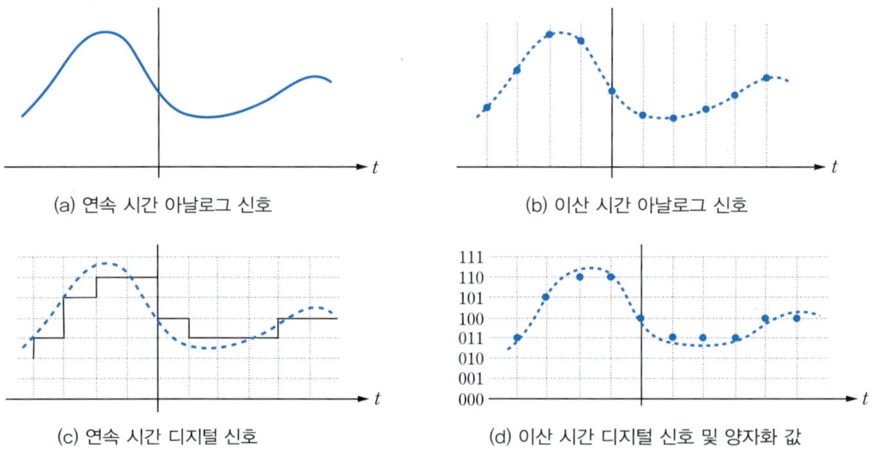

(a) 연속 시간 아날로그 신호 (b) 이산 시간 아날로그 신호

(c) 연속 시간 디지털 신호 (d) 이산 시간 디지털 신호 및 양자화 값

[그림 2-1] 아날로그 신호와 디지털 신호의 구분

마이크를 통해 전기 신호로 바뀐 사람의 목소리는 [그림 2-1(a)]와 같은 연속 시간 아날로그 신호입니다. 이 신호를 컴퓨터 하드디스크에 저장하려면 양자화된 디지털 정보가 필요합니다. 이를 위해 연속 시간 아날로그 신호를 [그림 2-1(b)]와 같이 이산 시간 아날로그 신호로 바꾸는데, 이 과정을 표본화 또는 샘플링sampling이라고 합니다. 그리고 신호의 크기를 미리 정해진 몇 가지 크기 중 하나로 근사화한, [그림 2-1(d)]와 같은 이산 시간 디지털 신호를 생성하고, 양자화를 통해 이진 부호열로 바꾼 다음 하드디스크에 저장합니다. 아날로그 신호를 디지털 신호로 바꾸는 과정은 7장에서 자세히 다루겠습니다.

핵심포인트 **아날로그 신호와 디지털 신호**

아날로그 신호는 연속적인 물리량으로 크기가 표현되는 신호입니다. 반면에 디지털 신호는 몇 가지 지정된 크기의 신호로만 표현됩니다.

2.2.2 에너지 신호와 전력 신호

통신에서는 신호를 에너지 신호energy signal**와 전력 신호**power signal**로도 구분합니다.** 목소리의 크기에 따라 소리가 전달되는 거리가 달라지는 것과 마찬가지로, 통신 신호가 전달되는 거리(통달 거리)는 매질에 따라 달라집니다. 그렇다면 어느 정도의 세기로 신호를 보내야만 원하는 거리까지 신호가 도달할까요? 이것은 통신 장치를 설계할 때 매우 중요한 고려 사항입니다.

신호의 에너지

방송 신호를 멀리까지 보내기 위한 송신소를 설계한다고 생각해봅시다. 원활한 방송 서비스를 제공하기 위해 송신소에서 전송하는 송신 신호 $x(t)$의 세기를 결정해야 합니다. 송신 신호의 세기가 크면 송신탑으로부터 멀리 떨어진 곳에서도 방송 신호를 잘 수신할 것입니다.

신호의 세기는 전력으로 표현되는데 **저항 $R[\Omega]$ 양단에 인가된 전압 $x(t)$에 의해 발생한 순시 전력**instantaneous power**은 다음과 같습니다.**

$$P_x(t) = |x(t)|^2 / R \ [\mathrm{W}] \tag{2.1}$$

가 됩니다. 여기서 단위 W는 와트watt**를 말합니다.** 순시 전력은 순간 전력이라고도 하며, 어떤 시각에서 신호의 전력을 의미합니다. 그러므로 관측 시간 $(-\infty,\ \infty)$ 동안 $1[\Omega]$ 저항에서 소비한 총 전력은

$$E_x = \int_{-\infty}^{\infty} |x(t)|^2 dt \ [\mathrm{J}] \tag{2.2}$$

이고, 이것을 **에너지**라고 합니다. 여기서 에너지의 단위 J는 줄joule을 의미합니다. **어떤 신호 $x(t)$의 에너지가 $E_x < \infty$와 같이 유한할 때는 에너지 신호라고 합니다.** [그림 2-2]에 에너지 신호의 몇 가지 예를 나타냈습니다.

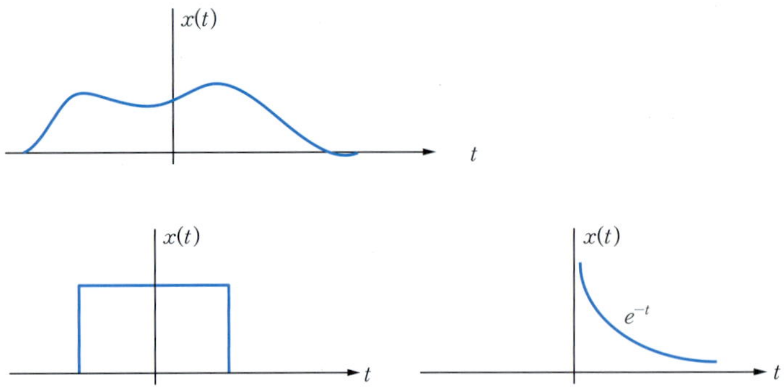

[그림 2-2] 에너지 신호의 예

식 (2.2)에서 신호의 절댓값을 제곱한 이유는 무엇일까요? 이는 복소 신호까지 고려하여 표현했기 때문입니다. 예를 들어 $3+j4$라는 신호의 절댓값 제곱은 25가 되지만 그냥 제곱만 하면 $-7+j24$가 됩니다. 그러므로 절댓값을 제곱하는 것입니다. 한편, 자연의 신호에 복소수가 존재할까 하는 의문이 생깁니다. 복소수는 표현의 편리를 위해 도입한 것으로, 통신에서는 신호를 복소수로 표현하는 경우가 흔합니다. 이에 대해서는 변조를 다룬 4장에서 자세히 설명하겠습니다.

신호의 전력

신호를 $[-T/2,\ T/2]$초 구간에서 관찰한 후, 이 시간 동안 신호의 평균 에너지를 구하면 $P_x=\frac{1}{T}\int_{-T/2}^{T/2}|x(t)|^2dt$가 되며, 다음과 같이 관측 시간을 무한히 길게 하면

$$P_x=\lim_{T\to\infty}\frac{1}{T}\int_{-T/2}^{T/2}|x(t)|^2dt\ \text{[W]} \tag{2.3}$$

가 됩니다. 이것을 **평균 전력** 또는 간단히 **전력**이라고 합니다. **신호의 평균 전력 P_x가 $0<P_x<\infty$를 만족할 때, 이 신호를 전력 신호라고 합니다.** 그런데 특이한 점은 앞에서 에너지 신호를 정의할 때는 에너지가 0보다 커야 한다는 조건이 없었다는 것입니다. 이것은 서로의 약속과 같은 정의이니 주의해야 합니다. 이에 따르면 **어떤 신호가 에너지 신호이면서 동시에 전력 신호일 수는 없습니다.** 에너지 신호의 경우 유한한 에너지를 가지므로 무한 시간에 걸쳐 평균을 구하면 평균 전력은 0이 되기 때문입니다.

정현파처럼 **같은 모양이 T초마다 반복되는 신호 $x(t)$를 주기가 T인 주기 신호**라고 하는데, 이는 $x(t)=x(t+T)$의 관계를 가집니다. **주기성을 띠는 신호는 평균 전력 $0<P_x<\infty$의 조건을 만족하므로 전력 신호가 됩니다.** 그러나 전력 신호가 반드시 주기 함수가 되어야 하는 것은 아닙니다.

이제 현실 세계의 에너지와 전력 신호를 살펴봅시다. 통신에서 다루는 라디오, TV, 휴대전화 신호는 어떠한 종류의 신호일까요? 평균 전력은 신호의 통달 거리를 결정하는 주요 인자 가운데 하나입니다. 휴대전화는 통화 중에만 신호가 있으므로 식 (2.3)의 정의와 같이 무한대의 시간 동안 관측한다면 평균 전력은 0이 됩니다. 그러나 휴대전화를 사용하지 않는 경우에는 어차피 전력을 따질 필요가 없습니다. 그러므로 통화 시간 동안 휴대전화 신호의 에너지를 평균하여 이것을 전력으로 봅니다. 정의와 현실에의 적용에 차이가 조금 생겼습니다. 즉 휴대전화를 사용하지 않는 동안에는 신호의 개념이 존재하지 않으므로 고려 대상이 아니기 때문입니다.

통신에서는 에너지보다 전력이 더 중요합니다. 에너지는 전력의 총합이므로 통신 신호의 통달 거리를 판단하는 데는 사용할 수 없기 때문입니다. [그림 2-3]에 전력 신호의 예를 나타냈습니다. [그림 2-3(a)]는 신호의 반복 특성이 없는 비주기 신호입니다. 이 신호의 순간 전력을 무한대 시간 동안 누적하면 무한대가 됩니다. 그러나 평균값은 존재하는 전력 신호가 됩니다. [그림 2-3(b)]는 주기 신호이므로 한 주기 동안의 에너지를 평균한 값이나 여러 주기 동안의 평균 전력이 동일합니다. 그리고 에너지는 무한대가 되므로 전력 신호가 됩니다.

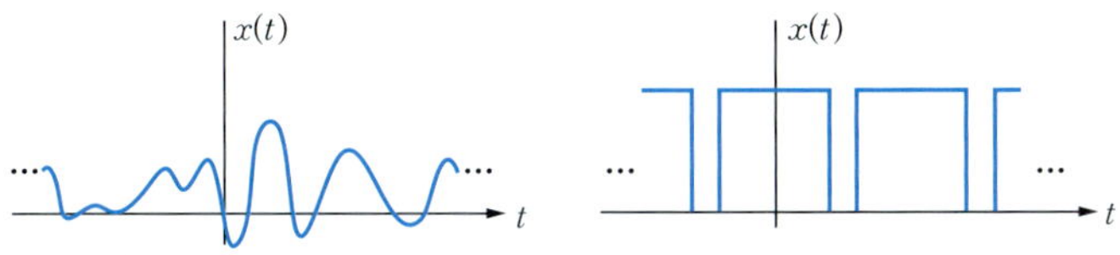

(a) 비주기 신호 (b) 주기 신호

[그림 2-3] 전력 신호의 예

예제 2-1

다음 신호가 에너지 신호인지, 전력 신호인지 설명하세요.

(a) $x(t)=t$

(b) $x(t)=e^{jt}$

(c) $x(t)=\begin{cases} 1, & -T<t\leq T \\ 0, & \text{elsewhere} \end{cases}$

풀이

(a) $x(t)=t$는 주기가 무한대이면서 시간이 흐를수록 계속 증가하는 신호이므로 에너지가 무한대가 되고 평균 전력 또한 무한대가 됩니다. 따라서 이 신호는 에너지 신호도, 전력 신호도 아닙니다.

(b) $E_x = \int_{-\infty}^{\infty} |e^{jt}|^2 dt = \lim_{T\to\infty} \int_{-T}^{T} |\cos t + j\sin t|^2 dt$

$= \lim_{T\to\infty} \int_{-T}^{T} (\cos^2 t + \sin^2 t) dt = \lim_{T\to\infty} \int_{-T}^{T} 1 dt = \infty$

따라서 에너지는 무한대가 되므로 에너지 신호가 아닙니다. 그리고 전력은

$$P_x = \lim_{T\to\infty} \frac{1}{2T} \int_{-T}^{T} 1 dt = \lim_{T\to\infty} 1 = 1$$

입니다. 그러므로 $x(t)$는 전력 신호입니다.

(c) $E_x = \int_{-T}^{T} 1 dt = 2T$이고 $a > T$일 때, $P_x = \lim_{a\to\infty} \frac{1}{a} \int_{-a/2}^{a/2} x(t) dt = \lim_{a\to\infty} \frac{1}{a} \int_{-T/2}^{T/2} 1 dt = 0$입니다.

따라서 $E_x < \infty$를 만족하므로 에너지 신호이나 $0 < P_x < \infty$가 아니므로 전력 신호는 아닙니다.

통신 신호의 통달 거리 예측

이동통신이나 TV 방송을 위해 이동통신 기지국BS : Base Station이나 송신소의 송신탑에서 신호를 보낼 때, 신호가 도달할 영역을 미리 결정해야 합니다. 즉, 커버리지coverage 또는 서비스 영역을 결정한 후, 이에 따라 최대 목표 거리에서 일정한 크기 이상의 신호가 전달될 수 있도록 송신 안테나의 이득과 송신 전력의 세기를 결정합니다. 이것은 통신 서비스를 위한 망 설계 시에 가장 먼저 고려하는 사항입니다.

전력의 개념으로 통신 신호의 통달 거리를 예측하는 방법에 대해 간단히 설명하겠습니다. 진공에서 송신기와 수신기 사이의 거리가 R[m]이고, 송신기와 수신기 사이에 전파를 방해할 물체가 없는 환경에서 통신 신호를 보내는 경우를 살펴봅시다. 이 경우, 수신기에서 받을 수 있는 전력 P_r[W]는 다음과 같은 프리스[2] 전송식Friis transmission equation을 따르게 됩니다.

$$P_r(R)[\mathrm{W}] = P_t G_t G_r \left(\frac{\lambda}{4\pi R}\right)^2 \tag{2.4}$$

여기서 P_t[W], G_t, G_r은 각각 송신 신호의 전력, 전송 안테나의 이득, 수신 안테나의 이득입니다. G_t와 G_r은 이득이므로 단위가 없으며, λ[m]는 전송된 신호의 파장입니다. 빛의 속도가 $c = 3\times 10^8$[m/s], 전송된 신호의 주파수가 f[Hz]일 때 $c = f\lambda$의 관계를 가집니다.

2 프리스(Harald Trap Friis, 1893~1976)는 덴마크 태생의 미국인 라디오 엔지니어로 1945년 벨연구소(Bell Laboratories) 재직 중 프리스 전송식을 발견했습니다.

실제 통신 신호의 통달 거리는 프리스 전송식에서 구한 것보다 훨씬 짧습니다. 이는 송수신기 사이에 있는 건축물이나 지형에 따라 전파의 차단과 반사 등이 발생하여 송신 신호의 전력이 감소하여 수신기에 전달되기 때문입니다.

전력의 단위

신호 $x(t)$의 전력 P_x[W]를 다음과 같이 dBW 단위로 나타내는 경우도 많습니다.

$$P_x[\text{dBW}] = 10\log(P_x[\text{W}]) \tag{2.5}$$

dBW는 주로 매우 큰 전력 값을 나타낼 때 간단히 표현하기 위해 사용합니다. 예를 들어 신호의 전력이 10메가와트[MW]일 때 10^7[W]보다는 70[dBW]로 표현하는 것이 간단하지요. 간혹 dBW를 dB라고 하는 경우가 있는데 이는 잘못된 표현입니다. dB는 두 신호의 전력 P_1[W]와 P_2[W]의 상대적 차이를 표현할 때 사용하는 단위로 $10\log_{10}(P_1/P_2)$[dB]와 같이 나타냅니다.

또한 전력의 크기가 아주 작은 경우에는 dBm 단위로 다음과 같이 표현합니다.

$$P_x[\text{dBm}] = 10\log_{10}(P_x[\text{W}] \times 10^3) \tag{2.6}$$

예를 들어 0.0000001[W]를 −40[dBm]으로 간단히 표현할 수 있습니다. 이것은 −70[dBW]로도 나타낼 수 있지만 작은 수에는 dBm 단위를 사용하는 것이 일반적입니다.

예제 2-2

휴대전화가 원활하게 통신이 되도록 하는 데 최소한 −80[dBm]의 전력이 수신되어야 한다고 가정합시다. 휴대전화 기지국에서 20[W]로 신호를 송출할 때, 이 기지국의 커버리지를 프리스 전송식을 이용하여 계산하세요. 단, 기지국 안테나와 휴대전화 안테나의 이득은 0[dB]이고, 서비스 주파수는 2.1[GHz]입니다.

풀이

최소 수신 전력 −80[dBm]을 와트로 표시하면 1×10^{-11}[W]이고, 전파의 파장 $\lambda = c/f = 0.1429$[m]가 됩니다. 송수신 안테나의 이득이 0[dB]로 1배의 이득을 가지므로, 프리스 전송식

$$P_r(R) = P_t G_t G_r \left(\frac{\lambda}{4\pi R}\right)^2 \Rightarrow 1\times10^{-11} = 20\left(\frac{0.1429}{4\pi R}\right)^2$$

으로부터 커버리지의 반경 $R = 16$[km]가 됩니다.

랜덤 신호와 결정 신호

지금까지 신호의 크기를 표현하는 방법에 따라 아날로그 신호와 디지털 신호로 구분하고, 시간을 표현하는 방법에 따라 연속 시간 신호와 이산 시간 신호로 구분했습니다. 또한 신호의 에너지와 전력을 이용하여 구분하는 방법도 살펴보았습니다.

이 외에도 **통신에서는 신호를 랜덤 신호**random signal**와 결정 신호**deterministic signal**로 구분할 수도 있습니다.** 통신 신호는 미래에 어떤 신호가 발생할지 예측할 수 없는 경우가 대부분입니다. 주사위를 던지기 전에는 어떤 수가 나올지 모르는 것과 같지요. 이처럼 **다음에 어떤 파형이 나올지 전혀 예측할 수 없는 신호를 랜덤 신호라고 합니다.** 반면, **정현파와 같이 다음에 어떤 파형이 나타날지 알 수 있는 신호는 결정 신호라고 합니다.** 통신에서는 랜덤 신호가 일반적이며, 이 신호의 성격을 정의하기 위해 확률의 개념을 도입했습니다. 이에 대해서는 6장에서 자세히 살펴보겠습니다.

핵심포인트 **전력 신호**

통신 신호의 전송 거리를 예측하기 위해 신호의 평균 전력을 예측합니다. 신호의 평균 전력 P_x가 $0 < P_x < \infty$일 때, 이 신호를 전력 신호라고 합니다.

2.2.3 통신 해석에 사용되는 대표 신호

이 절에서는 통신에서 많이 사용되는 대표적인 신호를 정의합니다. 신호의 의미를 정의하기 전에 신호를 시간 축에서 이동하는 방법을 먼저 살펴보겠습니다.

신호의 시간 축 변형

통신 신호를 쉽게 해석하기 위해 신호 $x(t)$의 시간 축 특성을 변형하여 사용하는 경우가 많습니다. 이러한 예로는 시간 이동time shift, 시간 스케일time scale, 시간 역전time inverse 등이 있습니다.

통신 신호 $x(t)$가 T초만큼 지연되어 수신기에 도달한 경우, 수신된 신호는 $x(t-T)$와 같이 원 신호가 시간 이동된 형태로 표현됩니다. 이동통신에서 기지국과 휴대전화는 거리상 떨어져 있으므로 기지국에서 전송된 신호는 약간의 지연 이후 휴대전화에 도달하게 됩니다. 송신 신호가 수신기에 도달하는 데 걸리는 시간은 $t_d[\mathrm{s}]=R/c$인데, 여기서 $R[\mathrm{m}]$는 송신기와 수신기 간의 거리, c[m/s]는 빛의 속도와 동일한 전파의 이동 속도입니다. **신호 $x(t)$의 모양은 동일하나 시간 축을 줄이거나 늘리는 것을 시간 스케일이라 하고 $x(\alpha t)$로 표현합니다.** 여기서 α는 상수입니다. 그리고 **시간 축의 방향을 바꿔 $x(-t)$와 같이 표현한 것을 시간 역전이라고 합니다.** [그림 2-4]에 신호의 시간 이동, 시간 스케일과 시간 역전의 예를 나타냈습니다.

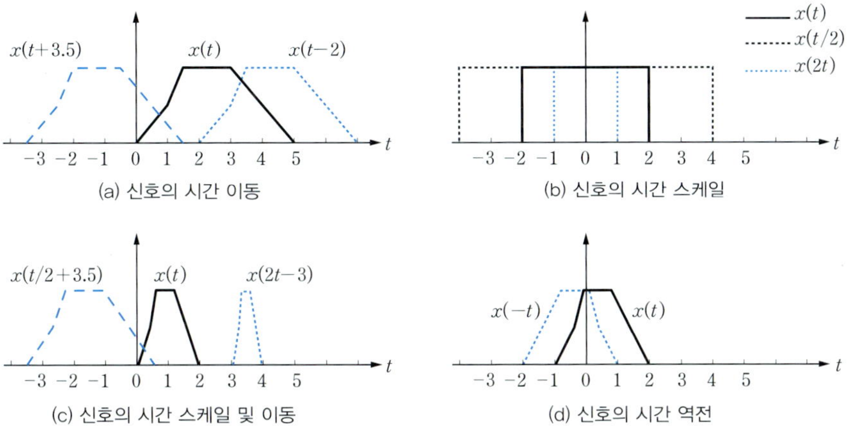

[그림 2-4] 신호의 시간 축 변형

신호의 시간 이동은 어떤 신호가 선형 시불변LTI : Linear Time Invariant 시스템에 입력되어 그 결과를 얻는 데 사용되는 컨벌루션convolution 계산에 주로 이용됩니다. 컨벌루션은 3장에서 자세히 다루겠습니다.

시불변 시스템은 입력 신호 $x_1(t)$에 대한 출력이 $y_1(t)$이고, 입력 $x_1(t-t_0)$에 대한 출력이 $y_1(t-t_0)$인 특성을 가진 시스템입니다. 즉 서로 다른 시각에 입력한 동일한 모양의 입력에 대해 시스템의 출력이 시간만 다를 뿐 그 모양은 동일한 시스템입니다. 그리고 입력 $x_2(t)$에 대한 출력이 $y_2(t)$일 때, 입력 $ax_1(t)+bx_2(t)$에 대한 출력은 $ay_1(t)+by_2(t)$를 만족하는 시스템을 **선형 시스템**이라고 합니다. 여기서 a와 b는 임의의 상수입니다. 이 두 가지 성질을 모두 만족하는 시스템은 LTI 시스템으로, 통신에서 다루는 대부분의 시스템은 특별한 언급이 없으면 LTI 시스템입니다. 예를 들어 입력 $x(t)$에 대해 출력 $y(t)=3x(t)$를 만족하는 시스템은 LTI 시스템입니다. $y(t)=3x^2(t)$는 시간에 상관없이 동일 입력에 대해 동일한 출력인 시불변 시스템입니다. 그러나 $x_1(t)=2$, $x_2(t)=3$에 대하여 $y_1(t)=12$, $y_2(t)=27$이고 $x(t)=5$일 때 $y(t)=75\neq y_1(t)+y_2(t)$이므로 선형 시스템은 아닙니다.

단위 임펄스 신호

단위 임펄스unit impulse 신호는 실제로 존재하지 않는 가상의 신호로, 4장에서 살펴볼 시스템의 전달 함수를 구하고 전달 함수의 주파수 영역을 해석하는 데 주로 사용됩니다. 단위 임펄스 신호의 주파수 성분에 대해서는 3장에서 다룰 것입니다.

디랙[3]은 단위 임펄스 신호의 개념을 제시했는데, 이를 디랙 델타Dirac delta 또는 델타 신호라고 합니다. 이 신호는 다음과 같이 정의됩니다.

$$\delta(t)=\begin{cases}\infty, & t=0\\ 0, & t\neq 0\end{cases} \tag{2.7}$$

그리고 다음 조건을 만족합니다.

$$\int_{-\infty}^{\infty}\delta(t)\,dt=1$$

단위 임펄스에서 단위라는 용어는 면적이 1이란 의미입니다. 단위 임펄스 신호는 [그림 2-5(a)]와 같이 원점에서 높이가 1인 화살표로 표현됩니다. 임펄스 신호의 크기는 식 (2.7)의 정의와 같이 실제로는 임펄스 함수의 면적을 의미합니다. [그림 2-5(b)]는 단위 임펄스 신호의 의미를 구형파[4]를 이용하여 나타낸 것입니다. 크기가 $1/\varepsilon$, 폭이 ε인 구형파의 면적은 1이고, 폭 ε가 0에 가까워질수록 크기는 무한대로 접근하여 결국 $\delta(t)$가 됩니다. 단위 임펄스 신호는 $\delta(t)=\lim_{a\to 0}e^{-x^2/a^2}/(a\sqrt{\pi})$로도 정의됩니다.

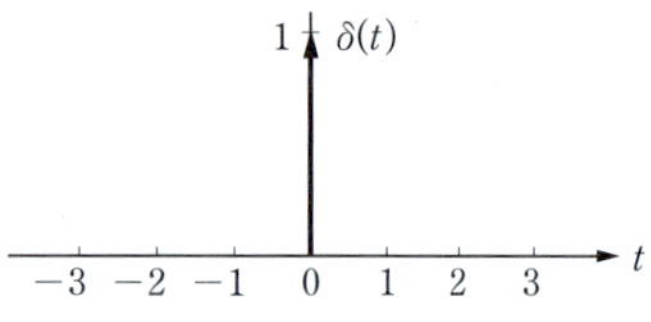

(a) 단위 임펄스 신호

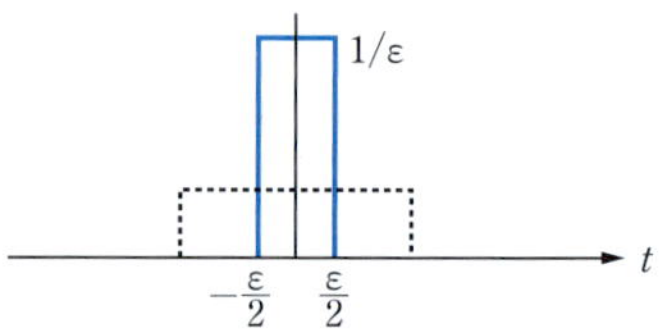

(b) 단위 임펄스 신호의 근사

[그림 2-5] 단위 임펄스 신호의 그림 표현

단위 임펄스 신호를 시간 스케일하면 다음과 같은 특징이 있습니다.

$$\delta(\alpha t)=\frac{1}{|\alpha|}\delta(t),\quad \alpha\neq 0\text{인 상수},\ \int_{-\infty}^{\infty}\delta(\alpha t)dt=\int_{-\infty}^{\infty}\delta(u)\frac{du}{|\alpha|}=\frac{1}{|\alpha|} \tag{2.8}$$

---

3 디랙(Paul Adrien Maurice Dirac, 1902~1984)은 영국의 이론 물리학자로 1933년 슈뢰딩거와 함께 노벨 물리학상을 수상했습니다.

4 구형파(rectangular wave)는 특정한 구간에서 동일한 크기이고 그 외 구간에서는 0인 파형입니다.

단위 임펄스와 신호 $x(t)$를 곱한 $x(t)\delta(t)$는 $x(0)\delta(t)$와 같습니다. 그러므로 시간 이동된 단위 임펄스 신호 $\delta(t-t_0)$와 신호 $x(t)$의 적분은

$$\int_{-\infty}^{\infty} x(t)\delta(t-t_0)\,dt = x(t_0) \tag{2.9}$$

으로 신호 $x(t)$의 특정 시각 $t=t_0$에 대한 값이 됩니다. 이 특징은 나중에 공부할 ADC에서 아날로그 신호를 표본화하여 이산 시간 신호로 바꿀 때도 사용됩니다. 그리고 $\delta(t)=\delta(-t)$의 특징을 가집니다.

단위 임펄스 신호는 실제로 존재하지 않지만, 야구 선수가 홈런을 치는 순간 야구공에 순간적으로 가해지는 충격은 임펄스 신호 $k\delta(t)$와 같이 표현될 수 있습니다. 이때, k는 0이 아닌 상수입니다.

3장에서 공부를 하겠지만 단위 임펄스 신호는 모든 주파수 성분을 가지고 있습니다. 백색광이 프리즘을 통과하면 고운 무지개 빛이 되는데, 백색광은 다양한 파장을 가진 모든 가시광선이 모인 것입니다. **통신에서는 단위 임펄스 신호 $\delta(t)$가 바로 백색광과 같은 역할을 합니다. 즉 단위 임펄스 $\delta(t)$는 모든 주파수의 정현파가 더해진 신호입니다.** 통신에서 단위 임펄스 함수는 LTI 시스템의 입출력 특성인 전달 함수의 해석과 통신 채널의 특성 해석에 많이 사용되는데 이는 3장에서 자세히 설명하겠습니다.

단위 계단 신호

전자 회로에서 전원 스위치를 연결하여 회로를 동작시킬 때, 전원을 열어뒀다가 닫는 상태를 표현하는 경우 단위 계단unit step 신호 $u(t)$를 사용합니다. 단위 임펄스 신호 $\delta(t)$를 시간에 대해 적분하면 단위 계단 신호 $u(t)$가 되며, 이는 다음과 같이 정의됩니다.

$$u(t)=\begin{cases}0, & t<0\\ 1, & t>0\end{cases} \tag{2.10}$$

단, $u(0)$는 0, 0.5 또는 1로 정의하기도 합니다. 그러나 대부분 $u(0)$를 이 책에서와 같이 정의하지 않는 것이 일반적입니다. 단위 계단 신호의 적분과 미분은 각각 다음과 같습니다.

$$\int_{-\infty}^{t} \delta(\tau)\,d\tau = u(t), \quad \frac{du(t)}{dt}=\delta(t)$$

[그림 2-6]은 단위 계단 신호를 그림으로 나타낸 것입니다.

[그림 2-6] 단위 계단 신호

부호 신호

부호signum, sign 신호는 실수 x의 부호를 판단하는 함수로서 다음을 만족하는 신호입니다.

$$\mathrm{sgn}\,(x)=\frac{|x|}{x}=\begin{cases}1, & x>0\\ 0, & x=0\\ -1, & x<0\end{cases} \tag{2.11}$$

를 만족하는 신호입니다. 그러므로 단위 계단 신호는 $u\,(t)=0.5\{1+\mathrm{sgn}(t)\}$로도 표현할 수 있습니다. 이때 식 (2.10)에서 $u\,(0)$를 정의하지 않았지만, 여기서는 $u\,(0)=0.5$가 됩니다. [그림 2-7]은 부호 신호를 그림으로 나타낸 것입니다.

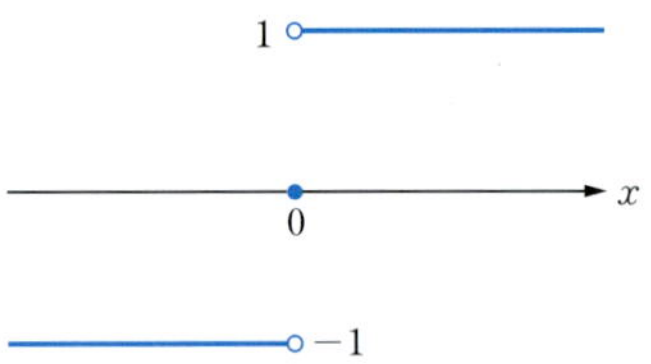

[그림 2-7] 부호 신호

예제 2-3

$x\,(t)=2\delta\,(t)+u\,(t-1)-u\,(t-3)$일 때, 다음 물음에 답하세요.

(a) $x\,(t)$를 그림으로 나타내세요.

(b) $x\,(t)$의 에너지를 구하세요.

(c) 시간 구간 $(-\infty,\ \infty)$에서 $x\,(t)$의 적분을 단위 계단 신호로 나타내고 그림으로 표현하세요.

풀이

(a) $x\,(t)$를 그래프로 나타내면 다음과 같습니다.

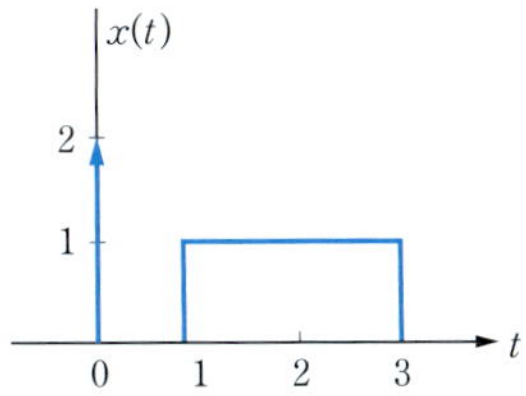

(b) $E_x=\int_{-\infty}^{\infty}|2\delta(t)+u(t-1)-u(t-3)|^2dt=\int_{-\infty}^{\infty}4\delta^2(t)\,dt+\int_1^3 1dt=6$

(c) (a)를 통해 $x(t)$의 적분을 그래프로 나타내면 다음과 같습니다.

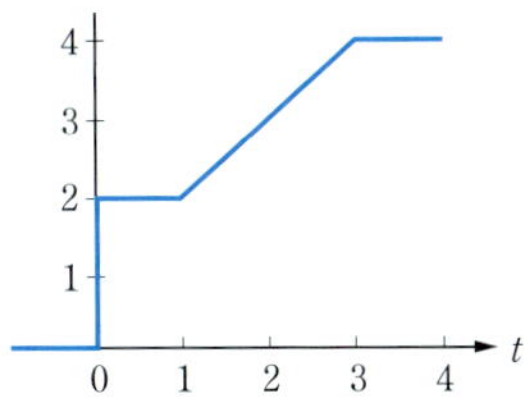

이 그래프로부터 구간 [0, 1]에서는 2, 구간 [1, 3]에서는 $(t+1)$인 1차 직선, 구간 [3, ∞]에서는 4이므로 이를 식으로 표현하면 다음과 같습니다.

$$\int_{-\infty}^{t} x(\tau)d\tau=2\{u(t)-u(t-1)\}+(t+1)\{u(t-1)-u(t-3)\}+4u(t-3)$$
$$=2u(t)+(t-1)u(t-1)+(3-t)u(t-3)$$

2.3 직교 함수를 이용한 신호의 표현

지금까지 신호를 다양한 관점에서 구분하는 방법을 살펴보고 단위 임펄스 신호, 단위 계단 신호, 부호 신호 등 통신에서 자주 사용되는 신호를 정의했습니다. **이 절에서는 멱급수 전개[5]와 같이 어떤 신호 $x(t)$를 다른 신호를 이용하여 표현하는 방법에 대해 알아보겠습니다. 이는 어떤 신호의 특징을 다양한 관점에서 파악하거나 쉽게 이해하기 위한 방법의 하나입니다.** 통신에서는 신호가 어떤 주파수의 정현파로 구성되어 있는지를 파악하는 것이 매우 중요합니다. **푸리에는 신호를 서로 다른 주기를 가진 정현파로 표현하려고 고민했습니다.**

5 멱급수 전개(power series)는 함수 $f(x)$를 1, x, x^2, x^3, …의 조합으로 나타내는 방식으로, 잘 알려진 멱급수 전개 방식으로는 테일러(Taylor) 급수, 매클로린(Maclaurin) 급수 등이 있습니다.

평균 제곱 오차

푸리에는 임의의 신호 $x(t)$를 또 다른 신호 $x_1(t)$를 이용하여 시간 구간 $[t_1, t_2]$에서 $x(t) \cong cx_1(t)$와 같이 근사화하여 나타냈습니다. 여기서 c는 임의의 상수입니다. 주의할 점은 주어진 시간 구간 $[t_1, t_2]$ 이외의 시간에서는 $x(t) \cong cx_1(t)$를 만족하지 않아도 된다는 것입니다. 이때 원 신호와 근사화한 신호의 차 $e(t)$는

$$e(t) = \begin{cases} x(t) - cx_1(t), & t_1 \le t \le t_2 \\ 0, & \text{otherwise} \end{cases} \tag{2.12}$$

가 됩니다. $x(t)$와 $x_1(t)$는 이미 주어진 신호로서 우리가 유일하게 할 수 있는 일은 최적의 c를 구하는 것입니다. 이를 위해 평균 제곱 오차MSE : Mean Square Error $E[|e(t)|^2]$를 최소화하는 c를 구하는 것입니다.

왜 오차의 제곱을 고려할까요? 오차는 양과 음의 방향성이 있으므로 단순히 구간 $[t_1, t_2]$에서 각 시각에서의 오차를 합한 결과는 오차의 전체 양이 될 수 없습니다. 이 점을 고려할 때, 제곱이 오차의 전체 양을 잘 표현하고 가장 계산하기 편한 방법입니다.

일반적으로 c에 따른 평균 제곱 오차의 예는 [그림 2-8]과 같이 나타낼 수 있습니다. 그러나 모든 신호가 [그림 2-8]과 같은 모양으로 나타나는 것은 아닙니다. 여기서 중요한 것은 c의 어떤 특정한 값에서 $E[|e(t)|^2]$가 최소점을 가진, 아래로 볼록한 모양입니다. 이러한 모양의 함수를 컨벡스convex 함수라고 하며, [그림 2-8]에서 이 함수는 $c = c_{opt}$일 때 최소의 MSE를 가집니다.

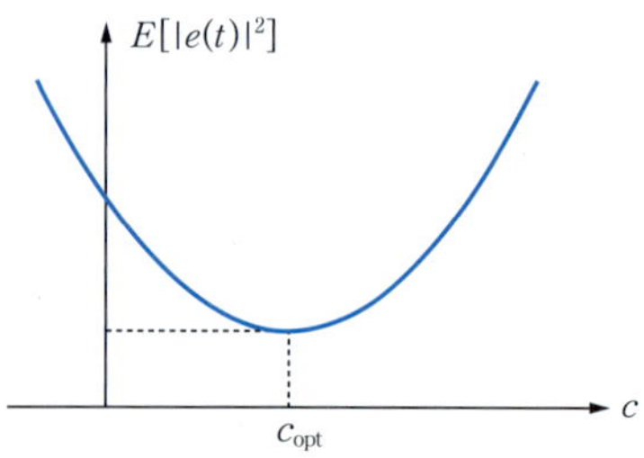

[그림 2-8] c에 따른 평균 오차 전력의 예

평균 제곱 오차 $E[|e(t)|^2]$가 최소인 $c = c_{opt}$를 찾는 것은 $E[|e(t)|^2]$의 기울기가 0이 되는 c를 찾는 것과 같습니다. 그러므로 평균 제곱 오차는

$$E_e = E[|e(t)|^2] = \frac{1}{t_2 - t_1}\int_{t_1}^{t_2} |e(t)|^2 dt = \frac{1}{t_2 - t_1}\int_{t_1}^{t_2} |x(t) - cx_1(t)|^2 dt \tag{2.13}$$

가 되고, $x(t)$, $x_1(t)$, c가 실수인 경우

$$\begin{aligned}\frac{dE_e}{dc}&=\frac{1}{t_2-t_1}\frac{d}{dc}\int_{t_1}^{t_2}|x(t)-cx_1(t)|^2dt\\&=-\frac{2}{t_2-t_1}\int_{t_1}^{t_2}x(t)x_1(t)\,dt+\frac{2c}{t_2-t_1}\int_{t_1}^{t_2}x_1^2(t)\,dt=0\end{aligned} \tag{2.14}$$

가 됩니다. 따라서

$$c=\frac{\int_{t_1}^{t_2}x(t)x_1(t)\,dt}{\int_{t_1}^{t_2}x_1^2(t)\,dt}=\frac{1}{E_{x_1}}\int_{t_1}^{t_2}x(t)x_1(t)\,dt \tag{2.15}$$

입니다. 여기서 $E_{x_1}=\int_{t_1}^{t_2}x_1^2(t)\,dt$는 신호 $x_1(t)$의 에너지입니다. 에너지를 정의한 식 (2.3)에서 관측 시간은 $(-\infty,\ \infty)$이지만, 신호는 관심 구간 $[t_1,\ t_2]$에만 존재한다고 보기 때문입니다. **만약 $c=0$이면 두 신호 $x(t)$와 $x_1(t)$는 구간 $[t_1,\ t_2]$에서 직교한다고 합니다.**

복소 신호의 경우, 식 (2.15)는 다음과 같이 표현됩니다.

$$c=\frac{1}{E_{x_1}}\int_{t_1}^{t_2}x(t)x_1^*(t)\,dt \tag{2.16}$$

여기서 *는 복소 공액complex conjugation을 의미합니다. **이 책에서는 특별한 언급이 없으면 모든 신호는 실수 신호를 의미합니다.**

상관계수

두 신호 $x(t)$와 $x_1(t)$의 유사성을 상관계수correlation coefficient라고 하며 다음과 같이 구합니다.

$$\rho_{x,x_1}=\frac{1}{\sqrt{E_xE_{x_1}}}\int_{-\infty}^{\infty}x(t)x_1^*(t)\,dt,\quad -1\le\rho_{x,x_1}\le 1 \tag{2.17}$$

$\rho_{x,x_1}=0$은 두 신호가 직교함을 의미합니다. 식 (2.15)와 식 (2.16)을 통해 어떤 신호를 다른 신호로 표현하는 것은 식 (2.17)과 같이 닮음의 정도를 찾는 것과 유사함을 알 수 있습니다.

그런데 식 (2.17)에서 상관계수를 정의할 때 왜 두 신호의 에너지로 나누어 정규화normalization할까요? 상관계수를 알아보기 위해 레이더radar를 예로 들어 설명하겠습니다. 레이더는 짧은 길이의 정현파를 쏘아 반사된 신호가 도착한 시간과 크기에 따라 물체의 크기 및 물체까지의 거리를 추정합니다. 예를 들어 아주 멀리 떨어진 비행기에서 반사된 레이더 신호는 크기가 아주 작아도 동일한 레이더에서 쏜 신호입니다. 동일한 신호가 돌아왔으므

로 유사성은 1입니다. 이처럼 **신호의 크기와 상관없이 유사성을 표현하기 위해 신호의 크기로 정규화하는 것입니다.** 그런데 **유사성이 -1이라면 두 신호는 어느 정도 닮은꼴일까요?** 통신의 문제로 생각해볼 때, 신호 $x(t)$를 보내면 받는 쪽에서는 $-x(t)$를 받는 셈입니다. 부호가 항상 바뀐다는 점만 안다면 통신에는 전혀 지장이 없을 것입니다. 그러므로 유사도가 -1이라는 것은 유사도가 1이라는 것과 일맥상통한다고 할 수 있습니다.

신호 직교성의 의미

신호가 직교한다는 것은 관심 구간에서 두 신호의 닮은 정도가 0이라는 의미입니다. 두 신호가 직교하면 두 신호 성분이 섞이더라도 분리할 수 있습니다. 신호의 직교성orthogonality을 설명하기 위해 두 신호 $x_1(t)=\cos 200\pi t$와 $x_2(t)=\sin 200\pi t$를 생각해 봅시다. 두 신호의 주파수는 100[Hz]로 주기가 0.01초입니다. 관심 시간이 [0, 0.01]초일 때, 이 구간에서 식 (2.15)의 적분은 0이 되므로 두 신호는 서로 직교한다고 할 수 있습니다.

직교의 현실적 특성을 알기 위해, $x(t)=ax_1(t)+bx_2(t)=a\cos 200\pi t+b\sin 200\pi t$가 시간 [0, 0.01]초 사이에 존재한다고 가정하겠습니다. 신호 $x(t)$에 $\cos 200\pi t$를 곱해 [0, 0.01]초 동안 적분하면 다음과 같이 됩니다.

$$\int_0^{0.01}(a\cos^2 200\pi t+b\sin 200\pi t\cos 200\pi t)\,dt=0.005a$$

마찬가지로 $x(t)\sin 200\pi t$를 [0, 0.01]초 동안 적분하면 $0.005b$를 구할 수 있습니다. 그러므로 직교하는 신호를 섞더라도 두 신호의 직교성 덕분에 각 신호의 성분을 분리해낼 수 있습니다.

CDMACode Division Multiple Access라는 이동통신 방식은 기지국에서 사용자 휴대전화로 여러 사용자의 통신 신호를 동시에 섞어서 보냅니다. 이렇게 해도 통신에 문제가 없는 것은 사용자들의 신호를 서로 직교하는 신호에 곱해 보내기 때문입니다. 즉 직교성의 원리를 이용하는 것이지요.

직교 신호 집합을 이용한 신호의 표현

논의를 확장하여 $x_1(t)$와 $x_2(t)$가 주어졌을 때, 신호 $x(t)$를 $x(t)\simeq c_1x_1(t)+c_2x_2(t)$로 나타내는 경우를 생각해 봅시다. $x(t)$를 가장 효율적으로 표현할 $x_1(t)$와 $x_2(t)$는 어떤 신호여야 할까요? 예를 들어 사과의 품질을 당도, 크기, 무게로 정할 경우, 크기와 무게는 대체로 비례하므로 크기로만 분류해도 될 것입니다. 하지만 당도와 무게는 서로 관련이 없는 특징이므로 당도와 크기만으로도 사과의 품질을 나타낼 수 있겠지요. 이와 같이 **신호를 다른 신호의 조합으로 표현할 때 전혀 유사성이 없는 대표 신호들로 나타내는 것이 가장 효율적입니다. 서로 상관없는 대표 신호, 즉 직교하는 대표 신호 $x_1(t)$와 $x_2(t)$를 기저 함수**basis function**라고 합니다.**

연속 신호 $x(t)$가 구간 $[t_1,\ t_2]$에서 N개의 서로 직교하는 주어진 기저 함수 $x_n(t)$ $(n=1,\ 2,\ \cdots N)$로 표현될 때

$$x(t)=c_1x_1(t)+c_2x_2(t)+\cdots+c_Nx_N(t)=\sum_{n=1}^{N}c_nx_n(t),\quad t_1\le t\le t_2 \tag{2.18}$$

입니다. 여기서 계수 c_n은 앞에서 본 MSE를 최소화하는 방향으로 해석하면

$$c_n=\frac{1}{E_{x_n}}\int_{t_1}^{t_2}x(t)x_n^*(t)\,dt,\qquad n=1,\ 2,\ \ldots,\ N \tag{2.19}$$

입니다. 그리고 기저 함수들은 서로 직교하는 다음과 같은 성질이 있습니다.

$$\int_{t_1}^{t_2}x_m(t)x_n^*(t)\,dt=\begin{cases}0 & m\ne n\\ E_{x_n} & m=n\end{cases} \tag{2.20}$$

여기서 중요한 것은 구간 $[t_1,\ t_2]$에만 관심을 갖는다는 점입니다. 그 외의 구간은 어떤 결과가 나오든 상관없다는 것입니다.

신호를 기저 함수로 표현하면 덤으로 **파시발[6]의 정리**Parseval's theorem**를 얻을 수 있습니다. 이는 구간 $[t_1,\ t_2]$에서 신호 $x(t)$의 에너지는 다음과 같이 기저 함수 성분의 에너지 합으로 표현된다는 것입니다.**

$$E_x=c_1^2E_{x_1}+c_2^2E_{x_2}+c_3^2E_{x_3}+\cdots=\sum\nolimits_n c_n^2E_{x_n} \tag{2.21}$$

예를 들어 $x(t)=c_1x_1(t)+c_2x_2(t)$일 때, $x^2(t)=c_1^2x_1^2(t)+c_2^2x_2^2(t)+2c_1c_2x_1(t)x_2(t)$가 되어 구간 $[t_1,\ t_2]$에서 적분을 하면 마지막 항은 직교성에 의해 0이 되므로 $E_x=c_1^2E_{x_1}+c_2^2E_{x_2}$입니다. 또한 **주어진 구간 $[t_1,\ t_2]$에서 신호 $x(t)$의 평균 전력도 다음과 같이 기저 함수 성분의 평균 전력 합으로 표현된다는 것입니다.**

$$P_x=c_1^2P_{x_1}+c_2^2P_{x_2}+c_3^2P_{x_3}+\cdots=\sum\nolimits_n c_n^2P_{x_n} \tag{2.22}$$

파시발의 정리는 신호의 에너지 또는 전력을 구하는 한 방법입니다. 이 방법을 이용하면 원 신호 $x(t)$로부터 직접 에너지나 전력을 구할 때보다 계산이 간단할 가능성이 있습니

6 파시발(Marc-Antoine Parseval des Chênes, 1755~1836)은 프랑스의 수학자입니다. 파시발의 정리는 레일리의 에너지 정리(Rayleigh's energy theorem) 또는 레일리 항등식(Rayleigh's identity)이라고도 합니다.

다. 그러므로 파시발의 정리는 에너지나 전력을 구하는 새로운 도구입니다.

예제 2-4

시간 $[-1, 5]$초에서 다음 그림과 같은 신호 $x(t)$, $x_1(t)$, $x_2(t)$, $x_3(t)$에 대해 물음에 답하세요.

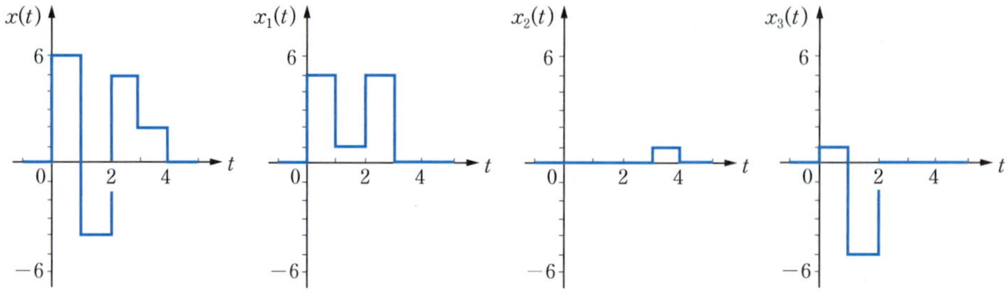

(a) (b) (c) (d)

(a) $x_1(t)$, $x_2(t)$, $x_3(t)$가 서로 직교하는 기저 함수가 될 수 있는지 판단하세요.

(b) $x(t)=c_1x_1(t)+c_2x_2(t)+c_3x_3(t)$로 나타내기 위한 계수 c_1, c_2, c_3를 구하세요.

(c) (b)에서 구한 결과를 이용하여 파시발의 정리가 만족함을 보이세요.

(d) $x(t)$를 $x_1(t)$, $x_2(t)$, $x_3(t)$와 각각 적분하면 (b)에서 구한 c_1, c_2, c_3를 구할 수 있다는 것을 보이세요.

풀이

(a) 기저 함수가 되려면 신호 간의 상관관계가 0인 직교성을 가져야 합니다. 각 신호 간의 직교성을 확인하면

$$\int_{-\infty}^{\infty} x_1(t)x_2(t)\,dt=0$$

$$\int_{-\infty}^{\infty} x_1(t)x_3(t)\,dt=0$$

$$\int_{-\infty}^{\infty} x_2(t)x_3(t)\,dt=0$$

을 만족하므로 서로 직교하는 기저 함수가 될 수 있습니다.

(b) $x(t)=c_1x_1(t)+c_2x_2(t)+c_3x_3(t)$를 시간 구간에 따라

$$x(t)=\begin{cases} 6=5c_1+c_3, & 0\le t<1 \\ -4=c_1-5c_3, & 1\le t<2 \\ 5=5c_1, & 2\le t<3 \\ 2=c_3, & 3\le t<4 \\ 0, & \text{otherwise} \end{cases}$$

로 표현할 수 있습니다. 이 연립방정식을 풀면 $c_1=1$, $c_2=2$, $c_3=1$입니다.

(c) 각 신호의 에너지를 구하면 다음과 같습니다.

$$E_x=\int_{-1}^{5} x^2(t)\,dt=6^2+(-4)^2+5^2+2^2=81$$

$$E_{x_1}=\int_{-1}^{5} x_1^2(t)\,dt=5^2+1^2+5^2=51$$

$$E_{x_2}=\int_{-1}^{5} x_2^2(t)\,dt=1$$

$$E_{x_3}=\int_{-1}^{5} x_3^2(t)\,dt=1^2+(-5)^2=26$$

파시발의 정리에 따르면 다음과 같으므로 식 (2.21)을 만족합니다.

$$c_1^2E_{x_1}+c_2^2E_{x_2}+c_3^2E_{x_3}=E_{x_1}+2^2E_{x_2}+E_{x_3}=51+4+26=81$$

따라서 파시발의 정리를 만족함을 알 수 있습니다.

(d) $x(t)$와 각 기저 신호 $x_1(t)$, $x_2(t)$, $x_3(t)$를 적분하면

$$\int_{-1}^{5} x(t)x_1(t)\,dt=30-4+25=51=c_1E_{x_1}$$

$$\int_{-1}^{5} x(t)x_2(t)\,dt=2=c_2E_{x_2}$$

$$\int_{-1}^{5} x(t)x_3(t)\,dt=6+20=26=c_3E_{x_3}$$

가 됩니다. 그러므로 $c_1=1$, $c_2=2$, $c_3=1$입니다. 이 예제를 통해 식 (2.19)가 만족함을 알 수 있습니다.

핵심포인트 **주어진 함수를 이용한 신호의 근사화**

시간 $t_1\le t\le t_2$에 존재하는 신호 $x(t)$를 $x(t)\cong\sum_{n=1}^{N} c_nx_n(t)$로 표현하기 위한 계수 c_n은 $x(t)$와 $\sum_{n=1}^{N} c_nx_n(t)$의 차이의 평균 전력을 최소화하는 방향으로 찾아야 합니다. 그 결과는 다음과 같습니다.

$$c_n=\frac{\int_{t_1}^{t_2} x(t)x_n^*(t)\,dt}{\int_{t_1}^{t_2} x_n(t)x_n^*(t)\,dt}\qquad n=1,\ 2,\ \cdots,\ N$$

$x_i(t)$와 $x_j(t)$는 $i\ne j$일 때, 서로 직교합니다.

핵심포인트 **상관계수**

두 신호가 닮은 정도를 계산하는 척도를 상관계수라 하고, 두 신호의 상관성이 0인 경우 두 신호가 직교한다고 합니다.

2.4 삼각 푸리에 급수 전개

푸리에는 $x(t)$를 시간 $[t_1,\ t_1+T]$ 구간에서 기저 함수의 조합으로 표현하기 위해 기저 함수로 $\{1,\ \cos\omega_0 t,\ \cos 2\omega_0 t,\ \cdots,\ \cos n\omega_0 t,\ \cdots,\ \sin\omega_0 t,\ \sin 2\omega_0 t,\ \cdots,\ \sin n\omega_0 t,\ \cdots\}$를 사용했습니다. 여기서 $\omega_0=2\pi/T$[rad/s]는 주기가 T초인 신호의 각주파수radian frequency를 의미합니다. 이것을 **삼각 푸리에 급수**trigonometric Fourier series라고 합니다.

통신에서는 신호를 푸리에 급수로 표현하면 신호에 포함된 주파수별 정현파 성분을 파악할 수 있으므로, 이 신호를 전달하는 데 필요한 통신 매질의 주파수 특성을 결정할 수 있습니다.

푸리에 급수와 푸리에 계수

푸리에 급수Fourier series로 신호를 표현하기 전에 푸리에 급수 표현에 사용되는 기저 함수 1, $\cos n\omega_0 t$, $\sin n\omega_0 t$(n은 자연수) 사이의 직교성을 확인해 보겠습니다. 즉,

$$\begin{aligned}
&\int_{t_1}^{t_1+T} 1\cdot\cos(n\omega_0 t)dt=\int_{< T >} 1\cdot\sin(n\omega_0 t)dt=0\\
&\int_{\langle T\rangle}\cos(n\omega_0 t)\cos(m\omega_0 t)dt=\begin{cases}0, & n\neq m\\ T/2, & m=n\neq 0\end{cases}\\
&\int_{\langle T\rangle}\sin(n\omega_0 t)\sin(m\omega_0 t)dt=\begin{cases}0, & n\neq m\\ T/2, & m=n\neq 0\end{cases}\\
&\int_{\langle T\rangle}\sin(n\omega_0 t)\cos(m\omega_0 t)dt=0 \text{ for all } n \text{ and } m
\end{aligned} \tag{2.23}$$

이 되므로 기저 함수 간의 직교 조건을 만족합니다. 여기서 $< T >$는 신호의 시간 간격이 T초인 관심 구간 $[t_1,\ t_1+T]$를 의미하고, m은 자연수입니다. 그러므로 식 (2.18)에 따라 신호의 푸리에 급수 표현은

$$x(t) = a_0 + a_1 \cos\omega_0 t + a_2 \cos 2\omega_0 t + \cdots + b_1 \sin\omega_0 t + b_2 \sin 2\omega_0 t + \cdots$$
$$= a_0 + \sum_{n=1}^{\infty} (a_n \cos n\omega_0 t + b_n \sin n\omega_0 t), \quad t_1 \le t \le t_1 + T \tag{2.24}$$

로 나타낼 수 있습니다. 그리고 $[t_1,\ t_1+T]$ 구간에서 1의 에너지는 T, $\cos n\omega_0 t$와 $\sin n\omega_0 t$의 에너지는 모두 $T/2$입니다. 그러므로 계숫값은 식 (2.19)에 따라서 다음과 같습니다.

$$a_0 = \frac{1}{T}\int_{\langle T\rangle} x(t)\,dt$$
$$a_n = \frac{2}{T}\int_{\langle T\rangle} x(t)\cos n\omega_0 t dt, \quad n = 1,\ 2,\ 3,\ \cdots \tag{2.25}$$
$$b_n = \frac{2}{T}\int_{\langle T\rangle} x(t)\sin n\omega_0 t dt, \quad n = 1,\ 2,\ 3,\ \cdots$$

이를 **푸리에 계수**Fourier coefficient라고 합니다. 푸리에 계수 a_0는 신호의 직류 성분을, a_n과 b_n은 신호에 포함된 주파수 $n\omega_0$인 정현파 성분의 크기를 나타냅니다.

[그림 2-9]에 시간 영역 신호와 이 신호의 푸리에 급수 전개의 관계를 3차원으로 표현했습니다. 이 그림은 시간 영역의 신호가 1, 2, 3[Hz]인 3개의 주파수 성분을 가진 정현파 신호로 구성되어 있음을 나타내고 있습니다. 이 그림에서 주파수가 다른 정현파 신호들을 합한 신호 또한 주기 신호가 됨을 알 수 있습니다. 그러므로 **푸리에 급수 전개는 관심 있는 시간 영역에서만 원 신호와 동일하고 그 결과는 주기 신호가 됩니다.**

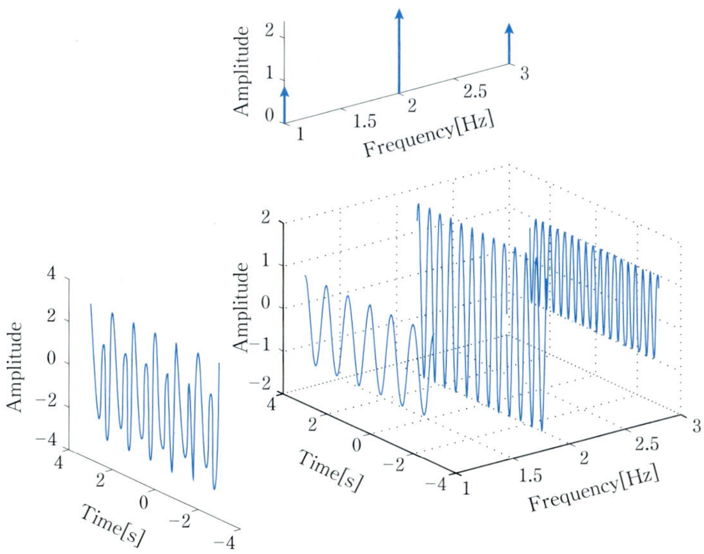

[그림 2-9] 푸리에 급수 전개에서 시간 및 주파수 영역 파형의 관계

핵심포인트 **푸리에 급수 전개**

푸리에는 서로 직교하는 정현파를 이용하여 주기 신호를 급수 전개하는 방법을 제안했는데, 이를 푸리에 급수 전개라고 합니다. 푸리에 급수 전개로 주기 신호가 가진 정현파 성분을 파악할 수 있습니다.

통신에서 푸리에 급수 전개는 신호의 주파수 특성 파악을 위한 매우 중요한 부분입니다. 주어진 신호에 대해 시간 $[t_1,\ t_1+T]$ 구간에서 $x(t)$를 푸리에 급수로 표현하면 다음과 같습니다.

■ 푸리에 급수

$$\begin{aligned} x(t) &= a_0 + a_1\cos\omega_0 t + a_2\cos 2\omega_0 t + \cdots + b_1\sin\omega_0 t + b_2\sin 2\omega_0 t + \cdots \\ &= a_0 + \sum_{n=1}^{\infty}(a_n\cos n\omega_0 t + b_n\sin n\omega_0 t), \quad t_1 \le t \le t_1 + T \end{aligned}$$

■ 푸리에 계수

$$a_0 = \frac{1}{T}\int_{\langle T\rangle} x(t)\,dt$$

$$a_n = \frac{2}{T}\int_{\langle T\rangle} x(t)\cos n\omega_0 t\,dt, \quad n=1,\ 2,\ 3,\ \cdots$$

$$b_n = \frac{2}{T}\int_{\langle T\rangle} x(t)\sin n\omega_0 t\,dt, \quad n=1,\ 2,\ 3,\ \cdots$$

푸리에 급수를 코사인 항으로만 표현하기

식 (2.24)에서 사인과 코사인은 위상만 $\pi/2$ 다르다는 점을 이용하면 푸리에 급수 전개를 다음과 같이 코사인 항만으로도 나타낼 수 있습니다.

$$x(t) = c_0 + \sum_{n=1}^{\infty} c_n\cos(n\omega_0 t + \theta_n) \tag{2.26}$$

여기서 계수 c_0와 c_n은

$$a_0 = c_0,\ c_n = \sqrt{a_n^2 + b_n^2},\ \theta_n = \tan^{-1}(-b_n/a_n),\ n=1,\ 2,\ 3,\ \cdots \tag{2.27}$$

입니다. 그리고 $\cos(\omega_0 t + \theta_1)$을 기본파[fundamental], $\cos(n\omega_0 t + \theta_n)$을 n차 고조파[harmonics]라고 합니다. 여기서 혼동하기 쉬운 점은 위상 θ_n입니다. 이는 식 (2.24)를

$$\begin{aligned} a_n\cos n\omega_0 t + b_n\sin n\omega_0 t &= a_n\cos n\omega_0 t + b_n\cos(n\omega_0 t - \pi/2) \\ &= \mathrm{Re}\{(a_n + b_n e^{-j\pi/2})\,e^{jn\omega_0 t}\} \\ &= \mathrm{Re}[\{a_n + b_n\cos(\pi/2) - jb_n\sin(\pi/2)\}\,e^{jn\omega_0 t}] \\ &= \mathrm{Re}[(a_n - jb_n)\,e^{jn\omega_0 t}] = \mathrm{Re}\{c_n e^{j\theta_n} e^{jn\omega_0 t}\} = c_n\cos(n\omega_0 t + \theta_n) \end{aligned} \tag{2.28}$$

로 나타낼 수 있습니다. 여기서 Re{·}은 복소수의 실수부를 의미합니다. 또는 $a_n \cos n\omega_0 t + b_n \sin n\omega_0 t = a_n \cos n\omega_0 t + b_n \cos(n\omega_0 t - \pi/2)$를 [그림 2-10]과 같이 $\cos n\omega_0 t$에 대한 크기와 위상의 페이저 다이어그램[7]으로도 표현할 수 있습니다.

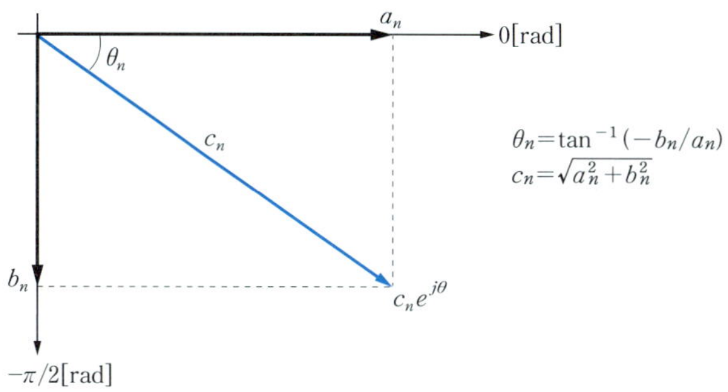

[그림 2-10] 삼각 푸리에 급수 계수에서 사인 항과 코사인 항의 관계

푸리에 급수 전개가 가능하려면 신호 $x(t)$는 다음과 같은 디리클레[8] 조건Dirichlet condition을 만족해야 합니다.

❶ 한 주기 동안 절댓값의 적분이 가능해야 합니다.

$$\int_{<T>} |x(t)| dt < \infty \tag{2.29}$$

❷ 함수 $x(t)$는 한 주기 동안 유한 개수의 최댓값과 최솟값을 가져야 합니다.

❸ 어떤 주어진 구간에 유한한 수의 불연속이 존재해야 합니다.

예제 2-5

다음 파형의 삼각 푸리에 급수 전개를 구하세요.

(a) $x(t) = |t|, \quad -\pi < t < \pi$

(b) $x(t) = t^2, \quad -1 < t < 1$

(c) $x(t) = \begin{cases} 0, & -\pi < t < 0 \\ 1, & 0 < t < \pi \end{cases}$

(d) $x(t) = \begin{cases} 2, & -1 < t < 0 \\ t, & 0 < t < 1 \end{cases}$

7 페이저 다이어그램(phasor diagram)은 동일한 주파수의 정현파를 크기와 위상의 항으로 표현한 그림입니다.
8 디리클레(Peter Gustav Lejeune Dirichlet, 1805~1859)는 독일의 수학자로 편미분방정식과 주기 급수 등의 분야를 연구했습니다.

풀이

(a) 관심 구간이 $-\pi\le t\le\pi$이므로 $T=2\pi$가 됩니다. 따라서 $\omega_0=\dfrac{2\pi}{T}=1$,

$$a_0=\frac{1}{2\pi}\int_{-\pi}^{\pi}|t|dt=\frac{1}{\pi}\int_0^{\pi}tdt=\frac{1}{\pi}\frac{\pi^2}{2}=\frac{\pi}{2}$$

$$a_n=\frac{1}{\pi}\int_{-\pi}^{\pi}|t|\cos ntdt=\frac{2}{\pi}\int_0^{\pi}t\cos ntdt$$

$$=\frac{2}{\pi}\left(\left[\frac{t\sin nt}{n}\right]_0^{\pi}-\int_0^{\pi}\frac{\sin nt}{n}dt\right)=\frac{2}{\pi}\left[\frac{\cos nt}{n^2}\right]_0^{\pi}=\frac{2\{(-1)^n-1\}}{\pi n^2}$$

$$b_n=\frac{1}{\pi}\int_{-\pi}^{\pi}|t|\sin ntdt=0$$

입니다. b_n은 $|t|$가 우대칭, $\sin nt$는 기대칭이므로 두 함수의 곱은 기대칭이 됩니다. $[-\pi,\ \pi]$에서 기대칭 함수의 적분은 0이 되므로 $b_n=0$입니다. 그러므로

$$x(t)=\frac{\pi}{2}+\frac{2}{\pi}\sum_{n=1}^{\infty}\frac{(-1)^n-1}{n^2}\cos nt,\ -\pi\le t\le\pi$$

입니다. $x(t)=|t|$를 구간 $-\pi<t<\pi$에서 푸리에 급수 전개를 했으나, 푸리에 급수의 결과는 모든 시간에 걸쳐 주기가 2π인 주기 함수가 됩니다.

(b) 관측 시간의 길이 $T=2$이므로 $\omega_0=\dfrac{2\pi}{T}=\pi$

$$a_0=\frac{1}{2}\int_{-1}^{1}t^2dt=\frac{1}{3}$$

$$a_n=\int_{-1}^{1}t^2\cos(n\pi t)\,dt=2\left(\left[\frac{t^2\sin(n\pi t)}{n\pi}\right]_0^1-\frac{2}{n\pi}\int_0^1 t\sin(n\pi t)\,dt\right)=\frac{4(-1)^n}{(n\pi)^2}$$

$$b_n=\int_{-1}^{1}t^2\sin(n\pi t)\,dt=0$$

입니다. 여기서 b_n은 기함수이므로 0이 됩니다. 따라서

$$x(t)=\frac{1}{3}+\sum_{n=1}^{\infty}(-1)^n\frac{4}{(n\pi)^2}\cos(n\pi t),\ -1\le t\le 1$$

입니다.

(c) 관측 구간의 길이 $T=2\pi$이므로 $\omega_0=\dfrac{2\pi}{T}=1$입니다.

$$a_0=\frac{1}{2\pi}\int_0^{\pi}1dt=\frac{1}{2}$$

$$a_n=\frac{1}{\pi}\int_0^{\pi}\cos ntdt=\frac{1}{\pi}\left[\frac{\sin nt}{n}\right]_0^{\pi}=0$$

$$b_n=\frac{1}{\pi}\int_0^{\pi}\sin ntdt=\frac{1}{\pi}\left[\frac{-\cos nt}{n}\right]_0^{\pi}=\frac{-(-1)^n}{\pi n}+\frac{1}{\pi n}$$

이므로

$$x(t)=\frac{1}{2}+\frac{1}{\pi}\sum_{n=1}^{\infty}\frac{1-(-1)^n}{n}\sin nt,\ -\pi\le t\le\pi$$

입니다.

(d) 관측 구간의 길이 $T=2$이므로 $\omega_0=\frac{2\pi}{T}=\pi$,

$$a_0=\frac{1}{2}\int_{-1}^{1}x(t)\,dt=\frac{1}{2}\int_{-1}^{0}2dt+\frac{1}{2}\int_{0}^{1}tdt=\frac{5}{4}$$

입니다. 그리고

$$\begin{aligned}a_n&=\int_{-1}^{1}x(t)\cos(n\pi t)\,dt=2\int_{-1}^{0}\cos(n\pi t)\,dt+\int_{0}^{1}t\cos(n\pi t)\,dt\\&=\left[\frac{2\sin(n\pi t)}{n\pi}\right]_{-1}^{0}+\left[\frac{t\sin(n\pi t)}{n\pi}+\frac{\cos(n\pi t)}{n^2\pi^2}\right]_{0}^{1}\\&=\frac{\cos(n\pi)-1}{n^2\pi^2}=\frac{(-1)^n-1}{n^2\pi^2}\end{aligned}$$

$$\begin{aligned}b_n&=\int_{-1}^{1}x(t)\sin(n\pi t)\,dt=2\int_{-1}^{0}\sin(n\pi t)\,dt+\int_{0}^{1}t\sin(n\pi t)\,dt\\&=\left[-\frac{2\cos(n\pi t)}{n\pi}\right]_{-1}^{0}+\left[-\frac{t\cos(n\pi t)}{n\pi}+\frac{\sin(n\pi t)}{n^2\pi^2}\right]_{0}^{1}\\&=-\frac{2}{n\pi}+\frac{\cos(n\pi)}{n\pi}=\frac{(-1)^n-2}{n\pi}\end{aligned}$$

이므로

$$x(t)=\frac{5}{4}+\sum_{n=1}^{\infty}\left\{\frac{(-1)^n-1}{n^2\pi^2}\cos(n\pi t)+\frac{(-1)^n-2}{n\pi}\sin(n\pi t)\right\},\quad -1<t<1$$

입니다.

2.5 지수 푸리에 급수 전개

이 절에서는 푸리에 급수 전개를 복소수 영역에서 표현하는 방법을 알아보겠습니다. 코사인 함수를 오일러[9] 공식Euler's formula에 따라 $\cos\theta=(e^{j\theta}+e^{-j\theta})/2$로 바꿔 표현하면 삼각 푸리에 급수 전개는

$$\begin{aligned} x(t) &= c_0+\sum_{n=1}^{\infty} c_n \cos(n\omega_0 t+\theta_n) \\ &= c_0+\sum_{n=1}^{\infty}\frac{c_n}{2}\{e^{j(n\omega_0 t+\theta_n)}+e^{-j(n\omega_0 t+\theta_n)}\} \\ &= c_0+\frac{1}{2}\sum_{n=1}^{\infty}(c_n e^{j\theta_n}e^{jn\omega_0 t}+c_n e^{-j\theta_n}e^{-jn\omega_0 t}) \end{aligned} \tag{2.30}$$

로 나타낼 수 있습니다. 그리고

$$\begin{aligned} a_{-n} &= \frac{2}{T}\int_{\langle T\rangle} x(t)\cos(-n\omega_0 t)\,dt=\frac{2}{T}\int_{\langle T\rangle} x(t)\cos n\omega_0 t dt=a_n \\ b_{-n} &= \frac{2}{T}\int_{\langle T\rangle} x(t)\sin(-n\omega_0 t)\,dt=-\frac{2}{T}\int_{\langle T\rangle} x(t)\sin n\omega_0 t dt=-b_n \end{aligned} \tag{2.31}$$

이므로 $c_{-n}=\sqrt{a_{-n}^2+b_{-n}^2}=c_n$, $\theta_{-n}=\tan^{-1}(-b_{-n}/a_{-n})=\tan^{-1}(b_n/a_n)=-\theta_n$ 입니다. 따라서 식 (2.30)은

$$\begin{aligned} x(t) &= c_0+\sum_{n=1}^{\infty}\frac{c_n}{2}e^{j\theta_n}e^{jn\omega_0 t}+\sum_{n=-\infty}^{-1}\frac{c_{-n}}{2}e^{-j\theta_{-n}}e^{jn\omega_0 t} \\ &= c_0+\sum_{n=1}^{\infty}\frac{c_n}{2}e^{j\theta_n}e^{jn\omega_0 t}+\sum_{n=-\infty}^{-1}\frac{c_n}{2}e^{j\theta_n}e^{jn\omega_0 t} \\ &= c_0+\sum_{n=-\infty,\,n\neq 0}^{\infty}\left(\frac{c_n}{2}e^{j\theta_n}\right)e^{jn\omega_0 t}=\sum_{n=-\infty}^{\infty} D_n e^{jn\omega_0 t} \end{aligned} \tag{2.32}$$

와 같이 나타낼 수 있는데, 이를 **지수 푸리에 급수 전개**exponential Fourier series라고 합니다. 그리고 이것의 푸리에 계수 D_n은 다음과 같습니다.

$$D_n=\begin{cases} c_0, & n=0 \\ (c_n/2)\,e^{j\theta_n}, & n=\pm1,\ \pm2,\ \cdots \end{cases} \tag{2.33}$$

복소 지수 함수의 직교성

식 (2.32)의 지수 푸리에 급수 전개에서 기저 함수는 다음과 같은 복소 지수 함수입니다.

---

9 오일러(Leonhard Euler, 1707~1783)는 스위스의 수학자이자 물리학자로 그래프 이론과 미적분학에 큰 업적을 남겼습니다. 오일러수 또는 오일러 상수라고도 불리는 $e=\lim_{x\to\infty}(1+1/n)^n=2.71828\cdots$ 입니다.

$$e^{jn\omega_0 t}\,(n=0,\ \pm 1,\ \pm 2,\ \cdots)$$

복소 지수 함수가 서로 직교성을 유지하는지를 확인해봅시다. T 구간 동안 복소 지수 함수 간의 상관성은

$$\int_{\langle T\rangle} e^{jm\omega_0 t}(e^{jn\omega_0 t})^* dt = \int_{\langle T\rangle} e^{j(m-n)\omega_0 t} dt = \begin{cases} 0, & m \neq n \\ T, & m = n \end{cases} \tag{2.34}$$

를 만족하므로 직교 함수입니다. 그러므로 푸리에 급수 전개를 위한 기저 함수를 $x_n(t)=e^{jn\omega_0 t}$로 정하면 푸리에 급수 전개는

$$x(t)=\sum_{n=-\infty}^{\infty} D_n x_n(t)=\sum_{n=-\infty}^{\infty} D_n e^{jn\omega_0 t} \tag{2.35}$$

가 되고, 푸리에 계수는

$$D_n=\frac{\int_{\langle T\rangle} x(t)\,x_n^*(t)\,dt}{\int_{\langle T\rangle} |x_n(t)|^2 dt}=\frac{1}{T}\int_{\langle T\rangle} x(t)\,e^{-jn\omega_0 t}dt=|D_n|e^{j\theta_n},\ n=0,\ \pm 1,\ \pm 2,\ \cdots \tag{2.36}$$

이 됩니다. 여기서 $|D_n|$은 D_n의 진폭, θ_n은 위상입니다.

음의 주파수

식 (2.32)에는 음의 주파수 $-\omega$ 성분이 나타납니다. $e^{jn\omega_0 t}=\cos n\omega_0 t+j\sin n\omega_0 t$에서 $n=-1$일 때, $\cos(-\omega_0 t)=\cos(\omega_0 t)=\sin(\omega_0 t+\pi/2)$, $\sin(-\omega_0 t)=-\sin(\omega_0 t)$입니다. 따라서 음의 주파수는 양의 주파수 관점에서 봐도 아무런 차이가 없으므로 물리적으로 음과 양의 주파수는 차이가 없다고 할 수 있습니다. **수학적 편의에 따라 실수 함수를 복소 지수 함수의 항으로 급수 전개를 하면서 음의 주파수라는 개념이 만들어진 것입니다.**

진폭/위상 스펙트럼

각주파수 ω에 따라 진폭 $|D_n|$을 그림으로 표현한 것을 **진폭 스펙트럼**amplitude spectrum 또는 선 스펙트럼line spectrum이라 하고, ω에 따라 위상 θ_n을 그림으로 표현한 것을 **위상 스펙트럼**phase spectrum이라고 합니다. 진폭과 위상 스펙트럼을 통해 신호에 포함된 각주파수가 $n\omega_0$인 정현파의 성분을 파악할 수 있습니다.

푸리에 급수로 전개된 신호의 전력을 구하기 위해 파시발의 정리를 적용하면 $x(t)$의 전력은

$$
\begin{aligned}
P_x &= \frac{1}{T}\int_{-T/2}^{T/2} |x(t)|^2 dt \\
&= \frac{1}{T}\int_{-T/2}^{T/2} x(t)\,x^*(t)\,dt \\
&= \frac{1}{T}\int_{-T/2}^{T/2} \sum_{m=-\infty}^{\infty} D_m e^{jm\omega_0 t} \sum_{n=-\infty}^{\infty} D_n^* e^{-jn\omega_0 t} dt \\
&= \sum_{m=-\infty}^{\infty} D_m \sum_{n=-\infty}^{\infty} D_n^* \frac{1}{T}\int_{-T/2}^{T/2} e^{j(m-n)\omega_0 t} dt \\
&= \sum_{n=-\infty}^{\infty} |D_n|^2
\end{aligned}
\tag{2.37}
$$

로 나타낼 수 있습니다. 여기서 마지막 항은 식 (2.34)로부터 $n=m$인 경우에만 적분값이 존재하기 때문입니다. 식 (2.37)에서 적분 구간을 $[-T/2,\ \ T/2]$로 정한 이유는, 푸리에 급수로 표현된 신호가 주기 함수이기 때문입니다.

예제 2-6

[예제 2-5(d)]의 파형에 대해 지수 푸리에 급수로 전개하세요. 그리고 진폭과 위상 스펙트럼을 그림으로 나타내세요.

풀이

$T=2$, $\omega_0=\frac{2\pi}{T}=\pi$이므로 $D_0=a_0=\frac{5}{4}$이며, $n\neq 0$에서 식 (2.36)으로부터

$$
\begin{aligned}
D_n &= \frac{1}{2}\int_{-1}^{1} x(t)\,e^{-jn\omega_0 t} dt \\
&= \frac{1}{2}\int_{-1}^{0} 2e^{-jn\pi t} dt + \frac{1}{2}\int_{0}^{1} te^{-jn\pi t} dt \\
&= \left.\frac{e^{-jn\pi t}}{-jn\pi}\right|_{-1}^{0} + \frac{1}{2}\left[\left.\frac{te^{-jn\pi t}}{-jn\pi}\right|_{0}^{1} + \int_{0}^{1} \frac{e^{-jn\pi t}}{jn\pi} dt\right] \\
&= \frac{1-e^{jn\pi}}{-jn\pi} + \frac{1}{2}\frac{e^{-jn\pi}}{-jn\pi} + \left.\frac{1}{2}\frac{e^{-jn\pi t}}{n^2\pi^2}\right|_{0}^{1} \\
&= \frac{1-0.5\cos(n\pi)}{-jn\pi} + \frac{1}{2}\frac{e^{-jn\pi}-1}{n^2\pi^2} \\
&= \frac{\cos(n\pi)-1}{2n^2\pi^2} + j\frac{1-0.5\cos(n\pi)}{n\pi}
\end{aligned}
$$

입니다. 그러므로 다음과 같이 나타낼 수 있습니다.

$$
x(t) = \frac{5}{4} + \sum_{\substack{n=-\infty \\ n\neq 0}}^{\infty} \left\{\frac{(-1)^n-1}{2n^2\pi^2} + j\frac{2-(-1)^n}{2n\pi}\right\} e^{jn\pi t}
$$

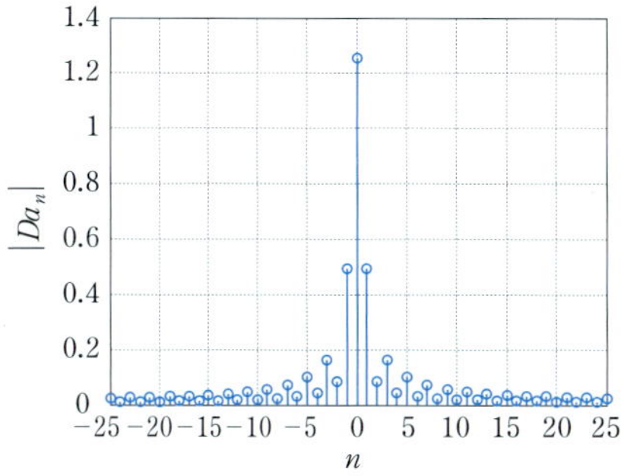

진폭 스펙트럼

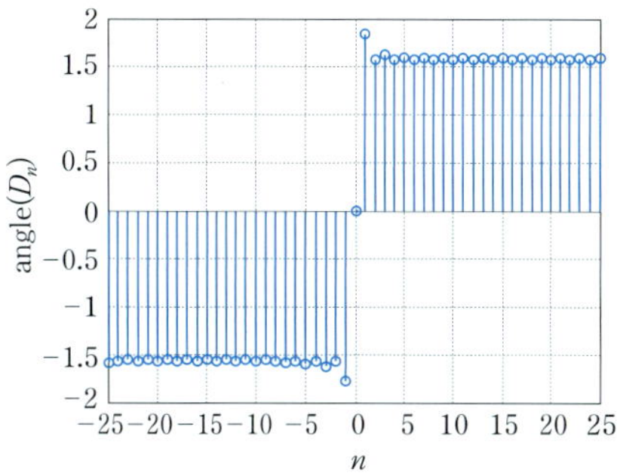

위상 스펙트럼

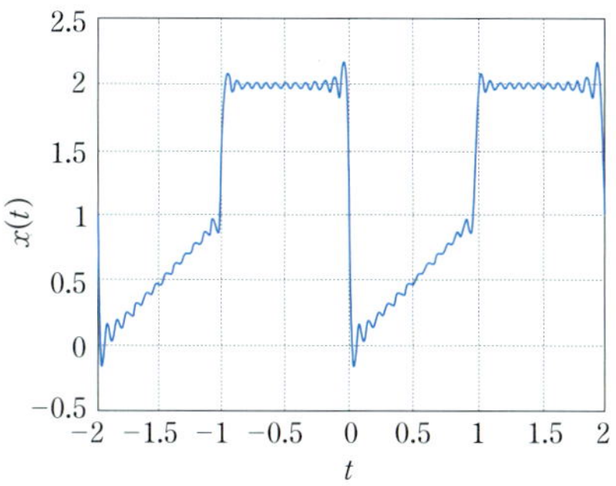

$n=25$일 때의 파형

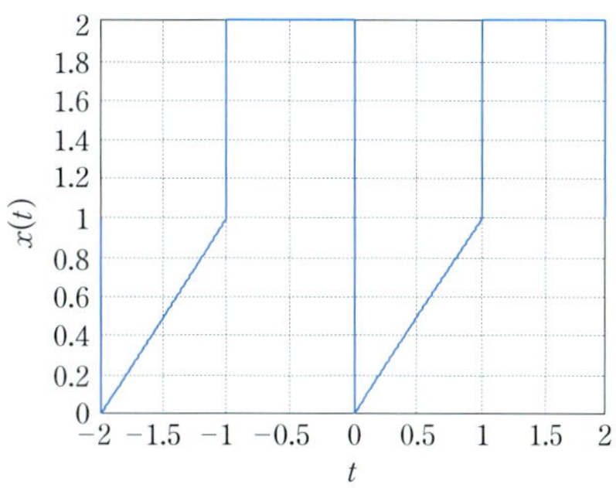

$n=25{,}000$일 때의 파형

이 예제를 통해 우리가 원하는 신호는 시간 구간 $[-1, 1]$에서의 출력이나 푸리에 급수로 전개한 신호가 주기 함수라는 것을 알 수 있습니다. 그러나 관심 구간 $[-1, 1]$에서는 원 신호와 푸리에 급수 전개 결과가 동일합니다. 그러므로 **주기 함수는 푸리에 급수로 표현한 결과가 모든 시간 영역에서 동일합니다. 비주기 함수의 경우에는 관심 구간에 대해서만 그 값이 동일한 푸리에 급수 신호가 존재하는 것입니다.**

예제 2-7

파시발의 정리를 이용하여 신호 $x(t)=\sin 200\pi t$의 전력을 구하세요.

풀이

시간 영역에서 신호의 전력을 구하면

$$P_x=100\int_{-1/200}^{1/200}\sin^2(200\pi t)\,dt=100\left[\frac{t}{2}-\frac{\sin(400\pi t)}{800\pi}\right]_{-1/200}^{1/200}=\frac{1}{2}\,[\mathrm{W}]$$

가 됩니다. 이제 푸리에 급수 전개를 통해 풀어보겠습니다. 식 (2.26)을 활용하여 푸리에 급수의 계수를 구하려면 매우 복잡하지만, 오일러 공식을 적용하면 $x(t)=(e^{j200\pi t}-e^{-j200\pi t})/(2j)$가 됩니다. $x(t)$의 주기는 $T=1/100$이고, $-\omega_0=-200\pi$ 성분이 $D_{-1}=-1/(2j)$, $\omega_0=200\pi$ 성분이 $D_1=1/(2j)$입니다. 그리고 $D_n=0,\ n\neq-1,\ 1$이 됩니다. 그러므로 파시발

의 정리를 적용하면 $P_x=|D_{-1}|^2+|D_1|^2=1/2[\mathrm{W}]$가 되어 시간 영역에서 구한 결과와 동일함을 알 수 있습니다.

핵심포인트 **주기 신호의 주파수 성분 찾기 : 푸리에 급수 전개**

주기 신호는 다음과 같이 정현파 신호 또는 지수 함수를 이용하여 표현이 가능한데, 이 모두를 푸리에 급수 전개라고 합니다.

$$x(t)=a_0+\sum_{n=1}^{\infty}(a_n\cos n\omega_0 t+b_n\sin n\omega_0 t)=c_0+\sum_{n=1}^{\infty}c_n\cos(n\omega_0 t+\theta_n)$$

$$a_0=c_0=\frac{1}{T}\int_{\langle T\rangle}x(t)\,dt$$

$$a_n=\frac{2}{T}\int_{\langle T\rangle}x(t)\cos n\omega_0 t\,dt$$

$$b_n=\frac{2}{T}\int_{\langle T\rangle}x(t)\sin n\omega_0 t\,dt$$

$$c_n=\sqrt{a_n^2+b_n^2}$$

$$\theta_n=\tan^{-1}(-b_n/a_n),\ n=1,\ 2,\ 3,\ \cdots$$

$$x(t)=\sum_{n=-\infty}^{\infty}D_n e^{jn\omega_0 t}$$

$$D_n=\frac{1}{T}\int_{\langle T\rangle}x(t)\,e^{-jn\omega_0 t}dt$$

여기서 $\omega_0=2\pi/T$입니다.

핵심포인트 **주기 신호의 평균 전력 : 파시발의 정리**

주기 신호의 평균 전력은 시간 영역뿐만 아니라 다음과 같이 푸리에 급수 전개에서 구한 계숫값을 이용하여 계산할 수 있습니다.

$$P_x=\frac{1}{T}\int_{-T/2}^{T/2}|x(t)|^2dt=\sum_{n=-\infty}^{\infty}|D_n|^2$$

핵심포인트 **삼각 푸리에 급수 전개와 지수 푸리에 급수 전개**

푸리에 급수 전개는 사인과 코사인 파형으로 나타내는 삼각 푸리에 급수 전개와 지수 함수의 조합으로 나타내는 지수 푸리에 급수 전개 방식이 있습니다. 삼각 푸리에 급수 전개와 지수 푸리에 급수 전개는 표현만 다를 뿐 동일한 결과를 얻을 수 있습니다.

Chapter 02 연습문제

2.1 다음 설명 중 잘못된 것을 바르게 고치세요.

(a) 양궁에서 화살을 과녁에 맞혔을 때, 그 점수는 디지털 값입니다.

(b) 회전문을 밀고 들어갈 때, 문이 회전한 각도는 아날로그 값입니다.

(c) 영화는 1초에 24장의 정지된 사진을 보여주지만 우리 눈의 잔상 현상 때문에 움직이는 영상으로 보입니다. 그러므로 영화는 연속 시간 신호입니다.

(d) 10초마다 한 번씩 주사위를 던져서 나오는 값을 시간에 따라 그래프로 표현한 것은 이산 시간 디지털 신호입니다.

2.2 다음 설명 중 잘못된 것을 바르게 고치세요.

(a) 자유 공간에서 신호를 보낼 때, 수신 전력은 거리의 제곱에 반비례하고 파장의 제곱에 비례합니다.

(b) 모든 신호는 에너지 신호 또는 전력 신호입니다.

(c) 전력 신호의 에너지는 무한대입니다.

(d) MP3 플레이어에서 같은 노래가 계속 반복될 때, 이 신호는 전력 신호입니다.

(e) $x(t)=2t^2$은 결정 신호이며, 방송 수신이 잘되지 않아 들리는 잡음은 랜덤 신호입니다.

2.3 다음 설명 중 잘못된 것을 바르게 고치세요.

(a) 이상적인 증폭기는 선형 시불변 시스템입니다.

(b) $\int_{-\infty}^{\infty} x(t)\delta(t-t_0)\,dt=\int_{-\infty}^{\infty} x(t)\delta(-t+t_0)\,dt$는 참입니다.

(c) 단위 계단 신호를 적분한 신호 $r(t)=\int_{-\infty}^{t} u(\tau)\,d\tau$는

$$r(t)=\begin{cases}0, & t\le 0\\ t, & t>0\end{cases}$$

인 램프ramp 신호가 됩니다.

2.4 다음 설명 중 잘못된 것을 바르게 고치세요.

(a) 2차원 공간에서 하나의 벡터는 유한 개의 직교 벡터로 표현할 수 있습니다.

(b) 임의의 두 벡터가 직교하면 두 벡터는 상관 특성이 0입니다.

2.5 다음 설명 중 잘못된 것을 바르게 고치세요.

(a) 시간 $[t_0,\ t_1]$에서 신호 $x(t)$를 삼각 푸리에 급수 전개로 표현하면 주기가 t_1-t_0인 주기 함수가 됩니다.

(b) 주기적인 구형파

$$x(t)=\begin{cases}-1, & -\pi<t<0\\ 1, & 0<t<\pi\end{cases}$$

의 삼각 푸리에 급수 전개에서 $x(t)$와 $x(t)\cos nt$는 기함수이므로 식 (2.25)에서 $a_n=0$입니다. 그리고 $x(t)\sin nt$는 우함수이므로 식 (2.25)에서 $b_n\neq 0$입니다.

2.6 다음 설명 중 잘못된 것을 바르게 고치세요.

(a) 지수 푸리에 급수 전개를 통해 나타난 고조파 성분은 삼각 푸리에 급수 전개에서도 동일하게 나타납니다.

(b) 원판을 반시계 방향으로 1초에 한 번 돌리면 회전 주파수는 1[Hz]가 되고, 동일한 주기로 시계 방향으로 돌리면 −1[Hz]입니다.

2.7 다음 신호의 평균 전력을 구하세요.

(a) $10\cos(100t+\pi/3)$

(b) $10\sin(5t)\cos(10t)$

(c) $e^{j\alpha t}\cos\omega_0 t$

(d) $x(t)=10\cos\left(2\pi f_c t+\frac{\pi}{3}\right)$

(e) $x(t)=\sqrt{50}\cos(100t)+\sqrt{50}\sin(100t)$

2.8 다음 표현을 최대한 간단히 나타내세요.

(a) $\dfrac{\sin[\pi(t-2)/2]}{t^2+4}\delta(t-1)$

(b) $\left(\dfrac{\sin k\omega}{\omega}\right)\delta(\omega)$

(c) $\displaystyle\int_{-5}^{5} 7e^{2t}(\cos t)\,\delta(t)\,dt$

(d) $\displaystyle\int_{-5}^{5} 7e^{2t}(\cos t)\,\delta(t-2)\,dt$

(e) $\displaystyle\int_{-\infty}^{\infty} g(\tau)\,\delta(t-\tau)\,d\tau$

(f) $\displaystyle\int_{-\infty}^{\infty} e^{(x-1)}\cos[\pi(x-5)]\,\delta(x-3)\,dx$

2.9 신호 $x(t)$에 대해 다음과 같이 시간을 바꾼 경우 신호의 에너지와 모양을 그림으로 나타내세요.

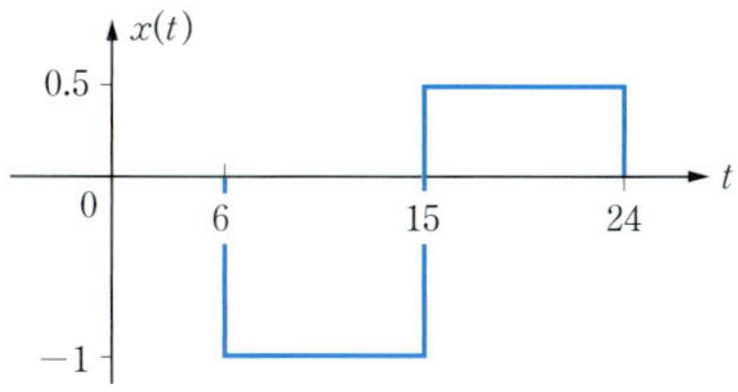

(a) $x(3t)$

(b) $x(6-t)$

2.10 에너지 신호 $x(t)$와 $y(t)$는 다음의 관계를 만족한다는 것을 증명하세요.

$$\left|\int_{-\infty}^{\infty} x(t)\,y(t)\,dt\right|^2 \le \int_{-\infty}^{\infty} |x(t)|^2 dt \int_{-\infty}^{\infty} |y(t)|^2 dt$$

2.11 주기 함수 $x(t)$가 다음과 같을 때 물음에 답하세요.

$$x(t)=3\cos t+\cos(5t-2\pi/3)+2\cos(8t+2\pi/3)$$

(a) 삼각 푸리에 급수의 진폭과 위상 스펙트럼을 그림으로 나타내세요.

(b) 지수 푸리에 급수로 표현하고, 진폭과 위상 스펙트럼을 그림으로 나타내세요.

2.12 임의의 신호 $x(t)$를 $[t_1,\ t_2]$ 구간에서 $x(t)\simeq cf(t)$의 형태로 근사화하려고 합니다. 이때 신호 $x(t)$와 $f(t)$가 복소 신호일 경우 MSE를 최소로 하는 최적의 c가 다음과 같다는 것을 증명하세요.

$$c=\frac{1}{E_f}\int_{t_1}^{t_2} x(t)\,f^*(t)\,dt$$

2.13 기본파의 주파수가 2π인 주기 신호의 지수 푸리에 계수가 $D_0=1$, $D_2=D_{-2}=1/2$, $D_4=D_{-4}=1/4$, $D_6=D_{-6}=1/6$, 그 외의 n에서 $D_n=0$일 때, 이 신호를 수식으로 간단하게 표현하세요.

2.14 다음 신호의 삼각 푸리에 급수와 지수 푸리에 급수 전개를 구하세요.

(a) $x(t)=\sin(2\pi t)-\sin(4\pi t)$

(b)

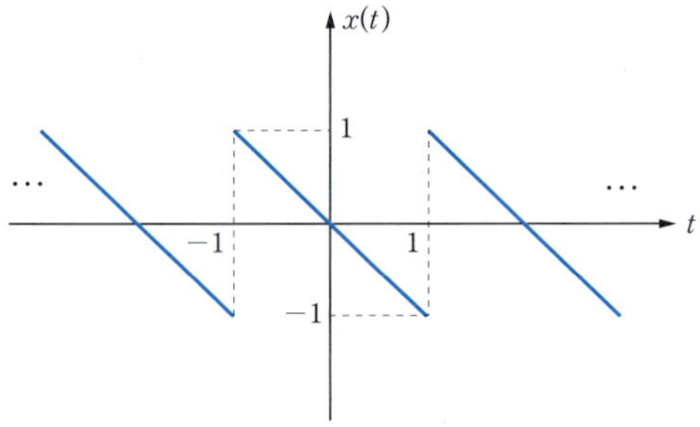

(c) $x(t)=\begin{cases}1, & 0<t<\pi \\ -1, & -\pi<t<0\end{cases}$

(d) $x(t)=\begin{cases}1, & 0<t<0.5 \\ -1, & 0.5<t<1\end{cases}$

(e) $x(t)=|\cos\pi t|$

(f) $x(t)=\begin{cases}0, & 0<t<\pi/3 \\ \sin(5t), & \pi/3<t<\pi\end{cases}$

2.15 시간 $0<t<4\pi/3$에서 신호 $x(t)$, $y(t)$, $z(t)$에 대해 푸리에 급수 전개를 하세요.

$$x(t)=\begin{cases}0, & 0<t<\dfrac{\pi}{3} \\ \sin\left(5t+\dfrac{5\pi}{3}\right), & \dfrac{\pi}{3}<t<\dfrac{4\pi}{3}\end{cases}$$

$$y(t)=\sin(5t), \qquad 0<t<4\pi/3$$

$$z(t)=x(t)+y(t), \qquad 0<t<4\pi/3$$

2.16 신호 $x(t)$의 삼각 푸리에 급수가 다음과 같이 주어졌을 때, 이것은 주기 T인 주기 함수임을 증명하세요.

$$x(t)=c_0+\sum_{n=1}^{\infty}c_n\cos(n\omega_0 t+\theta_n)$$

2.17 다음 신호 $x(t)$, $y(t)$, $z(t)$를 지수 푸리에 급수로 나타내세요.

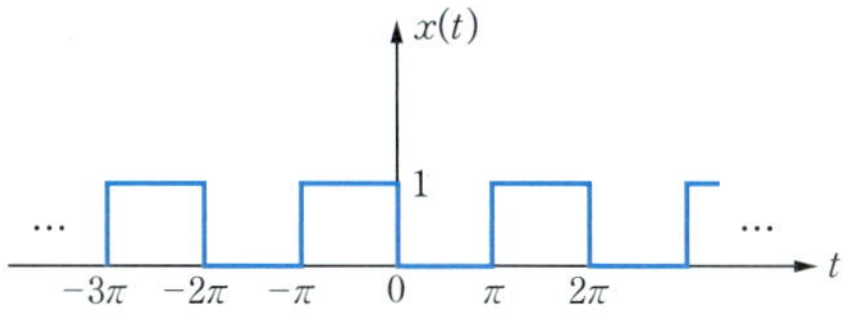

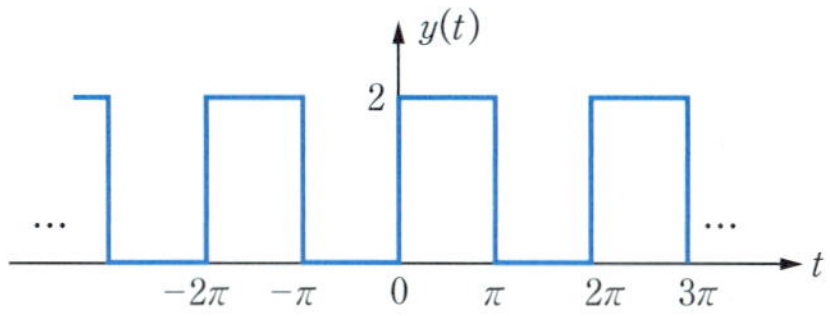

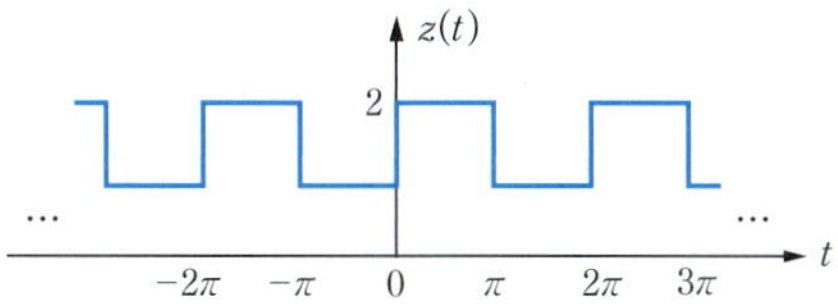

2.18 X_n과 Y_n은 각각 $x(t)$와 $y(t)$의 지수 푸리에 급수의 계수입니다. $x(t)$의 주기가 T_0이고, $y(t)=x(t-a)$일 때, X_n을 Y_n으로 표현하세요. 단, a는 상수입니다.

2.19 주기가 T인 주기 신호 $x(t)$와 $y(t)$에 대해 한 주기 동안 다음과 같은 컨벌루션 연산을 수행하고 이 결과를 주기 신호로 확장했습니다.

$$z(t)=\int_{\langle T\rangle} x(\tau)\,y(t-\tau)\,d\tau$$

$x(t)$, $y(t)$, $z(t)$의 지수 푸리에 급수 전개 계수가 각각 X_n, Y_n, Z_n일 때, $Z_n=TX_nY_n$이 됨을 보이세요.

2.20 파시발의 정리인 식 (2.21)을 증명하세요.

2.21 주기 $T=2\pi$초인 주기 신호 $x(t)$의 지수 푸리에 급수 전개 결과가 다음과 같을 때, $x(t)$를 삼각 푸리에 급수 전개로 표현하세요.

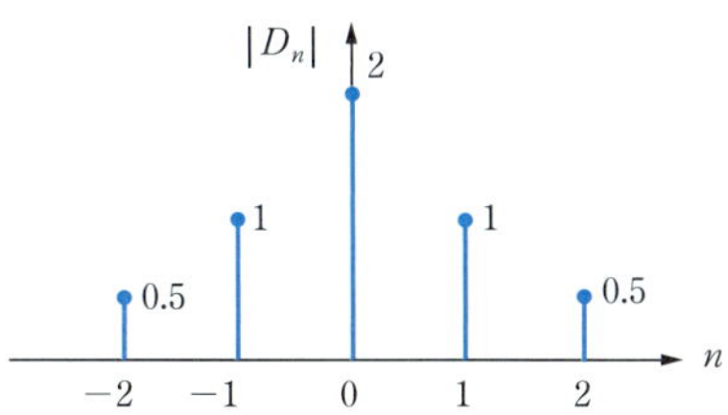

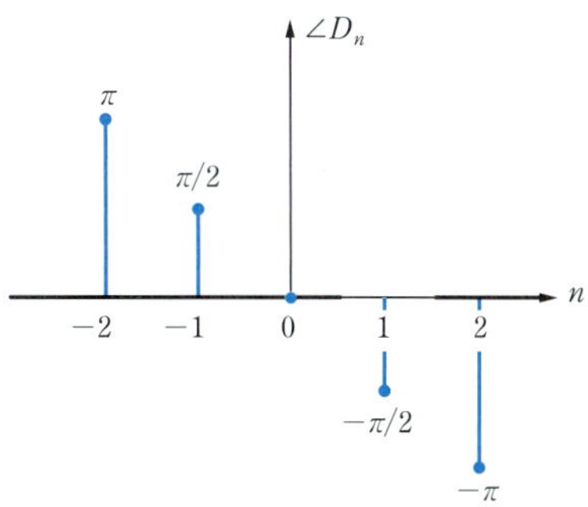

2.22 MATLAB [예제 2-4]에서 $x_1(t)$, $x_2(t)$, $x_3(t)$를 MATLAB 프로그램으로 생성하고 파형을 그림으로 나타내세요. 그리고 $x_1(t)$, $x_2(t)$, $x_3(t)$의 조합으로 $x(t)$를 생성할 수 있음을 보이세요.

2.23 MATLAB 함수의 푸리에 급수 전개 결과를 다음과 같이 출력하는 MATLAB 프로그램을 작성하세요.

(a) $x(t)=|t|,\ \ -\pi<t<\pi$

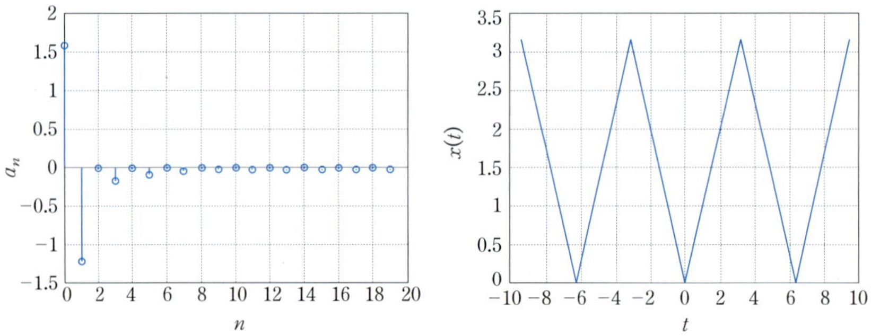

(b) $x(t)=t^2,\ \ -1<t<1$

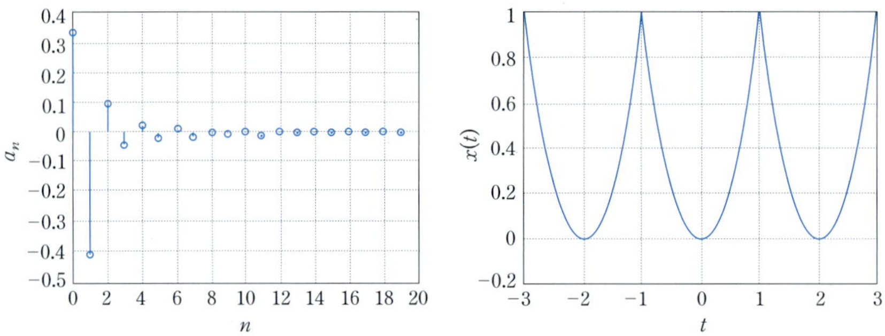

(c) $x(t)=\begin{cases} 0, & -\pi<t<0 \\ 1, & 0<t<\pi \end{cases}$

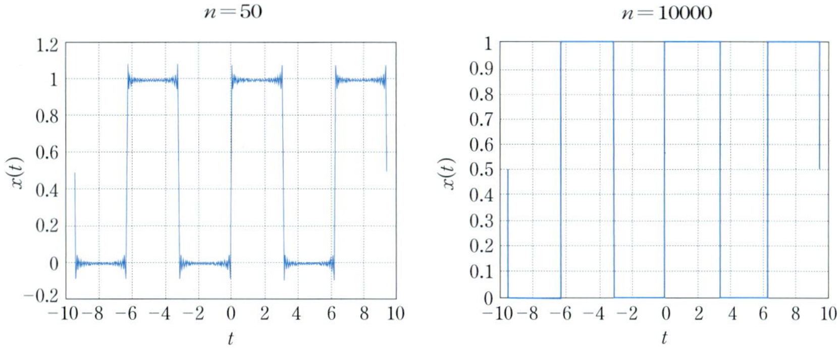

(d) $x(t)=\begin{cases} 2, & -1<t<0 \\ t, & 0<t<1 \end{cases}$

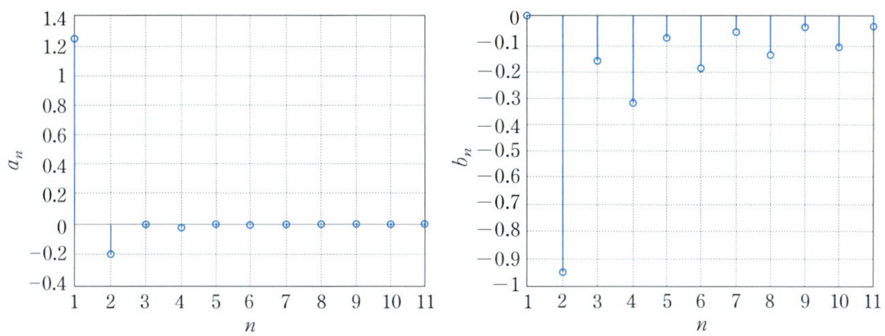

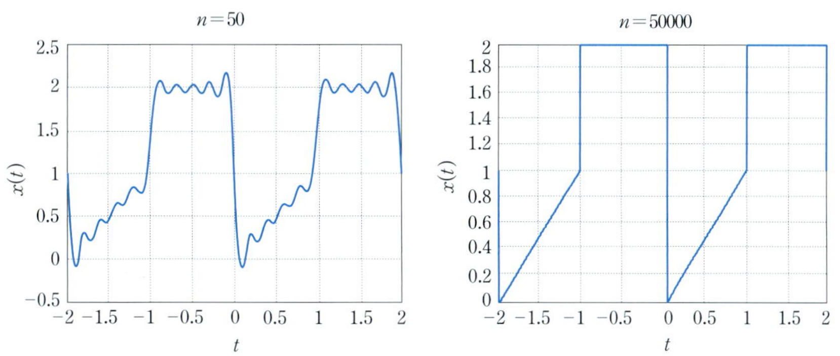

2.24 MATLAB 2.14번 문제에 대해 삼각 푸리에 급수 전개의 n차 고조파 성분까지 그림으로 나타내세요. 단, n은 5, 10, 30입니다.

Chapter 03

푸리에 변환과 신호 해석

Fourier Transform and Signal Analysis

학습목표

- 통신 신호의 주파수 영역 해석 방법인 푸리에 변환과 그 특징을 이해할 수 있습니다.
- 통신에서 자주 사용되는 대표적 신호의 스펙트럼과 그 활용 방법을 알 수 있습니다.
- 신호의 전력 스펙트럼 밀도와 에너지 스펙트럼 밀도의 개념을 이해하고 신호의 대역폭, 에너지와 전력을 계산할 수 있습니다.
- 신호의 자기 상관 함수를 이해하고, 이를 통해 전력 스펙트럼 밀도를 구할 수 있습니다.

3.1 개요

2장에서는 주기 신호의 주파수 영역 특성을 알기 위한 푸리에 급수 전개에 대해 공부했습니다. 그러나 **대부분의 통신 신호는 비주기 신호로, 비주기 신호의 주파수 영역 특성을 찾기 위한 도구가 푸리에 변환입니다.** 이 장에서는 이러한 푸리에 변환을 얻게 된 과정과 푸리에 변환의 특징을 공부할 것입니다. 그리고 통신에서 많이 사용되는 신호의 푸리에 변환에 대해서도 살펴봅니다.

통신 수단을 통해 신호를 멀리 보낼 때 유선인 경우에는 구리 선을 이용하고, 무선인 경우에는 공기를 이용합니다. 이때 **신호를 다른 곳으로 전달하는 구리 선이나 공기와 같은 매개물을 매질이라 하고, 통신에서는 이러한 매질을 채널**channel**이라고 합니다.** 이때 통신 신호 주파수의 특성과 통신 신호를 전달하는 구리 선이나 공기의 주파수 영역 전달 함수를 알아야 합니다. 이를 통해 통신 신호가 주어진 매질로 왜곡 없이 전달될 수 있을지를 판단할 수 있습니다.

이 장에서는 비주기 신호의 주파수 영역 특성을 알기 위한 푸리에 변환 및 그 활용 방법에 대해 자세히 살펴봅니다. 이제 우리는 통신 신호를 해석하는 또 다른 도구를 손에 넣게 될 것입니다.

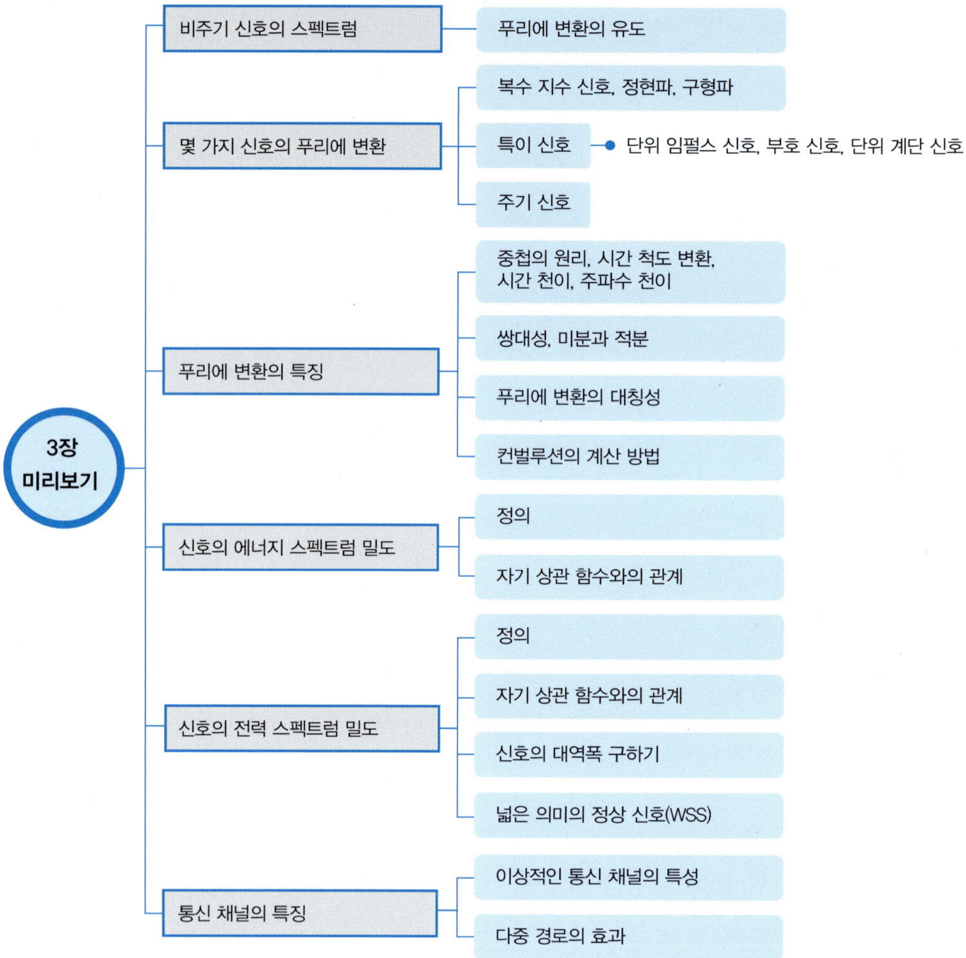

3.2 비주기 신호의 스펙트럼

푸리에 급수 전개가 주기 신호의 주파수 성분을 확인하는 데 사용된다는 것은 2장에서 공부했습니다. 그러나 현실에 존재하는 신호는 대부분 비주기 신호이며, 한 예로 전화와 TV 방송 신호는 동일한 신호가 반복되지 않습니다. 그러므로 비주기 신호에 대한 주파수 성분의 분석이 필요합니다.

비주기 신호의 주파수 성분 분석은 푸리에 급수를 확장한 푸리에 변환 Fourier transform**을 통해 알 수 있습니다.** 2장 2.5절에서 설명한 것처럼 신호의 주파수 성분을 분석한 주파수 영역 특성을 스펙트럼이라고도 합니다. 이 책에서는 주파수 영역 특성과 스펙트럼을 혼용하여 사용하겠습니다.

비주기 함수의 푸리에 급수 전개

통신 신호나 방송 신호가 제대로 전달되려면 비주기 신호가 차지하는 주파수 성분을 알아야 하고, 그럼으로써 통신 신호가 채널을 거쳐도 왜곡 없이 전달될 수 있는지를 판단할 수 있습니다.

비주기 신호의 주파수 영역 특성을 파악하기 위해 [그림 3-1(a)]의 비주기 신호 $x(t)$를 푸리에 급수 전개로 표현하는 방법을 살펴보겠습니다. $x(t)$가 $[-T/2,\ T/2]$의 시간 범위 안에 존재한다면 $x(t)$를 주기가 T인 주기 함수 $x_T(t)$로 만들어봅시다. 이때 $x_T(t)$는 [그림 3-1(b)]와 같고, 푸리에 급수 전개 결과는

$$x_T(t) = \sum_{n=-\infty}^{\infty} D_n e^{jn\omega_0 t}, \quad D_n = \frac{1}{T}\int_{-T/2}^{T/2} x_T(t)\, e^{-jn\omega_0 t}\, dt \tag{3.1}$$

입니다. 이 책에서 시간의 단위는 특별한 언급이 없으면 초(s)입니다.

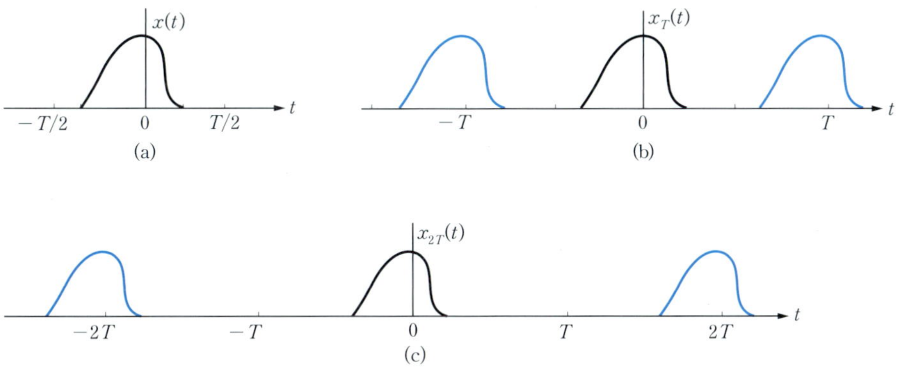

[그림 3-1] (a) 비주기 신호 $x(t)$
(b) $x(t)$를 주기가 T인 주기 신호로 변형한 $x_T(t)$
(c) $x(t)$를 주기가 $2T$인 주기 신호로 변형한 $x_{2T}(t)$

이제 $x(t)$의 관심 시간 영역을 $(-\infty,\ \infty)$로 확장해보겠습니다. 즉 주기 T를 무한대로 하면 주기 신호 $x_T(t)$는 $x(t) = \lim_{T\to\infty} x_T(t)$입니다. 여기서 주의할 점은, 비주기 신호를 임의의 주기 신호로 만들 때 최초의 관심 시간 영역을 무한대로 했다는 것이지, 시간 축을 무한대로 잡아당기는 시간 척도 변환 $\lim_{T\to\infty} x_T(t/T)$의 의미가 아니라는 것입니다.

이 점에 착안하여 푸리에 급수 전개를 해보겠습니다. 표현의 편의를 위해 식 (3.1)로부터 $TD_n = \int_{-T/2}^{T/2} x_T(t)e^{-jn\omega_0 t}dt \equiv X(n\omega_0)$라 하고, $\omega_0 = 2\pi/T$를 이용하면

$$\begin{aligned} x(t) &= \lim_{T\to\infty} x_T(t) = \lim_{T\to\infty} \frac{1}{T} \sum_{n=-\infty}^{\infty} X(n\omega_0)e^{jn\omega_0 t} \\ &= \frac{1}{2\pi} \lim_{T\to\infty} \sum_{n=-\infty}^{\infty} X(n\omega_0)e^{jn\omega_0 t}\omega_0 = \frac{1}{2\pi}\int_{-\infty}^{\infty} X(\omega)e^{j\omega t}d\omega \end{aligned} \tag{3.2}$$

가 됩니다. 그러므로 $X(\omega) = \lim_{T\to\infty} X(n\omega_0) = \lim_{T\to\infty} TD_n = \int_{-\infty}^{\infty} x(t)e^{-j\omega t}dt$입니다. 이 결과는 비주기 신호 주파수 영역의 특성을 해석한 것으로 **푸리에 변환**이라고 합니다.

그러므로 비주기 신호 $x(t)$와 이것의 푸리에 변환 $X(\omega)$는 다음과 같은 관계입니다.

$$\begin{aligned} x(t) &= \mathbf{F}^{-1}\{X(\omega)\} = \frac{1}{2\pi}\int_{-\infty}^{\infty} X(\omega)e^{j\omega t}d\omega \\ X(\omega) &= \mathbf{F}\{x(t)\} = \int_{-\infty}^{\infty} x(t)e^{-j\omega t}dt \end{aligned} \tag{3.3}$$

여기서 $\mathbf{F}\{\cdot\}$와 $\mathbf{F}^{-1}\{\cdot\}$는 각각 푸리에 변환과 역푸리에 변환inverse Fourier transform을 나타내는 연산자입니다. 주파수를 나타낼 때 각주파수 ω[rad/s]와 주파수 f[Hz]를 혼용하며, $\omega = 2\pi f$로 표현됩니다. 그러므로 $x(t)$의 푸리에 변환 결과를 $X(\omega)$ 또는 $X(f)$로 나타낼 수 있습니다. $x(t)$의 주파수 영역을 $X(f)$로 표현하면 다음과 같습니다.

$$\begin{aligned} x(t) &= \mathbf{F}^{-1}\{X(f)\} = \int_{-\infty}^{\infty} X(f)e^{j2\pi ft}df \\ X(f) &= \mathbf{F}\{x(t)\} = \int_{-\infty}^{\infty} x(t)e^{-j2\pi ft}dt \end{aligned} \tag{3.4}$$

이 책에서는 각주파수 ω를 사용하여 푸리에 변환을 표현하겠습니다.

푸리에 변환과 푸리에 급수의 관계

다음으로 주파수 영역에서 $x_T(t)$의 푸리에 급수 계수 D_n과 푸리에 변환의 관계를 살펴봅시다. [그림 3-2]에 이 관계를 나타냈으며, $D_n = X(n\omega_0)/T = X(\omega)/T|_{\omega=n\omega_0}$ ($n=0, \pm1, \pm2, \pm3, \cdots$)이므로 $X(\omega)$는 주파수 영역에서 D_n을 연결한 모양이 됩니다. 그러나 $X(n\omega_0) = TD_n$이므로 푸리에 변환과 푸리에 급수 계수의 크기가 서로 다르다는 점에 주의해야 합니다.

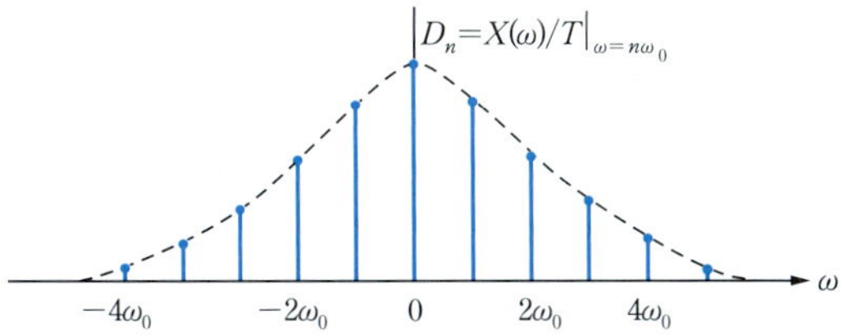

[그림 3-2] $x(t)$의 푸리에 변환 $X(\omega)$와 $x_T(t)$의 푸리에 급수 계수 D_n의 관계

예제 3-1

시간 $[-\pi/2,\ \pi/2]$에서는 1, 그 외 구간에서는 0이고 주기 $T=2\pi$인 주기 신호의 복소 푸리에 급수 계수 D_n을 구하세요. 그리고 시간 $[-\pi/2,\ \pi/2]$에서는 1, 그 외 구간에서는 0인 비주기 신호의 푸리에 변환을 구하세요. 이를 통해 $D_n = X(n\omega_0)/T$임을 보이세요.

풀이

복소 푸리에 급수의 계수는 $\omega_0 = 1\,[\text{rad/s}]$이므로

$$D_n = \frac{1}{T}\int_{-\pi/2}^{\pi/2} e^{-jn\omega_0 t}dt = \frac{1}{2\pi}\int_{-\pi/2}^{\pi/2} e^{-jnt}dt = \left.\frac{e^{-jnt}}{-j2\pi n}\right|_{-\pi/2}^{\pi/2}$$
$$= \frac{\sin(\pi n/2)}{\pi n}$$

입니다. 그리고 비주기 신호의 경우에 푸리에 변환은

$$\mathbf{F}\{x(t)\} = X(\omega) = \int_{-\pi/2}^{\pi/2} e^{-j\omega t}dt = \left.\frac{e^{-j\omega t}}{-j\omega}\right|_{-\pi/2}^{\pi/2} = \frac{2\sin(\omega\pi/2)}{\omega}$$

입니다. 그러므로 여기서 $D_n = X(n\omega_0)/T = X(n\omega_0)/2\pi$를 만족함을 알 수 있습니다.

핵심포인트 **푸리에 변환**

■ 주파수 영역 표현

$$X(\omega) = \mathbf{F}\{x(t)\} = \int_{-\infty}^{\infty} x(t)\, e^{-j\omega t}dt$$

■ 시간 영역 표현

$$x(t) = \mathbf{F}^{-1}\{X(\omega)\} = \frac{1}{2\pi}\int_{-\infty}^{\infty} X(\omega)\, e^{j\omega t}d\omega$$

3.3 몇 가지 신호의 푸리에 변환

이 절에서는 통신에서 사용되는 중요한 신호의 푸리에 변환과 이 신호들의 변형에 대한 푸리에 변환의 특징을 살펴봅니다. 이는 **통신 신호의 주파수 영역 해석에 꼭 필요한 과정입니다. 통신 신호의 해석에는 정현파 신호, 복소 지수**complex exponential **신호, 구형파**square wave, rectangular wave **신호, 단위 임펄스 신호, 부호 신호, 단위 계단 신호가 많이 사용됩니다.** 단위 임펄스 신호, 부호 신호와 함께 단위 계단 신호는 실제 자연 현상에서는 발생하지 않지만, 실제 신호를 근사화하여 간편하게 해석할 수 있도록 하는 특이 신호singularity signal입니다.

구형파 신호와 Sa 함수의 푸리에 변환

직사각파로도 불리는 구형파 신호는 원점을 중심으로 우대칭이며 일정 구간에서만 크기가 1인 함수로서 다음과 같이 표현됩니다.

$$x(t)=\mathrm{rect}\left(\frac{t}{\tau}\right)=\begin{cases}1, & |t|<\tau/2 \\ 0, & |t|>\tau/2\end{cases} \qquad (3.5)$$

여기서 τ는 구형파의 폭입니다. 구형파의 스펙트럼은 푸리에 변환을 통해

$$F[x(t)]=\int_{-\tau/2}^{\tau/2}1\cdot e^{-j\omega t}dt=\left.\frac{e^{-j\omega t}}{-j\omega}\right|_{-\tau/2}^{\tau/2}=\frac{2\sin(\omega\tau/2)}{\omega}=\tau\mathrm{Sa}\left(\frac{\omega\tau}{2}\right) \qquad (3.6)$$

가 됩니다. 여기서 Sa 함수는

$$\mathrm{Sa}(x)=\begin{cases}\dfrac{\sin x}{x}, & x\neq 0 \\ 1, & x=0\end{cases} \qquad (3.7)$$

으로 정의됩니다. 그리고 Sa 함수는 이와 유사한 다음과 같은 sinc 함수로 표현되기도 합니다.

$$\mathrm{sinc}(x)=\begin{cases}\dfrac{\sin \pi x}{\pi x}, & x\neq 0 \\ 1, & x=0\end{cases} \qquad (3.8)$$

구형파는 회로에서 스위치가 온on, **오프**off**되는 현상을 표현할 때 자주 사용됩니다.** [그림 3-3]에 구형파의 모양과 스펙트럼을 나타냈습니다.

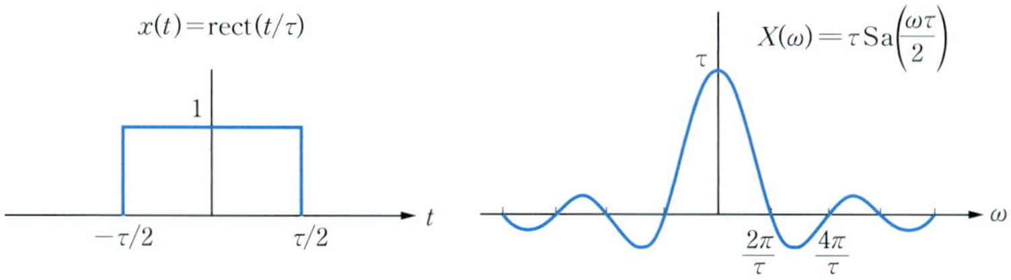

[그림 3-3] 구형파의 시간 및 푸리에 변환 파형

그리고 [그림 3-4]에 나타낸 Sa 함수의 푸리에 변환은 식 (3.3)으로부터 다음과 같이 표현됩니다.

$$\mathbf{F}^{-1}\left\{\mathrm{rect}\left(\frac{\omega}{2W}\right)\right\}=\frac{1}{2\pi}\int_{-W}^{W}e^{j\omega t}d\omega=\frac{e^{j\omega t}}{j2\pi t}\bigg|_{-W}^{W}=\frac{\sin Wt}{\pi t}=\frac{W}{\pi}\mathrm{Sa}(Wt) \quad (3.9)$$

주파수 영역에서 구형파는 특정 주파수 이하의 신호만을 정확하게 통과시키는 이상적인 LPF의 전달 함수와 동일하다는 것을 알 수 있습니다. 그러므로 **저역 통과 여파기의 시간 영역 전달 함수**transfer function**는 Sa 함수가 됩니다.**

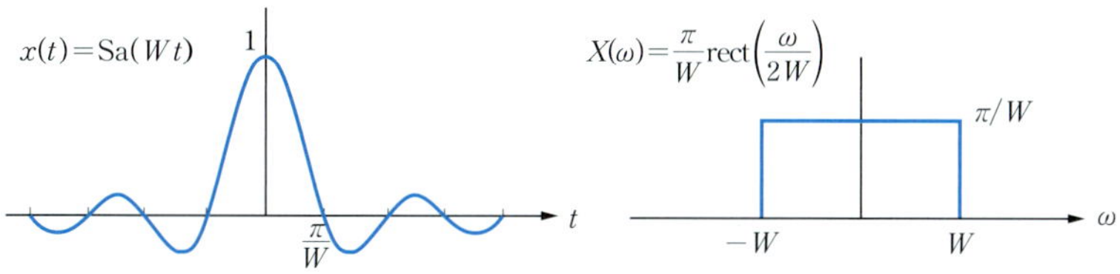

[그림 3-4] Sa 함수의 시간 및 푸리에 변환 파형

[그림 3-3]과 [그림 3-4]를 통해 시간 영역에서 구형파이면 주파수 영역에서는 Sa 함수가 되고, 반대로 시간 영역에서 Sa 함수이면 주파수 영역에서는 구형파가 된다는 특성을 알 수 있습니다. 이러한 특성을 **쌍대성**[1]이라고 합니다.

단위 임펄스 신호와 직류 신호의 푸리에 변환

2장에서 정의한 단위 임펄스 신호의 푸리에 변환은

$$\mathbf{F}\{\delta(t)\}=\int_{-\infty}^{\infty}\delta(t)e^{-j\omega t}dt=e^{j0}=1 \quad (3.10)$$

이 됩니다. **단위 임펄스 신호는 [그림 3-5]에 나타낸 것과 같이 모든 주파수에서 동일한 크기의 성분을 가지고 있습니다.** 그러므로 **주파수 영역의 관점에서 단위 임펄스 신호 하나**

1 쌍대(duality)는 서로 짝이 되거나 맞서는 관계라는 의미입니다.

를 어떤 시스템에 입력하면 모든 주파수 성분에 따른 시스템의 출력을 알 수 있다는 장점이 있는데, 이것을 전달 함수라고 합니다.

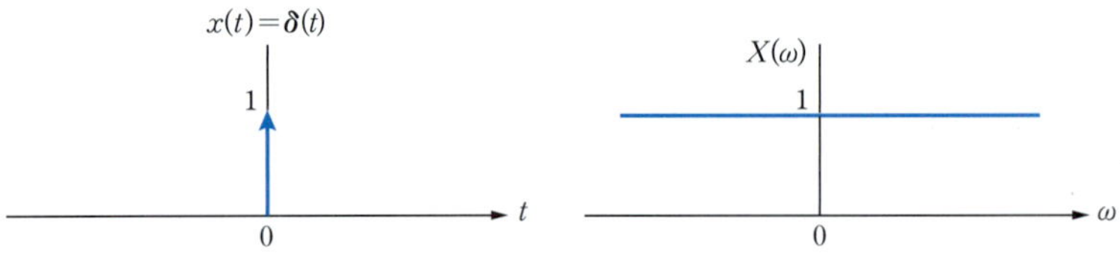

[그림 3-5] 단위 임펄스 신호의 시간 및 푸리에 변환 파형

통신 케이블의 특정 주파수에 대한 전달 특성을 알려면 관심 있는 모든 주파수의 정현파를 케이블에 입력하여 출력을 관측해야 합니다. 이때 단위 임펄스 신호를 이용하면 모든 주파수 성분에 대한 케이블 출력의 특성을 알 수 있습니다. 물론 케이블 출력 신호에 대해 푸리에 변환을 해야 주파수 영역의 특성을 알 수 있습니다. 그런데 문제는 이상적인 단위 임펄스 신호가 존재하지 않는다는 것으로, 실제 구현에서는 폭이 아주 좁은 Sa 신호를 발생시켜 임펄스 신호를 대신하기도 합니다. 그러나 이 경우에는 모든 주파수 성분을 가진 신호가 아니며, [그림 3-4]와 같이 특정 주파수 범위까지 일정한 크기를 가진 신호입니다.

단위 임펄스 신호가 시간 지연time delay이 되었을 때, 주파수 영역에서는

$$\mathbf{F}\{\delta(t-t_0)\}=\int_{-\infty}^{\infty}\delta(t-t_0)\,e^{-j\omega t}dt=e^{-j\omega t_0} \qquad (3.11)$$

와 같이 위상의 회전으로 나타납니다. 단위 임펄스 신호의 크기는 2장에서 설명한 바와 같이 면적을 의미합니다. [그림 3-6]과 같이 임펄스 신호를 주파수 영역에서 시간 영역으로 옮기면 직류 성분으로 나타납니다. 즉 직류는 주파수가 0[Hz]이므로 푸리에 변환 후 $\omega=0$에서만 신호가 존재합니다. [그림 3-5]와 [그림 3-6]을 통해 쌍대성의 원리가 만족됨을 알 수 있습니다.

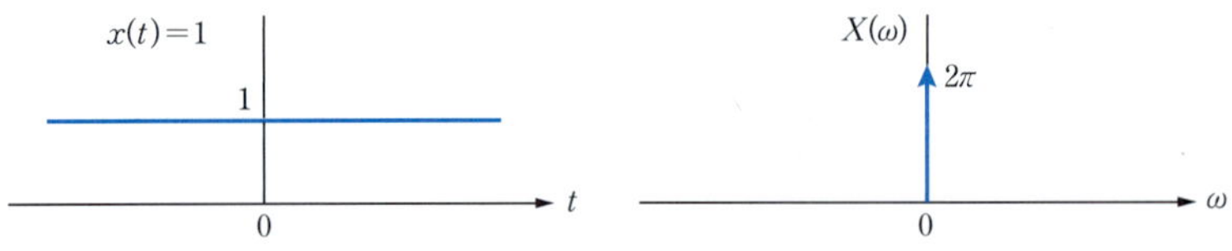

[그림 3-6] 직류 신호의 시간 및 푸리에 변환 파형

부호 신호의 푸리에 변환

신호의 극성을 -1과 1로 표현하는 부호 신호는 2장의 식 (2.11)로 정의했습니다. 적분의 편의를 위해 [그림 3-7]과 같이 $\text{sgn}(t)=\lim_{a\to 0}\{e^{-a|t|}\text{sgn}(t)\}$로 바꿔 표현해보겠습니다. [그림 3-7]에서 점선으로 표현된 함수는 $t=0$에서 멀어질수록 0으로 접근하여 적분이 존재합니다.

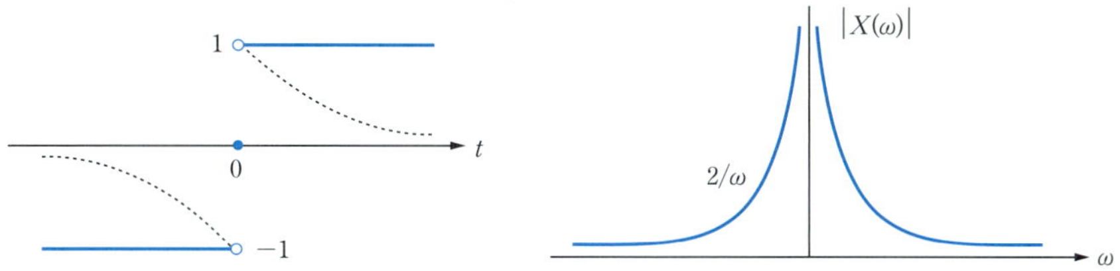

[그림 3-7] 부호 신호의 시간 및 푸리에 변환 파형

그러므로 부호 신호의 푸리에 변환은

$$\begin{aligned}\mathbf{F}\{\text{sgn}(t)\}&=\lim_{a\to 0}\int_{-\infty}^{\infty}e^{-a|t|}\text{sgn}(t)\,e^{-j\omega t}dt\\&=\lim_{a\to 0}\left\{-\int_{-\infty}^{0}e^{(a-j\omega)t}dt+\int_{0}^{\infty}e^{-(a+j\omega)t}dt\right\}\\&=\lim_{a\to 0}\left\{\frac{-2j\omega}{a^2+\omega^2}\right\}=\frac{2}{j\omega}\end{aligned} \tag{3.12}$$

입니다. 입력 신호의 극성에 따라서 1 또는 -1의 출력을 내는 장치를 경판정기^hard limiter^라고 하는데, 이는 디지털 통신에서 수신된 신호의 극성을 판정할 때 많이 사용됩니다. 부호 신호는 다음에 설명할 단위 계단 신호의 푸리에 변환에 유용하게 사용됩니다.

예제 3-2

신호 $x(t)=e^{-at}u(t)$의 푸리에 변환을 구하세요. 단, $a>0$입니다.

풀이

$$\mathbf{X}(\omega)=\mathbf{F}\{x(t)\}=\int_{0}^{\infty}e^{-at-j\omega t}dt=\left.\frac{-e^{-(a+j\omega)t}}{a+j\omega}\right|_{0}^{\infty}=\frac{1}{a+j\omega}$$

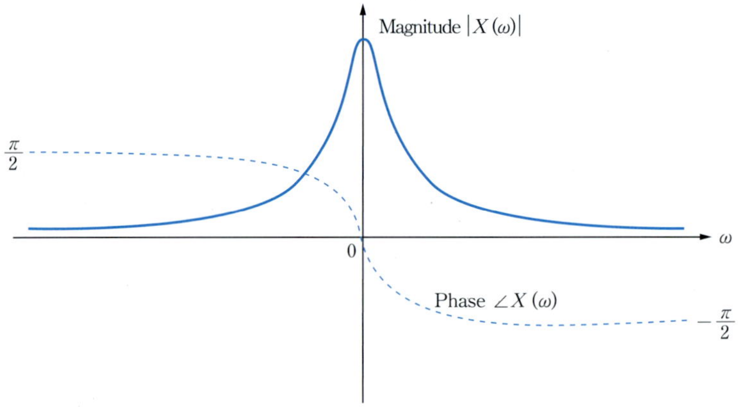

예제 3-3

신호 $x(t)=te^{-at}u(t)$의 푸리에 변환을 구하세요. 단, $a>0$입니다.

풀이

$$\mathbf{X}(\omega)=\mathbf{F}\{x(t)\}=\int_0^\infty te^{-(a+j\omega)t}dt=\frac{-te^{-(a+j\omega)t}}{a+j\omega}\bigg|_0^\infty+\frac{1}{a+j\omega}\int_0^\infty e^{-(a+j\omega)t}dt$$

$$=\frac{-e^{-(a+j\omega)t}}{(a+j\omega)^2}\bigg|_0^\infty=\frac{1}{(a+j\omega)^2}$$

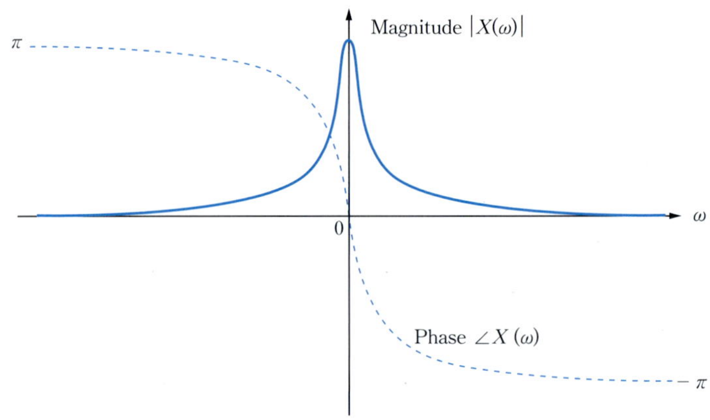

단위 계단 신호의 푸리에 변환

단위 계단 신호 $u(t)$는 부호 신호를 이용하여 $u(t)=\{1+\text{sgn}(t)\}/2$로 나타낼 수 있습니다. 그러므로 이것의 푸리에 변환은

$$\mathbf{F}\{u(t)\}=\frac{1}{2}\mathbf{F}\{1\}+\frac{1}{2}\mathbf{F}\{\mathrm{sgn}(t)\}=\pi\delta(\omega)+\frac{1}{j\omega} \tag{3.13}$$

이 됩니다. [그림 3-8]에 단위 계단 신호의 푸리에 변환을 나타냈습니다. 2장 식 (2.10)에서 설명한 것처럼 $t=0$에서는 $u(t)$를 정의하지 않았습니다.

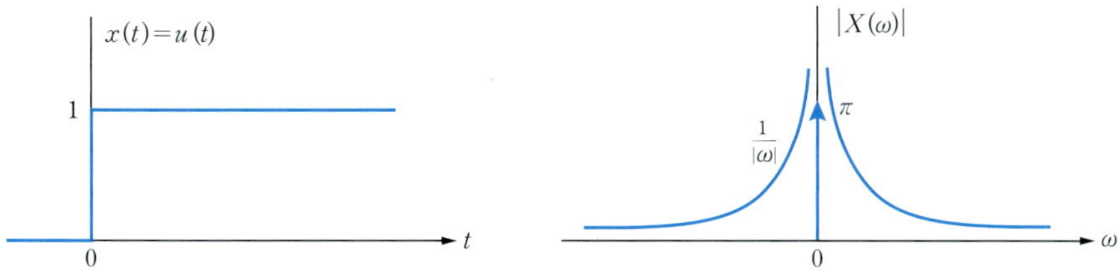

[그림 3-8] 단위 계단 신호의 시간 및 푸리에 변환 파형

복소 지수 신호의 푸리에 변환

복소 지수 신호 $x(t)=e^{\pm j\omega_0 t}=\cos(\omega_0 t)\pm j\sin(\omega_0 t)$는 통신의 변조에 매우 유용한 신호로, 이는 주기 신호의 한 종류입니다. 주기 신호는 식 (2.35)와 같이 $x(t)=\sum_{n=-\infty}^{\infty} D_n e^{jn\omega_0 t}$로 나타낼 수 있으므로, $x(t)=e^{j\omega_0 t}$의 복소 푸리에 급수의 계수는 $D_1=1$, $D_n=0$ $(n\neq 1)$입니다.

복소 지수 신호에 대해 직접 푸리에 변환을 하는 것은 수학적으로 매우 어렵습니다. 그러나 다음과 같이 단위 임펄스 신호의 역푸리에 변환을 이용하면 복소 지수 신호의 푸리에 변환을 쉽게 구할 수 있습니다. 즉 단위 임펄스 신호의 역푸리에 변환

$$\mathbf{F}^{-1}\{\delta(\omega\mp\omega_0)\}=\frac{1}{2\pi}\int_{-\infty}^{\infty}\delta(\omega\mp\omega_0)\,e^{j\omega t}d\omega=\frac{1}{2\pi}e^{\pm j\omega_0 t} \tag{3.14}$$

는 복소 지수 신호가 됩니다. 그러므로 복소 지수 신호의 푸리에 변환은

$$\mathbf{F}\{e^{\pm j\omega_0 t}\}=\mathbf{X}(\omega)=2\pi\delta(\omega\mp\omega_0) \tag{3.15}$$

와 같이 임펄스 신호가 됩니다. 푸리에 변환을 처음 공부하는 입장에서는 이러한 접근이 쉽지 않지만, 식 (3.14)를 통해 복소 지수 신호의 푸리에 변환을 쉽게 구할 수 있습니다. 식 (3.15)를 통해 주기 함수도 푸리에 변환이 존재한다는 것을 알 수 있습니다.

복소 지수 신호 $x(t)=e^{j\omega_0 t}$는 [그림 3-9]와 같이 단위원 상에 나타낼 수 있습니다. 복소 지수 신호는 특정한 주파수 ω_0 성분만을 가지므로 이것의 스펙트럼 역시 $\omega=\omega_0$에서 신호 성분만을 가지는 것은 당연합니다. 따라서 스펙트럼은 양의 주파수 성분만을 가지므로 $2\pi\delta(\omega-\omega_0)$가 됩니다.

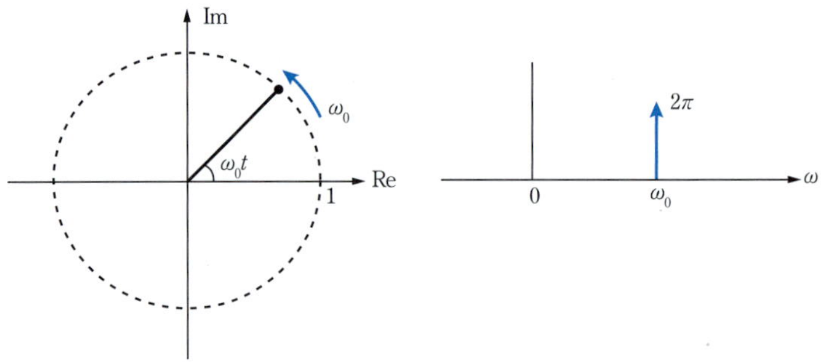

[그림 3-9] 복소 지수 신호의 복소 영역 표현과 스펙트럼

정현파 신호의 푸리에 변환

정현파는 통신에서 신호를 멀리 보내기 위해 가장 많이 사용되는 파형입니다. 원신호에 정현파 신호를 곱하면 원 신호의 주파수를 높일 수 있는데, 이를 변조라고 합니다. 변조에 대해서는 4장부터 자세히 다룰 것입니다.

오일러 공식 $\cos\omega_0 t = 0.5\,(e^{j\omega_0 t} + e^{-j\omega_0 t})$와 $\sin\omega_0 t = -0.5j\,(e^{j\omega_0 t} - e^{-j\omega_0 t})$인 사실과 복소 지수 신호의 푸리에 변환을 이용하면 다음과 같이 정현파 신호의 푸리에 변환을 쉽게 구할 수 있습니다.

$$\mathbf{F}\{\cos\omega_0 t\} = \mathbf{F}\left\{\frac{1}{2}e^{j\omega_0 t} + \frac{1}{2}e^{-j\omega_0 t}\right\} = \pi\{\delta(\omega-\omega_0) + \delta(\omega+\omega_0)\} \tag{3.16}$$

$$\mathbf{F}\{\sin\omega_0 t\} = \mathbf{F}\left\{\frac{1}{2j}e^{j\omega_0 t} - \frac{1}{2j}e^{-j\omega_0 t}\right\} = -j\pi\{\delta(\omega-\omega_0) - \delta(\omega+\omega_0)\} \tag{3.17}$$

사인 신호는 코사인 신호를 $-\pi/2$[rad] 위상 회전한 것임을 식 (3.16)과 식 (3.17)을 통해 주파수 영역에서도 알 수 있습니다. [그림 3-10]에 시간 및 주파수 영역의 사인과 코사인 신호를 나타냈습니다. 이 그림에서 사인 신호는 코사인 신호와 크기는 동일하지만, 양의 주파수에서 위상이 $-\pi/2$[rad]으로 바뀐 것을 알 수 있습니다. 그리고 음의 주파수에서는 위상이 $\pi/2$[rad]으로 바뀐 것은 2장 2.5절의 '지수 푸리에 급수 전개'에서 본 것처럼 신호의 진폭 스펙트럼은 주파수 축상에서 우대칭이나 위상 스펙트럼은 기대칭인 특성 때문입니다. 이는 모든 실수 신호의 특징이며, 3.4절 '푸리에 변환의 특징'에서 자세히 다루겠습니다.

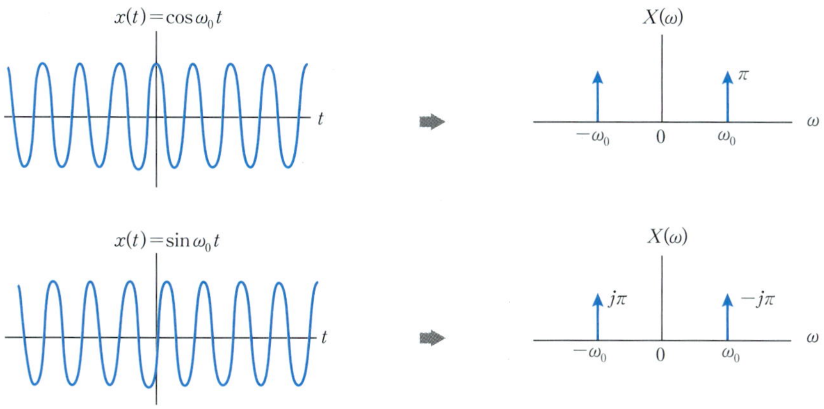

[그림 3-10] 정현파 신호의 시간 및 푸리에 변환 파형

주기 신호의 푸리에 변환

복소 지수 신호, 정현파와 같이 주기 신호의 경우에도 푸리에 변환이 존재한다는 것을 보았습니다. 여기서는 일반적인 주기 신호의 푸리에 변환에 대해 생각해봅시다. 주기가 T초인 주기 함수 $x(t)$는 다음과 같이 푸리에 급수 전개가 가능하므로

$$x(t)=\sum_{n=-\infty}^{\infty} D_n e^{jn\omega_0 t}, \quad \omega_0=2\pi/T \tag{3.18}$$

와 같이 나타낼 수 있습니다. 그러므로 식 (3.18)에 대해 푸리에 변환을 하면

$$\mathbf{F}\{x(t)\}=\mathbf{F}\left\{\sum_{n=-\infty}^{\infty} D_n e^{jn\omega_0 t}\right\}=\sum_{n=-\infty}^{\infty} D_n \mathbf{F}\{e^{jn\omega_0 t}\}=2\pi\sum_{n=-\infty}^{\infty} D_n \delta(\omega-n\omega_0) \tag{3.19}$$

가 됩니다. 여기서 재미있는 사실을 발견할 수 있습니다. 푸리에 급수 전개로 표현할 때, 주기 신호는 각주파수 $n\omega_0$[rad/s]에서 성분을 가지고 있습니다. 식 (3.19)로부터 **주기 신호에 대해 푸리에 변환을 하더라도 푸리에 급수에서 구한 주파수 성분이 유지되지만 크기가 달라집니다.** 푸리에 급수의 계수 D_n이 푸리에 변환 후에는 $2\pi D_n$으로 바뀌게 되는 것을 주의해야 합니다. 그러므로 **신호의 해석에 푸리에 급수 전개와 푸리에 변환을 혼용하면 주파수 성분은 유지되나 그 크기가 달라질 수 있습니다.** 또 주의할 점은 식 (3.2)에서 고려한 $X(n\omega_0)=TD_n$이 만족되지 않는다는 것입니다. 식 (3.2)는 비주기 함수를 주기 함수로 근사화하면서 나타난 현상입니다.

주요 신호에 대한 푸리에 변환 표

[표 3-1]은 통신 이론에서 많이 사용되는 신호의 푸리에 변환 표입니다. 여기서 삼각 함수 $\Lambda(t/\tau)$는 $-\tau<t<\tau$에서 밑변 2τ[s], 높이 1인 이등변 삼각형입니다. 설명의 편의상 [예

제 3-12]에서 자세히 다루겠습니다.

[표 3-1] 몇 가지 신호에 대한 푸리에 변환

시간 영역 신호	주파수 영역 신호	시간 영역 신호	주파수 영역 신호
$\delta(t)$	1	$e^{\pm j\omega_0 t}$	$2\pi\delta(\omega\mp\omega_0),\ \delta(f\mp f_0)$
$e^{-at}u(t),\ a>0$	$1/(a+j\omega)$	$\sin\omega_0 t$	$-j\pi[\delta(\omega-\omega_0)-\delta(\omega+\omega_0)]$
$te^{-at}u(t),\ a>0$	$1/(a+j\omega)^2$	$\cos\omega_0 t$	$\pi[\delta(\omega-\omega_0)+\delta(\omega+\omega_0)]$
$t^n e^{-at}u(t),\ a>0$	$n!/(a+j\omega)^{n+1}$	$W\mathrm{Sa}(Wt)/\pi$	$\mathrm{rect}[\omega/(2W)]$
$e^{-a\|t\|},\ a>0$	$2a/(a^2+\omega^2)$	$\delta_T(t)=\sum_{n=-\infty}^{\infty}\delta(t-nT)$	$\omega_0\delta_{\omega_0}(\omega)=\omega_0\sum_{n=-\infty}^{\infty}\delta(\omega-n\omega_0)$
$e^{-t^2/2\sigma^2}$	$\sigma\sqrt{2\pi}\,e^{-\sigma^2\omega^2/2}$	$\mathrm{rect}(t/\tau)$	$\tau\mathrm{Sa}(\omega\tau/2)$
$\mathrm{sgn}(t)$	$2/j\omega,\ 1/j\pi f$	$\Lambda(t/\tau)$	$\tau[\mathrm{Sa}(\omega\tau/2)]^2$
$u(t)$	$\pi\delta(\omega)+1/j\omega$	$j/(\pi t)$	$\mathrm{sgn}(\omega)$

* $\Lambda(t/\tau)$는 $-\tau\le t\le\tau$에서 정의되며, $t=0$에서 최댓값 1인 삼각함수이다.

예제 3-4

다음 임펄스 열 함수에 대한 푸리에 변환 결과가 아래와 같다는 것을 밝히세요.

풀이

임펄스 열의 복소 푸리에 계수는 $D_n=\frac{1}{T}\int_{-T/2}^{T/2}\delta(t)\,dt=\frac{1}{T}$ 이므로 다음과 같이 됩니다.

$$\mathbf{F}\{x(t)\}=\frac{2\pi}{T}\sum_{n=-\infty}^{\infty}\delta(\omega-n\omega_0)=\omega_0\sum_{n=-\infty}^{\infty}\delta(\omega-n\omega_0)$$

예제 3-5

$x(t)=\cos(\omega_0 t+\theta)$의 푸리에 변환을 구하세요. 그리고 푸리에 변환의 대칭성을 관찰하세요.

풀이

오일러 공식에 따라 $\cos(\omega_0 t+\theta)=\{e^{j(\omega_0 t+\theta)}+e^{-j(\omega_0 t+\theta)}\}/2$ 이므로 식 (3.16)에 의해 $X(\omega)=\pi\{\delta(\omega-\omega_0)e^{j\theta}+\delta(\omega+\omega_0)e^{-j\theta}\}$가 됩니다. 이 결과로부터 주파수 영역에서 그 크기가 우대칭이고 위상이 기대칭임을 알 수 있습니다. 이는 푸리에 급수 전개에서 보았던 코사인 파형의 특성과 동일합니다.

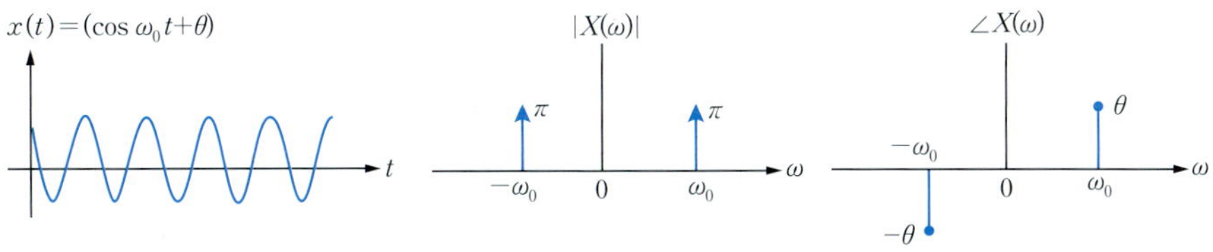

예제 3-6

$x(t)=e^{-t^2/2\sigma^2}$의 푸리에 변환을 구하세요. 단, $\frac{1}{\sigma\sqrt{2\pi}}\int_{-\infty}^{\infty}e^{-x^2/(2\sigma^2)}dx=1$의 관계를 이용하세요.

풀이

$$X(\omega)=\int_{-\infty}^{\infty}e^{-(t^2+j2\sigma^2\omega t)/(2\sigma^2)}dt=e^{-\sigma^2\omega^2/2}\int_{-\infty}^{\infty}e^{-(t+j\sigma^2\omega)^2/(2\sigma^2)}dt$$
$$=e^{-\sigma^2\omega^2/2}\int_{-\infty}^{\infty}e^{-x^2/(2\sigma^2)}dx=\sigma\sqrt{2\pi}\,e^{-\sigma^2\omega^2/2}$$

3.4 푸리에 변환의 특징

이 절에서는 푸리에 변환의 대표적인 특징을 살펴보겠습니다. 어떤 신호의 푸리에 변환을 알고 있다면 이 신호의 변형 신호에 대한 푸리에 변환은 원 신호의 푸리에 변환을 통해 쉽게 구할 수 있습니다.

선형성linearity

신호 $x_1(t)$와 $x_2(t)$의 푸리에 변환이 각각 $X_1(\omega)$와 $X_2(\omega)$일 때, 상수 a_1과 a_2를 이용한 두 신호의 선형 조합 $a_1x_1(t)+a_2x_2(t)$의 푸리에 변환은 다음과 같습니다.

$$\begin{aligned}\mathbf{F}\{a_1x_1(t)+a_2x_2(t)\}&=a_1\int_{-\infty}^{\infty}x_1(t)e^{-j\omega t}dt+a_2\int_{-\infty}^{\infty}x_2(t)e^{-j\omega t}dt\\&=a_1X_1(\omega)+a_2X_2(\omega)\end{aligned}\tag{3.20}$$

따라서 시간 영역에서 선형 조합된 두 신호의 푸리에 변환은 각 신호의 푸리에 변환을 선형 조합한 형태가 되므로 **푸리에 변환은 선형 변환**[2]임을 알 수 있는데, 이것을 **중첩의 원리**principle of superposition라고도 합니다.

2 선형 변환이란 입력 $x_1(t)$, $x_2(t)$에 대한 시스템 출력이 각각 $y_1(t)$, $y_2(t)$일 때 입력 $a_1x_1(t)+a_2x_2(t)$에 대한 시스템 출력이 $a_1y_1(t)+a_2y_2(t)$가 됩니다. 여기서 a_1과 a_2는 임의의 상수입니다.

예제 3-7

$x(t)=5e^{j\omega_0 t}$, $y(t)=5\cos(\omega_0 t)+j5\sin(\omega_0 t)$의 푸리에 변환을 구하세요. 그리고 푸리에 변환의 중첩 특성을 이용하여 $X(\omega)=Y(\omega)$임을 밝히세요.

풀이

$X(\omega)=\mathbf{F}\{5e^{j\omega_0 t}\}=10\pi\delta(\omega-\omega_0)$입니다. 그리고 $\mathbf{F}\{\cos(\omega_0 t)\}=\pi\{\delta(\omega-\omega_0)+\delta(\omega+\omega_0)\}$, $\mathbf{F}\{\sin(\omega_0 t)\}=-j\pi\{\delta(\omega-\omega_0)-\delta(\omega+\omega_0)\}$이므로 다음과 같습니다.

$$\begin{aligned}Y(\omega)&=5\mathbf{F}\{\cos(\omega_0 t)\}+j5\mathbf{F}\{\sin(\omega_0 t)\}\\&=5\pi\{\delta(\omega-\omega_0)+\delta(\omega-\omega_0)\}+5\pi\{\delta(\omega-\omega_0)-\delta(\omega-\omega_0)\}\\&=10\pi\delta(\omega-\omega_0)\end{aligned}$$

그러므로 $X(\omega)=Y(\omega)$입니다.

복소 공액complex conjugate

신호 $x(t)$의 푸리에 변환이 $X(\omega)$일 때, 복소 공액 $x^*(t)$의 푸리에 변환은

$$\mathbf{F}\{x^*(t)\}=\int_{-\infty}^{\infty}x^*(t)e^{-j\omega t}dt=\left\{\int_{-\infty}^{\infty}x(t)e^{j\omega t}dt\right\}^*=X^*(-\omega) \tag{3.21}$$

가 됩니다. 따라서 $X(\omega)$를 알고 있다면 $x^*(t)$의 푸리에 변환을 다시 계산할 필요가 없겠지요.

시간 척도 변환time scaling

어떤 신호 $x(t)$의 푸리에 변환 $X(\omega)$를 알고 있을 때, 신호 $x(\alpha t)$의 푸리에 변환을 구하는 방법을 생각해봅시다. 먼저 시간 축 t가 αt로 척도 변환되었습니다. 상수 $\alpha>0$이라면 $x(\alpha t)$의 푸리에 변환은

$$\mathbf{F}\{x(\alpha t)\}=\int_{-\infty}^{\infty}x(\alpha t)e^{-j\omega t}dt=\frac{1}{\alpha}\int_{-\infty}^{\infty}x(y)e^{-j(\omega/\alpha)y}dy=\frac{1}{\alpha}X(\omega/\alpha) \tag{3.22}$$

가 됩니다. $\alpha<0$일 때, $\beta=-\alpha$로 치환하면 $x(\alpha t)$의 푸리에 변환은 다음과 같이 됩니다.

$$\begin{aligned}\mathbf{F}\{x(\alpha t)\}&=\int_{-\infty}^{\infty}x(-\beta t)e^{-j\omega t}dt=-\frac{1}{\beta}\int_{\infty}^{-\infty}x(y)e^{j\omega y/\beta}dy\\&=\frac{1}{\beta}\int_{-\infty}^{\infty}x(y)e^{j\omega y/\beta}dy=\frac{1}{\beta}X(-\omega/\beta)=-\frac{1}{\alpha}X(\omega/\alpha)\end{aligned} \tag{3.23}$$

그러므로 이 두 결과를 일반화하면 다음과 같이 나타낼 수 있습니다.

$$\mathbf{F}\{x(\alpha t)\}=\frac{1}{|\alpha|}X\left(\frac{\omega}{\alpha}\right) \tag{3.24}$$

예제 3-8

$x(t)=\text{rect}(t/T)$의 푸리에 변환은 $X(\omega)=T\text{Sa}(\omega T/2)$입니다. 시간 척도 변환 특성을 이용하여 (a) $x(2t)$, (b) $x(t/2)$의 푸리에 변환을 구하세요.

풀이

(a) [표 3-1]에서 $x(t)=\text{rect}(t/T)$는 다음 그림과 같이 $[-T/2,\ T/2]$ 구간에서 크기가 1인 신호입니다.

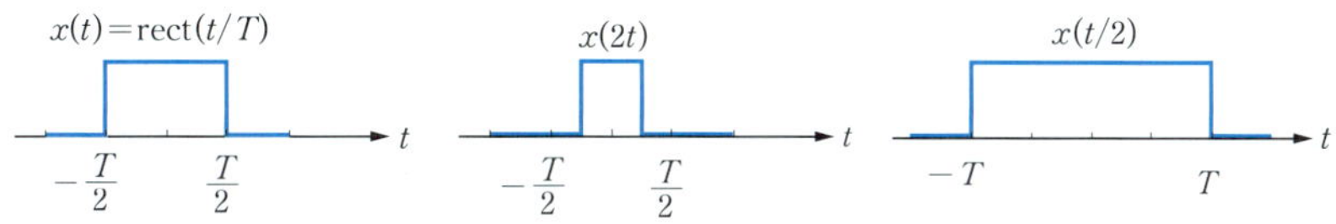

이를 푸리에 변환하면 $X(\omega)=T\text{Sa}(\omega T/2)$인 Sa 함수가 되고 $\omega=2\pi/T$의 양과 음의 정수배 위치에서 0이 됩니다. 식 (3.24)의 성질을 이용하면 $\mathbf{F}\{x(2t)\}=0.5X(\omega/2)=(T/2)\,\text{Sa}(\omega T/4)$가 됩니다. 그러므로 $X(\omega)$보다 폭이 넓어집니다.

(b) 식 (3.24)를 이용하면 $\mathbf{F}\{x(t/2)\}=2X(2\omega)=2T\text{Sa}(\omega T)$가 되고, 주파수 영역에서 $X(\omega)$보다 폭이 좁은 신호가 됩니다.

시간과 주파수 영역에서의 파형을 다음 그림으로 나타냈습니다.

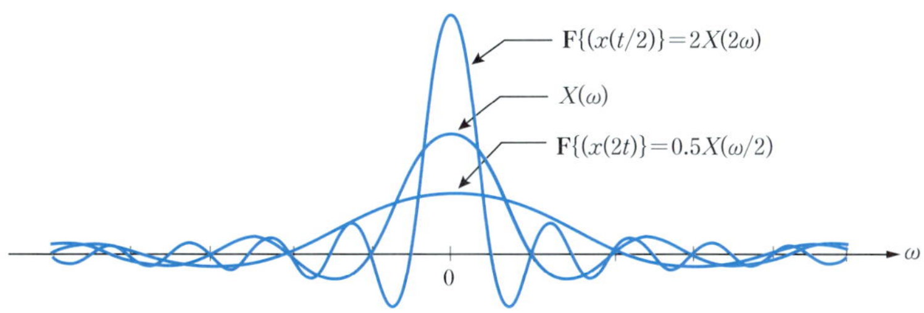

시간 지연time delay

신호 $x(t)$가 시간 축에서 t_0초만큼 이동한 $x(t-t_0)$의 푸리에 변환은

$$\mathbf{F}\{x(t-t_0)\}=\int_{-\infty}^{\infty}x(t-t_0)\,e^{-j\omega t}dt=\int_{-\infty}^{\infty}x(y)\,e^{-j\omega(y+t_0)}dy=X(\omega)\,e^{-j\omega t_0} \quad (3.25)$$

입니다. 그러므로 시간 축에서의 이동은 주파수 영역에서 위상의 변화 $-\omega t_0$로 나타납니다.

정현파 신호 $x(t)=\cos(\omega_0 t)$를 t_0만큼 시간 지연하면 $x(t-t_0)=\cos(\omega_0 t-\omega_0 t_0)$가 되어 $-\omega_0 t_0$의 위상 변화가 있음을 쉽게 알 수 있습니다. 이 상황을 나타낸 [그림 3-11]에서 원 신호 $x(t-t_0)$는 $x(t)$를 기준으로 시간 지연이 일어난 것이며, 위상이 서로 다릅니다.

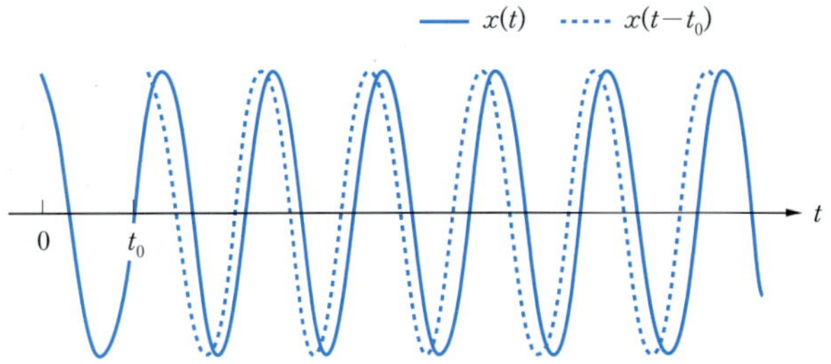

[그림 3-11] 정현파 신호의 시간 지연에 따른 파형 비교

예제 3-9

$x(t)=\mathrm{rect}(t/\tau)$를 단위 계단 함수로 표현하고, 이것의 푸리에 변환을 통해 다음과 같음을 밝히세요.

$$X(\omega)=\tau\mathrm{Sa}(\omega\tau/2)$$

풀이

$x(t)=\mathrm{rect}(t/\tau)=u(t+\tau/2)-u(t-\tau/2)$이므로 식 (3.13)과 식 (3.25)에 의해

$$\begin{aligned} X(\omega) &= \{\pi\delta(\omega)+1/(j\omega)\}e^{j\omega\tau/2}-\{\pi\delta(\omega)+1/(j\omega)\}e^{-j\omega\tau/2} \\ &= \{1/(j\omega)\}(e^{j\omega\tau/2}-e^{-j\omega\tau/2}) \\ &= \frac{\sin(\omega\tau/2)}{\omega/2}=\tau\mathrm{Sa}(\omega\tau/2) \end{aligned}$$

가 됩니다.

주파수 천이frequency shift[3]

원 신호 $x(t)$의 주파수를 ω_0만큼 이동한 $x(t)e^{j\omega_0 t}$의 경우, 그 푸리에 변환은 다음과 같습니다.

$$\mathbf{F}\{x(t)e^{j\omega_0 t}\}=\int_{-\infty}^{\infty}x(t)e^{-j(\omega-\omega_0)t}dt=X(\omega-\omega_0) \tag{3.26}$$

이것은 당연히 주파수 영역에서 원 신호의 푸리에 변환 값이 ω_0만큼 이동한 형태입니다. 즉 주파수 영역에서 스펙트럼의 이동은 시간 영역에서 시간에 따른 위상의 변화로 나타납니다. 이와 같이 **원 신호의 주파수를 높은 주파수로 이동하는 것을 변조라고 합니다.**

3 천이(遷移)는 옮겨 바뀐다는 의미입니다.

쌍대성duality

신호 $x(t)$의 푸리에 변환이 $X(\omega)$일 때, ω 축을 시간 축 t로 바꾼 신호 $X(t)$의 푸리에 변환은 $x(\omega)$의 모양을 띠는데 이를 쌍대성이라고 합니다. 앞서 단위 임펄스 신호와 구형파 신호에 대한 푸리에 변환에서 쌍대성을 언급했던 것을 기억하지요?

이러한 성질은 푸리에 변환식

$$X(\omega)=\mathbf{F}\{x(t)\}=\int_{-\infty}^{\infty} x(t)\, e^{-j\omega t} dt$$
$$x(t)=\mathbf{F}^{-1}\{X(\omega)\}=\frac{1}{2\pi}\int_{-\infty}^{\infty} X(\omega)\, e^{j\omega t} d\omega \tag{3.27}$$

로부터 ω 축과 시간 축 t를 서로 바꿔 $y(t)=X(t)$라고 하면 다음과 같습니다.

$$X(t)=\int_{-\infty}^{\infty} x(\omega)\, e^{-j\omega t} d\omega=\frac{1}{2\pi}\int_{-\infty}^{\infty} Y(\omega)\, e^{j\omega t} d\omega \tag{3.28}$$

그리고 마지막 항에서 $u=-\omega$로 치환하면

$$X(t)=-\frac{1}{2\pi}\int_{+\infty}^{-\infty} Y(-u)\, e^{-jut} du=\frac{1}{2\pi}\int_{-\infty}^{\infty} Y(-u)\, e^{-jut} du \tag{3.29}$$

가 됩니다. 그러므로 식 (3.28)과 식 (3.29)로부터 다음 식이 도출됩니다.

$$X(t)=\int_{-\infty}^{\infty} x(\omega)\, e^{-j\omega t} d\omega=\frac{1}{2\pi}\int_{-\infty}^{\infty} Y(-\omega)\, e^{-j\omega t} d\omega \tag{3.30}$$

따라서

$$Y(-\omega)=2\pi x(\omega) \Rightarrow Y(\omega)=\mathbf{F}[X(t)]=2\pi x(-\omega) \tag{3.31}$$

가 되어 다음 관계가 성립되며, 이것을 푸리에 변환의 쌍대성이라고 합니다.

$$\mathbf{F}\{x(t)\}=X(\omega) \Rightarrow \mathbf{F}\{X(t)\}=2\pi x(-\omega) \tag{3.32}$$

시간 영역 및 주파수 영역 컨벌루션convolution

컨벌루션(중첩 적분)은 선형 시스템에서 입력 신호에 대한 출력의 계산에 사용되는 매우 중요한 연산자입니다. 여파기의 입·출력 관계인 전달 함수를 구하거나 통신에서는 통신 채널인 매질의 전달 특성을 구할 때 사용됩니다. 컨벌루션은 신호 $x(t)$를 전달 함수 또는 임펄스 응답이 $h(t)$인 선형 시불변 시스템에 입력했을 때, 그 출력 $y(t)=\text{Sys}\{x(t)\}$를 계산하는 방법입니다. 여기서 $\text{Sys}\{x(t)\}$는 입력 신호 $x(t)$가 선형 시불변 시스템을 통과한 출력을 의미합니다.

$h(t)=\mathrm{Sys}\{\delta(t)\}$로 표현되는 시스템의 임펄스 응답은 시불변 시스템이므로 다음과 같이 나타낼 수 있습니다.

$$\mathrm{Sys}\{\delta(t-t_0)\}=h(t-t_0)$$

그리고 입력 신호 $x(t)$는

$$x(t)=\int_{-\infty}^{\infty}x(\tau)\delta(t-\tau)d\tau \tag{3.33}$$

와 같이 임펄스 함수로 표현이 가능합니다. 그러므로 출력 $y(t)$는

$$\begin{aligned}y(t)&=\mathrm{Sys}\{x(t)\}=\mathrm{Sys}\left\{\int_{-\infty}^{\infty}x(\tau)\delta(t-\tau)d\tau\right\}\\&=\mathrm{Sys}\left\{\lim_{\Delta\tau\to 0}\sum_{n=-\infty}^{\infty}x(n\Delta\tau)\delta(t-n\Delta\tau)\Delta\tau\right\}\\&=\lim_{\Delta\tau\to 0}\sum_{n=-\infty}^{\infty}x(n\Delta\tau)\mathrm{Sys}\{\delta(t-n\Delta\tau)\}\Delta\tau\\&=\lim_{\Delta\tau\to 0}\sum_{n=-\infty}^{\infty}x(n\Delta\tau)h(t-n\Delta\tau)\Delta\tau\\&=\int_{-\infty}^{\infty}x(\tau)h(t-\tau)d\tau\\&=x(t)*h(t)\end{aligned} \tag{3.34}$$

가 됩니다. 여기서 $*$는 컨벌루션 연산자이며, 윗첨자인 복소 공액 연산자 *와 구분해야 합니다.

식 (3.34)의 이해를 돕기 위해 컨벌루션을 그림으로 근사화하여 나타내면 [그림 3-12]와 같습니다. 여기서 입력 신호 $x(t)$를 시간 축에서 아주 잘게 나눈 임펄스 신호의 연속적인 조합이라고 가정할 수 있습니다. 이러한 입력 신호에 대한 선형 시불변 시스템의 출력은 각 임펄스 신호에 대한 개별 응답의 합이 됩니다. [그림 3-12]에서 $x(0)\delta(t)$에 대한 시스템 출력은 $\mathrm{Sys}\{x(0)\delta(t)\}=x(0)h(t)$입니다. $x(\tau_1)\delta(t-\tau_1)$에 대한 시스템 출력은 $x(\tau_1)h(t-\tau_1)$가 되어 시스템의 임펄스 응답이 시간 지연되고 크기가 바뀌어 나타납니다. 마찬가지로 $x(\tau_2)\delta(t-\tau_2)$에 대한 시스템 출력은 $x(\tau_2)h(t-\tau_2)$입니다. 여기서 시간 간격 $\Delta\tau$는 0에 가까운 매우 짧은 간격이라고 가정했습니다. 그러므로 입력 신호 $x(t)$에 대한 시스템 출력은 $y(t)=x(0)h(t)+x(\tau_1)h(t-\tau_1)+x(\tau_2)h(t-\tau_2)+\cdots$이 됩니다.

입력 $x(t)$에 대한 전달 함수가 $h(t)$인 선형 시불변 시스템의 출력은 다음과 같습니다.

$$x(t)*h(t)=\int_{-\infty}^{\infty}x(\tau)h(t-\tau)d\tau$$

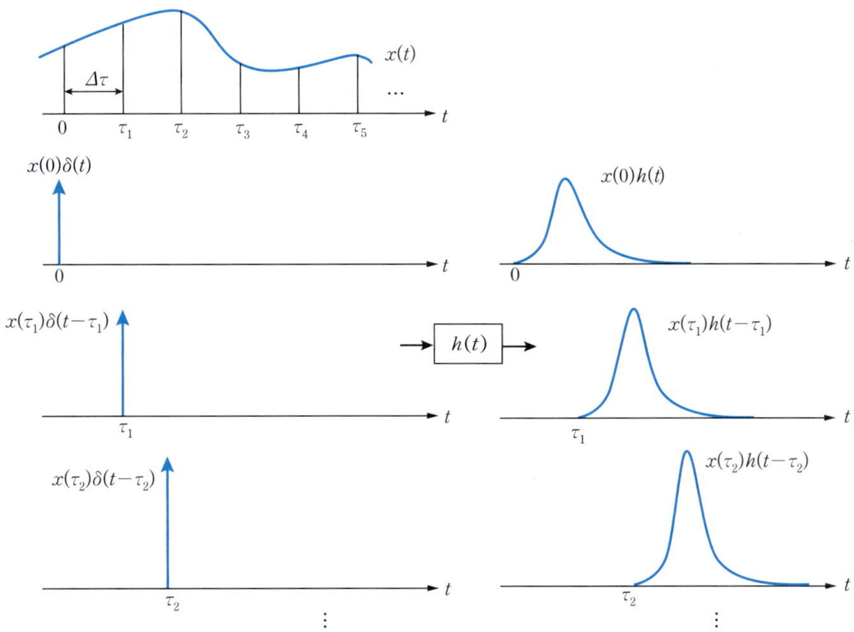

[그림 3-12] 컨벌루션의 도식적 표현

시간 영역의 컨벌루션이 주파수 영역에서는 두 스펙트럼의 단순 곱으로 표현되는 성질을 이용하여 컨벌루션을 쉽게 구할 수 있습니다. 두 신호 $x_1(t)$와 $x_2(t)$에 대한 컨벌루션의 푸리에 변환은 다음과 같습니다.

$$\begin{aligned}
\mathbf{F}\{x_1(t)*x_2(t)\} &= \int_{-\infty}^{\infty}\int_{-\infty}^{\infty} x_1(\tau)x_2(t-\tau)\,d\tau e^{-j\omega t}dt \\
&= \int_{-\infty}^{\infty} x_1(\tau)\left\{\int_{-\infty}^{\infty} x_2(t-\tau)\,e^{-j\omega t}dt\right\}d\tau \\
&= \int_{-\infty}^{\infty} x_1(\tau)\left\{\int_{-\infty}^{\infty} x_2(u)\,e^{-j\omega(u+\tau)}du\right\}d\tau \\
&= \int_{-\infty}^{\infty} x_1(\tau)\left\{\int_{-\infty}^{\infty} x_2(u)\,e^{-j\omega u}du\right\}e^{-j\omega\tau}d\tau \\
&= \int_{-\infty}^{\infty} x_1(\tau)X_2(\omega)e^{-j\omega\tau}d\tau = \left\{\int_{-\infty}^{\infty} x_1(\tau)e^{-j\omega\tau}d\tau\right\}X_2(\omega) \\
&= X_1(\omega)X_2(\omega)
\end{aligned} \tag{3.35}$$

일반적으로 시간 축에서 컨벌루션을 계산하는 것보다는 주파수 축에서 곱셈으로 계산하는 것이 훨씬 쉬울 수 있는데, 이는 푸리에 변환의 큰 장점 중 하나입니다.

그리고 **주파수 영역에서 두 신호의 컨벌루션은 다음과 같이 시간 영역에서 곱셈으로 표현됩니다.**

$$
\begin{aligned}
\mathbf{F}^{-1}[X_1(\omega)*X_2(\omega)] &= \frac{1}{2\pi}\int_{-\infty}^{\infty}\left\{\int_{-\infty}^{\infty} X_1(u)\,X_2(\omega-u)\,du\right\}e^{j\omega t}d\omega \\
&= \frac{1}{2\pi}\int_{-\infty}^{\infty} X_1(u)\left\{\int_{-\infty}^{\infty} X_2(\omega-u)\,e^{j\omega t}d\omega\right\}du \\
&= \int_{-\infty}^{\infty} X_1(u)\left\{\frac{1}{2\pi}\int_{-\infty}^{\infty} X_2(x)\,e^{j(x+u)t}dx\right\}du \\
&= 2\pi\left\{\frac{1}{2\pi}\int_{-\infty}^{\infty} X_1(u)\,e^{jut}du\right\}x_2(t) \\
&= 2\pi x_1(t)\,x_2(t)
\end{aligned}
\tag{3.36}
$$

이 특성은 두 신호의 곱에 대한 푸리에 변환의 계산에 많이 활용될 것입니다.

식 (3.35)와 식 (3.36)을 정리하면 다음과 같습니다.

$$
\begin{aligned}
&\mathbf{F}\{x_1(t)*x_2(t)\} = X_1(\omega)\,X_2(\omega) \\
&\mathbf{F}[x_1(t)\,x_2(t)] = \frac{1}{2\pi}X_1(\omega)*X_2(\omega)
\end{aligned}
\tag{3.37}
$$

때로는 식 (3.37)의 결과와 쌍대성의 원리가 헷갈리기도 합니다. 컨벌루션에 대한 쌍대성의 원리를 적용하면

$$
\mathbf{F}\{x_1(t)*x_2(t)\} = X_1(\omega)\,X_2(\omega) \Rightarrow \mathbf{F}\{X_1(t)\,X_2(t)\} = 2\pi x_1(-\omega)*x_2(-\omega)
\tag{3.38}
$$

가 되므로 식 (3.37)과 식 (3.38)을 잘 구분할 필요가 있습니다.

미분과 적분differentiation and integration

어떤 신호의 미분differentiation은 주파수 영역에서 다음과 같습니다.

$$
\begin{aligned}
&\frac{d}{dt}x(t) = \frac{d}{dt}\frac{1}{2\pi}\int_{-\infty}^{\infty} X(\omega)\,e^{j\omega t}d\omega = \frac{1}{2\pi}\int_{-\infty}^{\infty} j\omega X(\omega)\,e^{j\omega t}d\omega \\
&\leftrightarrow \mathbf{F}\left\{\frac{d}{dt}x(t)\right\} = j\omega X(\omega)
\end{aligned}
\tag{3.39}
$$

미분된 신호의 스펙트럼은 원 신호의 스펙트럼에 대해 고주파 성분이 더 강조되는 특성을 보입니다. 미분은 시간 영역에서 이웃한 신호와의 변화량을 의미하므로 서서히 변화하는 신호보다 급하게 변화하는 신호의 미분값이 커집니다. 그러므로 미분은 일종의 고역 통과 필터HPF : High Pass Filter 역할을 하는 것입니다. 그리고 적분integration은 다음과 같이 단위 계단 함수로 나타낼 수 있습니다.

$$\begin{aligned}
\mathbf{F}\left\{\int_{-\infty}^{t} x(\tau)\, d\tau\right\} &= \mathbf{F}\left\{\int_{-\infty}^{\infty} x(\tau)\, u(t-\tau)\, d\tau\right\} \\
&= \mathbf{F}\{x(t) * u(t)\} \\
&= X(\omega)\, U(\omega) \\
&= X(\omega)\left\{\pi\delta(\omega) + \frac{1}{j\omega}\right\} \\
&= \pi X(0)\,\delta(\omega) + \frac{1}{j\omega} X(\omega)
\end{aligned} \tag{3.40}$$

적분 신호의 스펙트럼은 원 신호의 스펙트럼 중 고주파 성분의 크기가 $1/\omega$로 작아지는 특징이 있습니다. 그러므로 적분을 LPF라고 생각할 수 있는 것입니다.

푸리에 변환의 대칭성Symmetric property of Fourier transform

신호 $x(t)$가 실수 신호일 때, 주파수 스펙트럼은 $\omega=0$을 기준으로 대칭성Symmetric property을 보입니다. 푸리에 변환 식을 사인과 코사인 항으로 분리하면 다음과 같이 진폭 $|X(\omega)|$와 위상 $\theta(\omega)$의 항으로 나타낼 수 있습니다.

$$\begin{aligned}
X(\omega) &= \int_{-\infty}^{\infty} x(t)\, e^{-j\omega t} dt \\
&= \int_{-\infty}^{\infty} x(t) \cos\omega t dt - j\int_{-\infty}^{\infty} x(t) \sin\omega t dt \\
&= C(\omega) + jS(\omega) = |X(\omega)| e^{j\theta(\omega)}
\end{aligned} \tag{3.41}$$

식 (3.41)에서 코사인 항은 $C(-\omega)=C(\omega)$인 우함수이고, 사인 항은 $S(-\omega)=-S(\omega)$인 기함수입니다. 그러므로 **주파수 스펙트럼의 진폭과 위상은 $|X(\omega)|=|X(-\omega)|$, $\theta(-\omega)=-\theta(\omega)$인 특성으로부터 각각 우함수와 기함수임을 알 수 있습니다. 이는 양의 주파수 특성만 알아도 음의 주파수 특성을 자연스럽게 알 수 있다는 의미입니다.**

그렇다면 신호 $x(t)=a(t)+jb(t)$가 각각 $a(t)$와 $b(t)$의 실수 신호로 구성된 복소 신호인 경우에도 주파수 스펙트럼의 대칭성이 유지될까요? 식 (3.41)을 복소 신호에 대해 정리하면 다음과 같습니다.

$$\begin{aligned}
X(\omega) &= \int_{-\infty}^{\infty} \{a(t) + jb(t)\} e^{-j\omega t} dt \\
&= \int_{-\infty}^{\infty} \{a(t) \cos\omega t + b(t) \sin\omega t\} dt \\
&\quad + j\int_{-\infty}^{\infty} \{b(t) \cos\omega t - a(t) \sin\omega t\} dt \\
&= R(\omega) + jI(\omega)
\end{aligned} \tag{3.42}$$

그리고 $-\omega$에 대해서는 다음과 같습니다.

$$X(-\omega)=\int_{-\infty}^{\infty}\{a(t)\cos\omega t-b(t)\sin\omega t\}dt+j\int_{-\infty}^{\infty}\{b(t)\cos\omega t+a(t)\sin\omega t\}dt \tag{3.43}$$

그러므로 식 (3.42)와 식 (3.43)을 통해 어떠한 대칭성을 찾기는 어렵습니다.

위의 내용을 종합하면 실수 신호에 대한 주파수 스펙트럼의 진폭은 우함수, 위상은 기함수의 대칭성을 띠지만 복소 신호의 주파수 스펙트럼은 대칭성이 없습니다. 그런데 현실 세계에 복소 신호가 존재할까요? 이에 대한 문제는 통신을 공부하면서 차근차근 풀어보겠습니다. 단, 허수 $b(t)$만 존재하는 경우는 실수 성분만 존재하는 경우와 마찬가지로 대칭성이 있습니다.

이 절에서 다룬 푸리에 변환의 특성을 [표 3-2]에 요약했습니다.

[표 3-2] 푸리에 변환 및 특성

특성	시간 영역 신호	주파수 영역 신호
선형성	$a_1x_1(t)+a_2x_2(t)$	$a_1X_1(\omega)+a_2X_2(\omega)$
복소 공액	$x^*(t)$	$X^*(-\omega)$
시간 척도 변환	$x(\alpha t)$	$1/\lvert\alpha\rvert X(\omega/\alpha)$
시간 천이	$x(t-t_0)$	$e^{-j\omega t_0}X(\omega)$
주파수 천이	$e^{j\omega_0 t}x(t)$	$X(\omega-\omega_0)$
시간 컨벌루션	$\int_{-\infty}^{\infty}x_1(\tau)x_2(t-\tau)d\tau$	$X_1(\omega)X_2(\omega)$
주파수 컨벌루션	$x_1(t)x_2(t)$	$\frac{1}{2\pi}\int_{-\infty}^{\infty}X_1(u)X_2(\omega-u)du$
쌍대성	$X(t)$	$2\pi x(-\omega)$, $x(-f)$
미분	$\frac{d}{dt}x(t)$	$j\omega X(\omega)$
적분	$\int_{-\infty}^{t}x(\tau)d\tau$	$\frac{1}{j\omega}X(\omega)+\pi X(0)\delta(\omega)$ $X(0)=\int_{-\infty}^{\infty}x(t)dt$

핵심포인트 **컨벌루션**

전달 함수가 $h(t)$인 선형 시불변 시스템에 입력 $x(t)$가 인가되면 출력은 다음과 같이 표현됩니다.

$$y(t)=\int_{-\infty}^{\infty} x(\tau)\,h(t-\tau)\,d\tau=x(t)*h(t)$$

이것을 컨벌루션이라고 하며, 시간 영역에서는 다음과 같이 주파수 영역 신호의 곱으로 표현됩니다.

$$\mathbf{F}\{x_1(t)*x_2(t)\}=X_1(\omega)\,X_2(\omega)$$

예제 3-10

$x(t)=\mathrm{rect}(t/\tau)$일 때, $x(t)\cos\omega_0 t$의 푸리에 변환을 구하세요.

풀이

앞에서 공부했듯이 $x(t)=\mathrm{rect}(t/\tau)$의 푸리에 변환은 $\tau\mathrm{Sa}(\omega\tau/2)$입니다. 그리고 $\cos\omega_0 t$는 주파수 영역에서 $\pi[\delta(\omega-\omega_0)+\delta(\omega+\omega_0)]$입니다. 그러므로 시간 영역에서 두 신호의 곱은 주파수 영역에서 두 신호의 컨벌루션으로 표현되어 $x(t)\cos\omega_0 t$의 푸리에 변환은 다음과 같습니다.

$$(\tau/2)\,\mathrm{Sa}\{(\omega-\omega_0)\,\tau/2\}+(\tau/2)\,\mathrm{Sa}\{(\omega+\omega_0)\,\tau/2\}$$

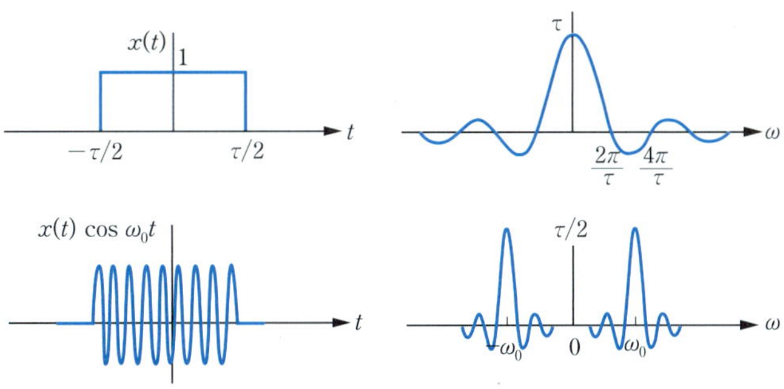

예제 3-11

두 신호 $x_1(t)$와 $x_2(t)$의 컨벌루션을 구하세요.

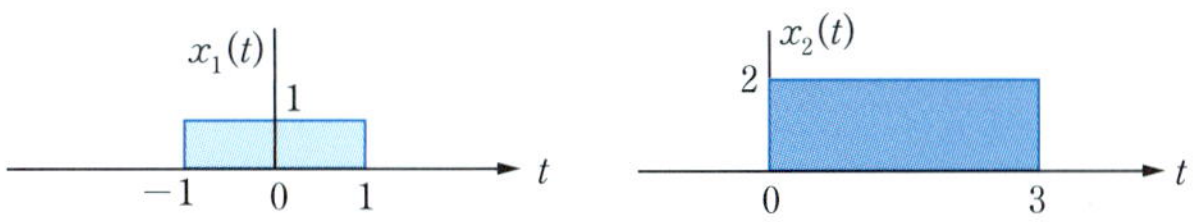

풀이

컨벌루션의 정의는 다음과 같습니다.

$$x_1(t)*x_2(t)=\int_{-\infty}^{\infty}x_1(\tau)x_2(t-\tau)\,d\tau$$

먼저 $x_1(t)$와 $x_2(t)$의 시간 축 t를 τ로 바꾸고 $x_2(\tau)$를 τ 축이 역전된 $x_2(-\tau)$ 형태로 바꿔야 합니다. 그리고 τ 축에서 t만큼 이동된 신호 $x_2(t-\tau)$를 구합니다. 이것을 그림으로 나타내면 다음과 같습니다.

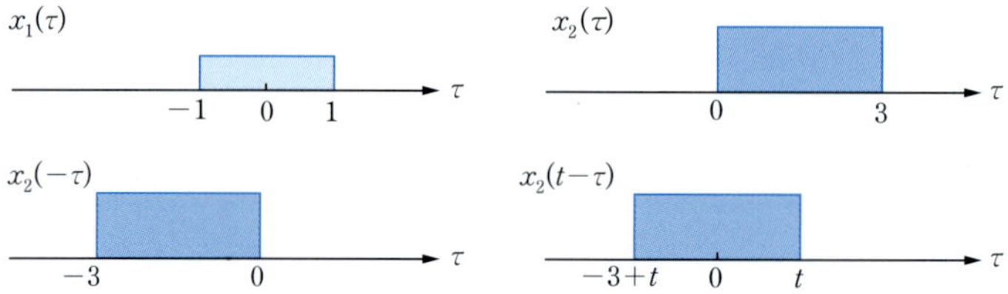

이어서 $x_1(\tau)$와 $x_2(t-\tau)$를 곱해 적분하면 되는데, 이때 $x_1(t)$와 $x_2(t)$의 위치를 서로 바꿔 계산해도 같은 결과를 얻을 수 있습니다.

적분 구간을 두 신호가 중첩되는 구간에 따라 컨벌루션할 때 적분해야 하는 영역이 달라지므로 다음과 같이 다섯 가지로 구분하여 컨벌루션을 구할 수 있습니다.

(i) $t<-1$, 두 신호가 중첩되지 않은 경우

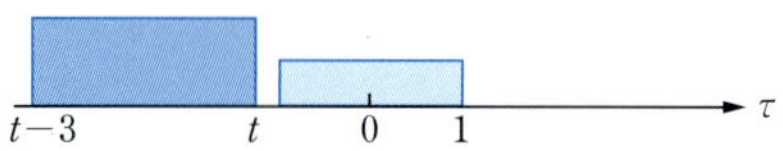

$$x_1(t)*x_2(t)=0$$

(ii) $-1<t<1$, $x_1(\tau)$의 왼쪽 부분과 $x_2(t-\tau)$가 중첩되는 경우

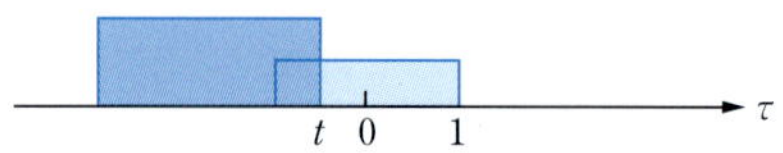

$$x_1(t)*x_2(t)=\int_{-1}^{t}2d\tau=2(t+1)$$

(iii) $1<t<2$, $x_1(\tau)$의 전체가 $x_2(t-\tau)$와 중첩되는 경우

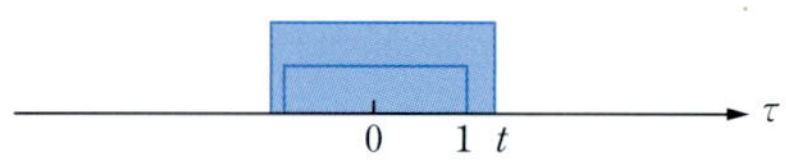

$$x_1(t)*x_2(t)=\int_{-1}^{1}2d\tau=4$$

(iv) $2<t<4$, $x_1(\tau)$의 오른쪽 부분이 $x_2(t-\tau)$와 중첩되는 경우

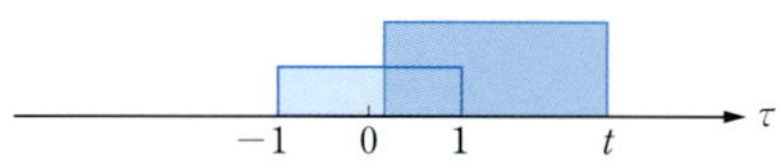

$$x_1(t)*x_2(t)=\int_{t-3}^{1}2d\tau=2(4-t)$$

(v) $t>4$, 두 신호가 중첩되지 않은 경우

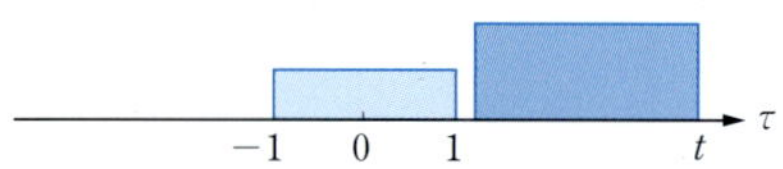

$$x_1(t)*x_2(t)=0$$

위에서 구한 컨벌루션의 결과를 종합하면 다음과 같은 결과를 얻게 됩니다.

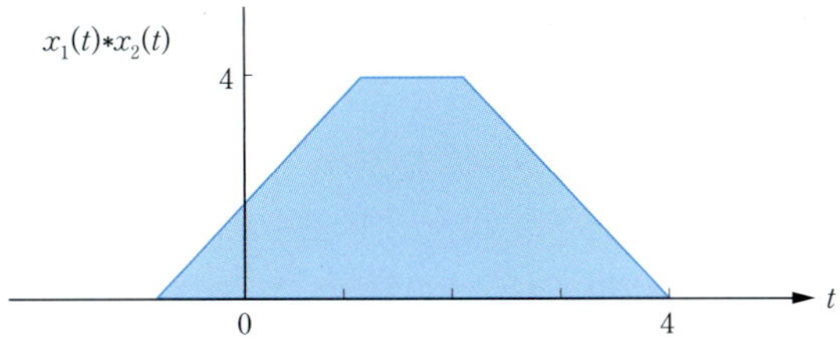

예제 3-12

다음 신호 $x(t)$에 대하여 물음에 답하세요.

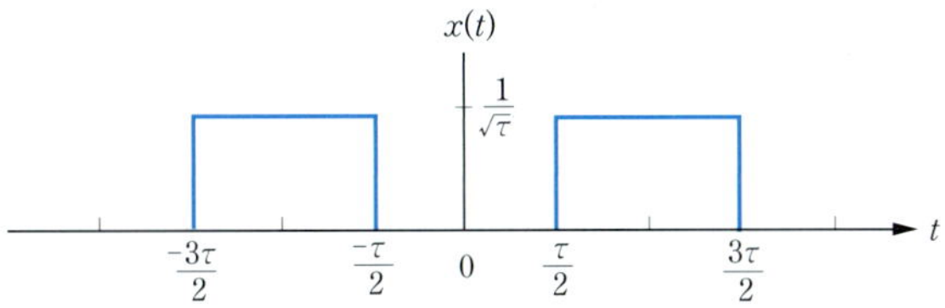

(a) $y(t)=x(t)*x(t)$를 식으로 표현하세요.

(b) (a)의 푸리에 변환을 구하세요.

(c) (b)의 결과를 통해 [표 3-1]의 $x(t)=\Lambda(t/\tau)$에 대해 푸리에 변환 결과가 $X(\omega)=\tau\mathrm{Sa}^2(\omega\tau/2)$ 임을 밝히세요.

풀이

(a) $y(t)=x(t)*x(t)$는 다음과 같습니다. [표 3-1]의 삼각 파형 $\Lambda(\cdot)$표현을 사용하면 $y(t)=\Lambda\{(t+2\tau)/\tau\}+2\Lambda(t/\tau)+\Lambda\{(t-2\tau)/\tau\}$입니다.

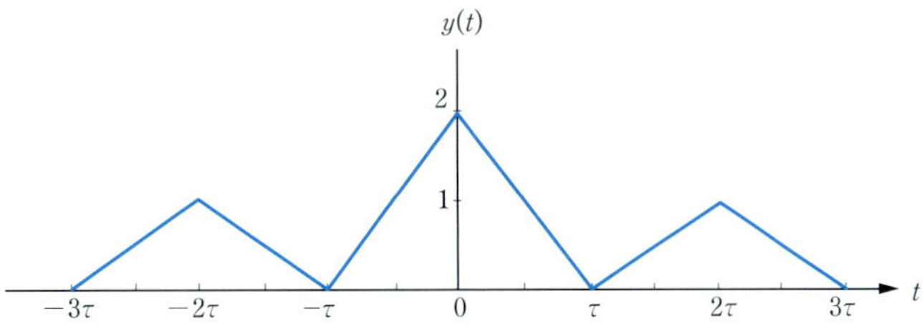

(b) $y(t)=x(t)*x(t)$를 이용하면

$$x(t)=\frac{1}{\sqrt{\tau}}\mathrm{rect}\{(t+\tau)/\tau\}+\frac{1}{\sqrt{\tau}}\mathrm{rect}\{(t-\tau)/\tau\}$$

이므로 $X(\omega)=\sqrt{\tau}\,\mathrm{Sa}(\omega\tau/2)\,e^{j\omega\tau}+\sqrt{\tau}\,\mathrm{Sa}(\omega\tau/2)\,e^{-j\omega\tau}$ 입니다.

따라서 $Y(\omega)=X(\omega)\cdot X(\omega)$라는 점을 이용하면, 다음과 같습니다.

$$Y(\omega)=\tau Sa^2(\omega\tau/2)\,e^{j2\omega\tau}+2\tau Sa^2(\omega\tau/2)+\tau Sa^2(\omega\tau/2)\,e^{-j2\omega\tau}$$

(c) (b)에서 $y(t)$의 성분 중 $2\Lambda(t/\tau)$이 존재하고 이것을 푸리에 변환한 결과는 $Y(\omega)$에서 두 번째 성분 $2\tau\mathrm{Sa}^2(\omega\tau/2)$입니다. 따라서 $f(t)=\Lambda(t/\tau)$의 푸리에 변환은 $F(\omega)=\tau\mathrm{Sa}^2(\omega\tau/2)$이며, 다음 그림과 같은 형태가 됩니다.

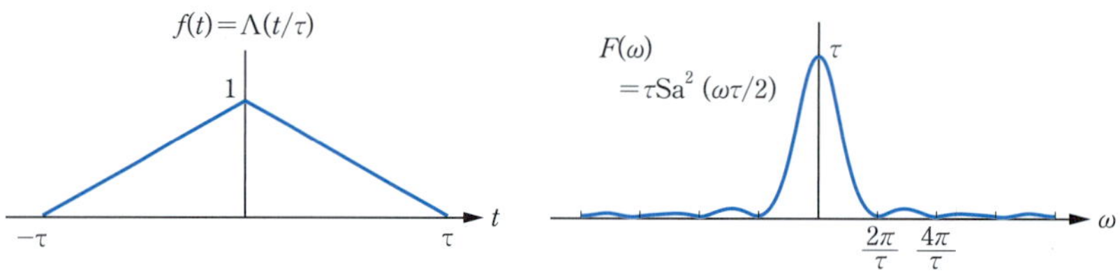

예제 3-13

신호 $x(t)$에 대해 주파수 영역의 변수를 f와 ω로 바꿔가면서 푸리에 변환 및 역푸리에 변환을 하세요.

(a) $x(t)=\delta(t)$

(b) $X(\omega)=\delta(\omega-\omega_0)$, $X(f)=\delta(f-f_0)$

풀이

(a) 식 (3.3)과 식 (3.4)에 따라 $X(\omega)=\int_{-\infty}^{\infty}\delta(t)\,e^{-j\omega t}dt=1$, $X(f)=\int_{-\infty}^{\infty}\delta(t)\,e^{-j2\pi ft}dt=1$이 되어, $x(t)=\delta(t)$일 때 $X(\omega)=X(f)$임을 알 수 있습니다.

(b) 식 (3.3)에 따라 $x(t)=\frac{1}{2\pi}\int_{-\infty}^{\infty}\delta(\omega-\omega_0)\,e^{j\omega t}d\omega=\frac{1}{2\pi}e^{j\omega_0 t}$이므로 $e^{j\omega_0 t}$의 푸리에 변환은 $2\pi\delta(\omega-\omega_0)$임을 알 수 있습니다. 식 (3.4)에 의해 $x(t)=\int_{-\infty}^{\infty}\delta(f-f_0)\,e^{j2\pi ft}dt=e^{j2\pi f_0 t}=e^{j\omega_0 t}$이므로 $\mathbf{F}\{e^{j\omega_0 t}\}=\delta(f-f_0)$이다. 따라서 $X(\omega)\neq X(f)$임을 알 수 있습니다. 동일한 주파수 성분을 가지고 있으나 크기가 다른데, 이러한 이유로 두 신호의 컨벌루션을 취할 때 두 신호 모두 동일한 주파수 표현을 사용해야만 정확한 결과를 얻을 수 있습니다.

예제 3-14

주기가 T인 임펄스 열 함수 $x(t)=\sum_{n=-\infty}^{\infty}\delta(t-nT)$의 푸리에 변환이 다음과 같다는 것을 보이세요.

$$X(\omega)=\sum_{n=-\infty}^{\infty} e^{-jnT\omega}=\omega_0\sum_{n=-\infty}^{\infty}\delta(\omega-n\omega_0),\ \text{단 } \omega_0=2\pi/T$$

풀이

푸리에 급수 전개에 따라서 $x(t)=\sum_{n=-\infty}^{\infty}\delta(t-nT)=\frac{1}{T}\sum_{n=-\infty}^{\infty}e^{jn\omega_0 t}$이므로 이것의 두 번째 항의 푸리에 변환은

$$X(\omega)=\sum_{n=-\infty}^{\infty}\mathbf{F}\{\delta(t-nT)\}=\sum_{n=-\infty}^{\infty}e^{-jnT\omega}$$

가 되고, 세 번째 항의 푸리에 변환은

$$X(\omega)=\frac{1}{T}\sum_{n=-\infty}^{\infty}F\{e^{jn\omega_0 t}\}=\omega_0\sum_{n=-\infty}^{\infty}\delta(\omega-n\omega_0)$$

가 됩니다.

3.5 신호의 에너지 스펙트럼 밀도

신호의 **스펙트럼을 통해 신호가 존재하는 주파수 영역을 확인할 수 있습니다. 이 영역을 대역폭**bandwidth**이라고 하는데, 이것을 알아야만 신호를 전송하는 데 필요한 구리 선의 종류를 결정할 수 있습니다. 또한 다음 장에서 공부할 변조를 통해 동시에 여러 신호를 보내더라도 서로 섞이지 않는 방법을 찾을 수 있습니다.** 이러한 신호의 대역폭을 구하려면 에너지 스펙트럼 밀도ESD : Energy Spectral Density와 전력 스펙트럼 밀도PSD : Power Spectral Density를 알아야 합니다.

통신에서 에너지는 큰 관심사가 아닙니다. 2장의 프리스 전송식에서 공부한 것과 같이 평균 전력이 통신 신호의 전송 거리를 결정하기 때문입니다. 이 절에서는 주파수 영역에서 전력을 계산하는 방법을 알아보겠습니다. 이를 위해서는 주파수 영역에서 에너지를 계산하는 방법을 미리 공부하는 것이 도움이 되므로 에너지의 개념을 먼저 살펴보겠습니다.

에너지 스펙트럼 밀도

신호의 에너지는 신호 절댓값의 제곱을 전 시간 구간에서 적분한 것입니다. 2.3절에서 만났던 파시발은 주파수 영역에서 에너지를 구하려고 노력했는데, 그 결과를 파시발의 정리 또는 레일리의 에너지 정리, 레일리 항등식(Rayleigh's identity)이라고 합니다. 신호 $x(t)$의 에너지 정의로부터 다음과 같이 파세발의 정리(Parseval's theorem)로 표현할 수 있습니다.

$$
\begin{aligned}
E_x[\text{joule}] &= \int_{-\infty}^{\infty} x(t)\,x^*(t)\,dt = \int_{-\infty}^{\infty} x(t)\left[\frac{1}{2\pi}\int_{-\infty}^{\infty} X^*(\omega)\,e^{-j\omega t}d\omega\right]dt \\
&= \frac{1}{2\pi}\int_{-\infty}^{\infty} X^*(\omega)\left[\int_{-\infty}^{\infty} x(t)\,e^{-j\omega t}dt\right]d\omega \\
&= \frac{1}{2\pi}\int_{-\infty}^{\infty} X(\omega)\,X^*(\omega)\,d\omega = \frac{1}{2\pi}\int_{-\infty}^{\infty}|X(\omega)|^2 d\omega
\end{aligned}
\tag{3.44}
$$

여기서 $x(t)$의 에너지는 1[Ω] 저항기에서 소비되는 것으로 정규화한 것입니다. 식 (3.44)에서 $|X(\omega)|^2$을 주파수 영역에서 적분하면 신호의 에너지를 구할 수 있으므로 $|X(\omega)|^2$을 에너지 스펙트럼 밀도라고 합니다. **에너지 스펙트럼 밀도 함수는 단위 주파수당 에너지를 의미하며,** 이 책에서는 다음과 같이 표현하겠습니다.

$$
\Psi_x(\omega) = |X(\omega)|^2 \tag{3.45}
$$

여기서 Ψ, ψ는 사이[sahy]라고 읽습니다. 그러므로 신호의 에너지는

$$
E_x = \frac{1}{2\pi}\int_{-\infty}^{\infty} \Psi_x(\omega)\,d\omega \tag{3.46}
$$

로도 나타낼 수 있습니다.

에너지 신호의 자기 상관 함수

신호의 에너지를 구하는 또 다른 방법으로 자기 상관 함수autocorrelation function**를 사용하는 방법이 있습니다.** 신호의 자기 상관 함수 $R_x(\tau)$는 다음과 같이 정의됩니다.

$$
R_x(\tau) = \int_{-\infty}^{\infty} x(t)\,x^*(t-\tau)\,dt = \int_{-\infty}^{\infty} x^*(t)\,x(t+\tau)\,dt \tag{3.47}
$$

여기서 τ는 지체 시간time lag이라고 합니다. **상관 함수는 두 신호의 닮은 정도를 찾기 위한 방법 중 하나입니다.**

상관 함수를 활용하는 예로 [그림 3-13]의 레이더를 들 수 있습니다. 시각 $t=0$에 송신 안테나에서 보낸 신호 $x(t)$가 비행체에 부딪힌 뒤 $t=50$[ms]에 안테나로 수신된다면 자기 상관 함수는 [그림 3-13(d)]와 같이 시간 지연 $\tau=50$[ms]일 때 최댓값이 됩니다. 여기서는 잡음을 고려하지 않았고, 송신 파형이 시간 지연이 되고 크기만 작아져서 수신된다고 가정했습니다. 실제 레이더 신호는 잡음이 더해져서 [그림 3-13(c)]와 같이 깨끗한 신호가 아닙니다.

그리고 복소 신호의 경우, $x^*(t)$와 같이 복소 공액을 취하는 이유는 동일한 신호의 순간 전력이 $|x_1(t)|^2 = x_1(t)\,x_1^*(t)$이기 때문입니다. 서로 다른 신호 $x(t)$와 $y(t)$의 닮은 정도를

알고자 할 때는 다음과 같이 표현되는 **상호 상관 함수**cross correlation function를 이용합니다.

$$R_{xy}(\tau)=\int_{-\infty}^{\infty} x^*(t)\,y(t+\tau)\,dt=\int_{-\infty}^{\infty} x(t)\,y^*(t-\tau)\,dt \tag{3.48}$$

[그림 3-13]에서 수신 신호에 잡음이 섞이면 송신 신호와 동일한 신호가 아니므로 상호 상관 함수를 구하는 셈이 됩니다.

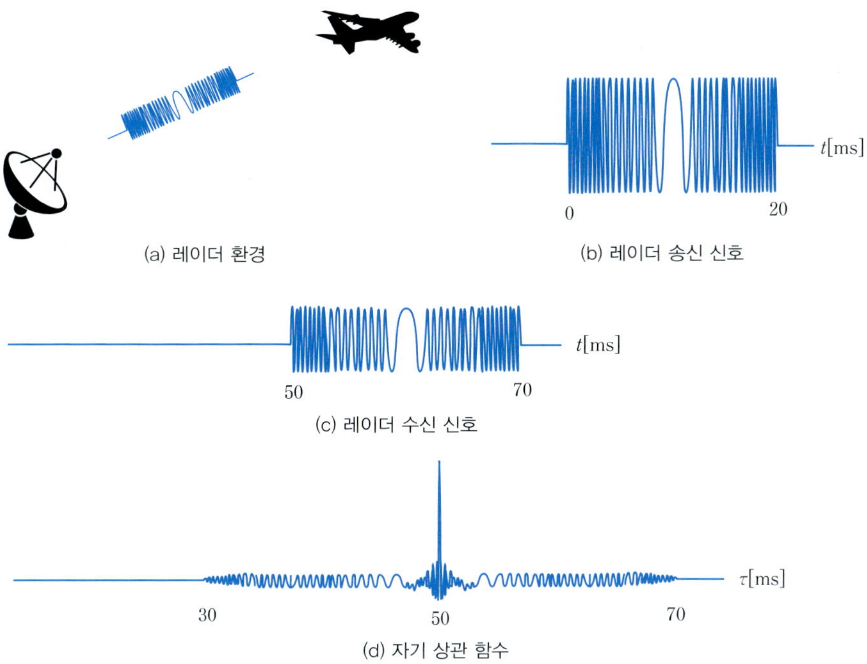

[그림 3-13] **자기 상관 함수의 예**

자기 상관 함수가 신호의 에너지 계산에 유용하다는 것은 다음과 같이 푸리에 변환을 통해 알 수 있습니다. 자기 상관 함수의 푸리에 변환은 다음과 같은데, 그 결과는 에너지 밀도 함수입니다.

$$\begin{aligned}\mathbf{F}\{R_x(\tau)\}&=\int_{-\infty}^{\infty} e^{-j\omega\tau}\left\{\int_{-\infty}^{\infty} x^*(t)\,x(t+\tau)\,dt\right\}d\tau\\&=\int_{-\infty}^{\infty} x^*(t)\left\{\int_{-\infty}^{\infty} x(t+\tau)\,e^{-j\omega\tau}d\tau\right\}dt\\&=\int_{-\infty}^{\infty} x^*(t)\left\{\int_{-\infty}^{\infty} x(u)\,e^{-j\omega(u-t)}du\right\}dt\\&=\int_{-\infty}^{\infty} x^*(t)\left\{\int_{-\infty}^{\infty} x(u)\,e^{-j\omega u}du\right\}e^{j\omega t}dt\\&=X(\omega)\int_{-\infty}^{\infty} x^*(t)\,e^{j\omega t}dt=X(\omega)\,X^*(\omega)=|X(\omega)|^2\end{aligned} \tag{3.49}$$

이제 신호의 에너지를 계산하는 방법이 세 가지라는 것을 알게 되었습니다. 즉, ❶ 시간 영역에서 계산하는 방법, ❷ 신호의 푸리에 변환을 이용하는 방법, ❸ 신호의 자기 상관 함수를 이용하여 그 결과에 대해 푸리에 변환을 하는 방법입니다. 어떤 방법으로 자기 상관 함수를 구하더라도 그 결과는 동일하므로 신호의 종류에 따라 편한 방법을 선택하여 신호의 에너지 계산에 활용하면 됩니다.

예제 3-15

다음 신호의 에너지를 구하세요.

(a) $A\text{Sa}(2\pi Wt)$

(b) $x(t)=e^{-at}u(t),\ a>0$

풀이

(a) 식 (3.44)에 따라

$$E_x=\int_{-\infty}^{\infty}A^2\text{Sa}^2(2\pi Wt)dt$$

$$\mathbf{F}\{A\text{Sa}(2\pi Wt)\}=A\frac{2\pi}{4\pi W}\text{rect}\left(\frac{\omega}{4\pi W}\right)$$

$$E_x=\frac{1}{2\pi}\int_{-\infty}^{\infty}A^2\frac{1}{4W^2}\text{rect}^2\left(\frac{\omega}{4\pi W}\right)d\omega=\frac{1}{2\pi}\frac{A^2}{4W^2}4\pi W=\frac{A^2}{2W}$$

이 됩니다. 주파수 영역 해석법을 모른다면 상당히 까다로운 계산이지만 푸리에 변환 덕분에 계산이 매우 간단해졌습니다. 이는 파시발 정리의 장점으로, 우리는 필요에 따라 시간 영역과 주파수 영역에서 에너지를 구할 수 있습니다.

(b) 에너지의 정의에 따라

$$E_x=\int_{0}^{\infty}e^{-2at}dt=\frac{1}{2a}$$

이 됩니다. 파시발의 정리를 이용하면

$$X(\omega)=\frac{1}{a+j\omega}$$

이므로

$$E_x=\frac{1}{2\pi}\int_{-\infty}^{\infty}\frac{1}{a^2+\omega^2}d\omega=\frac{1}{2\pi a}\tan^{-1}\frac{\omega}{a}\Big|_{-\infty}^{\infty}=\frac{1}{2a}$$

이 되어 시간 영역에서 구한 결과와 동일하다는 것을 알 수 있습니다.

예제 3-16

$x(t)=\mathrm{Sa}(Wt)$의 자기 상관 함수를 구하세요.

풀이

먼저 Sa 함수 주파수 영역의 표현을 살펴보면 $X(\omega)=(\pi/W)\mathrm{rect}[\omega/(2W)]$입니다. 그러므로 $|X(\omega)|^2=(\pi/W)^2\mathrm{rect}[\omega/(2W)]$이고, 이것의 역푸리에 변환은 $x(t)$의 자기 상관 함수가 되고, $R_x(\tau)=(\pi/W)\mathrm{Sa}(W\tau)$입니다.

신호 $x(t)$가 전달 함수 $h(t)$인 선형 시불변 시스템을 통과하면, 출력 $y(t)$는 주파수 영역에서 $Y(\omega)=H(\omega)X(\omega)$가 됩니다. 그러므로 이것의 에너지 스펙트럼 밀도는 다음과 같습니다.

$$|Y(\omega)|^2=|H(\omega)|^2|X(\omega)|^2 \text{에서 } \psi_y(\omega)=|H(\omega)|^2\psi_x(\omega)$$

3.6 신호의 전력 스펙트럼 밀도

신호의 평균 전력은 무한대의 시간 구간에 대한 에너지를 평균한 값입니다. 평균 전력의 크기는 2장의 프리스 전송 방정식에서 통신 신호가 전달되는 거리에 비례함을 보았습니다. 이 때문에 우리는 평균 전력의 크기에 관심이 큰 것입니다. 2장에서 설명한 신호의 종류에서 보았듯이 신호가 주기적이지 않으면 평균값을 구하기가 쉽지 않습니다. 우리가 다루는 대부분의 신호는 주기 신호가 아니지만 신호가 존재하는 동안 전력의 특성은 시간에 상관없이 유사합니다. 텔레비전을 켰을 때 볼륨을 건드리지 않았다면 이전과 유사한 크기의 소리가 들리는 것을 예로 들 수 있는데, 이는 방송 신호의 평균 전력이 언제나 일정하기 때문입니다. 그러므로 우리가 다루는 대부분의 신호는 **신호의 일부 구간에 대한 에너지의 평균이 신호의 평균 전력과 동일합니다. 즉 TV를 시청하지 않아도 TV를 시청할 때와 동일한 전력을 가진 신호가 계속 있다고 가정하는 것입니다.**

전력 스펙트럼 밀도

[그림 3-14]에서 신호 $x(t)$에 대한 시간 구간 $[-T/2,\ T/2]$의 신호를 $x_T(t)$라고 하면 이 구간 동안의 평균 전력은 $\frac{1}{T}\int_{-T/2}^{T/2} x^2(t)\,dt$입니다. 그리고 $x_T(t)$의 고려 구간 T를 무한대로 하면 평균 전력은 다음과 같습니다.

$$P_x[W]=\lim_{T\to\infty}\frac{1}{T}\int_{-T/2}^{T/2}x^2(t)\,dt=\lim_{T\to\infty}\frac{E_{x_T}}{T}$$
$$=\lim_{T\to\infty}\frac{1}{T}\frac{1}{2\pi}\left\{\int_{-\infty}^{\infty}|X_T(\omega)|^2d\omega\right\}=\frac{1}{2\pi}\int_{-\infty}^{\infty}\lim_{T\to\infty}\frac{|X_T(\omega)|^2}{T}d\omega \tag{3.50}$$
$$=\frac{1}{2\pi}\int_{-\infty}^{\infty}S_x(\omega)\,d\omega$$

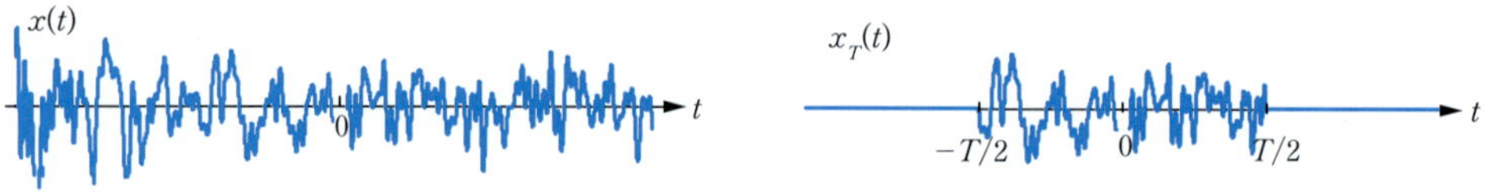

[그림 3-14] 긴 신호의 평균 전력을 구하기 위한 구간 선택

이때 $S_x(\omega)$는 전력 스펙트럼 밀도라고 하며 다음과 같습니다.

$$S_x(\omega)=\lim_{T\to\infty}\frac{|X_T(\omega)|^2}{T}\,[\mathrm{W/Hz}] \tag{3.51}$$

여기서 E_{x_T}는 구간 신호 $x_T(t)$의 에너지입니다. 이러한 **전력 스펙트럼 밀도를 이용하여 주파수 영역에서 신호의 평균 전력을 구할 수 있고 신호의 대역폭도 구할 수 있으므로 통신에서는 매우 의미 있는 값입니다.**

주기 함수의 전력 스펙트럼 밀도

주기가 T인 주기 함수의 전력 스펙트럼 밀도는 어떻게 될까요? 식 (2.33)에서 구한 주기 함수 $x(t)=\sum_{n=-\infty}^{\infty}D_ne^{jn\omega_0t}$의 평균 전력을 알아보기 위한 파시발의 정리와 식 (3.50)을 결합하면

$$P_x=\frac{1}{T}\int_{-T/2}^{T/2}|x(t)|^2dt=\sum_{n=-\infty}^{\infty}|D_n|^2=\frac{1}{2\pi}\int_{-\infty}^{\infty}S_x(\omega)\,d\omega \tag{3.52}$$

가 됩니다. 여기서 D_n은 $\omega=n\omega_0$에서의 지수 푸리에 급수의 계수입니다. 주기 함수는 $n\omega_0$에서만 스펙트럼이 존재하므로 주기 함수의 전력 스펙트럼 밀도는 다음과 같습니다.

$$S_x(\omega)=2\pi\sum_{n=-\infty}^{\infty}|D_n|^2\delta(\omega-n\omega_0) \tag{3.53}$$

전력 신호의 자기 상관 함수

전력 신호의 시간 영역 자기 상관 함수를 구하면

$$R_x(\tau)=\lim_{T\to\infty}\frac{1}{T}\int_{-T/2}^{T/2}x(t)x^*(t-\tau)\,dt \tag{3.54}$$

이며, 이것의 푸리에 변환은 $\lim_{T\to\infty}\frac{|X_T(\omega)|^2}{T}=S_x(\omega)$입니다. 즉 T초 동안 관측된 신호 $x_T(t)$의 스펙트럼을 제곱한 후 관측 시간 T로 나눈 함수입니다.

대역폭의 정의

식 (3.50)의 파시발의 정리를 이용하여 신호의 전력을 주파수 영역에서 구할 수 있고, 신호의 PSD를 이용하여 신호의 대역폭을 결정할 수 있습니다. 그러나 통신에서는 대역폭에 대한 정의가 매우 다양하므로, 대역폭을 나타낼 때 어떤 정의를 사용했는지를 명확히 밝혀야 합니다.

❶ 절대 대역폭absolute bandwidth

신호의 스펙트럼 $|X(\omega)|^2$ 또는 전력 스펙트럼 밀도 $S_x(\omega)$가 양의 주파수 범위 $\omega_1<\omega<\omega_2$에 존재하고 그 이외에서는 0일 때 $\omega_2-\omega_1$을 절대 대역폭이라고 합니다.

❷ 3dB 대역폭3dB bandwidth

신호 전력 스펙트럼 밀도 $S_x(\omega)$의 크기가 최대 크기의 1/2 이상인 양의 주파수 범위입니다.

❸ 영점 대 영점 대역폭null-to-null bandwidth

신호 전력 스펙트럼 밀도 $S_x(\omega)$의 최대 진폭을 중심으로 진폭이 0이 되는 양의 주파수 폭입니다.

❹ 전력 대역폭power bandwidth

신호 총전력의 R[%]를 차지하는 주파수 범위로, 미국연방통신위원회FCC는 99[%] 전력 대역폭을 통신 신호의 대역폭으로 정했습니다.

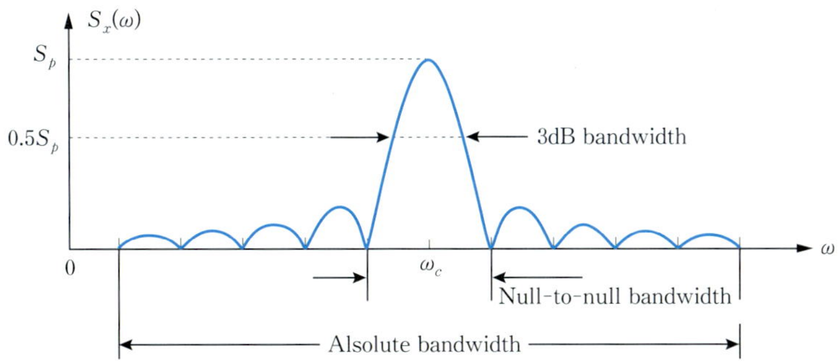

[그림 3-15] 신호 대역폭의 정의

예제 3-17

정현파 $x(t)=\sin t$의 전력 스펙트럼 밀도를 주파수 영역에서 구하고, 자기 상관 함수의 푸리에 변환을 이용하여 구하세요. 그리고 그 결과를 비교해보세요.

풀이

$x(t)=\sin t=(e^{jt}-e^{-jt})/(2j)$에서 $\omega_0=1$이므로 $x(t)$의 푸리에 계수는 $D_{-1}=-1/(2j)$, $D_1=1/(2j)$입니다. 그러므로 식 (3.53)을 이용하면 $S_x(\omega)=0.5\pi\{\delta(\omega-1)+\delta(\omega+1)\}$이 됩니다.

다음으로 정현파의 자기 상관 함수를 통해 전력 스펙트럼 밀도를 구해보겠습니다.

$$\begin{aligned}R_x(\tau)&=\frac{1}{2\pi}\int_{-\pi}^{\pi}\sin t\sin(t-\tau)\,dt=\frac{1}{4\pi}\int_{-\pi}^{\pi}\cos\tau-\cos(2t-\tau)\,dt\\&=\frac{1}{4\pi}\left[(\cos\tau)t-\frac{\sin(2t-\tau)}{2}\right]_{-\pi}^{\pi}=\frac{1}{4\pi}\left\{2\pi\cos\tau-\frac{\sin(2\pi-\tau)}{2}-\frac{\sin(2\pi+\tau)}{2}\right\}\\&=\frac{1}{2}\cos\tau\end{aligned}$$

이것의 푸리에 변환은

$$\mathbf{F}\{R_x(\tau)\}=0.5\mathbf{F}\{\cos\tau\}=0.5\pi\{\delta(\omega-1)+\delta(\omega+1)\}$$

이므로 앞에서 구한 결과와 동일합니다. 따라서 신호의 푸리에 변환을 이용하여 직접 구한 전력 스펙트럼 밀도와 자기 상관 함수를 통해 구한 전력 스펙트럼 밀도가 동일하다는 것을 알 수 있습니다.

예제 3-18

다음 구형파 주기 함수 $x(t)$에 대하여 물음에 답하세요.

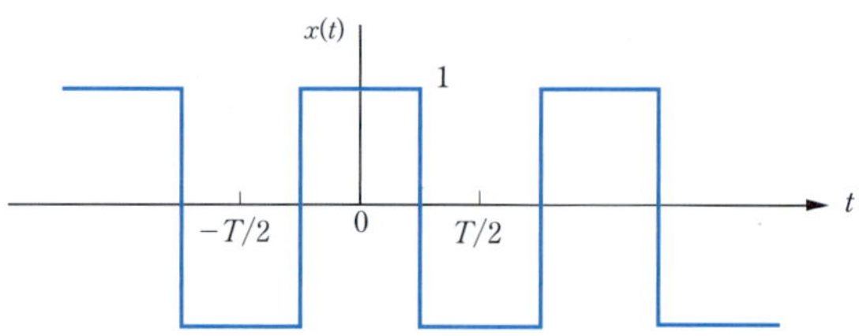

(a) $x(t)$의 자기 상관 함수를 구하세요.

(b) (a)로부터 $x(t)$의 PSD를 구하세요.

풀이

(a) 주기 함수의 자기 상관 함수는 한 주기 구간을 고려하여 다음을 구하면 됩니다.

$$R_x(\tau)=\frac{1}{T}\int_{-T/2}^{T/2} x(t)x^*(t-\tau)\,dt$$

먼저 $\tau=0$인 경우를 살펴보면 다음 두 그림의 곱에 대한 적분의 평균과 같습니다.

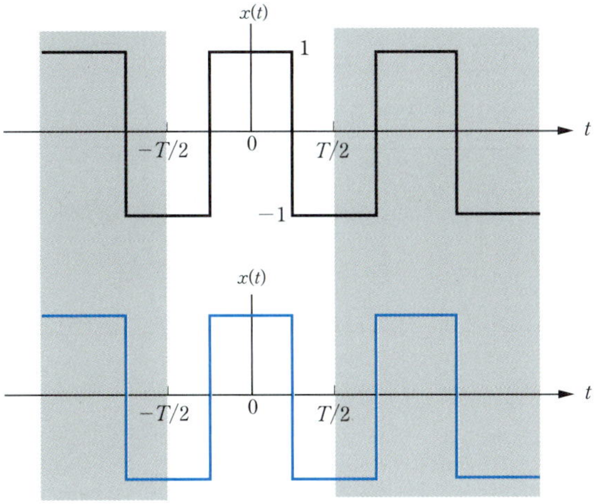

$R_x(0)=\frac{1}{T}\int_{-T/2}^{T/2} x(t)x^*(t)\,dt=\frac{1}{T}\left(\frac{T}{4}+\frac{T}{2}+\frac{T}{4}\right)=\frac{1}{T}\,T=1$입니다.

다음은 $\tau=T/4$일 때, 다음 그림과 같은 상황이 됩니다.

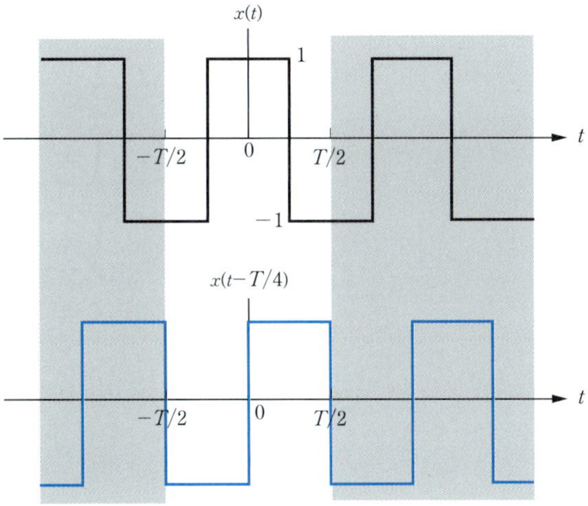

$R_x(T/4)=\frac{1}{T}\int_{-T/2}^{T/2} x(t)x^*(t-T/4)\,dt=\frac{1}{T}\left(\frac{T}{4}-\frac{T}{4}+\frac{T}{4}-\frac{T}{4}\right)=0$입니다.

마지막으로 $\tau = T/2$인 경우를 살펴보면, 다음 그림과 같은 상황이 됩니다.

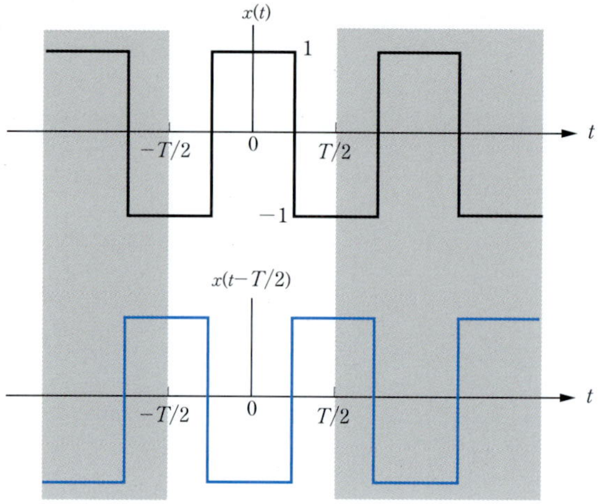

$R_x(T/2) = \frac{1}{T}\int_{-T/2}^{T/2} x(t)x^*(t-T/2)\,dt = \frac{1}{T}\left(-\frac{T}{4}-\frac{T}{2}-\frac{T}{4}\right) = -1$입니다.

모든 τ에 대하여 $R_x(\tau)$를 구해야 하지만, 위 3가지 예를 통해 주어진 주기 함수의 자기 상관 함수는 다음과 같음을 알 수 있습니다. 또한 주기 함수이므로 자기 상관 함수 역시 주기성을 가지게 됩니다.

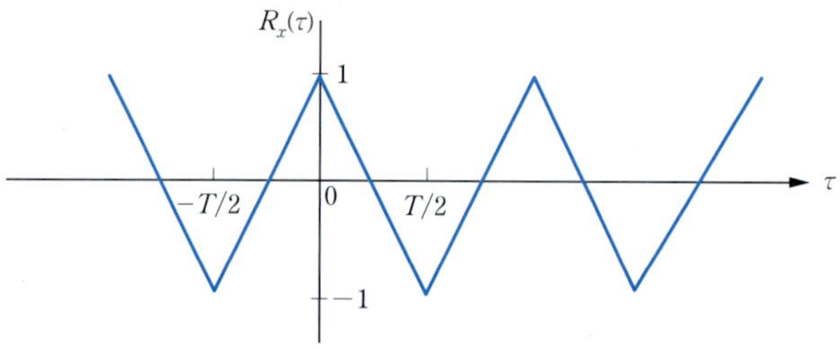

(b) $R_x(\tau)$의 지수 푸리에 급수 전개를 하면, $R_x(\tau) = \sum_{n=-\infty,\, n\neq 0}^{\infty} \mathrm{Sa}^2(n\pi/2)\,e^{jn\omega_0 t}$가 됩니다. 그러므로 $R_x(\tau)$의 푸리에 변환 $S_x(\omega)$는 $S_x(\omega) = 2\pi \sum_{n=-\infty,\, n\neq 0}^{\infty} \mathrm{Sa}^2(n\pi/2)\,\delta(\omega - n\omega_0)$ 입니다.

핵심포인트 **전력 스펙트럼 밀도 함수**

통신 신호의 전력 스펙트럼 밀도 함수 $S_x(\omega)$는 다음과 같이 정의되며, 신호의 대역폭 결정에 사용됩니다.

$$S_x(\omega)=\lim_{T\to\infty}\frac{|X_T(\omega)|^2}{T}$$

전력 스펙트럼 밀도 함수는 다음과 같은 자기 상관 함수의 푸리에 변환을 통해서도 구할 수 있습니다.

$$R_x(\tau)=\lim_{T\to\infty}\frac{1}{T}\int_{-T/2}^{T/2}x_T(t)x_T^*(t-\tau)\,dt$$

3.7 통신 채널의 특징

통신 수단으로 신호를 멀리 보내고자 할 때, 유선의 경우에는 구리 선을 이용하고 WiFi, 방송, 휴대전화 등 무선 통신의 경우에는 공기를 이용하여 신호를 전달합니다. **통신 채널도 일종의 선형 시스템으로서, 송신 신호 $x(t)$가 채널을 통과한 신호 $y(t)$는 컨벌루션**으로 [그림 3-16]과 같이 나타낼 수 있습니다.

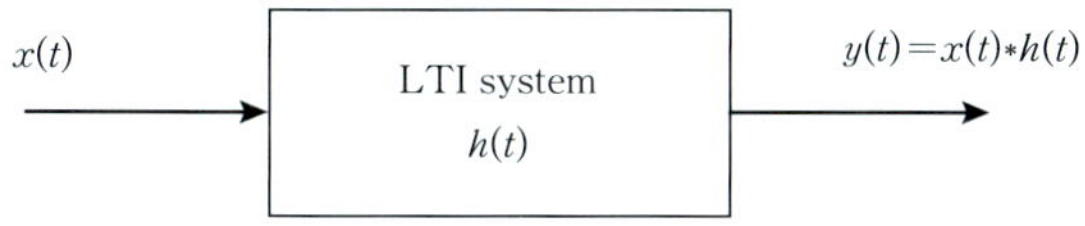

[그림 3-16] 송수신 신호와 통신 채널의 관계

가장 이상적인 통신 채널의 전달 함수는 $h(t)=\delta(t)$입니다. 이때 송신단에서 보낸 신호가 수신단에서 왜곡 없이 나타날 수 있습니다. 즉 전달 함수는 단위 임펄스 신호를 입력했을 때 나타나는 출력이므로, 입력이 $\delta(t)$인 경우 출력이 $\delta(t)$이면 신호에 변형이 생기지 않았다는 의미입니다. 그러므로 이상적인 통신 채널의 주파수 전달 함수는 모든 주파수 성분을 그대로 통과시키는 $H(\omega)=1$입니다.

군 지연과 저역 통과 여파기의 전달 함수

이상적인 채널에서도 신호의 지연과 거리에 따른 감쇄가 발생하게 마련입니다. 왜곡이 없는 이상적인 통신 채널의 전달 함수는 $h(t)=k\delta(t-t_0)$로 표현할 수 있으므로, 주파수 영역 전달 함수는 $H(\omega)=ke^{-j\omega t_0}$가 되어 위상의 회전이 발생한다는 것을 알 수 있습니다. 주파수 영역의 전달 함수에서 위상 성분을 주파수에 따라 미분한 결과인

$$\tau_g = -d\theta(\omega)/d\omega = t_d \tag{3.55}$$

를 군 지연[4]이라고 합니다. 군 지연은 입력 신호가 시스템 출력에 나타날 때까지의 시간 지연으로 항상 양의 값이어야 합니다. 만약 음의 값이면 시스템에 신호가 입력되기 전에 출력이 나타나는 비인과anti-causal 시스템이 되므로 구현 불가능해집니다.

통신 시스템의 송수신기를 구현하는 데는 다양한 여파기가 필요합니다. 여파기의 설계뿐만 아니라 군 지연의 의미를 명확하게 하기 위해 저역 통과 여파기의 설계를 잠깐 살펴보겠습니다. 이상적인 저역 통과 여파기 $H(\omega)$의 차단 주파수가 ω_C[rad/s]일 때, 전달 함수 $H(\omega)=\text{rect}[\omega/(2\omega_C)]$입니다. 그러므로 이상적인 저역 통과 여파기의 시간 영역 전달 함수는

$$h(t) = \frac{\omega_C}{\pi}\text{Sa}(\omega_C t) \tag{3.56}$$

가 됩니다. 그런데 식 (3.56)은 $t<0$에서도 전달 함수가 존재하므로 실제 구현이 불가능한 비인과 시스템입니다. 그렇다면 식 (3.56)과 동일한 조건에서 위상을 회전한 $H(\omega)=\text{rect}[\omega/(2\omega_c)]e^{-j\omega t_d}$의 시간 영역 전달 함수를 구해보겠습니다.

$$h(t) = \frac{\omega_C}{\pi}\text{Sa}\{\omega_C(t-t_d)\} \tag{3.57}$$

t_d가 충분히 큰 경우, $t<0$에서 식 (3.57)은 0이 되어 인과causal 시스템입니다.

케이블의 길이와 주파수에 따른 감쇄 특성

[그림 3-17]에 컴퓨터 인터넷용으로 사용되는 Cat-5e 케이블[5]의 송수신기 거리에 따른 주파수별 신호의 감쇄 효과를 나타냈습니다. Cat-5e 케이블의 경우, 100피트까지는 100[MHz]의 신호가 최대 8[dB] 정도 감쇄가 발생하고, 1000피트에서는 68[dB] 정도의 심각한 감쇄가 일어난다는 것을 알 수 있습니다. 그리고 스펙트럼이 100[MHz]까지 존재하는 신호의 경우, 전송 거리를 100피트 이상으로 하면 신호의 심각한 훼손으로 왜곡된 신호를 받게 됩니다. 따라서 신호를 멀리 보내야 할 때는 적절한 거리마다 신호를 키우는 증

---

4 이상적인 저역 통과 여파기에서 군 지연group delay이 0인 경우, 단위 임펄스 응답은 Sa 함수가 됩니다. 그러나 $t<0$인 경우에도 전달 함수가 존재하는 비인과 시스템입니다. $t>0$인 경우에만 전달 함수가 존재하기 위해서는 양의 군 지연이 반드시 필요합니다.

5 Cat-5e(Category 5) 케이블은 두 선을 꼬아서 만든, 이더넷(Ethernet)과 같은 컴퓨터 네트워킹용 케이블입니다. Cat-5e 케이블은 전화나 비디오 신호 전달에도 사용됩니다.

폭기인 리피터repeater를 두어야 합니다.

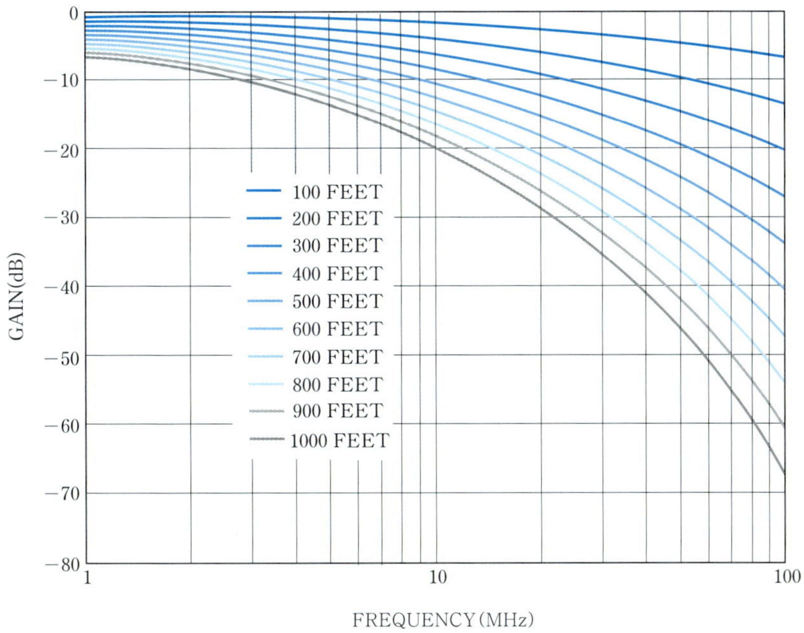

[그림 3-17] Cat-5e 케이블의 거리에 따른 주파수의 감쇄 특성[6]

에너지 스펙트럼 밀도와 마찬가지로 전력 스펙트럼 밀도도 전달 함수가 $h(t)$인 선형 시불변 시스템을 신호 $x(t)$가 통과하면 주파수 영역에서 $S_y(\omega)=|H(\omega)|^2 S_x(\omega)$입니다.

통신 채널의 다중 경로 페이딩

실제로 이상적 채널은 존재하지 않습니다. [그림 3-17]에 나타낸 인터넷용 케이블의 주파수 응답을 보더라도 주파수에 따라 신호의 감쇄가 달라짐을 알 수 있습니다. 공기의 경우 신호의 반사파에 의한 왜곡이 일반적인데, 이를 다중 경로 페이딩multipath fading 현상이라고 합니다.

[그림 3-18]의 이동통신 기지국에서 휴대전화까지 신호가 전달되는 경로를 예로 들어 설명하겠습니다. 이동통신 기지국에서 휴대전화까지 직접 전달되는 경로line-of-sight의 전달 함수 $h_1(t)=\alpha_1\delta(t-T_1)$는 α_1의 감쇄와 T_1초의 시간 지연이 있습니다. 이동통신 기지국에서 주변 건물로 진행한 전파가 반사되어 휴대전화까지 도달하는 반사파도 존재하는데, 이 경로의 전달 함수 $h_2(t)=\alpha_2\delta(t-T_2)$는 α_2의 감쇄와 T_2초의 시간 지연이 있습니다. 그러므로 이동통신 기지국에서 보낸 신호가 휴대전화까지 도달할 때 겪는 통신 채널의 전달 함

6 CN0275 : Complete Broadband Video-over-UTP Driver and Receiver Solution for RGB, YPbPr, and More by Analog Devices, Inc. (http://www.analog.com/en/circuits-from-the-lab/cn0275/vc.html)

수는 $h(t)=\alpha_1\delta(t-T_1)+\alpha_2\delta(t-T_2)$가 됩니다.

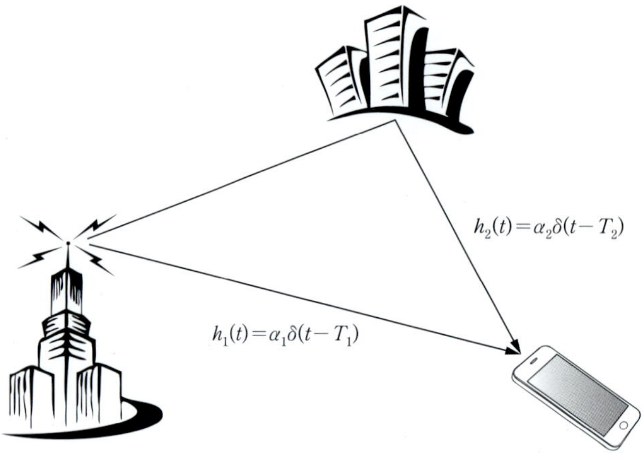

[그림 3-18] 통신 신호의 전달 경로

예제 3-19

[그림 3-18]에서 $h(t)=0.8\delta(t-0.1)-0.1\delta(t-0.4)$일 때, 통신 채널의 주파수 영역 전달 함수를 구하세요. 그리고 이를 위한 MATLAB 프로그램을 작성하세요.

풀이

$h(t)=0.8\delta(t-0.1)-0.1\delta(t-0.4)$의 푸리에 변환은 $H(\omega)=0.8e^{-j0.1\omega}-0.1e^{-j0.4\omega}$로, 이 결과를 MATLAB으로 나타내면 다음과 같습니다. MATLAB으로 구한 주파수 영역 전달 함수는 주파수에 따라 주기적으로 신호의 크기가 크고 작음을 반복합니다. 이와 같이 채널의 특성을 알면 신호의 특정 주파수에서의 왜곡 현상을 알 수 있습니다.

```
% Frequency spectrum of 0.8 delta(t-0.1)-0.1 delta(t-1.0)
clear all;
j=sqrt(-1); % 허수의 정의
omega_end = 2*pi*100;
omega=0:omega_end/1000:omega_end; % 관측 주파수 범위
H=0.8*exp(-j*0.1*omega)-0.1*exp(-j*0.15*omega); % 채널의 스펙트럼
plot(omega,20*log10(abs(H))); grid; % 진폭 스펙트럼
xlabel('Angular Frequency[rad/s]');
ylabel('Magnitude[dB]');
```

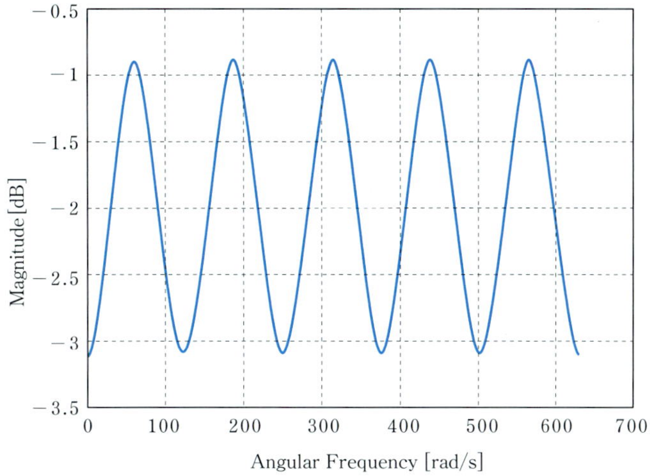

그렇다면 선형 시불변 시스템 출력 신호의 자기 상관 함수는 어떻게 될까요? 자기 상관 함수의 정의에 따라

$$
\begin{aligned}
R_y(\tau) &= \lim_{T\to\infty}\frac{1}{T}\int_{-T/2}^{T/2} y(t)\,y^*(t-\tau)\,dt = \lim_{T\to\infty}\frac{1}{T}\int_{-\infty}^{\infty} y_T(t)\,y_T^*(t-\tau)\,dt \\
&= \lim_{T\to\infty}\frac{1}{T}\int_{-\infty}^{\infty}\int_{-\infty}^{\infty} h(\alpha)\,x_T(t-\alpha)\,d\alpha\int_{-\infty}^{\infty} h^*(\beta)\,x_T^*(t-\beta-\tau)\,d\beta dt \\
&= \lim_{T\to\infty}\frac{1}{T}\int_{-\infty}^{\infty}\int_{-\infty}^{\infty} h(\alpha)\,h^*(\beta)\left[\int_{-\infty}^{\infty} x_T(t-\alpha)\,x_T^*(t-\beta-\tau)\,dt\right]d\beta d\alpha \\
&= \lim_{T\to\infty}\frac{1}{T}\int_{-\infty}^{\infty}\int_{-\infty}^{\infty} h(\alpha)\,h^*(\beta)\,R_x(\tau-\alpha+\beta)\,d\beta d\alpha
\end{aligned}
\tag{3.58}
$$

가 됩니다. 그리고 출력 신호의 전력 스펙트럼 밀도는 다음과 같습니다.

$$
\begin{aligned}
S_y(\omega) &= \int_{-\infty}^{\infty} R_y(\tau)\,e^{-j\omega\tau}d\tau \\
&= \lim_{T\to\infty}\frac{1}{T}\int_{-\infty}^{\infty}\int_{-\infty}^{\infty}\int_{-\infty}^{\infty} h(\alpha)\,h^*(\beta)\,R_x(\tau-\alpha+\beta)\,d\beta d\alpha e^{-j\omega\tau}d\tau \\
&= |H(\omega)|^2 S_x(\omega)
\end{aligned}
\tag{3.59}
$$

Chapter 03 연습문제

3.1 다음 설명 중 잘못된 것을 바르게 고치세요.

(a) 비주기 신호는 푸리에 급수 전개가 불가능합니다.

(b) 주기 신호는 주파수 영역에서 불연속 신호로 나타납니다.

(c) 비주기 신호는 주파수 영역에서 연속 신호로 나타납니다.

(d) 푸리에 변환을 이용하면 비주기 함수의 스펙트럼을 확인할 수 있습니다.

3.2 다음 설명 중 잘못된 것을 바르게 고치세요.

(a) 직류 전압의 스펙트럼은 모든 주파수에서 동일한 크기입니다.

(b) 구형파의 폭이 늘어나면 스펙트럼의 최댓값이 줄어들고 크기가 처음으로 0이 되는 주파수는 높아집니다.

(c) 이상적인 LPF의 시간 영역 전달 함수는 Sa 함수입니다. 그리고 차단 주파수가 높을 수록 Sa 함수의 모양이 시간 영역에서 퍼집니다.

(d) 주기 함수는 푸리에 변환이 존재하지 않습니다.

3.3 다음 설명 중 잘못된 것을 바르게 고치세요.

(a) 푸리에 변환은 중첩의 정리를 만족하는 선형성을 만족합니다.

(b) 원 신호를 시간 지연한 후의 주파수 스펙트럼은 원래의 주파수 스펙트럼에 비해 주파수 천이 현상이 발생합니다.

(c) 두 신호의 시간 영역 컨벌루션은 주파수 영역에서 두 신호의 주파수 스펙트럼의 곱으로 나타납니다.

(d) 실수 신호를 푸리에 변환하면 진폭은 원점에서 좌우 대칭인 우함수이며, 위상은 기함수입니다.

3.4 다음 설명 중 잘못된 것을 바르게 고치세요.

(a) 자기 상관 함수에서 $R_x(0)=E_x$입니다.

(b) 신호 스펙트럼이 존재하는 영역을 대역폭이라고 합니다.

(c) 신호의 자기 상관 함수를 에너지 스펙트럼 밀도라고 합니다.

3.5 다음 설명 중 잘못된 것을 바르게 고치세요.

(a) 신호의 전력 스펙트럼 밀도를 통해 스펙트럼의 대역폭과 전력을 계산할 수 있습니다.

(b) 인터넷 신호의 스펙트럼 대역폭이 시간에 따라 변화한다면 좁은 대역 신호를 통과시키는 케이블을 사용하는 것이 좋습니다.

(c) 인터넷 서비스 사업자는 매우 넓은 주파수 대역 신호를 전달할 수 있는 인터넷 케이블을 설치하는 것이 경제적입니다.

3.6 다음 설명 중 잘못된 것을 바르게 고치세요.

(a) 산에서 크게 외치면 메아리가 울려 퍼지는데, 이는 일종의 다중 경로 현상에 의한 것입니다.

(b) 케이블의 전달 함수가 $H(\omega)$, 입력 신호의 전력 스펙트럼 밀도가 $S_x(\omega)$일 때, 케이블 출력 신호의 대역폭은 입력 신호의 대역폭과 같거나 큽니다.

(c) 케이블의 전달 함수가 $h(t)=\delta(t-t_d)$와 같이 t_d초의 지연을 발생시킬 때, 케이블을 통과한 신호는 케이블 입력 신호에 비해 위상이 변형됩니다.

3.7 다음 신호의 푸리에 변환을 구하세요.

(a) $x(t)=\begin{cases} |t|, & -1\le t\le 1 \\ 1, & 1<|t|\le 2 \\ 0, & \text{elsewhere} \end{cases}$

(b) $x(t)=\begin{cases} 1-e^{-at}, & \text{if } t>0 \\ 0, & \text{elsewhere} \end{cases}, \quad a>0$

(c)

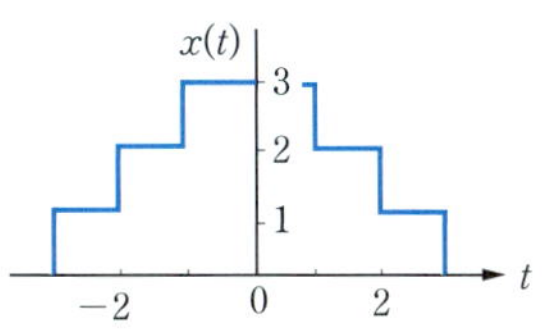

(d) $x(t)=\dfrac{1}{1+t^2}$

(e) $x(t)=\text{rect}(t-1)+\text{rect}(t+1)$

(f) $x(t)=t\text{Sa}(t)$

3.8 다음 신호 $y(t)$의 푸리에 변환을 구하세요.

$$x_1(t) = (1+j)\cos 2\pi t \times \text{rect}(t/2\pi)$$
$$x_2(t) = (1-j)\cos 4\pi t \times \text{rect}(t/2\pi)$$
$$x_3(t) = (-1+j)\cos 6\pi t \times \text{rect}(t/2\pi)$$
$$x_4(t) = (-1-j)\cos 8\pi t \times \text{rect}(t/2\pi)$$
$$y(t) = x_1(t) + x_2(t) + x_3(t) + x_4(t)$$

3.9 신호 $x(t) = \sum_{n=-\infty}^{\infty} \text{rect}\{(t-nT)/\tau\}$의 푸리에 변환을 구하세요. 단, $T > \tau$입니다.

3.10 rect(·)와 Λ(·)를 이용하여 다음 신호 $x(t)$의 푸리에 변환을 구하세요.

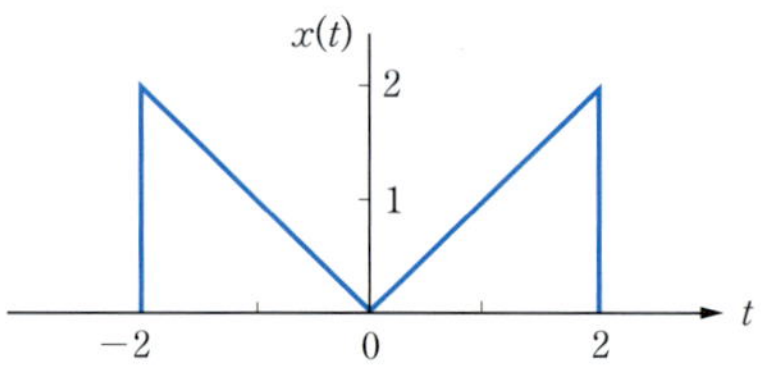

3.11 $\mathbf{F}\{\sin\omega_0 t\} = -j\pi[\delta(\omega-\omega_0) - \delta(\omega+\omega_0)]$, $\mathbf{F}\{\cos\omega_0 t\} \rightarrow \pi[\delta(\omega-\omega_0) + \delta(\omega+\omega_0)]$라는 성질만을 이용하여 $x(t) = 3\cos(\omega_0 t + \theta)$의 푸리에 변환을 구하세요.

3.12 어떤 선형 시스템의 입력에 대한 출력이 다음 그림과 같습니다. 이때 입력 $x_3(t)$에 대한 출력을 구하고, 이 시스템이 시불변 시스템인지 밝히세요.

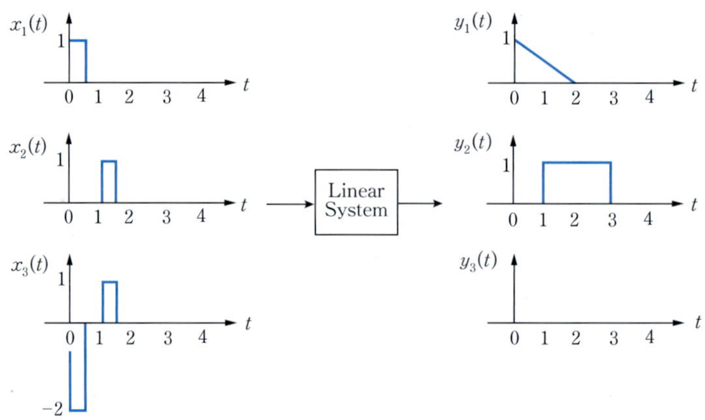

3.13 $\mathrm{Sa}(\pi t) * \mathrm{Sa}(\pi t) * \mathrm{Sa}^2(\pi t/2)$를 구하세요.

3.14 이상적인 고역 통과 여파기[HPF] $H(\omega)$를 설계하려고 합니다.

(a) 차단 주파수가 ω_c[rad/s]인 $H(\omega)=1-\mathrm{rect}[\omega/(2\omega_c)]$일 때, 시간 영역 전달 함수를 구하세요.

(b) (a)와 동일한 조건에서 $H(\omega)=[1-\mathrm{rect}\{\omega/(2\omega_c)\}]e^{-j\omega t_d}$일 때, 시간 영역 전달 함수를 구하세요.

(c) (a)와 (b)의 결과는 어떤 차이가 있나요?

3.15 군 지연이 20[msec]이고 20[rad/sec] 이하의 주파수 영역과 100~140[rad/sec] 이하의 주파수 영역만을 통과시키는 시스템의 임펄스 응답 $h(t)$를 구하세요. 단, 모든 여파기는 이상적인 전달 함수를 가집니다.

3.16 두 함수 $f(t)$와 $g(t)$는 다음과 같은 적분식을 만족합니다.

$$g(t)=\int_{-\infty}^{\infty} g(\tau)f(t-\tau)\,d\tau+\delta(t)$$

(a) $f(t)=\exp(-at)\,u(t)$일 때 $g(t)$를 구하세요.

(b) $f(t)=\exp(-a|t|)\,u(t)$일 때 $g(t)$를 구하세요.

3.17 주기가 T초이고, 크기가 $T/2$ 구간 동안은 A, 나머지 $T/2$ 구간 동안은 $-A$인 구형파 펄스 열의 자기 상관 함수를 구하세요.

3.18 신호 $x(t)=\delta(t)$를 공기 중으로 전송했는데 신호가 전송되는 과정에서 다른 물체와의 충돌로 다음 신호가 수신되었습니다.

$$y(t)=\frac{1}{2}\delta\left(t-\frac{1}{8}\right)+\frac{1}{4}\delta\left(t-\frac{3}{8}\right)+\frac{1}{8}\delta\left(t-\frac{5}{8}\right)+\frac{1}{16}\delta\left(t-\frac{7}{8}\right)$$

이때 수신단에서 받은 신호의 스펙트럼을 구하세요.

3.19 주파수가 200[rad/s]인 코사인 신호가 전달 함수 $h(t)=0.8\delta(t-10)+0.4\delta(t-40)$인 채널을 통해 전송됩니다. 이 채널을 통해 수신된 신호의 스펙트럼을 분석하세요.

3.20 송신단에서 주파수가 200[rad/s]인 사인 신호를 전송했는데 수신된 신호의 스펙트럼이 $R(\omega)=\pi[\delta(\omega-200)-\delta(\omega+200)]e^{-j\omega}$일 때, 이 채널의 전달 함수를 구하세요.

3.21 MATLAB 3.7번 문제 (d), (e)의 결과를 MATLAB으로 그리세요.

3.22 MATLAB MATLAB을 사용하여 3.9번 문제의 모든 신호에 대해 시간 축에서의 신호 파형과 주파수 축에서의 신호를 나타내세요.

3.23 MATLAB 다음 신호의 푸리에 변환을 구하세요. 단, $\omega_1=200\pi$, $T_2=0.01$입니다. 그리고 MATLAB을 사용하여 $z(t)$의 스펙트럼을 그림으로 나타내세요.

$$x(t)=\mathrm{Sa}^2(\omega_1 t)$$

$$y(t)=\sum_{n=-\infty}^{\infty}\delta(t-nT_2)$$

$$z(t)=x(t)y(t)$$

3.24 MATLAB 다음 신호 $y(t)$의 푸리에 변환을 구하세요. 그리고 MATLAB을 사용하여 신호의 스펙트럼을 그림으로 나타내세요.

$$y(t)=\begin{cases}2t+1, & 0<t<2\\ 4, & 2<t<4\\ 0, & \text{otherwise}\end{cases}$$

Chapter 04

진폭 변조

Amplitude Modulation

학습목표

- 진폭 변조의 원리를 이해할 수 있습니다.
- 진폭 변조에서 주파수 이용 효율을 높이는 변조 방식을 알 수 있습니다.
- 각종 진폭 변조 방식의 송수신 방식과 변조 신호의 스펙트럼 특징을 알 수 있습니다.
- 진폭 변조된 신호를 수신기에서 복원하는 반송파 복원과 위상 동기 루프의 원리를 이해할 수 있습니다.
- 진폭 변조된 신호를 수신하는 슈퍼헤테로다인 수신기의 동작 원리를 이해할 수 있습니다.

4.1 개요

이 장에서는 통신 이론에서 가장 중요한 개념인 변조를 공부합니다. 변조는 보내려는 원신호의 주파수를 고주파 대역으로 이동하여 신호를 멀리 보낼 수 있도록 하는 과정입니다. 진폭 변조는 가장 기초가 되는 변조 방식으로, 진폭 변조를 통해 원 신호의 주파수를 이동시키는 방법과 수신기에서 원 신호를 복원하는 과정을 배우게 됩니다. 진폭 변조에는 여러 가지 방식이 있는데, 그중 억압 반송파 양측파대 DSB-SC : Double Side Band-Suppressed Carrier 변조와 이것을 변형한 반송파 양측파대 DSB-LC : Double Sideband-Large Carrier 변조는 가장 기본이 되는 방식으로 잘 이해해야 합니다.

통신에서는 신호가 차지하는 주파수의 범위, 즉 대역폭이 전송과 신호 품질 관점에서 매우 중요합니다. 일반적으로 이동통신 서비스 업체는 사용 주파수 폭에 비례하는 비용을 국가기관에 내는 것이 세계적 추세입니다. 그러므로 **통신의 대역폭은 통신 비용과 직접적인 관계가 있습니다.** 진폭 변조에는 DSB 변조 방식을 비롯해 통신을 위한 필요 주파수 대역폭을 줄일 수 있는 직교 진폭 변조QAM : Quadrature Amplitude Modulation, 단일 측파대 변조SSB : Single

Side Band, 잔류 측파대 변조VSB : Vestigial Side Band 방식이 있습니다. 또한 이 장에서는 유선 전화와 워키토키에서 많이 사용되는 SSB 변조의 구현 방식을 이해하기 위해 힐버트 변환[1]이라는 새로운 수학적 도구를 배우게 됩니다.

그리고 진폭 변조 방식의 수신기 구조를 살펴보면서 위상 동기 루프를 이용한 반송파 복원이라는 개념을 다루고, 오늘날 방송 수신기의 전형적인 구조인 슈퍼헤테로다인 수신기의 구조와 원리에 대해서도 공부합니다.

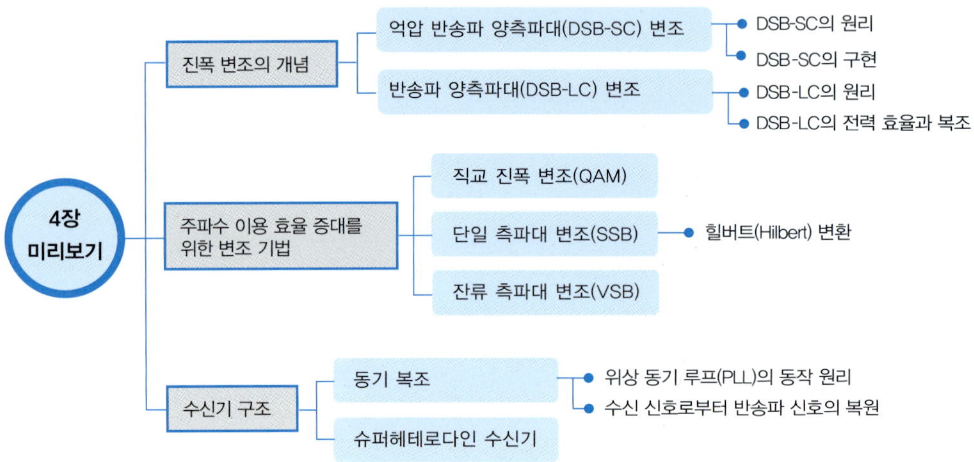

4.2 변조

지금까지는 통신을 이해하기 위한 기초 과정으로 주파수 영역에서 신호를 해석하는 방법을 공부했습니다. 이 장부터는 본격적으로 통신 방식에 대해 살펴보겠습니다.

1864년 맥스웰은 빛의 속도로 움직이는 전자기파의 존재를 예측했고, 1888년 헤르츠는 실험을 통해 맥스웰의 이론을 증명했습니다. 그리고 1893년 테슬라는 무선 통신에 대한 이론을 발표했고, 1895년 마르코니는 바다에서의 선박 간 통신을 위한 무선 통신 시스템을 개발하여 1901년 3500km 떨어진 영국과 캐나다 간의 통신에 성공했습니다. 이러한 **장거리 통신의 발전은 기저 대역 신호를 멀리 보내기 위해 통과 대역 신호로 변환하는 변조 과정을 통해 가능했습니다.**

1 힐버트(David Hilbert, 1862~1943)는 독일의 수학자로서 선형 오퍼레이터인 힐버트 변환Hilbert Transform을 발명했습니다. 이는 신호 스펙트럼의 양과 음의 주파수에 따라 위상을 각각 −90°, 90°로 천이시키는 역할을 합니다.

변조는 신호를 멀리 보내기 위해 원 신호의 주파수 성분을 높은 주파수로 이동하는 것입니다. 이때 변조하려는 원 신호를 피변조 신호modulating signal 또는 메시지 신호message signal라고도 합니다. 이 책에서는 원 신호를 주로 메시지 신호로 표현하겠습니다. **주파수가 높아지면 크기가 작은 안테나를 사용해도 신호를 먼 곳과도 잘 주고받을 수 있다는 장점이 있습니다.** 일반적으로 안테나의 크기는 통신에 사용하는 주파수에 반비례합니다. **변조의 또 다른 장점은 동시에 여러 신호를 섞이지 않게 보낼 수 있다는 것**으로, 이를 주파수 분할 다중화FDM : Frequency Division Multiplexing라고 합니다. FDM은 4.9절에서 다시 설명하겠습니다.

아날로그 변조 방식[2]에는 진폭 변조AM : Amplitude Modulation와 각변조Angle Modulation가 있으며, AM 라디오는 진폭 변조, FM 라디오는 각변조를 이용하는 대표적인 예입니다. 진폭 변조는 변조하려는 기저 대역의 메시지 신호를 높은 주파수 신호로 이동해도 변조된 신호의 진폭에 원 신호의 모양이 남아 있습니다. 각변조 역시 메시지 신호를 높은 주파수 대역으로 이동시키지만 변조된 신호의 위상에 메시지 신호의 정보가 실리게 됩니다. 그러므로 이것을 각변조라고 하며, 각변조는 5장에서 자세히 다루겠습니다.

진폭 변조 방식에는 DSB-SC 변조와 반송파가 있는 DSB-LC 변조가 있습니다. DSB-LC 변조는 AM 라디오 방송에 사용되고 있으며, 변조 기술이 발전하면서 DSB 변조 방식의 통신 대역폭을 반으로 줄인 SSB 변조[3]와 QAM 변조 방식이 개발되었습니다. 또한 SSB 변조의 구현이 어려운 문제점을 개선한 VSB 변조 방식이 있는데, 이는 NTSCNational Television System Committee 아날로그 TV와 8-VSB 디지털 HDTV에 사용되고 있습니다. 이 장에서는 진폭 변조와 관련된 네 가지 변조 방식과 변조된 신호를 복원하는 방법에 대해 자세히 공부하겠습니다.

핵심포인트 **변조**

변조는 신호를 멀리 보내기 위해 원 신호의 주파수 성분을 높은 주파수로 이동하는 것입니다. 변조의 장점은 주파수가 높아지면 작은 안테나를 사용해도 신호를 먼 곳과도 잘 주고받을 수 있고, 동시에 여러 신호를 혼신 없이 보낼 수 있는 것입니다.

---

2 최근의 WiFi, LTE(Long Term Evolution), HDTV(High Definition TeleVision) 등 디지털 통신 방식에서 데이터는 '0'과 '1'의 디지털로 표현되지만 마지막 전송 부분은 아날로그 변조 방식을 사용합니다. 따라서 아날로그 변조는 디지털 통신을 이해하는 데 중요한 기초가 됩니다.

3 SSB 변조는 1915년 존 카슨(John R. Carson, 1886~1940)이 미국 특허를 출원했고, 1927년 뉴욕과 런던 간 장거리 전화 용도로 상용화되었습니다. 카슨은 다음 장에서 공부할 FM의 대역폭을 제시한 카슨의 법칙(Carson's bandwidth rule)을 1922년 발표하여 더 유명해진 통신공학자입니다.

참고

사람은 주파수가 20[Hz]~20[kHz]인 소리를 들을 수 있는데, 이를 오디오 대역이라고 합니다. 일반적으로 사람의 목소리는 300~3400[Hz]의 주파수로 구성되어 있습니다. 지금도 공기를 통해 여러 개의 방송 신호와 휴대전화 신호가 전달되고 있지만, 이 신호들은 변조로써 높은 주파수로 이동한 뒤 전송되어 우리 귀에는 전혀 들리지 않습니다.

4.3 억압 반송파 양측파대 변조

4.3.1 DSB-SC의 원리

이 절에서는 메시지 신호의 주파수를 고주파로 옮기는 방법을 살펴봅시다. 휴대전화로 통화를 할 때 말을 하면 음파가 공기의 진동을 일으켜 마이크의 얇은 플라스틱 진동판을 칩니다. 이 진동판의 움직임은 저항을 가변시켜 전류의 흐름을 조절하고 회로의 출력 측에서 전압 $x(t)$를 생성시킵니다. $x(t)$는 주파수가 300~3400[Hz]인 음성 신호로 주파수 영역에서 원신호의 특성을 지닌 기저 대역 신호입니다.

기저 대역 신호를 높은 주파수 대역으로 이동하기 위해 $\cos\omega_c t$**와 같은 정현파 신호를 곱합니다.** 이 신호는 메시지 신호를 높은 주파수로 옮겨 멀리까지 보낸다고 하여 **반송파**carrier 또는 **반송자**라 하고, 이것의 주파수 $\omega_c=2\pi f_c$[rad/s]를 반송파 주파수라고 합니다. **방송사마다 서로 다른 반송파 주파수를 사용하면 여러 방송이 섞이지 않고 전송됩니다.** TV나 라디오에서 방송사를 선택하는 것은 바로 해당 방송사의 반송파 주파수 근처의 신호를 대역 통과 필터BPF : Band Pass Filter로 선택하는 것입니다.

DSB-SC 변조

메시지 신호 $x(t)$에 정현파를 곱한 결과를 DSB-SC 변조라고 하며, 변조된 신호는 다음과 같이 나타낼 수 있습니다.

$$\varphi_{\text{DSB-SC}}(t)=x(t)\cos\omega_c t \tag{4.1}$$

[그림 4-1]에 DSB-SC 변조기와 복조기의 개념을 나타냈습니다. 억압 반송파라는 이름은 변조된 신호의 스펙트럼에 반송파 $c(t)=\cos\omega_c t$에 의한 임펄스 신호가 나타나지 않기 때문에 붙은 것입니다. 수신기에서는 송신된 신호와 함께 잡음 $n(t)$가 더해집니다. 이는 수

신기 회로 자체에서 전자의 움직임으로 발생하는 열 잡음에 의한 것으로서 부가성 백색 가우스 잡음(AWGN : Additive White Gaussian Noise)이라고 합니다. AWGN의 특징과 이것이 통신에 미치는 영향은 6장에서 자세히 다루겠습니다.

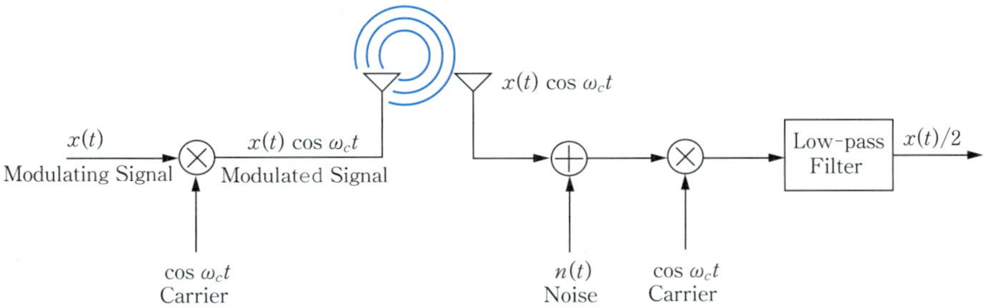

[그림 4-1] DSB-SC 변조기와 복조기의 개념도

변조의 개념이 어렵지는 않지요? 변조 신호의 주파수 특성은 [그림 4-2]에 나타냈습니다. [그림 4-2(c)]에서 변조된 신호의 진폭은 메시지 신호 $x(t)$의 형태를 유지하되, 높은 주파수의 정현파가 곱해져서 실선과 같이 빠르게 변화하는 고주파 신호가 되었습니다. **주파수 영역에서 살펴보면 메시지 신호 성분이 DSB-SC 변조되어 ω_c만큼 고주파로 옮겨가고, 대역폭이 원신호 대역폭 ω_B[rad/s]의 2배로 늘어나 $2\omega_B$[rad/s]가 됩니다.** 주파수 영역에서 $|\omega| < \omega_c$에 있는 신호는 하측파대(LSB : Lower Side Band) 신호, $|\omega| > \omega_c$에 있는 신호는 상측파대(USB : Upper Side Band) 신호라고 합니다. 이와 같이 **DSB-SC 변조된 신호에는 LSB와 USB 신호가 존재하므로 양측파대란 이름이 붙었습니다.**

시간 영역에서 두 신호의 곱은 주파수 영역에서는 컨벌루션으로 표현되므로 변조된 신호의 스펙트럼은 [그림 4-2(d)]와 같습니다.

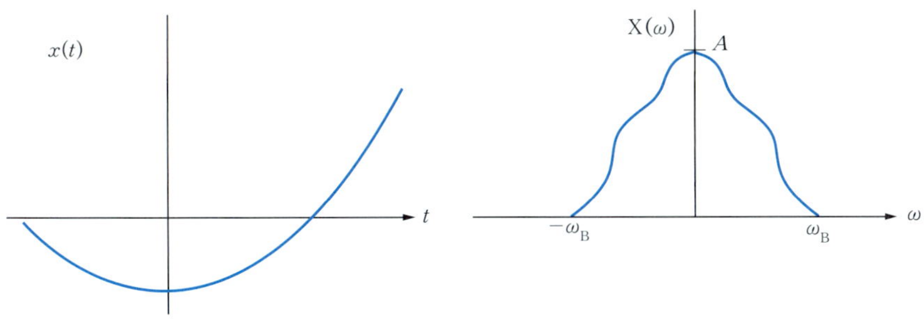

(a) 메시지 신호의 파형

(b) 메시지 신호의 주파수 특성

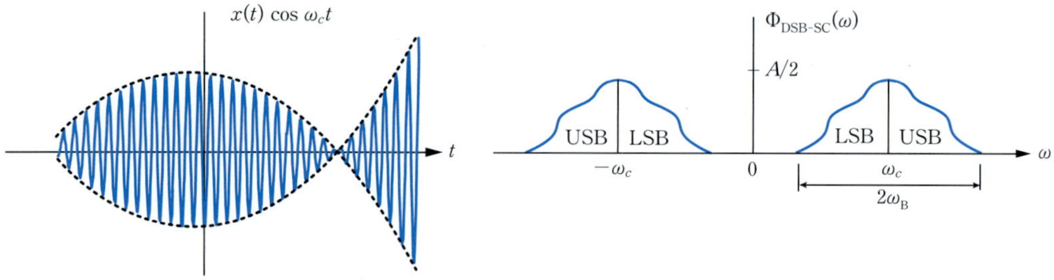

(c) 변조된 신호의 파형

(d) 변조된 신호의 주파수 특성

[그림 4-2] DSB-SC 변조 스펙트럼

주파수 영역에서 정현파 신호의 양과 음의 주파수에 존재하는 임펄스 신호와 원 신호의 컨벌루션으로 메시지 신호의 스펙트럼은 양의 주파수 대역과 음의 주파수 대역으로 동시에 이동하게 됩니다.

DSB-SC 복조

통신 수신기에서는 변조된 신호를 수신하여 메시지 신호 $x(t)$를 복원하는 과정이 필요합니다. 이처럼 **수신기에서 메시지 신호를 복원하는 과정을 복조라고 합니다**. DSB-SC 변조된 신호의 복조에 대해 생각해봅시다. 수신된 신호 $\varphi_{\text{DSB-SC}}(t)=x(t)\cos\omega_c t$에 송신기에서 사용된 반송파 신호 $\cos\omega_c t$를 다시 곱하면 메시지 신호를 복원할 수 있습니다. 즉

$$\varphi_{\text{DSB-SC}}(t)\cos\omega_c t=x(t)\cos^2\omega_c t=\frac{1}{2}x(t)(1+\cos 2\omega_c t) \tag{4.2}$$

가 되고, LPF를 거치면 $0.5x(t)$를 복원할 수 있습니다. 이 결과를 [그림 4-3]에 나타냈습니다.

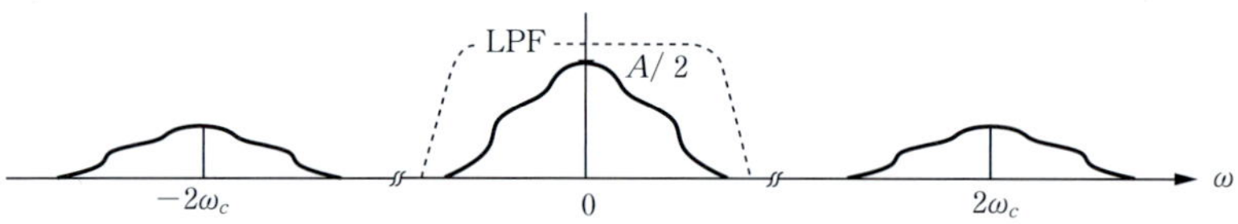

[그림 4-3] 복조된 DSB-SC 스펙트럼

반송파 동기와 동기식 수신기

지금까지 수신된 신호는 송신 신호와 동일하다는 가정하에 변조와 복조를 살펴보았습니다. 그러나 **실제로는 송신기와 수신기의 거리 차로 인해 송신 신호는 약간의 지연 시간 t_d초 이후에 수신이 가능합니다. 이를 전파 지연**propagation delay**이라 하는데,** 이 때문에 $\varphi_{\text{DSB-SC}}(t-t_d)$의 신호가 수신기 안테나에 들어오게 됩니다. 수신 신호를 이용하여 송신 신

호를 복원하기 위해 반송파를 곱하면

$$\begin{aligned}\varphi_{\mathrm{DSB-SC}}(t-t_d)\cos\omega_c t &= x(t-t_d)\cos\{\omega_c(t-t_d)\}\cos\omega_c t \\ &= \frac{1}{2}x(t-t_d)\{\cos\omega_c t_d+\cos(2\omega_c t-\omega_c t_d)\}\end{aligned} \tag{4.3}$$

가 되어 LPF를 통과하더라도 $0.5x(t-t_d)\cos\omega_c t_d$를 복원하므로 지연 시간에 따라 크기가 상당히 바뀐 신호가 됩니다. 즉 $-1\le\cos\omega_c t_d\le 1$의 영향으로 최악의 경우에는 $0.5x(t-t_d)\cos\omega_c t_d=0$이 될 수도 있습니다. 따라서 **$\cos\omega_c t_d$의 영향으로 메시지 신호 $x(t)$의 복원이 불가능해집니다.**

그렇다면 어떤 방법으로 메시지 신호를 다시 찾을 수 있을까요? 수신기에서 전파 지연만큼 지연된 반송파 $\cos\omega_c(t-t_d)$를 곱하면 됩니다. 이것을 식 (4.3)에 적용하면

$$\begin{aligned}\varphi_{\mathrm{DSB-SC}}(t-t_d)\cos\{\omega_c(t-t_d)\} &= x(t-t_d)\cos\{\omega_c(t-t_d)\}\cos\{\omega_c(t-t_d)\} \\ &= \frac{1}{2}x(t-t_d)\{1+\cos 2\omega_c(t-t_d)\}\end{aligned} \tag{4.4}$$

가 되므로 LPF의 출력은 $0.5x(t-t_d)$가 됩니다. 비록 신호가 늦게 도착했으나 원래의 메시지 신호 $x(t)$는 변하지 않았습니다. 이와 같이 **복조기에서 송신 신호의 지연된 정도를 발견하여 $\cos\omega_c(t-t_d)$를 반영하는 과정을 반송파 복원**carrier recovery**이라고 합니다. 반송파 복원을 이용하여 신호를 복원하는 수신 방식을 동기식**coherent **수신기라고 하며, 반대로 반송파 복원이 필요 없는 수신 방식을 비동기식**noncoherent **수신기라고 합니다.** 반송파 복원을 위한 방법은 4.8절에서 자세히 설명하겠습니다.

송신기와 수신기의 거리가 일정하게 고정되어 있다면 송신기와 수신기 간의 신호 지연 시간 t_d는 일정하지만, 빠르게 달리는 자동차에서 통신 신호를 수신한다면 t_d는 계속 변화하는 값이 됩니다. 변화하는 t_d를 재빨리 찾아서 신호 복조에 사용하는 것은 매우 어려운 기술입니다. 이는 DSB-SC의 등장 초기에는 수신기의 구현을 위해 해결해야 할 문제였습니다. 이미 이론은 정립되어 있었으나 하드웨어가 t_d의 변화 속도를 따라가기 어려웠습니다. 그러나 오늘날은 반도체 기술의 발전으로 하드웨어 구현이 문제되지 않습니다.

핵심포인트 **신호의 변조와 복조**

변조는 신호를 멀리 보내기 위해 기저 대역 신호 $x(t)$를 통과 대역으로 옮기는 것으로, $\varphi_{\mathrm{DSB-SC}}(t)=x(t)\cos\omega_c t$와 같이 원하는 통과 대역 주파수의 정현파를 곱하면 됩니다. 복조는 이와 반대로 통과 대역 신호를 기저 대역으로 복원하는 것으로, $\varphi_{\mathrm{DSB-SC}}(t)\cos\omega_c t$와 같이 송신기에서 사용한 동일한 정현파를 수신 신호에 곱하여 $x(t)$를 복원하는 것입니다.

예제 4-1

[그림 4-2]에서 푸리에 영역의 컨벌루션을 이용한 결과가 [그림 4-2(d)]와 같음을 보이세요.

풀이

$c(t)=\cos\omega_c t$의 푸리에 변환은 $C(\omega)=\pi\{\delta(\omega-\omega_c)+\delta(\omega+\omega_c)\}$입니다. 시간 영역에서 $\varphi_{\text{DSB-SC}}=x(t)c(t)$는 [표 3-2]의 컨벌루션 $\Phi_{\text{DSB-SC}}(\omega)=\dfrac{1}{2\pi}\displaystyle\int_{-\infty}^{\infty}X(u)C(\omega-u)du$로 표현됩니다. 그리고 두 신호 $X(\omega)$와 $C(\omega)$의 컨벌루션은 다음 그림과 같습니다.

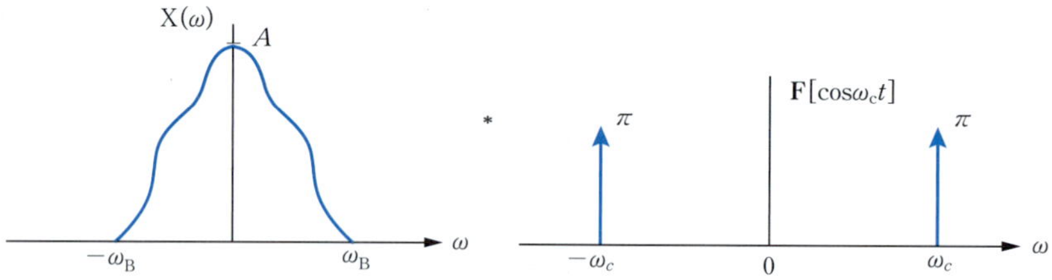

먼저 $\omega_c-\omega_B\leq\omega\leq\omega_c+\omega_B$ 구간에서 $C(\omega)$의 음의 주파수에 존재하는 임펄스 성분에 의해 $\Phi_{\text{DSB-SC}}(\omega)=\displaystyle\int_{-\infty}^{\infty}X(u)\delta(u-\omega+\omega_c)du=X(\omega-\omega_c)/2$가 되며, 그 결과는 다음 그림과 같습니다.

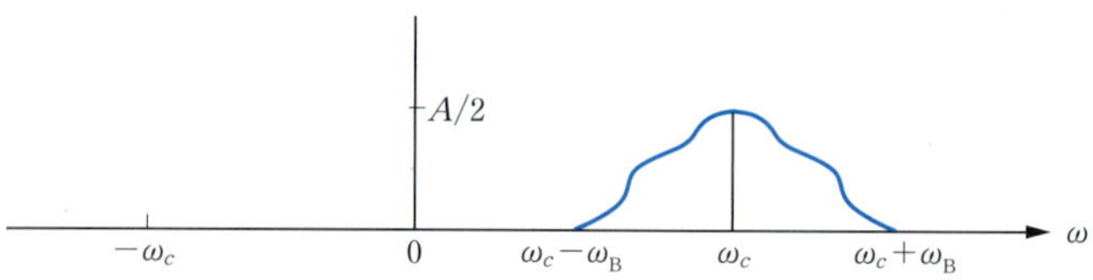

또한 $-(\omega_c+\omega_B)\leq\omega\leq-(\omega_c-\omega_B)$ 구간에서 $C(\omega)$의 양의 주파수에 존재하는 임펄스 성분에 의해 $\Phi_{\text{DSB-SC}}(\omega)=\displaystyle\int_{-\infty}^{\infty}X(u)\delta(u-\omega-\omega_c)du=X(\omega+\omega_c)/2$가 되며, 그 결과는 다음 그림과 같습니다.

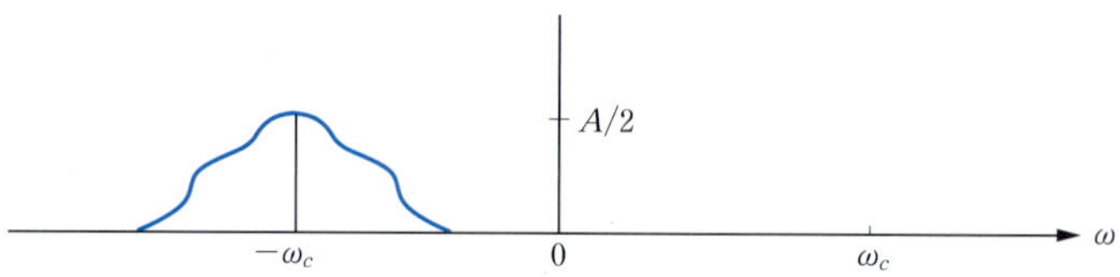

따라서 위의 두 스펙트럼을 합하면 [그림 4-2(d)]와 같습니다.

예제 4-2

변조 신호 $x(t)=10\cos 200\pi t$를 반송파 $c(t)=\cos 2000\pi t$를 이용하여 DSB-SC 변조했습니다. 이때 변조된 신호를 수식으로 표현하고 변조된 신호의 대역폭을 설명하세요.

풀이

DSB-SC 변조된 신호는 다음과 같이 됩니다.

$$\varphi_{\mathrm{DSB-SC}}(t)=10\cos(200\pi t)\cos(2000\pi t)=5\cos(1800\pi t)+5\cos(2200\pi t)$$

그러므로 메시지 신호 $x(t)$는 주파수가 100[Hz]인 정현파였습니다. 변조 후 신호는 900[Hz]와 1100[Hz]의 정현파 성분을 가지므로 변조된 신호의 대역폭은 1100−900=200[Hz]가 됩니다.

4.3.2 DSB-SC의 구현

DSB 변조에서 가장 중요한 것은 [그림 4-1]의 송신단에서 곱셈 기호로 표시된 부분입니다. 통신에서는 이것을 믹서mixer라고 합니다. 실제로는 [그림 4-4]와 같이 메시지 신호를 온·오프하는, 스위칭 변조기switching modulator라고 불리는 간단한 방식으로 구현합니다.

[그림 4-4(b)]에서 $p(t)$는 메시지 신호를 통과시키는 스위치 함수입니다. 스위치를 통과한 신호 $x(t)p(t)$의 스펙트럼에는 [그림 4-4(c)]와 같이 ω_c의 정수배 주파수마다 $X(\omega)$가 존재합니다. 그러므로 중심 주파수가 ω_c인 BPF를 통과시키면 원하는 반송파 주파수를 가진 변조 신호를 얻을 수 있습니다.

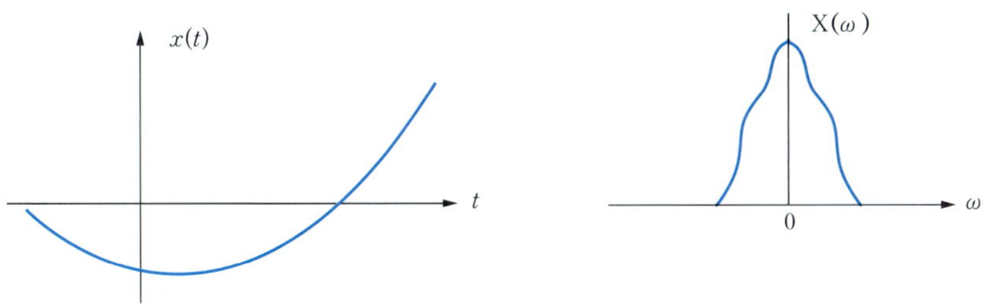

(a) 변조 신호의 시간 파형과 주파수 스펙트럼

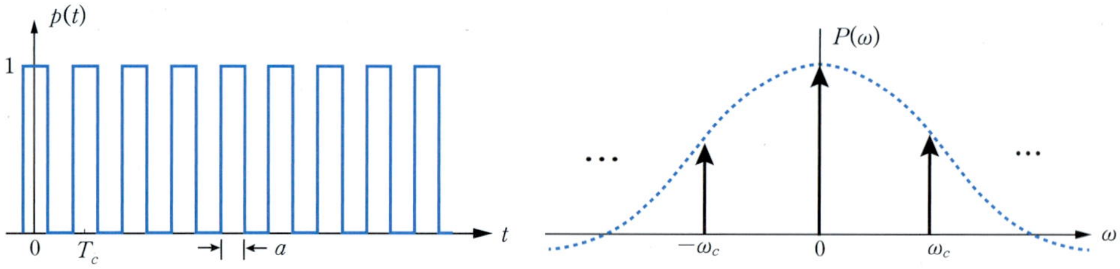

(b) 스위칭 함수인 구형파 열 $p(t)$의 파형과 스펙트럼

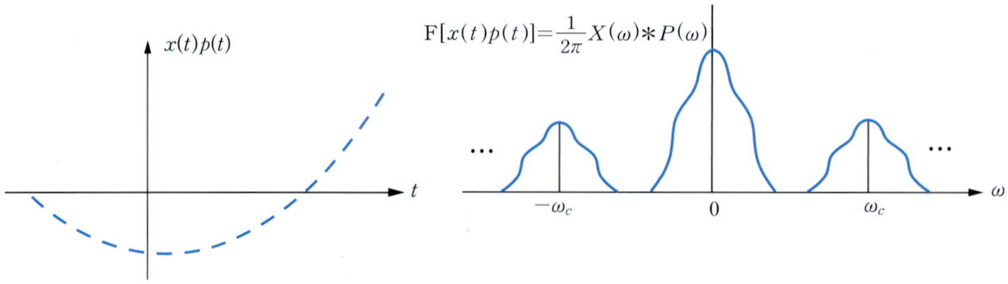

(c) 스위칭된 변조 신호 파형과 스펙트럼

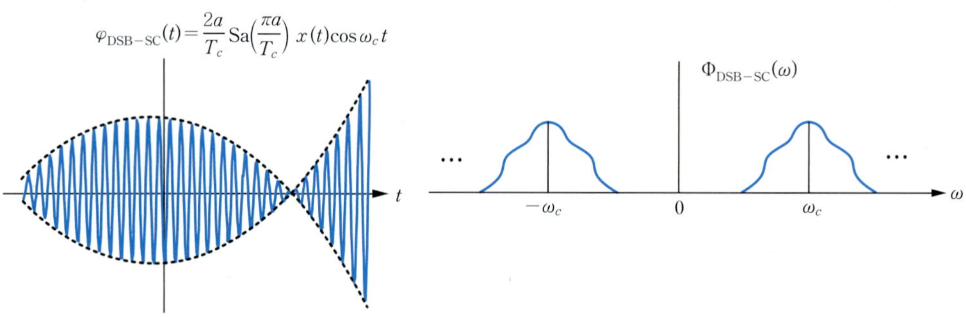

(d) 스위칭된 변조 신호 파형의 BPF 출력

[그림 4-4] 스위칭 변조기를 이용한 DSB-SC의 발생

스위칭 변조기의 푸리에 변환 해석

주파수 영역 해석을 통해 [그림 4-4]의 방식으로 DSB-SC 변조 신호의 발생이 가능함을 확인해보겠습니다. 주파수 영역의 해석은 푸리에 변환 또는 푸리에 급수를 이용하면 됩니다. 어떤 방식으로 해석하더라도 주파수 스펙트럼의 모양은 동일하며, 신호의 종류에 따라 간편한 방법을 사용하면 됩니다. 먼저 푸리에 변환으로 해석을 시작하겠습니다. 구형파 열 $p(t)$는 [그림 4-4(b)]와 같이 펄스 폭이 a이고 주기가 T_c인 주기 함수이므로,

$$p(t) = \sum_{n=-\infty}^{\infty} D_n e^{jn\omega_c t} \tag{4.5}$$

와 같이 푸리에 급수로 표현이 가능합니다. 여기서 $\omega_c = 2\pi/T_c$입니다. 그러므로 푸리에 급수의 계수는

$$\begin{aligned} D_n &= \frac{1}{T_c}\int_{-a/2}^{a/2} e^{-jn\omega_c t}dt = \frac{1}{T_c}\frac{e^{-jn\omega_c t}}{-jn\omega_c}\bigg|_{-a/2}^{a/2} \\ &= \frac{1}{T_c}\frac{e^{-jn\omega_c a/2} - e^{jn\omega_c a/2}}{-jn\omega_c} = \frac{1}{T_c}\frac{-j2\sin(n\omega_c a/2)}{-jn\omega_c} \\ &= \frac{a}{T_c}\frac{\sin(n\omega_c a/2)}{n\omega_c a/2} = \frac{a}{T_c}\mathrm{Sa}\left(\frac{n\omega_c a}{2}\right) \end{aligned} \tag{4.6}$$

이 되고, $p(t)$의 푸리에 변환 $P(\omega)$는

$$\begin{aligned} P(\omega) &= \sum_{n=-\infty}^{\infty} D_n \mathbf{F}\{e^{jn\omega_c t}\} = 2\pi \sum_{n=-\infty}^{\infty} D_n \delta(\omega - n\omega_c) \\ &= \frac{2\pi a}{T_c}\sum_{n=-\infty}^{\infty} \mathrm{Sa}\left(\frac{n\omega_c a}{2}\right)\delta(\omega - n\omega_c) \end{aligned} \tag{4.7}$$

가 됩니다.

시간 영역의 곱셈은 주파수 영역에서 컨벌루션으로 표현되므로 $x(t)p(t)$의 푸리에 변환 결과는

$$\begin{aligned} \mathbf{F}\{x(t)p(t)\} &= \frac{1}{2\pi}X(\omega) * P(\omega) \\ &= \frac{1}{2\pi}X(\omega) * \frac{2\pi a}{T_c}\sum_{n=-\infty}^{\infty}\mathrm{Sa}\left(\frac{n\omega_c a}{2}\right)\delta(\omega - n\omega_c) \\ &= \frac{a}{T_c}\sum_{n=-\infty}^{\infty}\mathrm{Sa}\left(\frac{n\omega_c a}{2}\right)X(\omega - n\omega_c) \end{aligned} \tag{4.8}$$

입니다. 이 결과를 통해 ω_c의 정수배 주파수마다 $X(\omega)$가 존재함을 알 수 있습니다. 그러므로 중심 주파수가 ω_c인 BPF를 거치면 DSB-SC 변조된 신호

$$\Phi_{\mathrm{DSB-SC}}(\omega) = \frac{a}{T_c}\mathrm{Sa}\left(\frac{\pi a}{T_c}\right)\{X(\omega - \omega_c) + X(\omega + \omega_c)\} \tag{4.9}$$

를 얻게 됩니다. 이것의 역푸리에 변환을 수행하면

$$\varphi_{\mathrm{DSB-SC}}(t) = \frac{2a}{T_c}\mathrm{Sa}\left(\frac{\pi a}{T_c}\right)x(t)\cos\omega_c t \tag{4.10}$$

입니다. 이로써 구형파 열과 BPF를 이용하여 DSB-SC 변조된 신호를 얻을 수 있음을 확인했습니다. 실제로 변조하기 위해 변조 신호와 발진기 출력을 곱하는 것이 아니라, 변조 신호를 온·오프 하여 BPF에 통과시킴으로써 DSB-SC 신호를 얻을 수 있다는 사실이 무척 흥미롭습니다.

스위칭 변조기의 푸리에 급수 전개 해석

이제 푸리에 급수를 이용하여 스위칭 변조기를 통한 DSB-SC의 발생을 해석해봅시다. 식 (4.5)와 식 (4.6)에 의해

$$
\begin{aligned}
p(t) &= \sum_{n=-\infty}^{\infty} \frac{a}{T_c} \mathrm{Sa}\left(\frac{n\omega_c a}{2}\right) e^{jn\omega_c t} \\
&= \frac{a}{T_c}\left\{\cdots + \mathrm{Sa}\left(\frac{\omega_c a}{2}\right) e^{-j\omega_c t} + 1 + \mathrm{Sa}\left(\frac{\omega_c a}{2}\right) e^{j\omega_c t} + \mathrm{Sa}(\omega_c a)\, e^{j2\omega_c t} + \cdots\right\} \qquad (4.11) \\
&= \frac{2a}{T_c}\left\{\frac{1}{2} + \mathrm{Sa}\left(\frac{\omega_c a}{2}\right)\cos\omega_c t + \mathrm{Sa}(\omega_c a)\cos 2\omega_c t + \cdots\right\}
\end{aligned}
$$

입니다. 이 신호와 $x(t)$를 곱하여 중심 주파수가 ω_c인 BPF를 거치면 다음 식과 같이 되며, 식 (4.10)과 동일한 결과를 얻을 수 있습니다.

$$\varphi_{\mathrm{DSB-SC}}(t) = (2a/T_c)\,\mathrm{Sa}(\omega_c a/2)\, x(t)\cos\omega_c t$$

[그림 4-4]에서 펄스 열 $p(t)$의 폭 a가 0에 접근한다면 $p(t)$는 임펄스 열이 됩니다. 이 경우 [그림 4-4]의 스펙트럼 $F[x(t)p(t)]$는 [그림 4-5]와 같이 동일한 크기의 스펙트럼 $X(\omega)$가 반복적으로 나타납니다.

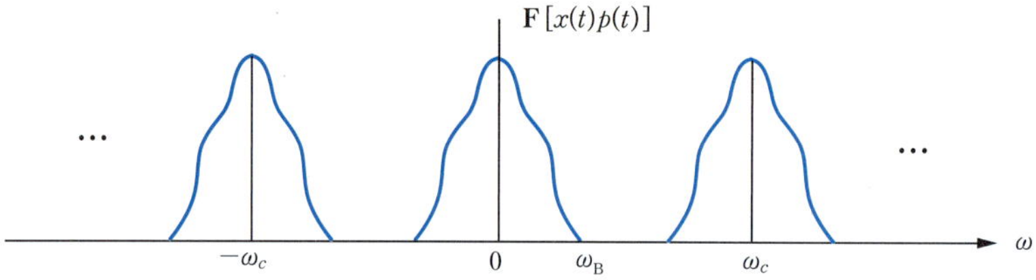

[그림 4-5] 구형파 열 $p(t)$가 임펄스 열일 때 $x(t)p(t)$의 스펙트럼

$p(t)$가 구형파가 아니라 이상적인 임펄스 열이라면

$$p(t) = \sum_{n=-\infty}^{\infty} \delta(t - nT_c) = \sum_{n=-\infty}^{\infty} D_n e^{jn\omega_c t} \qquad (4.12)$$

가 되고, 푸리에 급수의 계수 D_n은

$$D_n = \frac{1}{T_c}\int_{-T_c/2}^{T_c/2} \delta(t)\, e^{-jn\omega_c t} dt = \frac{1}{T_c} \qquad (4.13)$$

이므로

$$p(t) = \frac{1}{T_c}\sum_{n=-\infty}^{\infty} e^{jn\omega_c t} \qquad (4.14)$$

가 됩니다. 이것의 푸리에 변환은

$$P(\omega)=\sum_{n=-\infty}^{\infty} D_n\mathbf{F}\{e^{jn\omega_c t}\}=\frac{2\pi}{T_c}\sum_{n=-\infty}^{\infty}\delta(\omega-n\omega_c) \tag{4.15}$$

이므로

$$\begin{aligned}\mathbf{F}\{x(t)p(t)\}&=\frac{1}{2\pi}X(\omega)*P(\omega)=\frac{1}{2\pi}X(\omega)*\frac{2\pi}{T_c}\sum_{n=-\infty}^{\infty}\delta(\omega-n\omega_c)\\&=\frac{1}{T_c}\sum_{n=-\infty}^{\infty}X(\omega-n\omega_c)\end{aligned} \tag{4.16}$$

입니다. 따라서 [그림 4–5]와 같이 주파수 영역에서 $X(\omega)$가 주기 ω_c로 반복적으로 나타남을 알 수 있습니다.

이 특성은 변조뿐만 아니라 ADC를 **이용하여 연속 시간 신호를 이산 시간 신호로 변환할 때도 사용됩니다.** $p(t)$가 이상적인 임펄스 열이라면 신호 $x(t)p(t)=x(nT_c)$ ($n=0,\ 1,\ 2,\ \cdots$)가 되고, 이 신호의 기저 대역에 $X(\omega)$의 스펙트럼이 그대로 존재합니다. 그러므로 이산 시간 신호로 표현하더라도 원 신호의 특성이 그대로 유지되는 것입니다. 다만 원치 않는 주파수에 동일한 신호가 재반복되는 새로운 특성이 발생합니다.

그리고 기저 대역에서 최대 주파수가 ω_B인 원 신호의 스펙트럼 모양이 변형 없이 유지되려면 다음과 같은 조건을 만족해야 합니다.

$$\omega_c \geq 2\omega_B \tag{4.17}$$

이것을 **나이퀴스트 샘플링 정리**[4]라고 합니다. 식 (4.17)을 만족하지 못하면 [그림 4–6]과 같이 변조 신호의 스펙트럼이 중첩되어 원 신호의 스펙트럼을 복원할 수 없는데, 이를 에일리어싱aliasing 현상이라고 합니다.

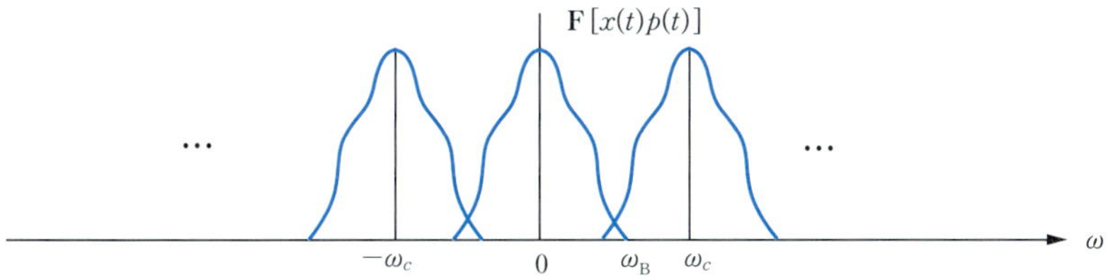

[그림 4–6] $\omega_c < 2\omega_B$일 때 $x(t)p(t)$의 스펙트럼

4 나이퀴스트(Harry Nyquist, 1889~1976)는 디지털 통신에 중요한 샘플링 이론을 정립한 벨연구소의 연구원이었습니다. 벨연구소에 몸담는 동안 전자회로에서 발생하는 열 잡음과 관련된 존슨-나이퀴스트 잡음Johnson-Nyquist noise 이론을 정립하고, 궤환 증폭기의 안정화 이론 및 팩시밀리 개발(1924년)에 크게 공헌했습니다. 아날로그 정보를 디지털 신호로 전송하기 위한 샘플링 간격을 결정하는 나이퀴스트-섀넌Nyquist-Shannon 샘플링 이론이라고도 불리는 나이퀴스트 샘플링 정리Nyquist sampling theorem는 후일 섀넌Claude Shannon의 정보 이론 정립에 크게 기여했습니다.

스위칭 회로의 구현

[그림 4-5]와 같은 스위치 회로의 동작인 구형파 열을 구현하기 위해 [그림 4-7]과 같은 다이오드 4개를 이용한 회로를 사용합니다. 이것은 스위칭 변조기의 한 종류로서 링 변조기ring modulator 또는 격자형 평형 변조기lattice-type balanced modulator라고 합니다. 평형 변조기에 입력되는 신호는 메시지 신호와 반송파이며, 출력단에서 변조된 신호를 포함한 신호를 얻습니다. 그리고 원하는 변조된 신호를 출력하기 위해 BPF가 추가로 필요합니다. 링 변조기는 [그림 4-7(a)] 또는 [그림 4-7(b)]의 형태로 구현할 수 있는데, [그림 4-7(b)]를 이용하여 링 변조기의 동작을 설명하겠습니다.

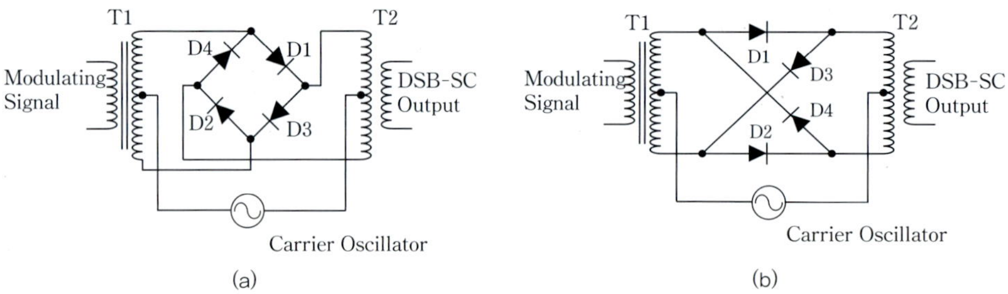

[그림 4-7] 격자형 평형 변조기

반송파 신호를 발생시키는 발진기는 변조 신호보다 주파수와 진폭이 큰 것을 사용합니다. 이것을 이용하여 다이오드의 순방향 또는 역방향 바이어스를 걸어주어 입력 변압기 T1의 2차 측과 출력 변압기의 1차 측을 연결하는 스위치의 역할을 합니다. [그림 4-8(a)]와 같이 반송파 발진기의 극성이 결정된 경우에 다이오드 D1과 D2는 온이 되고 D3과 D4는 오프가 됩니다. 그러므로 T1의 2차 측에 유도된 변조 신호는 T2의 2차 측에 동일한 극성으로 공급됩니다. 또한 [그림 4-8(b)]와 같이 반송파 발진기의 극성이 결정된 경우에는 D1, D2는 오프가 되고 D3, D4는 온이 됩니다. 그러나 이 경우에는 T1의 2차 측 신호와 T2의 1차 측 신호의 극성이 바뀝니다.

두 경우 모두 반송파 발진기에 의해 크기가 동일한 반대 극성의 자장이 T2에 발생하여 서로 상쇄됩니다. 따라서 반송파 신호는 T2의 2차 측에 나타나지 않으며, 변압기 구현 시 중앙 탭의 위치 등을 정확하게 해야 합니다.

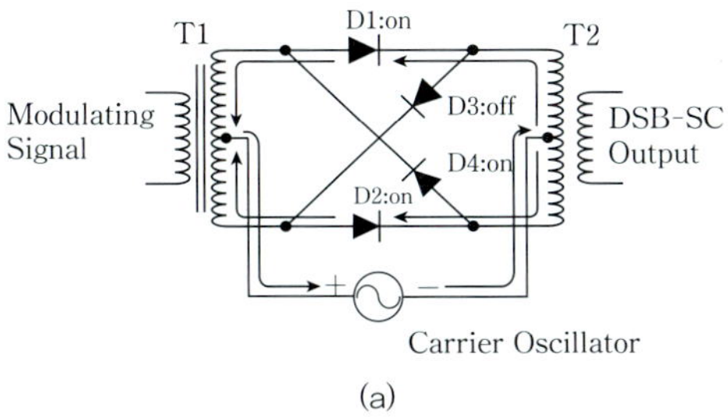

[그림 4-8] 격자형 평형 변조기의 동작

[그림 4-9]는 격자형 평형 변조기를 이용한 변조 신호의 예입니다. [그림 4-9(a)]의 반송파 신호가 격자형 평형 변조기에 인가되면 다이오드의 동작에 의해 T1과 T2의 연결은 [그림 4-9(c)]와 같이 구형파 열이 됩니다. 그러므로 T2의 2차 측 출력은 [그림 4-9(d)]와 같습니다.

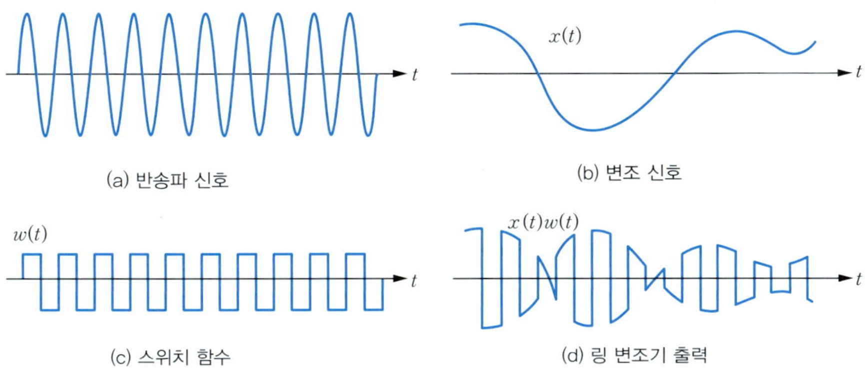

[그림 4-9] 격자형 평형 변조기의 출력

[그림 4-9(c)]의 스위치 함수는 식 (4.11)을 이용하면 $w(t)=2p(t)-1$과 같으므로

$$w(t)=2p(t)-1=\frac{4a}{T_c}\left\{0.5+\mathrm{Sa}\left(\frac{\pi a}{T_c}\right)\cos\omega_c t+\mathrm{Sa}\left(\frac{2\pi a}{T_c}\right)\cos 2\omega_c t+\cdots\right\}-1 \quad (4.18)$$

이 됩니다. 따라서 변조기의 출력 $x(t)w(t)$를 중심 주파수가 ω_c인 BPF에 인가하면 $\varphi_{\mathrm{DSB-SC}}(t)=\frac{4a}{T_c}\mathrm{Sa}\left(\frac{\pi a}{T_c}\right)x(t)\cos\omega_c t$가 생성됩니다.

예제 4-3

변조 신호 $x(t)=10\cos 200\pi t$를 임펄스 열 $p(t)=\sum_{n=-\infty}^{\infty}\delta(t-nT)$를 이용하여 DSB-SC 변조하려고 합니다. 이때 $T=1/1000$[s]입니다.

(a) $x(t)p(t)$에 나타나는 양의 주파수 성분을 찾으세요.

(b) 반송파 주파수가 $\omega_c=4000\pi$[rad/s]인 DSB-SC 신호를 얻기 위한 BPF의 통과 대역 범위를 정하세요.

풀이

(a) 식 (4.16)에 따라

$$\mathbf{F}\{x(t)p(t)\}=\frac{1}{T}\sum_{n=-\infty}^{\infty}X(\omega-n\omega_c)$$

가 되므로 $x(t)p(t)$에는 반송파 주파수 1000[Hz]의 정수(n)배 위치에서 100[Hz] 떨어진 $1000n\pm100$[Hz]의 정현파가 발생합니다.

(b) $x(t)p(t)$로부터 반송파 주파수가 2000[Hz]인 변조 신호를 얻기 위해, BPF의 중심 주파수가 2000[Hz]이고 BPF의 저주파 차단 주파수는 $1100<f<1900$[Hz]이면서 고주파 차단 주파수는 $2100<f<2900$[Hz]여야 합니다.

예제 4-4

메시지 신호 $x(t)=\cos 10\pi t$를 [그림 4-4]와 같은 스위칭 변조기를 이용하여 DSB-SC 신호 $\varphi(t)=k(\cos 390\pi t+\cos 410\pi t)$를 생성하려고 합니다. 여기서 k는 상수입니다.

(a) 구형파 열의 주기와 폭이 각각 $T_c=0.01$, $a=0.005$일 때, 스위칭 변조기를 이용하여 $\varphi(t)$를 생성하는 방법을 설명하세요.

(b) 구형파 열의 주기와 폭이 각각 $T_c=0.01$, $a=0.001$일 때, 스위칭 변조기를 이용하여 $\varphi(t)$를 생성하는 방법을 설명하세요.

풀이

(a) 식 (4.11)에서 $T_c=0.01$, $a=0.005$일 때,

$$\begin{aligned}p(t)&=0.5+\mathrm{Sa}(0.5\pi)\cos 200\pi t+\mathrm{Sa}(\pi)\cos 400\pi t+\mathrm{Sa}(1.5\pi)\cos 600\pi t\cdots\\&=0.5+(2/\pi)\cos 200\pi t-2/(3\pi)\cos 600\pi t+\cdots\end{aligned}$$

입니다. $\cos x\cos y=0.5\cos(x+y)+0.5\cos(x-y)$의 삼각함수 항등식을 이용하면 $\varphi(t)=\cos 390\pi t+\cos 410\pi t=2x(t)\cos 400\pi t$이므로 $x(t)p(t)$를 통해 주파수가 400π인 신호를 생성할 수 없습니다.

(b) $T_c=0.01$, $a=0.001$일 때,

$$p(t)=0.2\{0.5+\mathrm{Sa}(0.1\pi)\cos 200\pi t+\mathrm{Sa}(0.2\pi)\cos 400\pi t+\cdots\}$$

입니다. 그러므로 $x(t)p(t)$의 결과에 중심 주파수가 400π[rad/s]인 BPF를 통과시키면 $\varphi(t)$를 생성할 수 있습니다. 이 예제를 통해 스위칭 함수의 펄스 폭도 변조에 중요한 영향을 끼친다는 것을 알 수 있습니다.

예제 4-5

음성 신호를 컴퓨터로 녹음하여 'speech.wav'라는 파일로 저장했습니다. 이 신호를 읽어들여 다음을 수행하는 MATLAB 프로그램을 작성하세요.

(a) 시간 영역과 주파수 영역에서 'speech.wav'의 파형을 그리고 신호의 대역폭을 구하세요.

(b) 반송파 주파수를 10[kHz]로 하여 DSB-SC 변조한 후 스펙트럼을 나타내세요.

(c) MATLAB 프로그램 코드를 나타내세요.

풀이

(a) 다음은 'speech.wav' 파일을 읽어 시간 영역과 주파수 영역에서 그림으로 표현한 것입니다. 스펙트럼은 MATLAB의 fft 함수를 이용하여 구한 것으로, 대부분의 신호는 2[kHz] 이하의 주파수 영역에 존재합니다. 그리고 DC 주위에는 신호가 없고 4[kHz] 이상의 성분도 미약함을 알 수 있습니다. 일반적으로 음성은 300~3400[Hz]의 주파수 신호로 구성되어 있습니다.

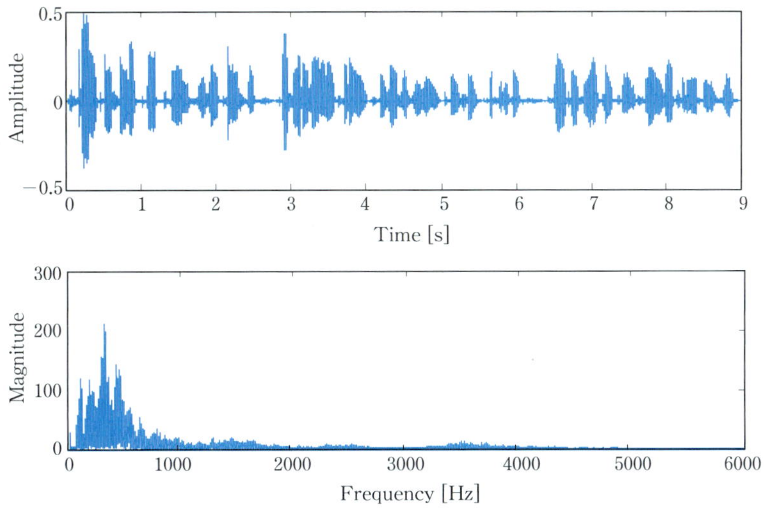

(b) 10[kHz]의 반송파로 DSB-SC 변조된 신호의 스펙트럼은 다음과 같이 중심 주파수가 10[kHz]이며, 대역폭이 약 8[kHz]로 확장되었음을 알 수 있습니다.

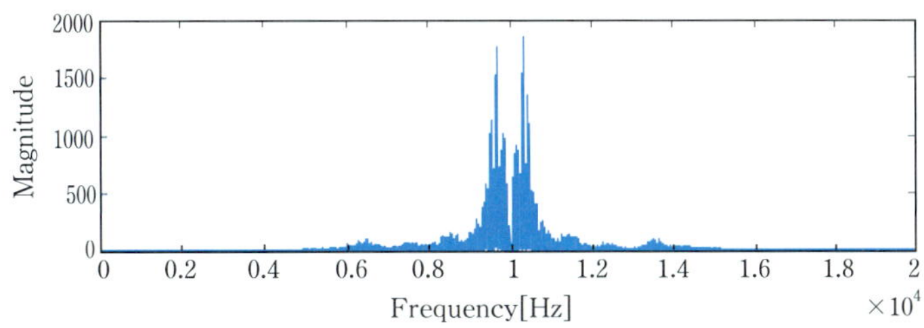

(c) 위와 같은 결과를 얻기 위한 MATLAB 프로그램은 다음과 같습니다.

```
% Read a voice signal file
% DSB-SC signal modulation
clear all;
clf;
x = wavread('speech'); % 또는 x=audioread('speech.wav');
x = x(:,1); % 2차원 배열의 1열 신호만 취함
Fs = 12000; % 원 신호 녹음 시 샘플링 주파수(녹음 SW에서 결정 가능)

% 마치 16*Fs 주파수로 빨리 표본화된 신호로 만듦
over_rate = 16;
x2 = resample(x, over_rate, 1); % resample 함수는 변조신호 x를 16*Fs 주파수로 표본
화한 신호 생성, 주파수 특성의 변화는 없음

f = 0:1:length(x)-1;
len_f = length(f);
X = (abs(fft(x))); % 변조 신호 x의 푸리에 변환
figure(1); subplot(2,1,1);
% 변조 신호 x의 시간 영역 신호
plot(f/Fs, x); xlabel('Time [s]'); ylabel('Amplitude')
% 변조 신호 x의 스펙트럼
subplot(2,1,2); plot(f(1:len_f/2)/len_f*Fs, X(1:len_f/2));
xlabel('Frequency [Hz]'); ylabel('Magnitude')

Fs = over_rate*Fs;
fc = 10000; % carrier 주파수
t = [0:size(x2)-1]'/Fs; % x2 신호의 샘플링 간격
dsb_lc=x2.*cos(2*pi*fc*t); % DSB-SC 변조

% Plot figure in time domain
figure(2);
Y = abs(fft(dsb_lc));
f = 0:1:length(Y)-1;
len_f = length(f);
plot(f(1:len_f/10)/len_f*Fs, Y(1:len_f/10));
xlabel('Frequency [Hz]'); ylabel('Magnitude')
```

4.4 반송파 양측파대 변조

4.4.1 DSB-LC의 원리

DSB-SC 변조 방식은 수신기에서의 반송파 복원이라는 어려운 문제를 안고 있는데, 이 문제를 해결한 변조 방식이 바로 반송파 양측파대[DSB-LC] 변조입니다. AM 라디오는 이 DSB-LC 변조 방식을 사용하고 있습니다. 빠르게 달리는 자동차 안에서 DSB-SC 변조된 신호를 받는 경우를 생각해봅시다. 송신기와 수신기 간의 거리가 계속 변하므로 송수신 신호 간에 t_d의 시간 지연이 발생합니다. 그러므로 수신 안테나에 도달한 반송파 신호 $\cos\omega_c(t-t_d)$의 위상 $\omega_c t_d$ 또한 계속 바뀌겠지요? 그러면 수신기에서는 변화하는 반송파의 위상을 계속 찾아야 하는 어려움이 있습니다.

파일럿 신호와 DSB-LC 변조

DSB-LC 변조는 DSB-SC 변조 신호에 별도의 정현파 신호 $A_c\cos\omega_c t$를 덧붙여 보냅니다. 송신단에 덧붙은 신호를 반송파 신호 또는 파일럿[pilot] 신호라고 합니다. 그러므로 변조된 신호의 스펙트럼은 반송파 주파수 $\omega=\omega_c$에서 임펄스 신호가 나타나 LC라는 이름이 붙었습니다. DSB-LC 신호는 시간과 주파수 영역에서 다음과 같이 표현할 수 있습니다.

$$\begin{aligned}&\varphi_{\mathrm{DSB-LC}}(t)=A_c\cos\omega_c t+x(t)\cos\omega_c t\\&\Leftrightarrow\Phi_{\mathrm{DSB-LC}}(\omega)=\pi A_c\{\delta(\omega+\omega_c)+\delta(\omega-\omega_c)\}+0.5\{X(\omega+\omega_c)+X(\omega-\omega_c)\}\end{aligned} \tag{4.19}$$

$\varphi_{\mathrm{DSB-LC}}(t)$에서 첫 번째 항은 반송파 신호, 두 번째 항은 측파대[sideband] 신호입니다.

메시지 신호의 진폭이 $-x_p\le x(t)\le x_p$일 때, DSB-LC에서는 반드시 $A_c+x(t)\ge 0$를 만족하도록 파일럿 신호의 크기를 정합니다. 이 경우 $\varphi_{\mathrm{DSB-LC}}(t)$의 포락선[envelope]은 $A_c+x(t)$가 되므로 수신 신호의 포락선[5]으로부터 변조 신호를 복원할 수 있습니다. $x(t)$의 첨두치[peak value]를 $x_p=\max|x(t)|$라 할때,

$$m=\frac{\text{메시지 신호의 최대 진폭}}{\text{파일럿 신호의 최대 진폭}}=\frac{x_p}{A_c} \tag{4.20}$$

를 변조 지수[modulation index]라고 하는데, 이는 파일럿 신호에 대한 변조 신호 진폭의 변화량을 알 수 있는 척도입니다. 변조 지수를 %로 나타낸 것은 퍼센트 변조 지수라고 합니다. 이때 $0\le m\le 1$의 조건을 만족합니다. $m>1$일 수도 있으나 $A_c-x_p<0$이 되어 변조된 신

5 포락선은 변조된 신호의 최대 진폭을 이은 선을 의미합니다.

호의 포락선에 메시지 신호의 정보가 남지 않게 됩니다.

[그림 4-10]은 변조 지수에 따른 DSB-LC 변조 신호의 한 예입니다. 여기서 변조된 신호 $\varphi_{\text{DSB-LC}}(t)=\{1+m\cos(2\pi t)\}\cos(100\pi t)$의 변조 지수 m은 0.5, 1.0, 2.0입니다. [그림 4-10(c)]와 같이 변조 지수가 1보다 크면 포락선에서 변조 신호 $m\cos(2\pi t)$의 정보가 사라집니다.

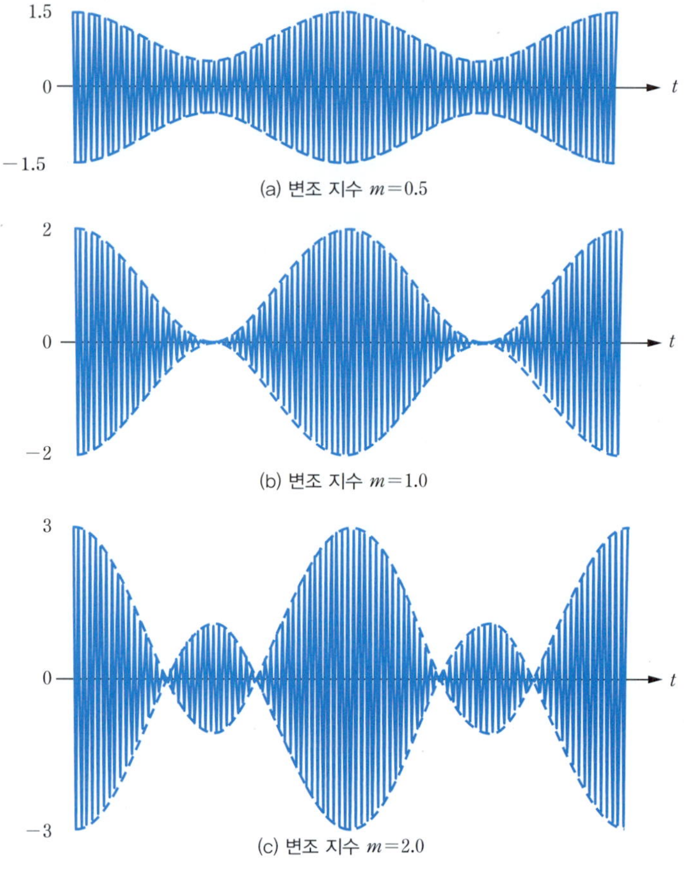

[그림 4-10] $\varphi_{\text{DSB-LC}}(t)=\{1+m\cos(2\pi t)\}\cos(100\pi t)$ 변조 지수에 따른 파형 모양

DSB-LC 복조

[그림 4-11]은 DSB-LC 변조기와 복조기의 블록도입니다. [그림 4-11(a)]는 DSB-SC 복조기에서 사용하는 동기식 복조 방식입니다. DSB-LC 변조도 동기식 복조가 가능하지만 파일럿 신호를 실어 보내는 의미가 사라집니다. 그러므로 DSB-LC 변조 시스템의 일반적인 복조 방식은 [그림 4-11(b)]의 비동기식 복조입니다.

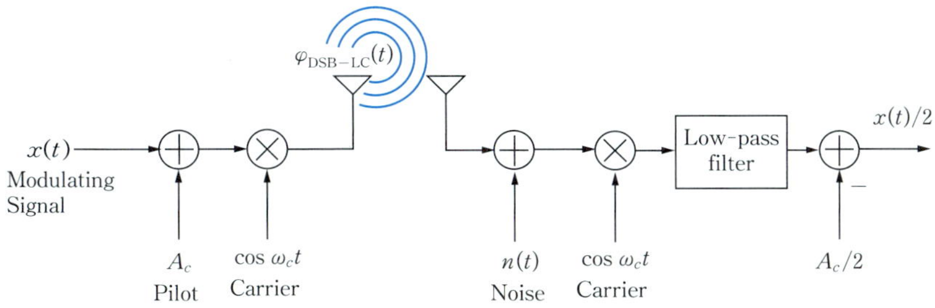

(a) 변조기와 동기식 복조기

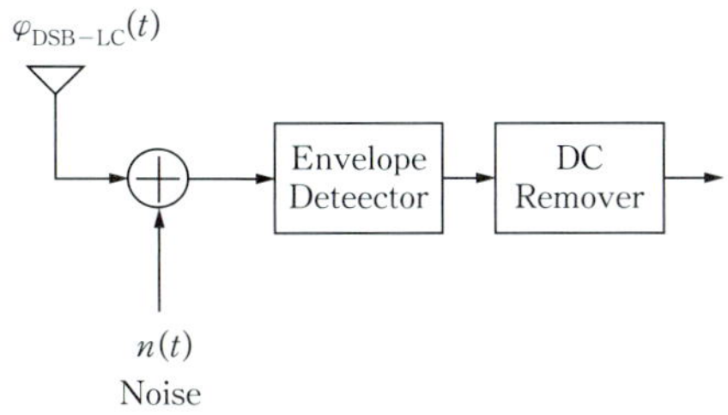

(b) 비동기식 복조기

[그림 4-11] AM 변·복조기의 구조

DSB-LC 변조 신호의 스펙트럼

[그림 4-12(a)]는 DSB-LC 변조 신호의 예입니다. 다음 변조 신호는

$$x(t)=\cos(2\pi t)+\sin(4\pi t+\pi/8)-2\cos(6\pi t+\pi/4)$$

[그림 4-12(b)]의 스펙트럼에서부터 주파수 f_i가 1[Hz], 2[Hz], 3[Hz]의 정현파로 구성되어 있습니다. 여기에 반송파 신호를 만들기 위해 DC 신호를 더하면 [그림 4-12(c)]와 같이 $x(t)$의 모든 신호는 양의 값이 됩니다. 이 파형의 스펙트럼인 [그림 4-12(d)]와 [그림 4-12(b)]가 다른 점은 0[Hz] 직류 성분의 존재 유무입니다. [그림 4-12(d)]에는 8[V]의 DC 오프셋에 의해 직류 성분이 있으며, 반송파에 이 신호를 실으면 [그림 4-12(e)]와 같이 됩니다. [그림 4-12(e)]에서 신호의 포락선 모양이 메시지 신호 $x(t)$와 같다는 것을 알 수 있습니다. [그림 4-12(f)]에서는 주파수 40[Hz]인 반송파 $c(t)=\cos(80\pi t)$의 영향으로 $f_c \pm f_i$ 성분인 37[Hz], 38[Hz], 39[Hz], 41[Hz], 42[Hz], 43[Hz]의 정현파가 생겼습니다. 즉 신호에 반송파 신호가 곱해져서 주파수 이동이 생겼기 때문입니다.

수신기에서는 반송파 신호를 예측할 필요 없이 이 포락선만 찾으면 메시지 신호 $x(t)$를 복원할 수 있으므로 수신 신호에서 반송파를 곱하지 않는 무척 간단한 방식입니다. 이처럼 **반송파 복원이 필요 없는 수신기를 비동기식 수신기라고 합니다.**

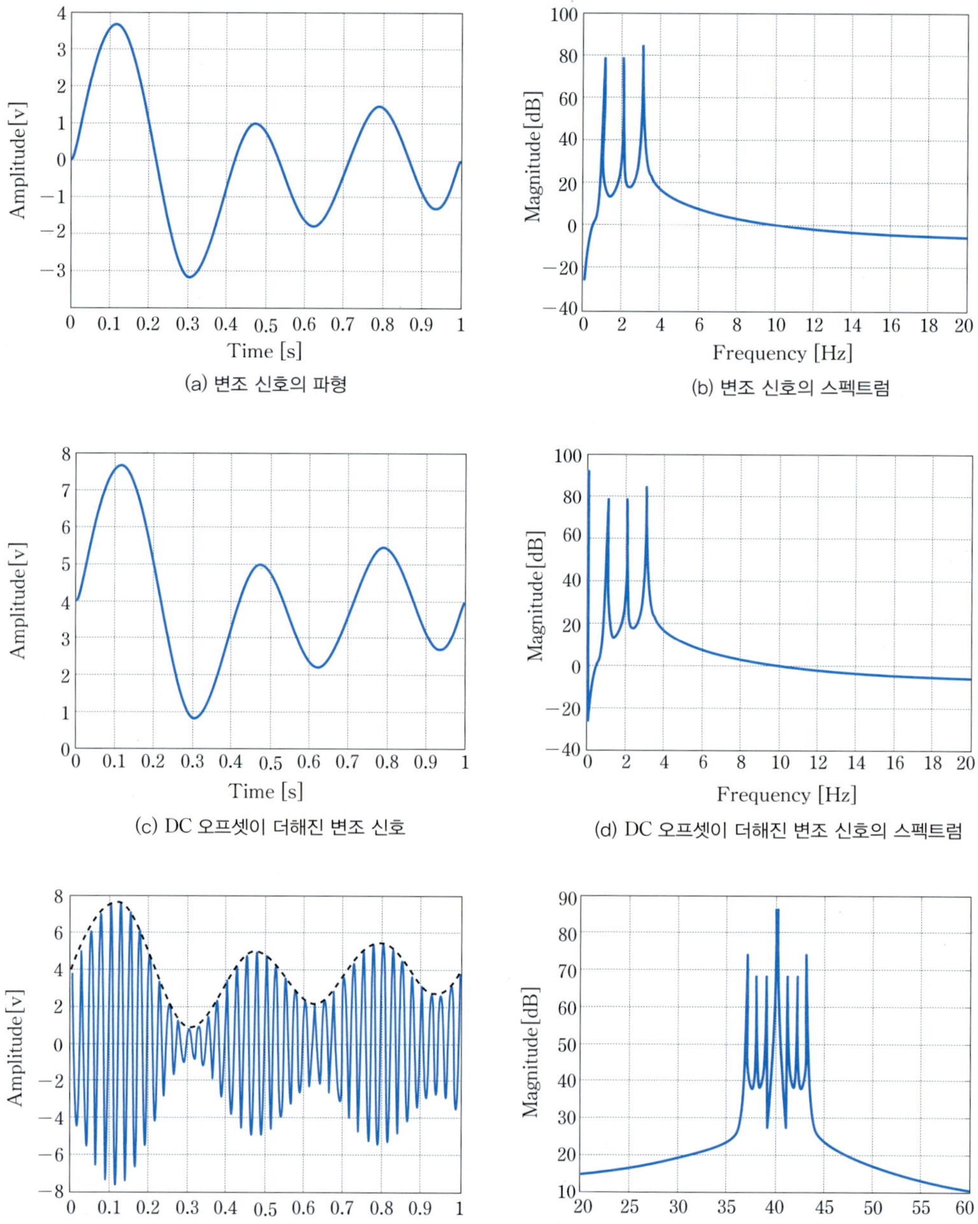

(a) 변조 신호의 파형

(b) 변조 신호의 스펙트럼

(c) DC 오프셋이 더해진 변조 신호

(d) DC 오프셋이 더해진 변조 신호의 스펙트럼

(e) DSB−LC 변조 신호

(f) DSB−LC 변조 신호의 스펙트럼

[그림 4-12] DSB-LC 변조 신호의 파형과 주파수 특성

예제 4-6

메시지 신호 $x(t)=mA_c\cos\omega_m t$를 DSB−LC 변조한 신호 $\varphi_{\text{DSB-LC}}(t)=A_c(1+m\cos\omega_m t)\cos(\omega_c t)$에 대해 다음 문제를 푸세요. 단, $\omega_m \ll \omega_c$ 입니다.

(a) 변조 신호의 스펙트럼을 구하세요.

(b) 변조 신호에서 상측파대, 하측파대 및 파일럿 성분의 스펙트럼을 구하세요.

풀이

(a) 변조 신호는

$\varphi_{\text{DSB-LC}}(t)=A_c\cos\omega_c t+(A_c m/2)\cos(\omega_c+\omega_m)t+(A_c m/2)\cos(\omega_c-\omega_m)t$로 표현할 수 있으므로, 이것의 푸리에 변환은 다음과 같습니다.

$$\begin{aligned}\Phi_{\text{DSB-LC}}(\omega)=&\pi A_c\{\delta(\omega-\omega_c)+\delta(\omega+\omega_c)\}\\&+(\pi A_c m/2)\{\delta(\omega-\omega_c-\omega_m)+\delta(\omega+\omega_c+\omega_m)\}\\&+(\pi A_c m/2)\{\delta(\omega-\omega_c+\omega_m)+\delta(\omega+\omega_c-\omega_m)\}\end{aligned}$$

(b) $\Phi_{\text{DSB-LC}}(\omega)$에서 상측파대 스펙트럼은 $(\pi A_c m/2)\{\delta(\omega-\omega_c-\omega_m)+\delta(\omega+\omega_c+\omega_m)\}$, 하측파대 스펙트럼은 $(\pi A_c m/2)\{\delta(\omega-\omega_c+\omega_m)+\delta(\omega+\omega_c-\omega_m)\}$입니다. 파일럿 신호는 $\pi A_c\{\delta(\omega-\omega_c)+\delta(\omega+\omega_c)\}$입니다.

4.4.2 DSB-LC의 전력 효율과 복조

DSB-LC 변조는 별도의 파일럿 신호를 보내므로 DSB-SC와 달리 파일럿만을 위한 별도의 전력이 필요합니다. 이 절에서는 DSB-LC 신호의 송신 전력을 살펴보겠습니다. 식 (4.19)에서 반송파 신호의 전력은 $P_C=A_c^2/2$이고, 측파대에 존재하는 DSB-SC 변조된 신호의 전력은 $P_S=E[x^2(t)]/2$입니다. 여기서 $E[\cdot]$는 평균을 의미하는 연산자입니다. 좀 더 자세히 살펴보면 측파대 신호의 전력은

$$\begin{aligned}P_S&=\lim_{T\to\infty}\frac{1}{T}\int_{-T/2}^{T/2}x^2(t)\cos^2\omega_c t\,dt=\lim_{T\to\infty}\frac{1}{2T}\int_{-T/2}^{T/2}x^2(t)(1+\cos 2\omega_c t)\,dt\\&=\lim_{T\to\infty}\frac{1}{2T}\int_{-T/2}^{T/2}x^2(t)\,dt=\frac{1}{2}E[x^2(t)]\end{aligned}\tag{4.21}$$

가 됩니다. 여기서 $x(t)$의 평균 전력 $E[x^2(t)]$는 일정하다고 가정하는데, 이는 실제로도 타당한 가정입니다. 라디오나 TV의 음량을 조정하지 않으면 소리의 세기가 항상 비슷한 것을 통해 이를 이해할 수 있습니다.

DSB-LC 변조 이후 측파대 신호의 전력과 변조된 신호의 총전력의 비를 전력 효율 η라고 하며, 다음과 같이 나타냅니다.

$$\eta=\frac{P_S}{P_C+P_S}\times 100=\frac{E[x^2(t)]}{A_c^2+E[x^2(t)]}\times 100[\%]\tag{4.22}$$

이것은 **DSB-LC 신호의 전체 송신 전력에서 실제로 보내려는 신호가 차지하는 전력의 비**

로, DSB-SC는 이 값이 항상 100[%]입니다. 그러나 DSB-LC에서는 파일럿 신호 때문에 전력 효율이 낮아집니다.

[그림 4-13]은 **DSB-SC 신호의 비동기식 복조기 중 정류기를 이용한 복조기**의 개념도입니다. DSB-LC 변조된 신호 $\varphi_{\text{DSB-LC}}(t)$를 반파 정류한 다음 LPF와 HPF를 순서대로 통과시키면 메시지 신호를 복원할 수 있습니다.

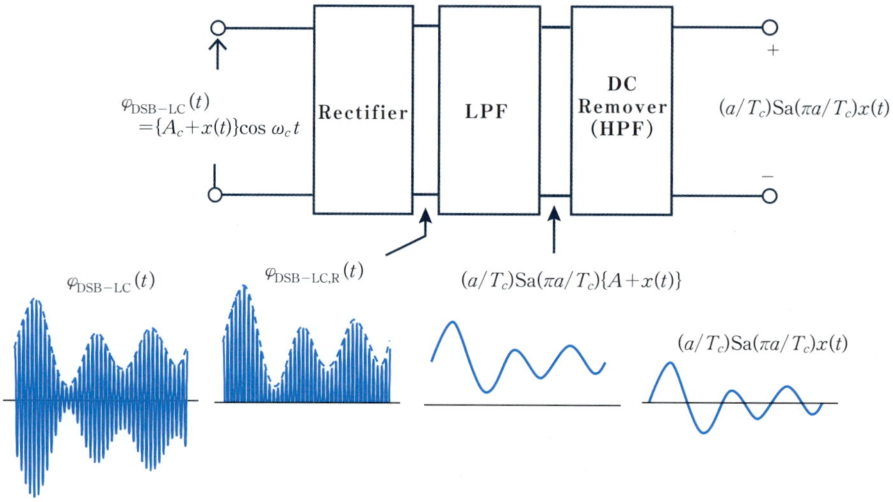

[그림 4-13] 반파 정류기를 이용한 DSB-LC 비동기 복조

반파 정류된 신호 $\varphi_{\text{DSB-LC, R}}(t)$는 $\varphi_{\text{DSB-LC}}(t)$에 [그림 4-4]와 같은 구형파 열 $p(t)$를 곱한 것과 같으므로 식 (4.11)을 이용하면 다음과 같습니다.

$$\begin{aligned}\varphi_{\text{DSB-LC, R}}(t) &= [\{A_c + x(t)\}\cos\omega_c t]p(t) \\ &= \left(\frac{2a}{T_c}\right)[\{A_c + x(t)\}\cos\omega_c t]\left\{0.5 + \text{Sa}\left(\frac{\pi a}{T_c}\right)\cos\omega_c t + \cdots\right\} \\ &= \left(\frac{a}{T_c}\right)\text{Sa}\left(\frac{\pi a}{T_c}\right)\{A_c + x(t)\} + \text{ other frequency terms}\end{aligned} \tag{4.23}$$

따라서 이 신호는 LPF를 거치면 $(a/T_c)\,\text{Sa}\,(\pi a/T_c)\{A_c + x(t)\}$가 되고, 직류 성분을 제거하기 위해 HPF를 거치면 $x(t)$를 복원할 수 있습니다.

DSB-LC 비동기식 복조기의 또 다른 종류로 [그림 4-14]와 같은 포락선 검파기를 이용하는 방법이 있습니다. 이 방법의 경우, 회로의 RC 시정수time constant를 적절하게 정하는 것이 신호의 복조에 가장 중요한 요소입니다. DSB-LC에서는 변조된 신호의 포락선에 원신호의 정보가 존재하므로 반송파의 위상이 변해도 수신에 전혀 문제가 없습니다. 그러나 **DSB-LC의 가장 큰 단점은 낮은 전력 효율입니다.**

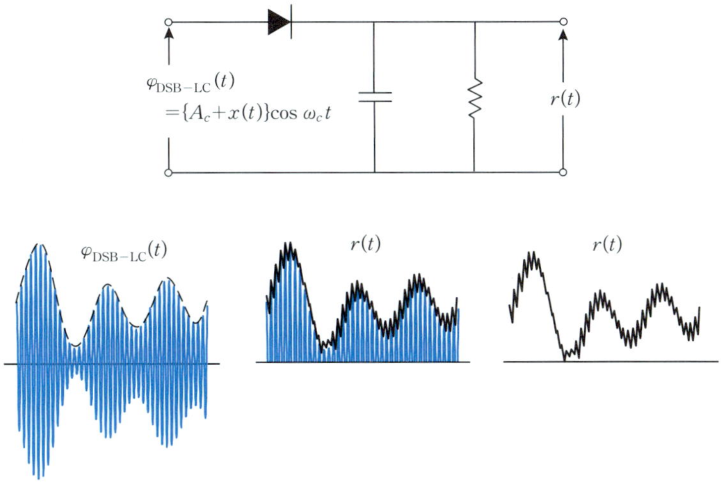

[그림 4-14] 포락선 검파기를 이용한 DSB-LC 비동기 복조

핵심포인트 **DSB-LC 변조**

DSB-SC 변조에서 반송파 복원이라는 문제를 해소하기 위해 별도의 반송파를 보내는 방식을 DSB-LC 변조라고 하며, 변조 파형은 $\varphi_{DSB-LC}(t)=\{A_c+x(t)\}\cos\omega_c t$와 같습니다. DSB-LC 신호는 반파 정류기나 포락선 검파기를 이용하여 간단하게 비동기식 복조가 가능합니다.

예제 4-7

메시지 신호 $x(t)=mA_c\cos\omega_m t$를 DSB-LC 변조한 다음 신호에 대해 다음 문제를 풀이하세요. 이와 같은 단일 정현파 신호의 변조를 단일 톤single tone 변조라고 합니다.

$$\varphi_{DSB-LC}(t)=A_c(1+m\cos\omega_m t)\cos\omega_c t$$

(a) $\varphi_{DSB-LC}(t)$의 전력 효율을 구하세요.

(b) $\varphi_{DSB-LC}(t)$의 평균 전력이 3[kW], 변조 지수가 1일 때, A_c를 구하여 반송파 신호의 전력과 측파대 전력을 구하세요.

풀이

(a) $E\{x^2(t)\}=(mA_c)^2/2$이므로 식 (4.22)는 $\eta=m^2/(2+m^2)\times 100$이 됩니다. 변조 지수는 $0\le m\le 1$이므로 $m=1$일 때 전력 효율 $\eta=33$[%]로 최대가 됩니다. 방송사 입장에서는 주어진 방송 권역에서 원활하게 방송하기 위해 DSB-SC 변조보다 상당히 큰 전력으로 신호를 송출해야 합니다.

(b) 파일럿 신호의 전력은 $P_C=A_c^2/2$, 측파대 전력은 $P_S=E\{x^2(t)\}/2=m^2A_c^2/4=A_c^2/4$이므로 DSB-LC 변조 신호의 총전력은 $P=P_C+P_S=3A_c^2/4=3\,[\text{kW}]$입니다.
따라서 $A_c^2=4000$, $P_C=2\,[\text{kW}]$, $P_S=1\,[\text{kW}]$가 됩니다.

4.5 직교 진폭 변조

DSB 변조는 음의 주파수 영역에 있던 신호가 변조를 통해 양의 주파수 대역으로 올라오면서 대역폭이 메시지 신호의 2배로 늘어나는 단점이 있습니다. 이 문제를 극복하기 위해 **두 신호 $x_1(t)$와 $x_2(t)$를 동시에 DSB 변조하여 전송하는 직교 진폭 변조**[QAM] **변조 방식이 등장했습니다.**

QAM 변조 신호는 다음과 같이 표현됩니다.

$$\varphi_{\text{QAM}}(t)=x_1(t)\cos\omega_c t+x_2(t)\sin\omega_c t \tag{4.24}$$

수신기에서는 송신 메시지 신호 $x_1(t)$와 $x_2(t)$를 복원하기 위해 $\cos\omega_c t$와 $\sin\omega_c t$를 곱하면 됩니다. 계산의 편의를 위해 송수신 신호 간에 시간 지연이 없다고 가정하고 동기 복조를 수행하면 기저 대역과 2배의 반송파 주파수 신호를 얻을 수 있습니다. 이 결과를 LPF로 걸러내면 메시지 신호 $x_1(t)$와 $x_2(t)$를 복원할 수 있습니다. 이와 같이 **두 신호를 동시에 전송하더라도 신호가 분리될 수 있는 것은 $\cos\omega_c t$와 $\sin\omega_c t$가 서로 직교하기 때문입니다.** 즉 서로가 다른 신호의 존재를 인식할 수 없다는 것입니다. 수신 신호를 이용하여 동기 복조를 거친 신호는 다음과 같이 표현됩니다.

$$\begin{aligned}\varphi_{\text{QAM}}(t)\cos\omega_c t&=\{x_1(t)\cos\omega_c t+x_2(t)\sin\omega_c t\}\cos\omega_c t\\&=\frac{1}{2}x_1(t)\{1+\cos 2\omega_c t\}+\frac{1}{2}x_2(t)\sin 2\omega_c t\end{aligned} \tag{4.25}$$

$$\begin{aligned}\varphi_{\text{QAM}}(t)\sin\omega_c t&=\{x_1(t)\cos\omega_c t+x_2(t)\sin\omega_c t\}\sin\omega_c t\\&=\frac{1}{2}x_1(t)\sin 2\omega_c t+\frac{1}{2}x_2(t)\{1-\cos 2\omega_c t\}\end{aligned} \tag{4.26}$$

통신에서는 간단히 표현하기 위해 직교하는 신호를 다음과 같이 복소수로 나타낼 수 있습니다.

$$\begin{aligned}\varphi_{\text{QAM}}(t)&=\text{Re}\left[\{x_1(t)+jx_2(t)\}e^{-j\omega_c t}\right]\\&=x_1(t)\cos\omega_c t+x_2(t)\sin\omega_c t=i(t)+q(t)\end{aligned} \tag{4.27}$$

여기서 Re{·}는 복소 신호의 실수 성분을 의미하고, $i(t)=x_1(t)\cos\omega_c t$ 와 $q(t)=x_2(t)\sin\omega_c t$는 각각 동위상in-phase과 직교위상quadrature phase 성분이라고 합니다. 식 (4.27)을 통해 **QAM 변조 신호는 기저 대역에서 복소 신호 $x_1(t)+jx_2(t)$가 복소 반송파 신호 $e^{-j\omega_c t}$를 통해 변조된 후, 실수 성분만을 전송하는 것을 의미합니다.** 그리고 수학의 실수와 허수가 통신에서는 동일한 주파수의 사인과 코사인 파형으로 구현합니다.

[그림 4-15]는 QAM 변·복조기의 블록도입니다. 두 개의 메시지 신호 $x_1(t)$와 $x_2(t)$가 각각 DSB-SC 변조가 되어 더해져서 전송됩니다. 이때 [그림 4-15]의 위쪽 축은 동위상 채널이라 하고, 코사인 반송파가 곱해지며, 아래쪽 축은 직교위상 축이라 하고 사인 반송파가 곱해집니다. 여기서 $-\pi/2$는 위상 지연phase delay을 의미하며 $\sin\omega_c t=\cos(\omega_c t-\pi/2)$입니다.

수신기에서는 송신기에서 사용한 사인과 코사인 반송파를 믹싱하면 메시지 신호 $x_1(t)$와 $x_2(t)$를 복원할 수 있습니다. [그림 4-15]는 송수신기 사이에 시간 지연이 없는 $t_d=0$이며, 동기식 복조기라고 가정했습니다.

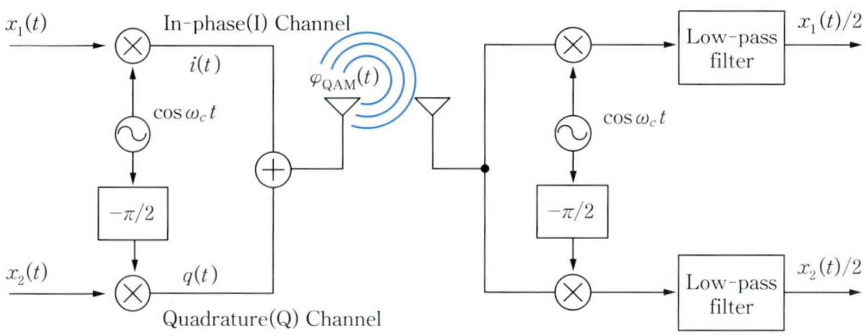

[그림 4-15] QAM 변 · 복조기

[그림 4-16]에는 다음을 40[Hz]의 반송파로 QAM 변조한 예를 나타냈습니다.

$$x_1(t)=\cos(2\pi t)-2\cos(4\pi t+\pi/4)+\sin(6\pi t+\pi/8)$$
$$x_2(t)=0.2\cos(2\pi t)-0.5\cos(4\pi t+\pi/5)+\cos(6\pi t+\pi/8)$$

여기서 [그림 4-16(f)]의 최종 변조된 $\varphi_{QAM}(t)$의 스펙트럼을 보면 DSB-SC와 달리 반송파를 중심으로 좌우 대칭이 되지 않는다는 데 주목해야 합니다.

지금까지 다룬 **실수 신호의 스펙트럼은 반드시 반송파를 중심으로 대칭성을 유지합니다. 또는 기저 대역에서 DC를 중심으로 양의 주파수 성분을 알면 음의 주파수 성분은 저절로 알 수 있습니다.** 그러나 **기저 대역에서 $x_1(t)+jx_2(t)$로 표현되는 복소 신호의 경우에는 스펙트럼의 대칭성이 유지되지 않습니다.**

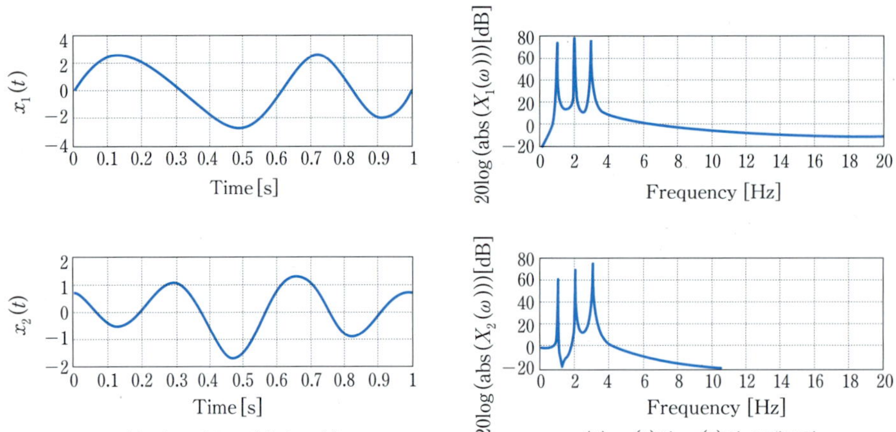

(a) 변조 신호 $x_1(t)$와 $x_2(t)$

(b) $x_1(t)$와 $x_2(t)$의 스펙트럼

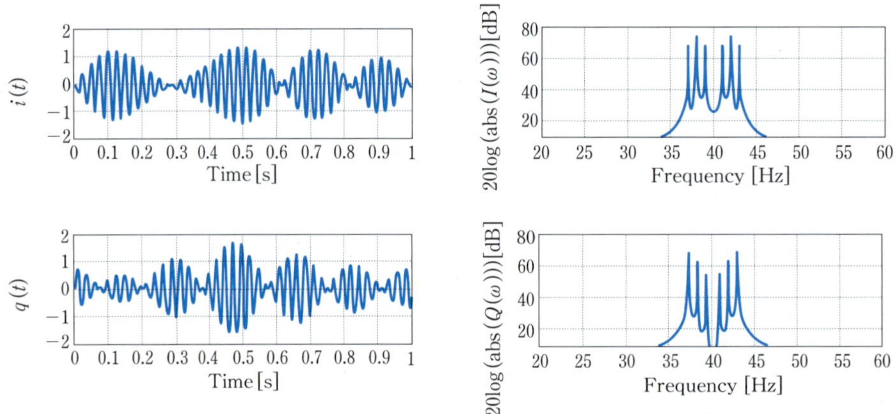

(c) $i(t)$와 $q(t)$

(d) $I(\omega)$와 $Q(\omega)$

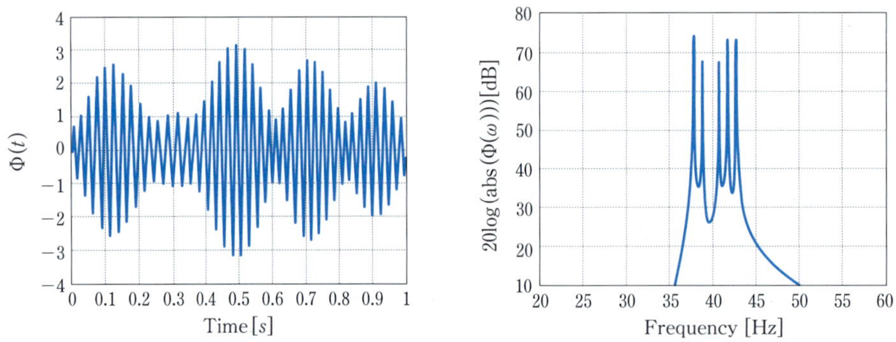

(e) QAM 신호

(f) QAM 신호의 스펙트럼

[그림 4-16] QAM 신호와 스펙트럼

핵심포인트 **QAM 변조**

QAM 변조는 $\varphi_{QAM}(t)=x_1(t)\cos\omega_c t+x_2(t)\sin\omega_c t$와 같이 두 개의 신호를 동시에 동일 주파수 대역으로 보내는 대역폭 효율적인 DSB 변조입니다. 사인과 코사인 정현파는 서로 직교하는 성질이 있으므로 수신기에서 두 신호를 분리할 수 있는 특성을 활용한 변조입니다.

예제 4-8

메시지 신호 $x_1(t)=2\cos\omega_1 t$와 $x_2(t)=\sin\omega_1 t$를 반송파 주파수 $\omega_c(\omega_c\gg\omega_1)$로 QAM 변조했을 때, [그림 4-16]과 같이 변조된 신호의 스펙트럼은 ω_c를 중심으로 비대칭이 되고 0을 중심으로 대칭이 됨을 보이세요.

풀이

$x_1(t)=2\cos\omega_1 t$와 $x_2(t)=\sin\omega_1 t$의 스펙트럼은 다음과 같습니다.

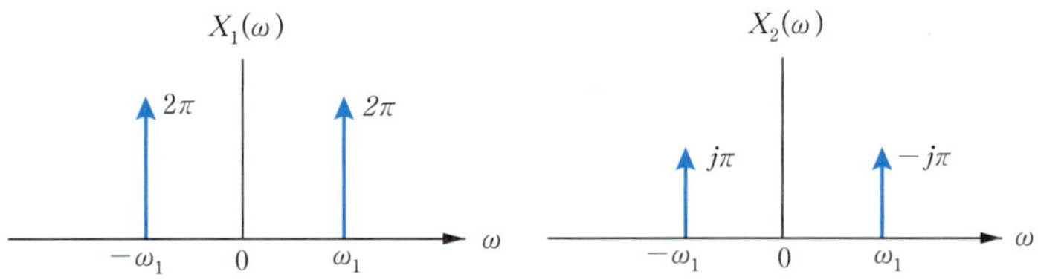

두 신호에 대해 반송파를 곱하면 각각 $i(t)=x_1(t)\cos\omega_c t$, $q(t)=x_2(t)\sin\omega_1 t$가 되므로 각 신호의 스펙트럼은 다음과 같습니다.

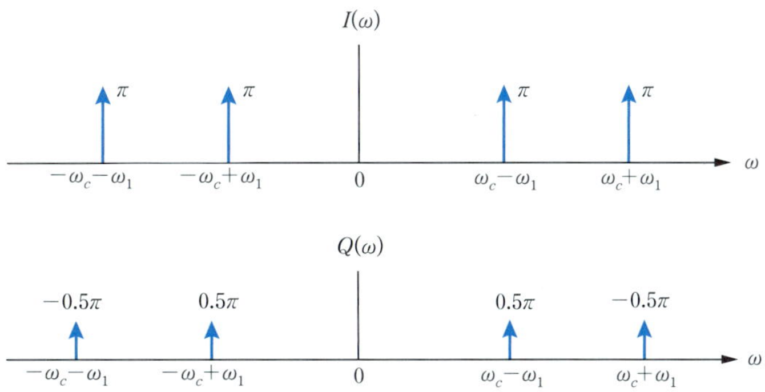

따라서 변조된 신호 $\varphi_{QAM}(t)=i(t)+q(t)$의 스펙트럼은 다음과 같이 ω_c를 중심으로 비대칭이 되지만 0을 중심으로는 대칭이 됩니다. 이는 QAM 신호 스펙트럼의 특징입니다.

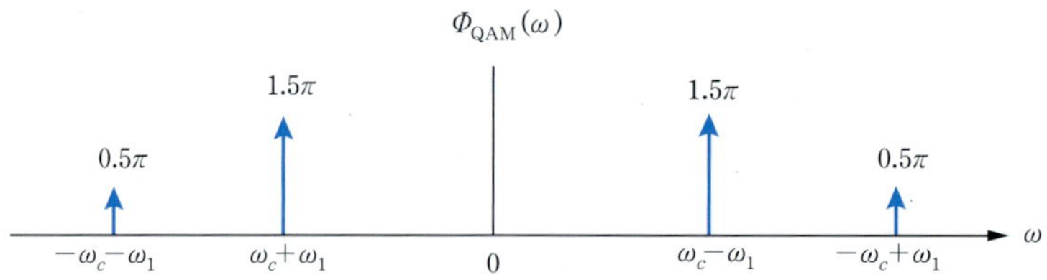

4.6 단일 측파대 변조

QAM 방식은 서로 다른 두 신호를 동시에 보내는 것으로, 대역폭이 실제로 줄어든 것과 같은 효과를 불러옵니다. 하나의 정보만을 보낼 때도 변조된 신호의 대역을 반으로 줄이려고 노력하게 되는데, 이 결과를 SSB 변조라고 합니다. **실수 신호의 경우, 반송파를 중심으로 상측파대와 하측파대 신호의 주파수 특성이 완벽한 대칭을 이룹니다.** 크기는 반송파 주파수를 중심으로 우대칭이고 위상은 기대칭의 특성을 나타냅니다. 그러므로 **한쪽 측파대 신호만을 보내도 원래의 신호를 복원할 수 있습니다.**

DSB 변조는 BPF를 이용하거나 힐버트 변환을 통해 주파수를 반으로 줄일 수 있습니다. [그림 4-17]에 SSB 변조의 개념을 나타냈습니다. DSB-SC 변조된 신호를아주 정교한 BPF에 통과시키면 원하는 반쪽 스펙트럼만을 남길 수 있습니다. 또한 복조 과정을 거쳐 원 신호를 복원할 수 있습니다.

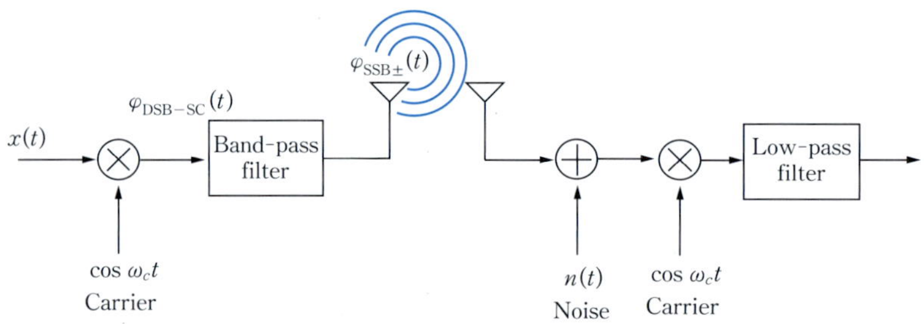

[그림 4-17] SSB 변조 시스템의 송수신기 블록도

BPF를 이용한 SSB 변조

이해를 돕기 위해 톤 신호 $x(t)=A_x\cos\omega_x t$를 SSB 변조하는 경우를 [그림 4-18]을 통해 살펴봅시다. 반송파 $c(t)=\cos\omega_c t$로 $x(t)$를 DSB-SC 변조했을 때 변조된 신호는 다음과

같습니다.

$$\varphi_{\text{DSB-SC}}(t) = A_x \cos\omega_x t \cos\omega_c t \\ = 0.5A_x \cos(\omega_c + \omega_x)t + 0.5A_x \cos(\omega_c - \omega_x)t \quad (4.28)$$

여기서 BPF를 이용하여 두 번째 항을 제거하면 다음과 같은 상측파대 신호를 구할 수 있습니다.

$$\varphi_{\text{SSB-USB}}(t) = \varphi_{\text{SSB+}}(t) = 0.5A_x \cos(\omega_c + \omega_x)t \\ = 0.5A_x \cos\omega_x t \cos\omega_c t - 0.5A_x \sin\omega_c t \sin\omega_c t \quad (4.29)$$

또한 BPF를 이용하여 식 (4.28)의 첫 번째 항을 제거하면

$$\varphi_{\text{SSB-LSB}}(t) = \varphi_{\text{SSB-}}(t) = 0.5A_x \cos(\omega_c - \omega_x)t \\ = 0.5A_x \cos\omega_x t \cos\omega_c t + 0.5A_x \sin\omega_x t \sin\omega_c t \quad (4.30)$$

이므로 하측파대 신호를 얻을 수 있습니다.

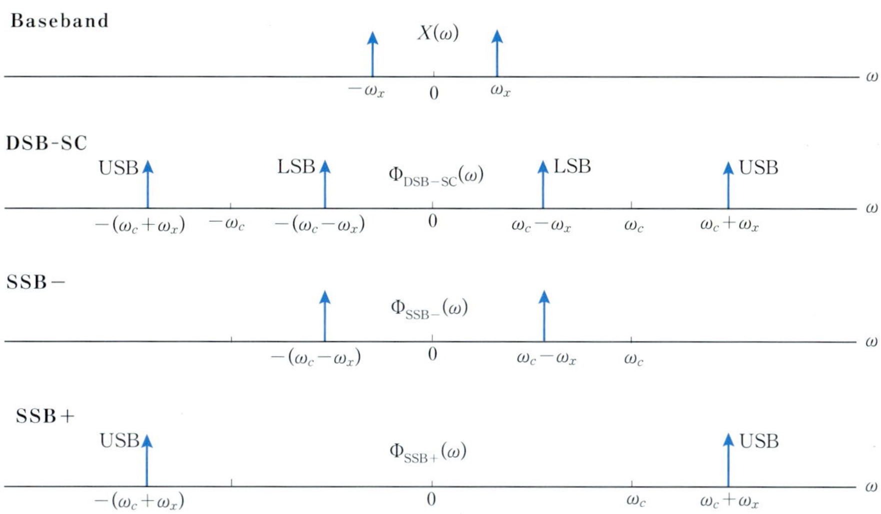

[그림 4-18] 톤 신호의 SSB 변조 스펙트럼

힐버트 변환을 이용한 SSB 변조

BPF 등의 여파기가 아니라 힐버트 변환을 이용하여 SSB 변조를 하는 방법이 있습니다. [그림 4-19]와 같이 SSB 변조를 주파수 영역에서 생각해봅시다. 기저 대역 신호 $X(\omega)$에서 양의 주파수 부분을 $X_+(\omega)$, 음의 주파수 부분을 $X_-(\omega)$라고 하면 SSB 변조된 신호는 다음과 같이 표현할 수 있습니다.

$$\Phi_{\text{SSB+}}(\omega) = X_+(\omega - \omega_c) + X_-(\omega + \omega_c) \quad (4.31)$$

$$\Phi_{SSB-}(\omega)=X_-(\omega-\omega_c)+X_+(\omega+\omega_c) \tag{4.32}$$

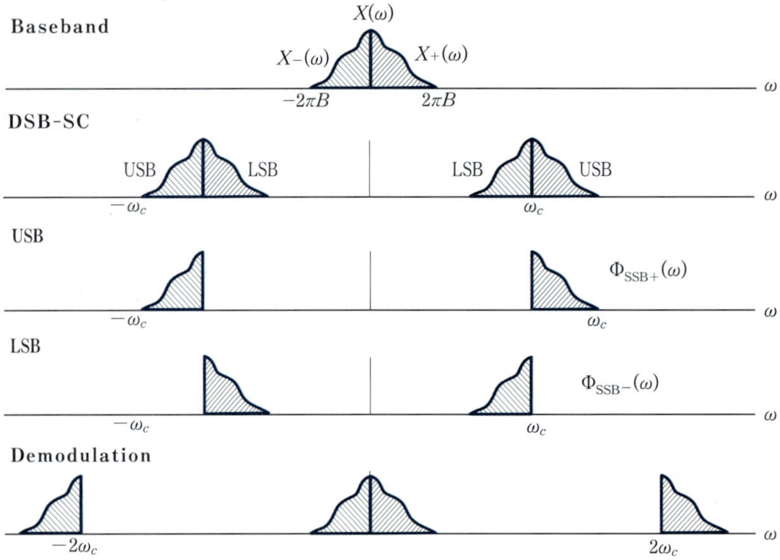

[그림 4-19] SSB 변조 신호의 스펙트럼

어떻게 $X(\omega)$로부터 $X_+(\omega)$와 $X_-(\omega)$를 구할 수 있을까요? 주파수 영역에서 단위 계단 신호를 사용하면 $X_+(\omega)$는 다음과 같습니다.

$$X_+(\omega)=X(\omega)U(\omega)=0.5X(\omega)\{1+\text{sgn}(\omega)\} \tag{4.33}$$

식 (4.33)을 시간 영역에서 표현하면 [표 3-1]에서 $F^{-1}\{\text{sgn}(\omega)\}=j/(\pi t)$이므로

$$x_+(t)=0.5\{x(t)+x(t)*j/(\pi t)\}=0.5\{x(t)+jx_H(t)\} \tag{4.34}$$

가 되며,

$$x_H(t)=x(t)*\frac{1}{\pi t}=\frac{1}{\pi}\int_{-\infty}^{\infty}\frac{x(\alpha)}{t-\alpha}d\alpha \tag{4.35}$$

입니다. 식 (4.35)를 힐버트 변환이라고 하며, 주파수 영역에서 다음과 같습니다.

$$X_H(\omega)=X(\omega)F\{1/(\pi t)\}=-jX(\omega)\text{sgn}(\omega)=X(\omega)H(\omega) \tag{4.36}$$

$H(\omega)=-j\text{sgn}(\omega)$로 힐버트 변환 오퍼레이터라고 합니다. 그러므로 식 (4.34)를 다시 주파수 영역으로 옮기면

$$X_+(\omega)=0.5[X(\omega)+jX_H(\omega)] \tag{4.37}$$

가 됩니다. 식 (4.33)을 그림으로 표현하면 [그림 4-20]과 같습니다.

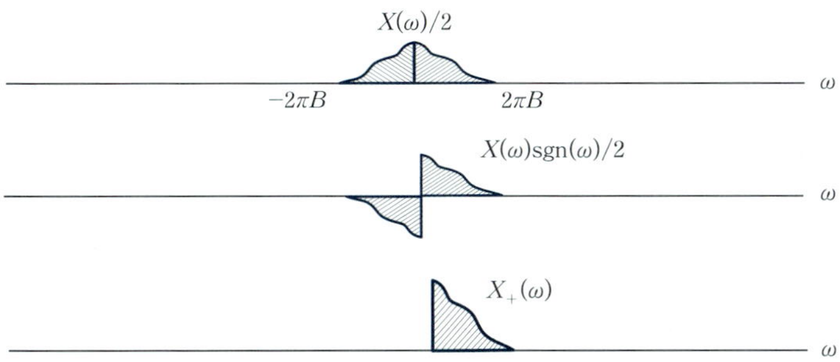

[그림 4-20] $X_+(\omega)$의 생성 과정

힐버트 변환은 다음과 같이 나타낼 수 있으며,

$$H(\omega)=-j\mathrm{sgn}(\omega)=\begin{cases} j, & \omega<0 \\ 0, & \omega=0 \\ -j, & \omega>0 \end{cases} \tag{4.38}$$

양의 주파수에 대해 $-j\pi/2$, 음의 주파수에 대해 $j\pi/2$인 위상 변환의 기능을 가집니다. 힐버트 변환을 그림으로 표현하면 [그림 4-21]과 같습니다.

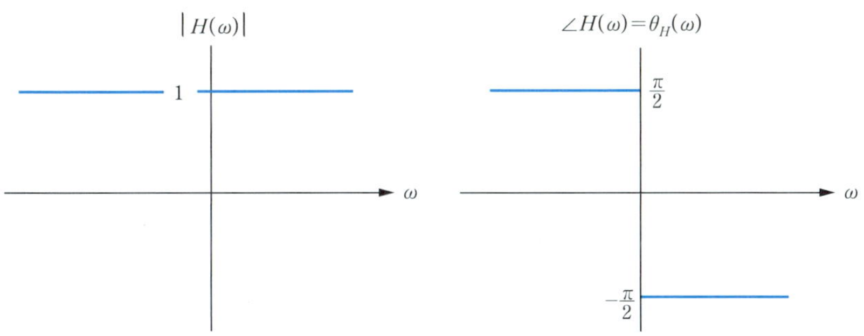

[그림 4-21] 힐버트 변환

어떤 신호의 스펙트럼에서 양의 주파수 성분만 추출한 식 (4.34)는 복소 신호로 표현됨을 알 수 있습니다. 앞서 언급한 바와 같이 실수 신호의 푸리에 변환은 반드시 원점을 중심으로 대칭을 이룹니다. 하지만 **[그림 4-20]의 스펙트럼은 비대칭이므로 복소 신호의 스펙트럼은 주파수 영역에서 원점을 중심으로 비대칭임을 알 수 있습니다.**

마찬가지로 $X_-(\omega)$는 다음과 같이 나타낼 수 있습니다.

$$\begin{aligned} X_-(\omega)&=X(\omega)U(-\omega) \\ &=0.5[X(\omega)-jX_H(\omega)] \xrightarrow{\mathrm{F}^{-1}} 0.5[x(t)-jx_H(t)] \end{aligned} \tag{4.39}$$

이제 [그림 4-19]로 돌아가볼까요? 식 (4.31)과 식 (4.32)로부터 SSB 변조된 신호는 다음과 같이 표현됨을 알 수 있습니다.

$$\varphi_{\text{SSB}+}(t)=x_{+}(t)e^{j\omega_c t}+x_{-}(t)e^{-j\omega_c t}=x(t)\cos\omega_c t-x_H(t)\sin\omega_c t \qquad (4.40)$$

$$\varphi_{\text{SSB}-}(t)=x_{-}(t)e^{j\omega_c t}+x_{+}(t)e^{-j\omega_c t}=x(t)\cos\omega_c t+x_H(t)\sin\omega_c t \qquad (4.41)$$

이것의 전체 블록도는 [그림 4-22]에 나타냈습니다.

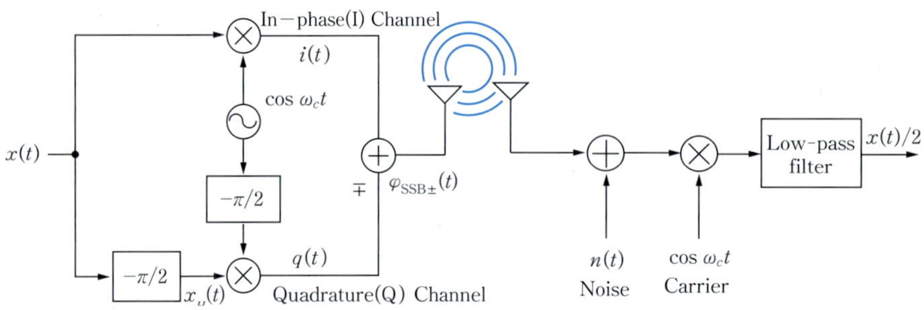

[그림 4-22] 힐버트 변환을 이용한 SSB 변·복조기의 구조

[그림 4-22]의 변조단 모양이 QAM 변조와 동일하지요? 단, **QAM에서는 전체 대역을 활용하지만 SSB에서는 주어진 대역의 반만을 사용한다는 차이가 있습니다.**

SSB 변조 신호의 복조

SSB 변조 방식의 복조를 살펴보면 DSB와 마찬가지로 동기 복조가 필요함을 알 수 있습니다. 즉 수신기에서 반송파 신호의 위상을 찾아야 합니다.

수신 신호 $\varphi_{\text{SSB}\pm}(t)=x(t)\cos\omega_c t\mp x_H(t)\sin\omega_c t$에 대해 반송파 $\cos\omega_c t$를 곱하면

$$\begin{aligned}\varphi_{\text{SSB}\pm}(t)\cos\omega_c t&=\frac{1}{2}x(t)\{1+\cos 2\omega_c t\}\mp\frac{1}{2}x_H(t)\sin 2\omega_c t\\&=\frac{1}{2}x(t)+\frac{1}{2}\{x(t)\cos 2\omega_c t\mp x_H(t)\sin 2\omega_c t\}\end{aligned} \qquad (4.42)$$

이므로 LPF를 거치면 $x(t)$를 복원할 수 있습니다.

SSB 변조의 동기 복조는 수신기에서 반송파를 정확하게 찾을 수 있다면 가능합니다. 그러나 수신기에서 반송파를 찾기란 매우 어려운데 이는 다음 절에서 살펴보겠습니다. 실제로는 수신기 동기를 위해 송신단에서 작은 전력의 파일럿 신호를 보내기도 합니다. **SSB 변조는 북미 아날로그 전화기와 아마추어 무선**amateur radio, HAM**에 사용됩니다.**

핵심포인트 **SSB 변조**

SSB 변조는 $\varphi_{SSB\pm}(t)=x(t)\cos\omega_c t \mp x_H(t)\sin\omega_c t$로, DSB 변조된 신호의 스펙트럼 대역 중 반만을 전송하는 스펙트럼 효율적인 변조 방식입니다. 그러나 음성과 같이 기저 대역 스펙트럼이 DC 근처에 존재하지 않는 경우에 적용이 가능합니다. 이상적으로 스펙트럼의 반만을 잘라 보내기는 어려우며, 일반적으로는 신호 스펙트럼의 반보다 넓은 스펙트럼을 보내는 VSB 변조를 이용하여 스펙트럼 효율을 증가시킵니다.

핵심포인트 **힐버트 변환**

힐버트 변환은 신호 $x(t)$의 위상을 $-\pi/2$[rad] 이동시키는 역할을 하며, $X_H(\omega)=-jX(\omega)\mathrm{sgn}(\omega)$입니다. 이는 DSB 변조의 대역폭을 반으로 줄이기 위한 SSB 변조 신호를 생성하는 데 사용됩니다.

예제 4-9

다음 신호에 대해 힐버트 변환을 하세요.

(a) $x(t)=\sin\omega_0 t$

(b) $x(t)=1/(\pi t)$

풀이

(a) $x(t)=\sin\omega_0 t$는 $X(\omega)=-j\pi\{\delta(\omega-\omega_0)-\delta(\omega+\omega_0)\}$이므로 힐버트 변환을 하면

$$\begin{aligned}X_H(\omega)&=j\mathrm{sgn}(\omega)j\pi\{\delta(\omega-\omega_0)-\delta(\omega+\omega_0)\}\\&=-\pi\mathrm{sgn}(\omega)\{\delta(\omega-\omega_0)-\delta(\omega+\omega_0)\}\\&=-\pi\{\delta(\omega-\omega_0)+\delta(\omega+\omega_0)\}\end{aligned}$$

이 됩니다. 따라서 $x_H(t)=-\cos\omega_0 t$ 입니다.

(b) $x(t)=1/(\pi t)$의 푸리에 변환은 $X(\omega)=-j\mathrm{sgn}(\omega)$이므로 $X_H(\omega)=\{-j\mathrm{sgn}(\omega)\}^2=-1$ 이 됩니다. 따라서 $x_H(t)=-\delta(t)$입니다.

예제 4-10

다음은 [예제 4-5]에서 사용한 음성 파일 'speech.wav'의 시간 및 주파수 스펙트럼입니다. 이 파형을 SSB 변조하여 전송하는 것이 가능한지를 밝히세요.

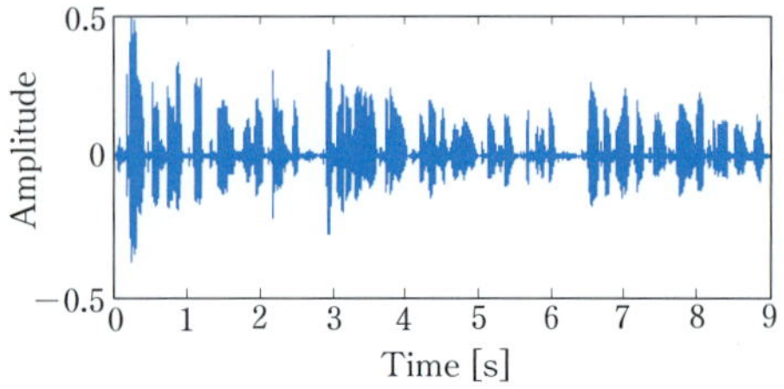

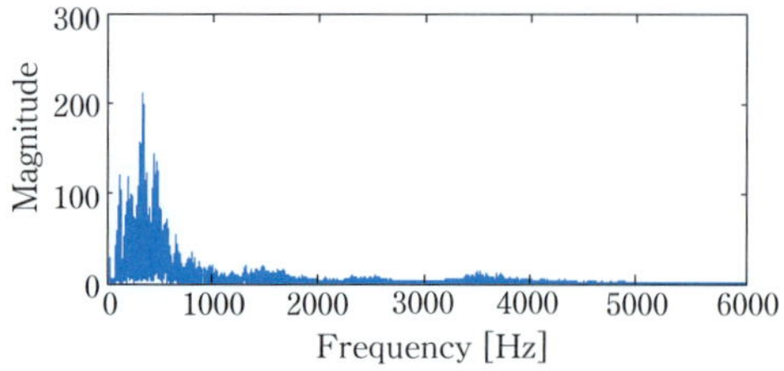

풀이

'speech.wav'의 시간 파형에서부터 이 파형이 SSB 변조에 적합한지를 판단하기는 매우 어렵습니다. 그러나 주파수 스펙트럼에서부터 'speech.wav'는 DC 근처 성분이 거의 없으며, 주요 신호 성분들은 130[Hz]~3000[Hz]에 존재함을 알 수 있습니다. DC 근처 성분이 미약한 신호를 DSB-SC 변조한 후 한쪽 측파대 신호만을 걸러내기 위한 BPF는 구현할 수 있습니다. 그러므로 이 예제에서 사용한 'speech.wav' 음성 신호를 SSB 변조하여 전송하는 것은 가능합니다. 위 파형을 그리기 위한 MATLAB은 다음과 같습니다.

```
% Read a voice signal file
[y, Fs, b] = wavread('speech');

% WAVREAD Read Microsoft WAVE (".wav") sound file
%[Y,FS,NBITS]=WAVREAD(FILE) returns the sample rate (FS) in
% Hertz and the number of bits per sample (NBITS) used to
% encode the data in the file.

dt = 1/Fs;
t = (1:length(y)) * dt;

% Plot the wave file in the time-domain
figure(1); plot(t, y); xlabel('Time'); ylabel('Amplitude');
ylim([-0.5 0.5]); grid;

% Fourier transform
Y = fft(y);

% fn=Fs/2;
N=length(y);
f=Fs/N*[0:fix(N/2), -fix((N-1)/2):-1];

figure(2); plot(f(1:fix(N/2)), (Y(1:fix(N/2))));
xlabel('Frequency [Hz]');
ylabel('Magnitude');
ylim([0 300]);
```

4.7 잔류 측파대 변조

SSB 변조의 장점은 DSB 변조에 비해 1/2의 대역폭이 필요하다는 것입니다. 그러나 DSB 변조된 신호에서 반송파를 중심으로 상측파대 또는 하측파대 신호를 정확하게 분리할 수 있어야 합니다. 음성 신호의 경우에는 DC 성분이 거의 없기 때문에([예제 4-10] 참조) SSB 변조의 적용이 비교적 쉽지만, 일반적인 신호를 SSB 변조하기는 매우 어렵습니다. 이러한 SSB 변조의 현실적인 문제를 해결하기 위해 제안된 것이 VSB 변조로, 이는 [그림 4-23]과 같이 기저 대역의 신호에서 음의 주파수 일부를 남겨두는 것입니다. 또는 BPF로 구현할 경우, 반송파 주파수를 중심으로 SSB 변조에서는 버려야 했던 일부 스펙트럼 신호를 통과시키는 것입니다. VSB는 기존의 아날로그 NTSC TV에서 사용하던 변조 방식이며, 우리나라의 ATSC HDTV 변조 방식으로도 사용되고 있습니다.

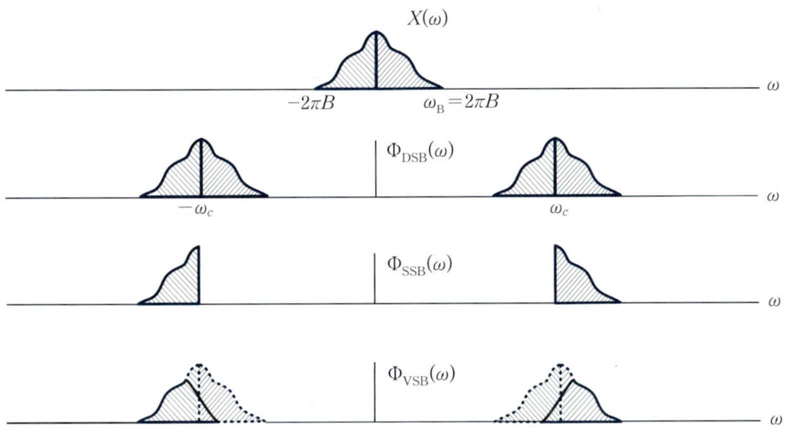

[그림 4-23] VSB 변조 스펙트럼

[그림 4-24]는 VSB 변·복조기의 블록도입니다. 여기서 송수신기에 들어 있는 필터 $H_i(\omega)$와 $H_o(\omega)$는 통과 대역에서 $H_i(\omega)H_o(\omega)=k$ (k는 상수)의 관계를 유지해야 합니다.

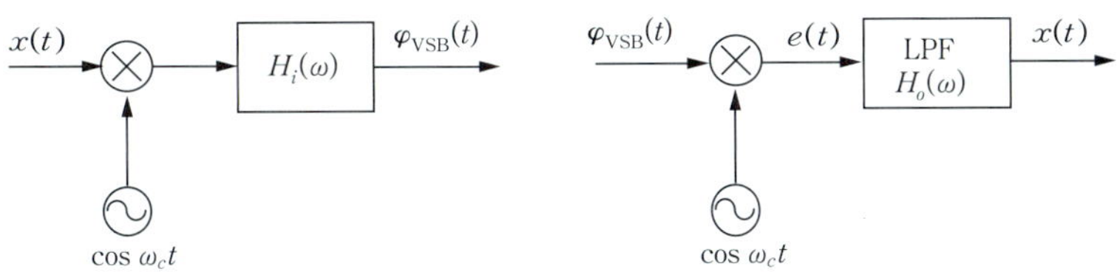

[그림 4-24] VSB 변복조기의 블록도

$\cos\omega_c t$로 변조된 신호는 $\Phi_{VSB}(\omega)=0.5\{X(\omega-\omega_c)+X(\omega+\omega_c)\}H_i(\omega)$이고, 수신기에서

$$\begin{aligned} X(\omega) &= 0.5\{\Phi_{VSB}(\omega-\omega_c)+\Phi_{VSB}(\omega+\omega_c)\}H_o(\omega) \\ &= 0.25\{X(\omega)H_i(\omega-\omega_c)+X(\omega)H_i(\omega+\omega_c) \\ &\quad +X(\omega-2\omega_c)H_i(\omega-\omega_c)+X(\omega+2\omega_c)H_i(\omega+\omega_c)\}H_o(\omega) \end{aligned} \tag{4.43}$$

입니다. 여기서 $H_o(\omega)$는 LPF이므로

$$X(\omega)=0.25\{X(\omega)H_i(\omega-\omega_c)+X(\omega)H_i(\omega+\omega_c)\}H_o(\omega) \tag{4.44}$$

가 됩니다. 따라서 다음을 만족해야 합니다.

$$H_o(\omega)=\frac{4}{H_i(\omega+\omega_c)+H_i(\omega-\omega_c)}, \quad |\omega|\le\omega_B \tag{4.45}$$

예제 4-11

기저 대역에서 대역폭이 4[MHz]인 신호에 대해 반송파 주파수가 20[MHz], $H_i(\omega)$가 다음 그림과 같은 필터를 이용하여 VSB 변조를 했습니다. 수신기에 적합한 $H_o(\omega)$를 구하세요.

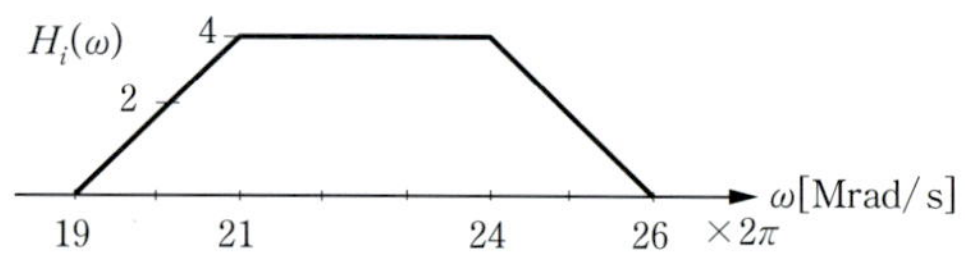

풀이

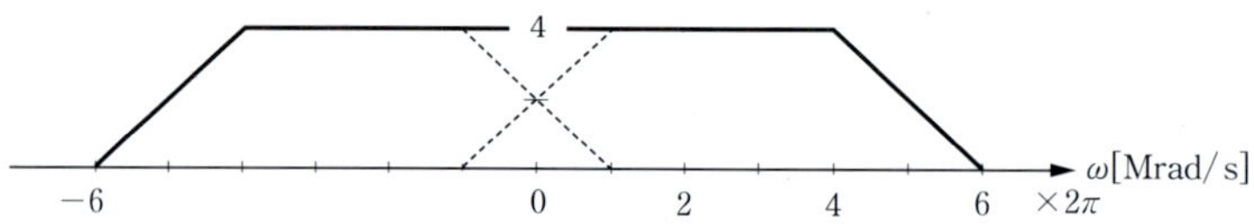

$H_i(\omega+\omega_c)+H_i(\omega-\omega_c)$는 −4~+4[MHz]에서 크기가 4이므로 식 (4.45)에서 $H_o(\omega)$는 −4~+4[MHz]에서 크기가 1인 특성을 가지면 됩니다. −4[MHz] 이하나 +4[MHz] 이상의 주파수는 관심 주파수 대역이 아니므로 어떤 모양이어도 문제가 되지 않습니다. 그러나 수신기에서 복조 시 반송파 주파수의 2배에 해당하는 주파수에도 신호가 발생하므로 39~44[MHz] 대역에도 신호가 존재합니다. 따라서 $H_o(\omega)$는 0~39[MHz]의 대역 신호를 통과시키는 LPF의 특성을 가지면 됩니다.

4.8 반송파 동기

앞서 살펴보았듯이 DSB **변조는 수신기에서 송신 신호를 복원하기 위해 반드시 반송파 복원이라는 과정을 거칩니다.** 변조할 때 송신기에서 반송파 $\cos\omega_c t$를 곱하면 수신기에서도 동일한 정현파 $\cos\omega_c t$를 이용하여 메시지 신호를 복원합니다. 그런데 동일한 특성을 가진 발진기를 송신 측과 수신 측에서 각각 사용하더라도 약간의 위상차가 발생합니다. 이는 동일한 주파수와 위상 특성의 발진기를 만들기가 어렵기 때문입니다. 즉 송신 측에서는 $\cos(\omega_c t+\theta)$였으나 수신 측에서는 $\cos(\omega_c t+\phi)$가 될 수 있다는 것입니다. 여기서 θ, ϕ는 임의 위상값입니다.

또한 송신 측에서 보낸 신호가 수신 측에 도착하면 시간 지연이 발생하므로 수신기에 도착된 반송파는 $\cos\{\omega_c(t-t_d)+\theta\}=\cos(\omega_c t+\theta_1)$이 되어 수신기의 국부 발진기[local oscillator]도 시간 지연을 정확히 예측하여 $\cos(\omega_c t+\theta_1)$을 발생시켜야 합니다. 여기서 $\theta_1=\theta-\omega_c t_d$입니다. 이것은 수신기에서 해결해야 할 매우 어려운 문제입니다.

4.8.1 PLL의 동작 원리

이 절에서는 잡음이 섞인 정현파로부터 깨끗한 정현파를 재생하는 기술에 대해 알아봅시다. 수신된 반송파 $\cos(\omega_c t+\theta_1)$을 재생하기 위해 위상 동기 루프[PLL : Phase-Locked Loop]를 사용합니다.

PLL의 구성과 동작 원리

[그림 4-25]와 같이 PLL은 기본적으로 위상 비교기, 저역 통과 여파기, 전압 제어 발진기[6]로 구성되어 있습니다.

PLL의 목적은 입력 신호에 존재하는 주파수 ω_i, 위상 θ_i와 동일한 정현파 신호 $v_o(t)$를 발생시키는 것입니다. 어차피 알고 있는 입력 신호와 동일한 신호를 재현한다는 것이 조금 이상하지요? 이는 입력 신호에 잡음이 섞여 있을 때 PLL을 이용하여 순수한 정현파를 재생하기 위함입니다.

---

6 VCO : Voltage Controlled Oscillator는 Z Communications(www.zcomm.com), Analog Devices(www.analog.com) 등의 제조사 홈페이지에서 데이터시트를 확인하여 그 특성을 정확히 파악할 수 있습니다.

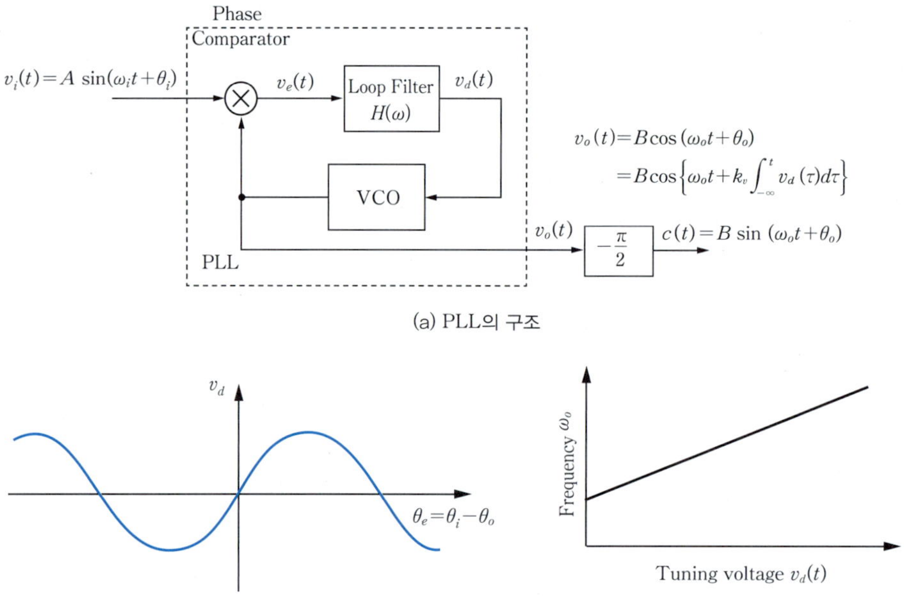

(a) PLL의 구조

(b) 위상 오차에 따른 위상 비교기의 출력 DC 값

(c) VCO의 입출력 관계

[그림 4-25] PLL의 구조와 각 부분의 특징

위상 검파기phase detector라고도 불리는 **위상 비교기**phase comparator는 주파수 믹서 또는 아날로그 곱셈기로 나타낼 수 있습니다. 쉽게 이해할 수 있도록 PLL의 입력을 $v_i(t)=A\sin(\omega_i t+\theta_i)$라고 하겠습니다. 지금까지 변조 신호의 반송파를 $A_c\cos\omega_c t$의 형태로 나타냈는데, PLL 입력을 sin으로 표현한 것은 수식 표현의 편의를 위해서입니다. 그리고 sin과 cos은 90°의 위상차가 날 뿐이므로 이러한 위상차 성분은 θ_i에 포함되어 있다고 생각하면 됩니다. 위상 비교기는 입력 신호와 VCO 출력 신호 사이의 순간적인 위상 차이를 찾아내는 회로입니다. 두 신호의 곱은 다음과 같습니다.

$$\begin{aligned} v_e(t)&=v_i(t)\,v_o(t)\\ &=AB\sin(\omega_i t+\theta_i)\cos(\omega_o t+\theta_o)\\ &=\frac{AB}{2}[\sin(\omega_i t-\omega_o t+\theta_i-\theta_o)+\sin(\omega_i t+\omega_o t+\theta_i+\theta_o)] \end{aligned} \tag{4.46}$$

해석을 단순히 하기 위해 수신기에서 송신 신호의 반송파 주파수를 알고 있다고 가정하면 $\omega_i=\omega_o$이므로 다음과 같은 위상차만 발생합니다.

$$v_e(t)=\frac{AB}{2}[\sin(\theta_i-\theta_o)+\sin(2\omega_i t+\theta_i+\theta_o)] \tag{4.47}$$

실제로 수신기에서 전송에 사용된 반송파 주파수를 알고 있지만 송신기에서 사용된 동일한 반송파 주파수를 발생시키는 국부 발진기를 제작하기는 어렵습니다. 국부 발진기마다 미세한 주파수 오차가 있기 때문입니다. 그러나 짧은 시간의 관점에서 보면 입력 신호와 국부 발진기의 미세한 주파수 차이는 위상의 차이로 보아도 큰 무리가 없습니다. 그리고 LPF의 기능을 갖는 루프 필터를 통과시키면 $2\omega_c$ 주파수 성분이 제거되므로

$$v_d(t) \propto \frac{AB}{2}\sin(\theta_i - \theta_o) \simeq K(\theta_i - \theta_o) = K\theta_e \qquad (4.48)$$

가 됩니다. 여기서 K는 상수, $\theta_e = \theta_i - \theta_o$이며, 사인 항이 사라지려면 $|\theta_i - \theta_o| < \pi/2$를 만족하는 작은 값이 되어야 합니다. 또한 $\theta_i = \theta_o$, $\omega_i = \omega_o$이면 $v_d(t) = 0$이 되어 $v_i(t) = v_o(t)$입니다.

PLL 위상 비교기와 S 곡선

[그림 4-26]은 $v_i(t) = \sin(200\pi t)$, $v_o(t) = \cos(200\pi t - \theta_e)$일 때 위상 비교기의 동작을 나타낸 것입니다. [그림 4-26(a)]는 위상 오차 $\theta_e = -\pi/4$일 때 위상 비교기의 출력입니다. 이 신호는 음의 직류 전압을 가진 정현파이며, 루프 필터를 거치면 음의 직류 전압을 얻을 수 있습니다. [그림 4-26(a)]는 루프 필터 출력 $v_d(t)$를 VCO에 입력하지 않은 경우의 결과입니다. 만약 VCO와 연결되었다면 시간이 흐르면서 위상 비교기의 직류 전압 성분이 서서히 0에 근접합니다. [그림 4-26(b)]는 위상 오차 $\theta_e = \pi/4$일 때 위상 비교기의 출력입니다. 이 결과는 $\theta_e = -\pi/4$인 경우와 반대로 직류 성분이 양의 값이라는 것을 알 수 있습니다. **[그림 4-26(c)]는 $-\pi < \theta_e < \pi$일 때 위상 비교기 출력의 평균값입니다. 이것을 S 곡선이라고 하며, $-\pi/2 < \theta_e < \pi/2$ 구간에서는 위상의 오차를 비례적으로 나타냅니다. 그러나 그 외의 구간에서는 위상의 오차에 비례하는 출력이 아니지만 오차의 극성을 알려주므로 PLL의 동작에 문제가 없습니다.** 단, PLL이 입력에 동기되는 데 걸리는 시간이 길어집니다.

VCO는 입력 전압에 따라 출력 주파수를 바꿀 수 있는 장치입니다. VCO는 입력 $v_d(t)$에 따라 출력 주파수가 변하는 정현파 발생기입니다. 입력 $v_d(t)$에 따라 다음을 출력하는데, 여기서 k_V는 VCO의 특성 상수 중 하나입니다.

$$v_o(t) = B\sin\left\{\omega_o t + k_V \int_{-\infty}^{t} v_d(\tau)\,d\tau\right\} = B\sin\{\omega_o t + \theta_o(t)\}$$

그러므로 식 (4.48)에서 [그림 4-26(b)]와 같이 입력 신호의 위상이 VCO 출력의 위상보다 빠른 경우, $v_d(t)$가 양의 값이 되어 결국 $v_o(t)$의 주파수 $\omega_o = \omega_c + k_V v_d(t)$를 높이는데, 이는 [그림 4-26(c)]와 같은 VCO의 동작 특성 때문입니다. PLL이 입력 정현파와 동기가 되었을 때 $v_o(t)$는 입력과 위상의 차이가 $-\pi/2$[rad]입니다. 실제 통신 수신기에서는 입력 신호에 존재하는 반송파 신호를 재생해야 하므로 PLL 출력의 위상을 $\pi/2$[rad]만큼 보상해

주어야 필요한 반송파 신호 $c(t)$가 되는 것입니다.

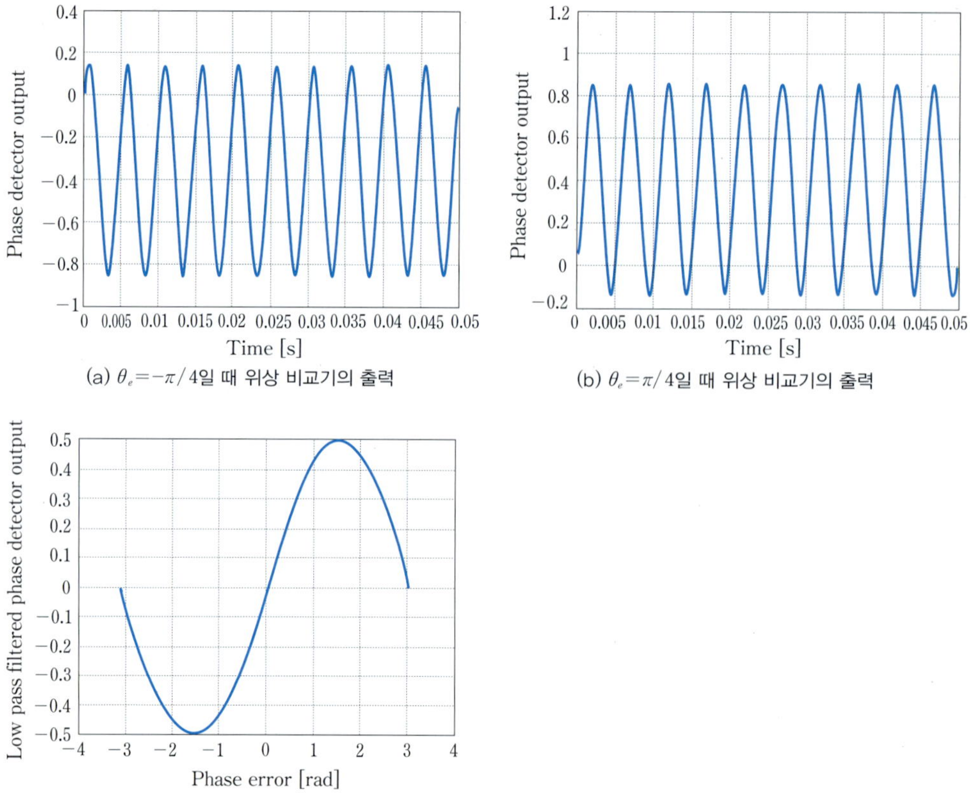

(a) $\theta_e = -\pi/4$일 때 위상 비교기의 출력

(b) $\theta_e = \pi/4$일 때 위상 비교기의 출력

(c) 위상 비교기 출력의 루프 필터 출력

[그림 4-26] $v_i(t) = \sin(200\pi t)$, $v_o(t) = \cos(200\pi t - \theta_e)$에 대한 위상 비교기의 출력

통신에서는 송신기와 수신기의 주파수가 동일하더라도 송신된 신호가 약간의 시간 지연 t_d 후에 수신기로 들어오므로 이에 따른 위상 변화가 발생합니다. 이 경우에 식 (4.46)은

$$\begin{aligned} v_e(t) &= v_i(t-t_d)\,v_o(t) = AB\cos\{\omega_i(t-t_d)+\theta_i\}\sin(\omega_o t+\theta_o) \\ &= \frac{AB}{2}[-\sin(\omega_i t-\omega_o t-\omega_i t_d+\theta_i-\theta_o) \\ &\quad +\sin(\omega_i t+\omega_o t-\omega_i t_d+\theta_i+\theta_o)] \end{aligned} \tag{4.49}$$

가 되어 시간 지연이 위상 변화 $-\omega_i t_d$로 나타남을 알 수 있습니다. PLL을 통과시키면 $v_o(t) = B\cos\{\omega_i(t-t_d)+\theta_i\}$인 입력과 동일한 주파수와 위상의 정현파를 발생시킵니다. 이 신호는 수신기의 국부 발진기 신호로 사용됩니다.

수신 신호로부터 정현파를 재생하는 이유

수신된 신호를 알고 있으면서도 수신기에서 왜 동일한 주파수와 위상의 정현파 신호를 다시 발생시켜야 할까요? 앞에서는 설명의 편의를 위해 입력 신호가 정현파라고 했으나 실제 통신 신호는 정현파가 아니라 넓은 주파수 대역의 신호입니다. 또한 수신 신호가 정현파라 하더라도 잡음의 영향으로 깨끗한 정현파가 아닙니다. PLL은 잡음의 영향을 받은 정현파로부터 깨끗한 정현파를 재생하는 역할을 합니다. 넓은 대역에 존재하는 통신 신호의 경우, 이 신호로부터 송신에 사용된 반송파 신호의 정현파를 추출하여 PLL로 입력합니다. 이제 관건은 수신 신호로부터 어떻게 정현파를 재생하느냐는 것입니다.

예제 4-12

PLL에 입력되는 전압이 $v_i(t)=\sin\{10\pi t+\theta_i(t)\}$이고 $\theta_i(t)=\pi/4+0.05\sin(\pi t)$일 때, VCO 출력이 $v_o(t)=\cos\{10\pi t+\theta_o(t)\}$입니다. 그리고 $\theta_o(0)=0$일 때 VCO 출력이 다음 그림과 같이 입력 파형(실선)을 따르는 PLL(점선)을 MATLAB으로 구현하세요.

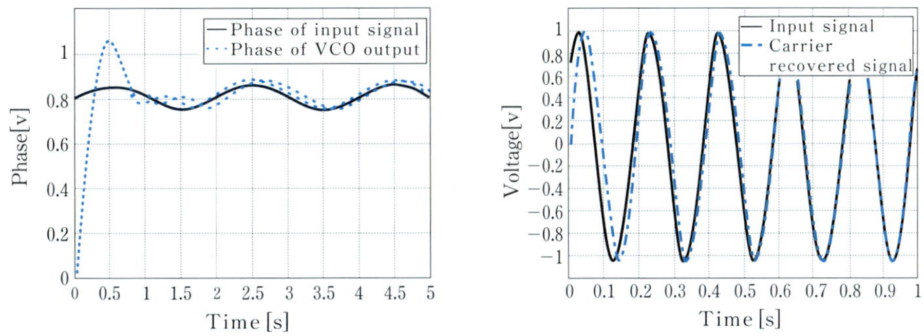

풀이

다음은 입력 $v_i(t)=\sin\{10\pi t+\theta_i(t)\}$를 재현하기 위한 PLL의 동작을 모사한 MATLAB 프로그램으로, [그림 4-25(a)]를 코드로 옮긴 것이며, 다만 루프 필터의 구현이 새로운 부분입니다. 루프 필터는 여러 가지가 있으나 여기서는 일반적으로 많이 사용되는 입력 신호의 이득을 조절하여 출력하는 것과 적분 역할을 하는 LPF를 사용했습니다.

```
% Analog PLL Design
clear, clf

N=300; % number of samples
del_t=1/50; % data interval
Wc=2*pi*5; % frequency
phase_o(1)=0; % initial phase of VCO
v_d(1)=0; % initial output of phase detector
```

```
for i=1:N
    t=(i-1)*del_t;
    phase_i(i)=pi/4+0.05*sin(1*pi*t);
    v_i(i)=sin(Wc*t+phase_i(i));
    v_o(i)=cos(Wc*t+phase_o(i)); % VCO output
    v_2(i)=sin(Wc*t+phase_o(i)); % Recovered carrier
    v_e(i)=v_i(i)*v_o(i);

    k1=3.8;
    k2=0.9;
    v_d(i+1)=k2*v_d(i)+(k1*v_e(i))*del_t; % Loop filter output
    phase_o(i+1)=phase_o(i)+0.5*v_d(i+1); % VCO phase

    if phase_o(i+1)>pi
        phase_o(i+1)=phase_o(i+1)-2*pi;
    elseif phase_o(i+1)<-pi
        phase_o(i+1)=phase_o(i+1)+2*pi;
    end
end

figure(1);
t=0:del_t:del_t*(N-1); % Simulation interval
plot(t, phase_i(1:N),'-k', t, phase_o(1:N),':b');
xlabel('Time[s]'); ylabel('Phase[v]');
legend('Phase of Input signal','Phase of VCO output');
axis([0 5 0 1.2]); grid;

figure(2);
plot(t, v_i(1:N),'-k', t, v_2(1:N),':b');
xlabel('Time[s]'); ylabel('Voltage[v]');
legend('Input signal','Carrier recovered signal');
axis([0 1 -1.2 1.2]); grid;
```

4.8.2 수신 신호에서 반송파 복원

변조 신호 $x(t)$가 DSB-SC 변조되어 전송된 후, t_d만큼 지연되고 수신기에 도달한 신호는 $\varphi_r(t)=x(t-t_d)\cos(\omega_c t-\omega_c t_d+\theta)=x(t-t_d)\cos(\omega_c t+\theta_i)$의 형태입니다. 우선 동기식 수신기에 사용할 국부 발진기의 출력 신호를 PLL을 이용하여 발생시켜야 합니다. 그러나 수신된 신호에는 반송파 신호가 명확하게 보이지 않습니다. $x(t)$가 항상 양 또는 음의 값이라면 진폭은 바뀌지만 주파수가 유지되는 정현파를 얻을 수 있습니다. 그러나 $x(t)$는 양과 음의 값을 가지며 평균값 $E\{x(t)\}$는 0이므로 $\varphi_r(t)$ 자체는 정현파가 아닙니다.

따라서 반송파가 억압된 수신 신호로부터 변조에 사용된 반송파 신호 성분을 먼저 추출해야 합니다. [그림 4-27]에 PLL을 이용한 일반적인 동기식 검파기의 기본 구조를 나타냈습니다. 수신 신호로부터 추출한 정현파 신호를 PLL을 이용하여 아주 순수한 반송파 신호로 재생해서 복조에 사용합니다.

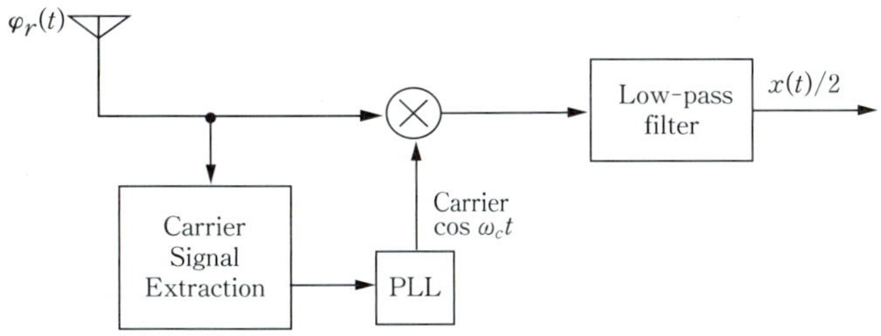

[그림 4-27] 동기식 수신기의 기본 구조

제곱기를 이용한 반송파 복원

수신 신호 $\varphi_r(t)$를 제곱하면 $\varphi_r^2(t)=x^2(t-t_d)\cos^2(\omega_c t+\theta_i)$가 됩니다. 이것을 좀 더 자세히 살펴보면 $\varphi_r^2(t)=x^2(t-t_d)\{1+\cos(2\omega_c t+2\theta_i)\}/2$로 직류 성분과 크기가 $x^2(t-t_d)$이고 주파수가 $2\omega_c$인 정현파 신호가 존재함을 알 수 있습니다. 크기 $x^2(t-t_d)$는 시간에 따라 변하지만 항상 양의 값이므로 주파수와 위상이 일정한 값을 유지합니다. 이 신호를 중심 주파수가 $2\omega_c$인 BPF에 통과시키면 정현파 신호 $x^2(t-t_d)\cos(2\omega_c t+2\theta_i)/2$를 추출할 수 있습니다. 이 신호를 PLL 입력으로 사용하면 PLL은 신호 $B\sin(2\omega_c t+2\theta_i)$를 발생시킵니다. 이 신호의 위상을 90° 회전하여 신호 $B\cos(2\omega_c t+2\theta_i)$를 생성하고 위상을 반으로 나누는 주파수 분주기frequency divider를 거쳐 원하는 국부 발진기 신호 $B\cos(\omega_c t+\theta_i)$를 생성합니다. 이러한 반송파 복원 시스템을 [그림 4-28]에 나타냈습니다.

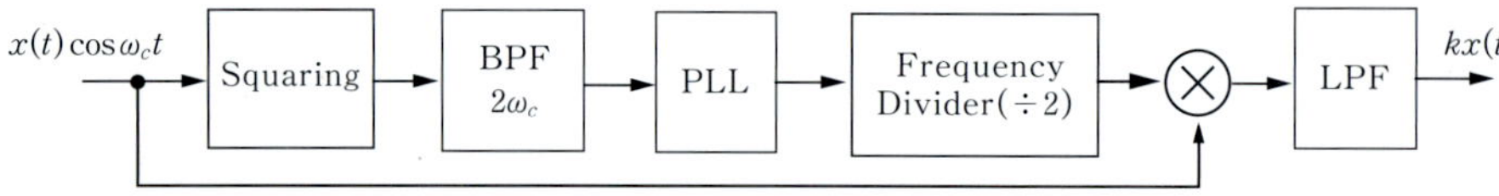

[그림 4-28] 제곱기를 이용한 반송파 복원

코스타스 루프를 이용한 반송파 복원

[그림 4-28]과 같은 반송파 복원 방식은 제곱기의 정확성이 매우 중요합니다. 그러나 아날로그 회로로 정확한 제곱기를 구현하기란 쉽지 않은 일입니다. 이런 문제를 해결하기 위해 코스타스[7]는 [그림 4-29]와 같이 제곱기가 필요 없는 PLL인 코스타스 루프Costas loop를 개발했습니다.

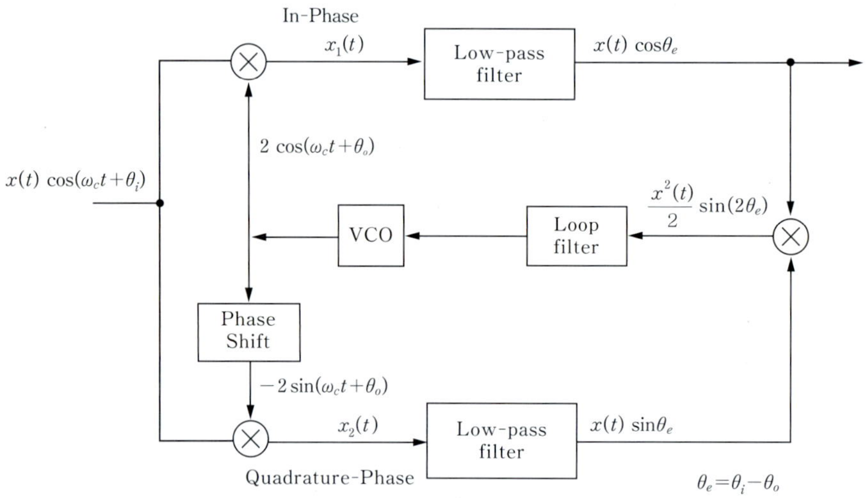

[그림 4-29] 코스타스 루프

코스타스 루프 동상(I) 축의 믹서 출력은 $x_1(t)=2x(t)\cos(\omega_c t+\theta_i)\cos(\omega_c t+\theta_o)$이며, LPF를 통과하면 $x(t)\cos(\theta_i-\theta_o)=x(t)\cos\theta_e$가 됩니다. 그리고 직교(Q) 축의 믹서와 LPF를 거친 신호는 $x(t)\sin\theta_e$ 입니다. 이 두 신호 곱의 출력은 $x^2(t)\cos\theta_e\sin\theta_e=\{x^2(t)/2\}\sin 2\theta_e$로 VCO의 주파수를 결정하는 전압이 됩니다. 결국 이 루프가 정상적으로 동작하면 VCO 출력을 수신기의 반송파 제거 신호로 사용할 수 있습니다.

[그림 4-29]에서 수학적 표현의 편의를 위해 Q축의 극성을 반전했는데, 실제 구현에서는 입력 전압이 높아지면 출력 주파수가 낮아지도록 VCO의 동작을 구현해도 동일한 효과를

7 코스타스(John Peter Costas, 1923~2008)는 미국의 전기공학 엔지니어로 1950년대에 제너럴일렉트릭에서 근무하며 코스타스 루프를 발명하여 통신의 발전에 큰 영향을 끼쳤습니다.

얻을 수 있습니다. 실제로 수신기에서 PLL에 의해 생성된 반송파 신호가 수신기 국부 발진기로 사용되는 것입니다.

핵심포인트 **반송파 복원(동기)**

반송파 동기는 수신기에서 메시지 신호를 복조하기 위해 수신된 변조 신호로부터 PPL을 이용하여 반송파와 동기된 정현파를 생성하는 과정입니다.

4.9 슈퍼헤테로다인 수신기

통신 수신기는 수신된 신호와 반송파를 믹싱하고 기저 대역으로 옮겨서 원 신호를 복원합니다. 이런 방식을 동기식 수신 방식이라고 했지요? 그러나 반송파 정보를 송신기에서 별도로 보내는 DSB-LC 변조의 경우에는 동기식 수신뿐만 아니라 수신된 신호에서 포락선을 검출하여 원 신호를 복원하는 비동기식 수신도 가능합니다. 신호의 변조와 복조에 필요한 주파수 믹싱의 개념을 헤테로다이닝heterodyning이라고 하는데, 이는 1901년 캐나다의 페선던이 제시했습니다. 1918년 미 육군이었던 암스트롱은 믹서의 개념을 이용하여 슈퍼헤테로다인superheterodyne 수신기라는 통신 복조 방식을 발명해 특허로 등록했으며, 이는 지금까지 널리 사용되고 있습니다.

주파수 분할 다중화

변조 기술 덕분에 여러 방송사는 동시에 라디오와 TV 방송을 할 수 있습니다. 우리가 듣거나 볼 수 있는 원래의 소리와 영상을 기저 대역 신호라고 합니다. 여러 사람이 동시에 말을 하면 서로 중첩되어 각 사람의 소리를 구분하기가 어렵습니다. 사람들의 목소리는 비슷한 주파수 대역인데, 각 목소리를 서로 다른 주파수 대역으로 이동하면 동시에 말을 하더라도 주파수 영역에서는 서로 구분됩니다. 이와 같이 동일한 통신 매질을 통해 주파수 대역을 달리하여 여러 신호를 동시에 전송하는 기술을 주파수 분할 다중화FDM : Frequency Division Multiplexing라고 합니다.

높은 주파수로 이동된 여러 변조 신호를 특정 주파수 대역의 신호를 선택하는 BPF에 통과시키고 원래의 기저 대역 주파수로 이동하면 원하는 변조 신호를 복원할 수 있습니다. [그림 4-30]의 슈퍼헤테로다인 수신기는 FDM된 변조 신호 중 원하는 신호를 복원하는 장치입니다.

FDM 외에도 전송하려는 여러 신호가 일정한 시간 구간마다 서로 겹치지 않도록 전송하는 방식이 있습니다. 이는 시간 분할 다중화TDM : Time Division Multiplexing로 디지털 통신에서 주로 사용합니다.

AM, FM 방송의 대역과 주파수 분할 다중화

AM 방송의 경우, 535~1605[kHz]의 넓은 주파수 대역을 방송사에 할당하여 사용하고 있습니다. 우리나라에서는 AM 라디오 방송을 위해 방송국당 10[kHz] 대역을 할당합니다. 그리고 5장에서 공부할 FM 방송은 88~108[MHz] 대역으로 방송국당 200[kHz]를 할당합니다. 이때 방송국마다 서로 다른 반송파를 사용하여 다수의 방송사 신호를 동시에 보내더라도 스펙트럼이 중첩되지 않도록 하는데, 이를 **주파수 분할 다중화**라고 합니다.

AM 라디오의 경우, 라디오 수신기는 원하는 방송국 신호를 BPF로 정확하게 선택하고 이웃 방송국의 신호는 제거해야 합니다. 535~1605[kHz] 대역에서 대역폭이 10[kHz]인 협대역의 우수한 BPF를 구현하기란 쉽지 않습니다. 즉 수신기의 단가가 매우 높아지게 됩니다. 또한 방송국마다 반송파가 다르므로 모든 방송사를 위한 중심 주파수가 가변하는 협대역의 BPF를 구현하는 것은 더더욱 어려운 일입니다. 그리고 동기식 수신기의 경우, 신호 복원을 위해 수신하고 싶은 방송사의 반송파 신호를 정확히 찾아야 합니다. 방송국마다 반송파가 다르므로 수신기는 다양한 반송파를 생성하는 PLL이 필요합니다. 그리고 VCO의 동작 주파수가 모든 방송국을 수용할 만큼 넓을 때, VCO 출력 주파수의 정확도를 유지하기가 어렵고 가격 또한 매우 높아집니다. 이러한 구현상의 어려움은 슈퍼헤테로다인 수신기로 해결할 수 있습니다.

슈퍼헤테로다인 수신기의 동작 원리

[그림 4-30]은 암스트롱이 발명한 슈퍼헤테로다인 수신기의 블록도입니다. 먼저 수신하고자 하는 방송국의 RF 신호를 다소 낮은 중간 주파수IF : Intermediate Frequency라 불리는, 미리 정한 하나로 고정된 IF 주파수 대역으로 이동합니다. 이때 수신 신호를 IF 주파수 대역으로 정확하게 이동하는 것이 아니라, 저가의 광대역 국부 발진기와 중심 주파수가 바뀌는 가변 BPF를 이용하여 IF 주파수 대역 근처로 이동하게 됩니다. 그리고 정교한 BPF를 이용하여 IF 대역의 신호에서 원하는 통신 신호만을 걸러내고 복조기를 이용하여 기저 대역 신호로 변환합니다. 이 경우에 필요한 신호만을 걸러내기 위한 IF 대역 BPF의 구현은 RF 대역보다는 상대적으로 간단합니다. 이와 같이 암스트롱은 하나로 고정된, 비교적 낮은 대

역의 반송파에 최적화된 수신기를 만들어 모든 방송 주파수를 수신할 수 있도록 했습니다.

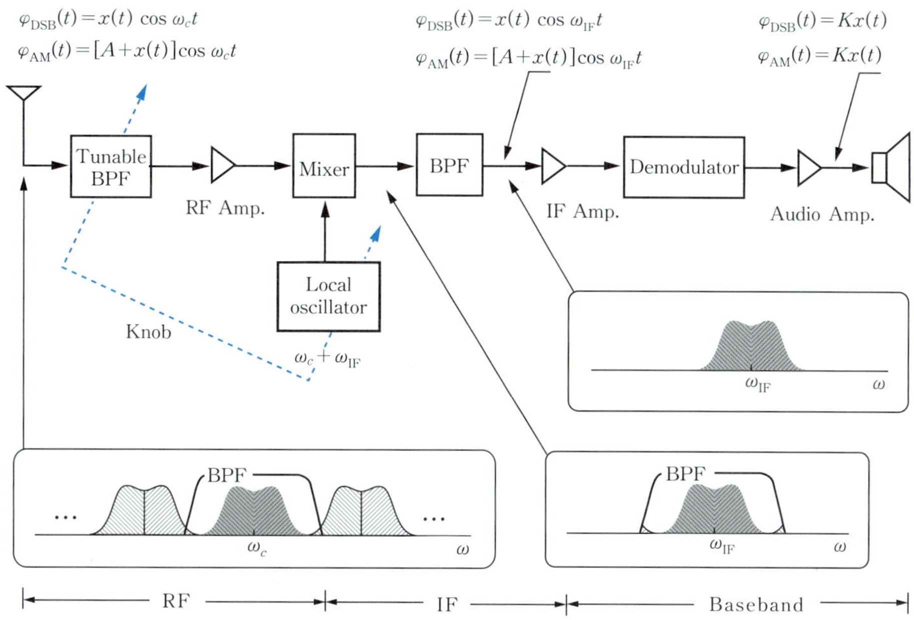

[그림 4-30] 슈퍼헤테로다인 수신기의 블록도

[그림 4-30]에서 초단의 가변 BPF는 방송사의 채널 선택에 따라 중심 주파수가 선택된 방송국의 반송파 ω_c와 동일하도록 조정됩니다. 국부 발진기의 주파수 또한 방송국의 선택된 반송파 주파수에 따라 $\omega_c+\omega_{IF}$로 조정됩니다. 가변 BPF는 원하는 대역의 신호뿐만 아니라 주변 신호까지 통과시키는 다소 넓은 대역폭을 가지고 있습니다. 이와 같이 수신하려는 통신 신호보다 대역폭을 넓힌 것은 높은 주파수 대역에서 쉽게 구현하기 위함입니다. 그리고 IF 대역의 BPF는 중심 주파수가 ω_{IF}로 고정된 매우 정교한 BPF입니다. 또한 복조기는 전송단의 통신 방식에 따른 복조기입니다.

만약 국부 발진기의 주파수가 $\omega_c-\omega_{IF}$이면 어떤 현상이 발생할까요? [그림 4-31]과 [그림 4-32]에 국부 발진기의 주파수에 따른 신호 스펙트럼을 나타냈습니다. 관심 대역의 신호를 수신하는 관점에서는 두 주파수 중 어떤 것을 사용해도 문제가 없습니다. 그러나 IF 대역의 원하는 수신 신호 주위를 보면 [그림 4-31]과 [그림 4-32]의 스펙트럼이 다르지만 IF BPF를 거치면 동일한 스펙트럼을 얻을 수 있습니다. 여기에 주시하여, QAM 변조 신호는 변조된 신호의 중심 주파수를 기준으로 대칭성이 없으므로 수신기 국부 발진기의 주파수가 $\omega_c+\omega_{IF}$ 또는 $\omega_c-\omega_{IF}$에 따라 스펙트럼의 모양이 다르다는 데 주의해야 합니다.

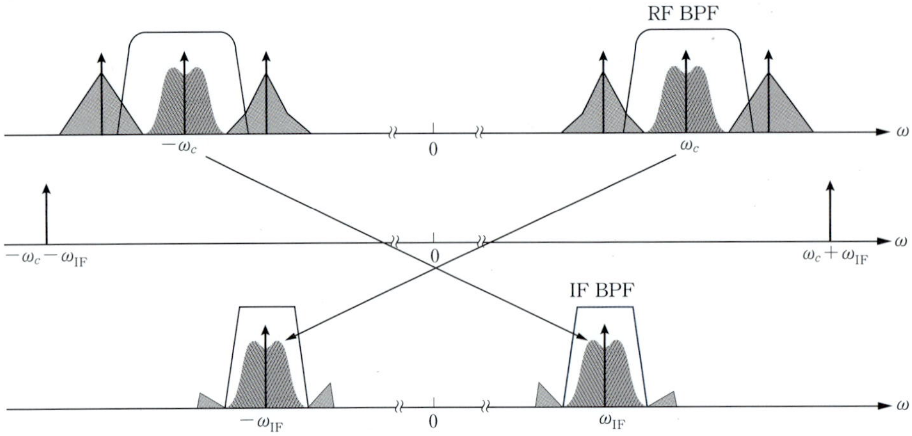

[그림 4-31] 슈퍼헤테로다인 수신기의 국부 발진기 주파수가 $\omega_c+\omega_{IF}$일 때의 신호 스펙트럼

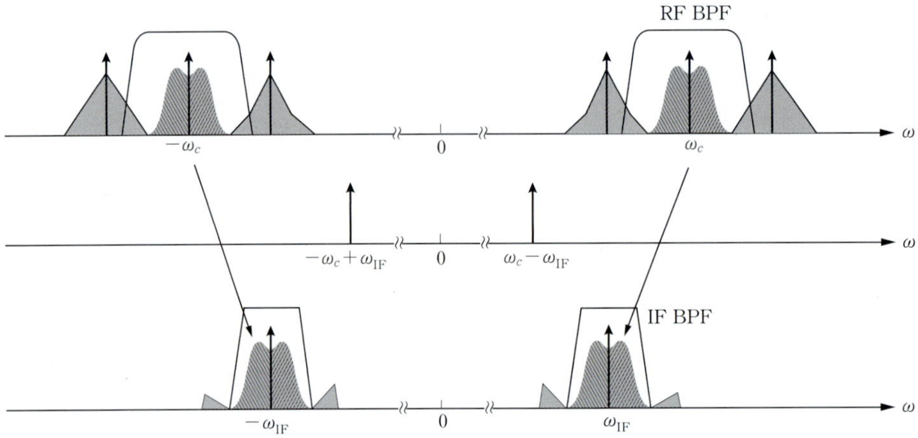

[그림 4-32] 슈퍼헤테로다인 수신기의 국부 발진기 주파수가 $\omega_c-\omega_{IF}$일 때의 신호 스펙트럼

슈퍼헤테로다인 수신기의 장점

슈퍼헤테로다인 수신기는 반송파가 다른 다수의 변조된 신호를 하나의 수신기로 선택적으로 복조할 수 있다는 장점이 있습니다. 특히 고주파에서 동작하는 소자는 저주파 소자에 비해 상대적으로 고가이며 정교하게 만들기가 쉽지 않습니다. IF 대역에서 회로를 구현할 때는 다루는 주파수가 다소 낮아지므로 정교한 회로를 구현하기가 쉽습니다. 이와 같이 구현의 관점에서 슈퍼헤테로다인 수신기는 많은 장점을 가지고 있습니다.

이미지 주파수

슈퍼헤테로다인 수신기에서 RF단의 가변 BPF가 꼭 있어야만 할까요? IF단의 정교한 BPF만으로도 수신기의 구성에 문제가 없을 것 같기도 한데 말입니다. [그림 4-33]에 RF

BPF가 없을 때의 문제점을 나타냈습니다. 중심 주파수가 ω_c인 수신하려는 신호 $X(\omega)$를 주파수가 $\omega_c+\omega_{\mathrm{IF}}$인 국부 발진기를 이용하여 믹싱하면 $X(\omega)$뿐만 아니라 $\omega_c+2\omega_{\mathrm{IF}}$ 대역에 있던 $X_I(\omega)$ 역시 IF 대역으로 이동하여 중첩된 신호가 IF 대역에 놓이게 됩니다.

이와 같이 원하는 신호만을 수신하려면 RF 대역에 BPF가 반드시 필요합니다. 그리고 원치 않는 $\omega_c+2\omega_{\mathrm{IF}}$ 대역의 신호 $X_I(\omega)$를 이미지 주파수[8] 또는 이미지 스테이션image station이라고 합니다.

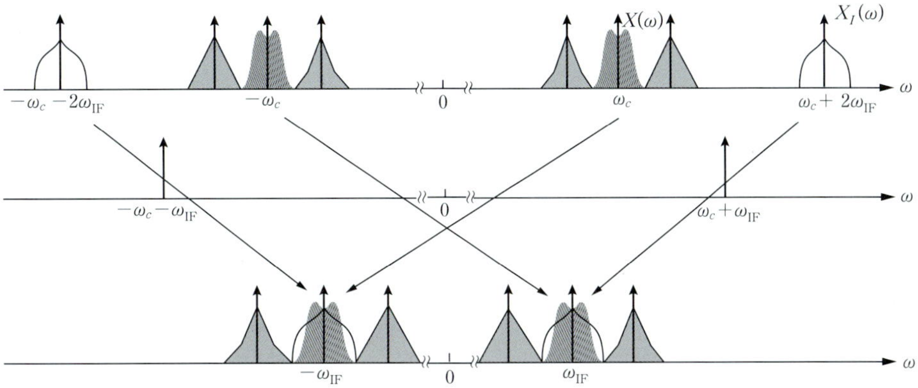

[그림 4-33] 이미지 주파수

AM(DSB-LC) 슈퍼헤테로다인 수신기

안테나를 통해 들어온 신호가 535~1605[kHz] 내에 존재하는, 대역이 10[kHz]인 AM 신호라고 가정합시다. 이 경우에 수신을 위해 초단 BPF의 중심 주파수가 원하는 방송국의 중심 주파수와 일치하고 대역폭은 10[kHz]보다 넓게 만듭니다. 따라서 원하는 방송국의 인접 방송국 신호도 약간 통과시킬 수 있습니다. 그리고 국부 발진기의 신호는 원하는 방송국의 반송파 주파수보다 IF 주파수(455[kHz])만큼 높은 주파수의 정현파 신호입니다. AM 방송에서는 IF 주파수를 455[kHz]로 정하여 사용하고 있습니다. 이때 믹서 출력은 원하는 방송국 신호의 중심 주파수를 IF 주파수로 이동한 AM 신호가 됩니다.

수신기의 국부 발진기 주파수로 $\omega_c+\omega_{\mathrm{IF}}$를 선택한 경우, AM 수신기의 국부 발진기 주파수는 990~2060[kHz]입니다. 만약 $\omega_c-\omega_{\mathrm{IF}}$의 주파수를 사용한 경우에는 80~1150[kHz]입니다. 이때 최대 주파수에 대한 최소 주파수의 비는 각각 2.1, 14.4로, 국부 발진기의 주파수를 $\omega_c-\omega_{\mathrm{IF}}$로 선택할 때 $\omega_c+\omega_{\mathrm{IF}}$보다 이 값이 커져서 상대적으로 구현이 어렵습니다. 이런 이유로 수신기의 국부 발진기 주파수는 $\omega_c+\omega_{\mathrm{IF}}$를 선택합니다.

8 이미지 주파수Image Frequency는 반사에 의해 비친 주파수란 의미로 영상(映像) 주파수라고도 합니다.

예를 들어 반송파 주파수가 909[kHz]인 방송 신호가 있을 때, 라디오에서 이 방송을 선택하면 국부 발진기는 1364[kHz]의 정현파를 발생시킵니다. 이 경우에 중심 주파수가 909[kHz], 1819(1364+455)[kHz]인 신호가 455[kHz] 대역으로 이동합니다. 그러므로 중심 주파수가 909[kHz]인 BPF가 없다면 원치 않는 1819[kHz] 대역의 이미지 스테이션 신호도 455[kHz] 대역으로 이동하여 두 신호가 중첩되겠지요? BPF를 거치면 원하는 909[kHz] 대역의 신호가 455[kHz] 대역으로 이동된, 일반적인 DSB-LC 변조된 신호를 얻을 수 있습니다.

중간 주파수 대역에 놓인 AM 변조된 신호는 다시 한 번 정교한 BPF를 거칩니다. 이 BPF 출력은 오직 원하는 방송국의 신호가 IF 대역에 존재하는 신호입니다. 이 신호가 일반적인 AMDSB-LC 복조기를 거쳐서 원하는 방송을 듣게 되는 것입니다. 이는 다수의 DSB-SC 변조된 신호가 FDM되어 전송되는 경우에도 적용 가능한 수신 방식입니다.

핵심포인트 슈퍼헤테로다인 수신기

슈퍼헤테로다인 수신기는 라디오나 TV와 같이 여러 변조 신호가 수신되는 환경에서 원하는 신호만을 복조할 수 있도록 고안된 효율적인 구조의 수신기입니다. 이 수신기는 모든 수신 신호에 대해 주파수가 변하는 발진기와 중심 주파수가 가변하는 BPF를 이용하여 원하는 신호를 걸러낸 후 중간 주파수 대역으로 이동합니다. 그리고 중간 주파수에 있는 신호를 정교하게 복조하는 하나의 복조기로 구성된 효율적인 시스템입니다.

예제 4-13

[그림 4-30]의 슈퍼헤테로다인 수신기에서 중간 주파수(f_{IF})가 455[kHz]이고 AM 방송 신호가 535~1605[kHz]에 존재할 때 다음 문제를 푸세요.

(a) $f_{LO}=f_c+f_{IF}$ 일 때, 국부 발진기의 동작 주파수(f_{LO})의 범위를 계산하세요.

(b) $f_{LO}=f_c-f_{IF}$ 일 때도 복조가 되는지 설명하세요.

풀이

(a) $f_{LO}=f_c+f_{IF}$ 이므로 $990\,[\text{Hz}](=535+455)\le f_{LO}\le 2060\,[\text{Hz}](=1605+455)$입니다.

(b) $f_{LO}=f_c-f_{IF}$ 일 때도 믹싱 후에는 IF 주파수 대역에 원하는 신호가 놓이므로 복조에는 문제가 없습니다. 그러나 $80\,[\text{Hz}]\le f_{LO}\le 1150\,[\text{Hz}]$로 구현의 관점에서 최고 주파수에 대한 최소 주파수의 비가 커서 (a)의 경우보다는 좀 더 어렵습니다.

Chapter 04 연습문제

4.1 다음 설명 중 잘못된 것을 바르게 고치세요.

(a) 변조는 기저 대역 신호를 멀리 전송하는 데 사용됩니다.

(b) 신호를 고주파 대역으로 이동하는 것을 변조라고 합니다.

(c) 변조를 하면 송수신기의 안테나 크기를 줄일 수 있습니다.

(d) 여러 방송사의 신호를 동시에 보내도 섞이지 않는 것은 변조된 모든 신호가 동일한 주파수를 활용하기 때문입니다.

4.2 다음 설명 중 잘못된 것을 바르게 고치세요.

(a) DSB-SC 변조를 수행하면 기저 대역 음의 주파수 스펙트럼이 양의 주파수로 이동합니다.

(b) DSB-SC 변조 신호의 포락선은 변조하려는 기저 대역 신호의 파형과 동일합니다.

(c) DSB-SC 변조의 반송파로서 $c(t)=\cos\omega_c t$를 사용할 수 있습니다.

4.3 다음 설명 중 잘못된 것을 바르게 고치세요.

(a) 스위칭 변조기를 이용하여 DSB-SC 변조 신호를 발생시킬 때, 구형파 열의 주기가 길수록 변조된 신호의 진폭은 작아집니다.

(b) 스위칭 변조기를 이용하여 DSB-SC 변조를 할 때, 스위칭 함수의 모양이 삼각파형의 열로 구성되어도 DSB-SC 변조 신호를 구할 수 있습니다.

(c) 나이퀴스트 샘플링 정리에서 $\omega_c < 2\omega_B$이면 이산 시간 신호의 스펙트럼은 기저 대역에서 원 신호의 스펙트럼을 유지하지 못합니다.

4.4 다음 설명 중 잘못된 것을 바르게 고치세요.

(a) DSB-LC 변조는 동기식 수신기로 원 신호의 복원이 불가능합니다.

(b) 실수 신호를 DSB-LC 변조한 경우, 파일럿 신호를 기준으로 상측파대와 하측파대의 스펙트럼 모양이 대칭입니다.

4.5 다음 설명 중 잘못된 것을 바르게 고치세요.

(a) DSB-LC 변조는 수신기에서 반송파 복원이라는 과정이 필요 없으므로 DSB-SC 수신기에 비해 간단히 구현 가능하다는 장점이 있습니다.

(b) DSB-LC 변조에서 변조 지수를 작게 할수록 송신 신호의 전체 전력 중 파일럿 신호가 차지하는 비가 커지므로 전력 효율 면에서 바람직하지 않습니다.

4.6 다음 설명 중 잘못된 것을 바르게 고치세요.

(a) QAM 변조는 DSB 계열의 변조 방식에 비해 주파수 이용 효율이 2배입니다.

(b) QAM 변조에서 기저 대역 신호를 수학적으로 복소 신호라 하는 것은 두 신호가 서로 직교하는 반송파로 곱해지기 때문입니다.

4.7 다음 설명 중 잘못된 것을 바르게 고치세요.

(a) $x(t)$를 힐버트 변환하면 양의 주파수 신호에 대해 위상이 $-\pi/2$ 천이되고 크기는 변화하지 않습니다.

(b) 모든 신호에 대한 SSB 변조는 BPF나 힐버트 변환기를 통해 현실적으로 구현 가능합니다.

4.8 다음 설명 중 잘못된 것을 바르게 고치세요.

(a) 기저 대역에서 대역폭이 4[MHz]인 신호를 VSB 변조하면 변조된 신호의 대역폭은 4[MHz]보다 커집니다.

(b) 송신기에서 전송되는 신호 전력이 동일할 경우, VSB 변조가 DSB 변조보다 멀리 전송될 가능성이 높습니다. 단, 수신기에서 모든 주파수에 크기가 동일한 잡음이 존재합니다.

4.9 다음 설명 중 잘못된 것을 바르게 고치세요.

(a) PLL은 입력된 정현파 신호로부터 동일한 위상을 가진 정현파를 발생시키는 장치입니다.

(b) PLL에 입력된 정현파의 주파수가 VCO의 초기 주파수와 크게 달라도 PLL은 시간이 지나면 입력 정현파와 동일한 주파수를 발생시킵니다.

4.10 다음 설명 중 잘못된 것을 바르게 고치세요.

(a) DSB-SC 변조에서 수신된 신호 $\varphi_r(t) = x(t)\cos(\omega_c t + \theta)$의 스펙트럼에는 매우 큰 정현파 $\cos(\omega_c t + \theta)$가 존재합니다.

(b) DSB-LC 변조 $\varphi_{DSB-LC}(t) = \{A_c + x(t)\}\cos\omega_c t$의 경우, 수신기에 반송파 복원을 위한 [그림 4-28]과 같은 제곱기는 반송파 복원을 위한 유일한 방법입니다.

4.11 다음 설명 중 잘못된 것을 바르게 고치세요.

(a) 슈퍼헤테로다인 수신기 초단 BPF의 대역폭은 중간 주파수 이후의 BPF보다 약간 넓어야 합니다. 그 반대이면 원하는 신호의 스펙트럼이 잘려나갈 수 있습니다.

(b) 세 개의 신호를 FDM 방식으로 동시에 전송하려고 합니다. 각 신호의 기저 대역의 대역폭이 100[kHz]이고 DSB-SC 변조 방식으로 전송할 때 필요한 최소 대역폭은 600[kHz]입니다.

4.12 통과 대역 10[kHz]가 통신을 위해 할당되었습니다. DSB-SC, DSB-LC, QAM, SSB 변조 방식에서 기저 대역 변조 신호의 최대 가능 주파수를 구하세요.

4.13 대표적인 진폭 변조 방식인 DSB-SC 변조와 DSB-LC 변조에 대해 수식을 이용하여 설명하고, 장단점을 명확히 밝히세요.

4.14 변조 신호 $x(t) = \text{Sa}(t)$이고 반송파 신호가 $c(t) = A_c\cos(\omega_c t)$일 때, DSB-SC 변조 신호의 주파수 영역 표현식과 대역폭을 구하세요.

4.15 $x(t)=2\cos(2000\pi t)$의 변조 신호를 변조 지수 $m=0.5$, $c(t)=10\cos(2\pi\times 10^6 t)$의 반송파 주파수로 DSB–LC 변조할 때, 다음 문제를 푸세요.

(a) DSB–LC 변조 신호 $\varphi_{\text{DSB-LC}}(t)$를 제시하세요.

(b) DSB–LC 변조 신호의 전력 효율 η를 구하세요.

(c) 송신기에서 송신 안테나의 저항이 25 [Ω]일 때, 송신 안테나에서의 평균 전력을 구하세요.

4.16 다음 DSB–LC 변조된 신호의 변조 지수를 구하고, 측파대 신호 대 반송파 신호의 전력비를 구하세요.

$$\varphi_{\text{DSB-LC}}(t)=10\cos(2500\pi t)+10\cos(3100\pi t)+30\cos(2800\pi t)$$

4.17 SSB 변조에 대해 다음 문제를 푸세요.

(a) 변조 신호 $x(t)=\cos(100\pi t)+3\cos(300\pi t)$를 반송파 $c(t)=\cos(20000\pi t)$로 SSB 변조했습니다. 변조 과정을 스펙트럼으로 나타내고 USB 신호를 수식으로 표현하세요.

(b) 변조 신호 $x(t)=\cos(200\pi t)\cos(300\pi t)$가 반송파 $c(t)=\cos(3000\pi t)$로 SSB 변조되었습니다. 힐버트 변환을 이용하여 $\varphi_{\text{SSB}\pm}$를 구하세요.

(c) 기저 대역 메시지 신호 $x_1(t)$와 $x_2(t)$를 SSB 변조하여 동시에 전송하려고 할 때 $x_1(t)$와 $x_2(t)$의 대역폭이 각각 ω_1, ω_2이며, 두 신호에 대한 반송파 주파수는 각각 ω_{c1}, ω_{c2}입니다. 그리고 두 신호의 대역폭은 반송파 주파수보다 아주 작다고 가정합니다. $|\omega_{c1}-\omega_{c2}|$의 최솟값을 구하고, 이때 변조된 신호의 대역폭을 구하세요.

4.18 사람의 음성 신호 $x_1(t)$와 오케스트라의 음악 신호 $x_2(t)$가 있습니다. 음성은 300~3400[Hz]의 주파수 특성을 보이며, 사람이 들을 수 있는 주파수 범위는 15~20000[Hz]입니다. 다음 문제를 푸세요.

(a) 사람의 음성만을 DSB–SC 변조하려고 할 때 반송파 주파수 ω_c의 범위를 결정하세요. 단, 가청 주파수 밖에 존재하도록 하세요.

(b) 음악 신호 $x_2(t)$를 배경으로 하여 $x_1(t)$의 음성 메시지를 함께 DSB-SC 변조하여 전송하려고 할 때 ω_c의 범위를 결정하세요. 단, 가청 주파수 밖에 존재하도록 하세요.

(c) $x_1(t)$와 $x_2(t)$를 동시에 전송하되 혼신이 생기지 않도록 DSB-SC 변조 송수신기의 블록도를 제시하세요. 이때 반송파 주파수와 필터의 특성도 제시하세요.

4.19 $\varphi_1(t)=x(t)\cos(\pi 10^7 t)$인 DSB-SC 신호가 있고, 메시지 신호 $x(t)$의 대역폭은 100[kHz]입니다. 이 신호를 이용하여 반송파 주파수를 1[MHz]로 이동한 $\varphi_2(t)=x(t)\cos(2\pi 10^6 t)$를 생성하려고 할 때, 다음 문제를 푸세요.

(a) 1~4[MHz]에서 주파수를 조정할 수 있는 정현파 발생기와 몇 가지 필터가 있을 때, $\varphi_1(t)$에서부터 $\varphi_2(t)$를 생성하기 위한 시스템의 블록도와 구체적인 규격을 제시하세요.

(b) [그림 4-4]와 같이 스위칭 변조기로 $\varphi_1(t)$에서부터 $\varphi_2(t)$를 생성하려고 할 때, 구형파 열의 주기를 제시하세요. 단, 펄스 폭 a는 펄스 주기의 1/2 길이입니다. 그리고 이 펄스로 스위칭된 신호 $\varphi_1(t)$의 스펙트럼을 제시하세요.

4.20 DSB-LC 변조된 신호 $\varphi(t)=10\{1+0.5\cos(200\pi t)\}\cos(2000\pi t)$일 때, 다음 문제를 푸세요.

(a) 변조된 신호의 파형을 시간에 따라 그림으로 나타내세요.

(b) 변조 지수를 구하세요.

(c) 변조 신호의 전력 효율을 구하세요.

(d) 이 신호의 스펙트럼을 그리세요.

4.21 중간 주파수가 455[kHz]인 슈퍼헤테로다인 AM 수신기가 있고, AM 방송 대역은 540~1600[kHz]입니다. 수신기의 국부 발진기가 방송 신호의 반송파 신호보다 높을 때, AM 방송을 수신하기 위한 국부 발진기의 주파수 범위를 구하세요.

4.22 DSB−LC 변조된 신호 $\varphi_{\mathrm{DSB-LC}}(t)=\{A+x(t)\}\cos\omega_c t$를 그림과 같이 동기식 검파기를 이용하여 복조할 때, 다음 문제를 푸세요.

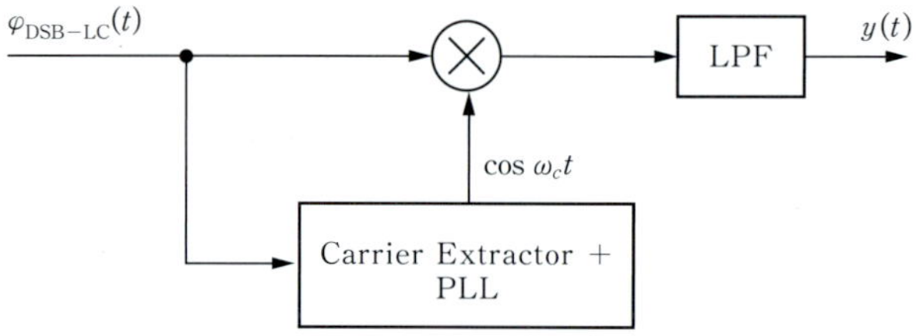

(a) $y(t)$를 구하세요.

(b) $\varphi_{\mathrm{DSB-LC}}(t)$에서 동기 검파를 위해 반송파 신호를 추출하는 방법을 포함한 PLL의 내부 구조를 자세히 그리세요. 그리고 각 부분의 역할을 설명하세요.

4.23 $x(t)=\sin(2000\pi t)+\cos(4000\pi t)$인 신호를 반송파 $c(t)=\cos(20000\pi t)$로 변조했을 때, 다음 문제를 푸세요.

(a) $x(t)$, 그리고 이것이 DSB−SC 변조된 신호의 푸리에 변환 결과 식을 나타내고 스펙트럼을 그리세요. 복소 진폭, 주파수 등을 정확히 명시하세요.

(b) $x(t)$의 상측파대를 보내는 SSB 변조 신호의 파형 $\varphi_{\mathrm{SSB+}}(t)$를 수식으로 표현하세요. [힌트] (a)의 결과에서 주파수 영역의 BPF를 고려하세요.

4.24 신호 $x(t)=\sin t$를 반송파 ω_c로 SSB−LSB 변조할 때, $\varphi_{\mathrm{SSB-}}(t)$를 구하세요.

4.25 변조 신호 $x(t)=\cos(200\pi t)\cos(300\pi t)$이고 반송파 주파수 $\omega_c=3000\pi$일 때, 힐버트 변환을 이용하여 $\varphi_{\mathrm{SSB\pm}}$를 구하세요.

4.26 SSB 변조된 신호에 대해 신호 제곱 방식과 PLL을 이용하여 반송파 동기를 하려고 합니다. 이 방식으로 동기 검파가 가능한지 밝히세요.

4.27 변조 신호 $x(t)$의 푸리에 변환 $X(\omega)$가 그림과 같고, 필터의 전달함수 $H_1(\omega)$와 $H_2(\omega)$가 다음과 같을 때 문제를 푸세요. 단, $\omega_B \ll \omega_c$ 입니다.

$$H_1(\omega)=\begin{cases}1, & \text{for } |\omega| \geq \omega_c \\ 0, & \text{elsewhere}\end{cases} \qquad H_2(\omega)=\begin{cases}1, & \text{for } |\omega| \leq 3\omega_c \\ 0, & \text{elsewhere}\end{cases}$$

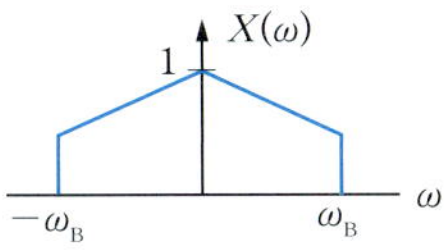

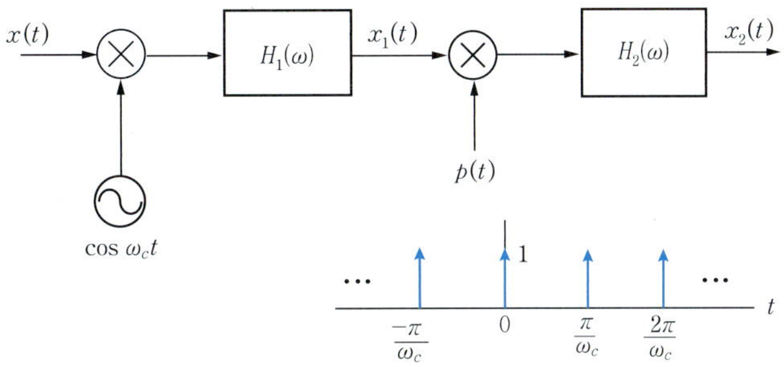

(a) $x_1(t)$를 수식으로 표현하고 스펙트럼을 그림으로 나타내세요. 단, 주파수와 크기를 정확하게 표시하세요.

(b) $x_2(t)$의 스펙트럼을 그림으로 나타내세요. 단, 주파수와 크기를 정확하게 표시하세요.

4.28 음성 신호인 메시지 신호 $x(t)$를 DSB-SC 변조하여 $\varphi_{DSB-SC}(t)=x(t)\cos 3\omega_c t$를 생성하려고 할 때, 다음 문제를 푸세요. 단, a는 상수입니다.

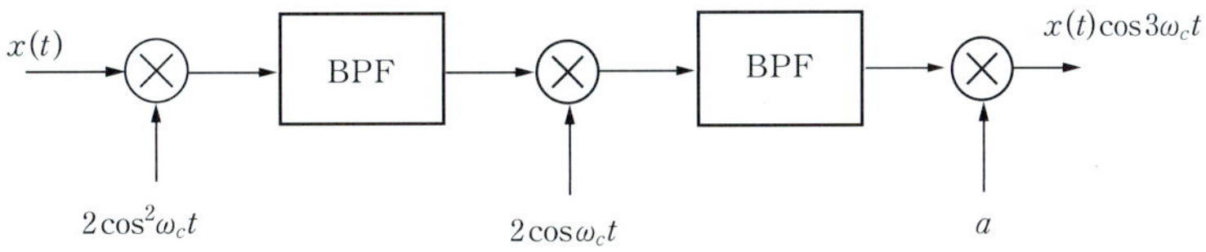

(a) $\varphi_{DSB-SC}(t)$를 생성하기 위한 각 BPF의 통과 대역 주파수를 제시하세요. 단, BPF는 주파수 영역에서 구형파 모양이 나타나는 이상적 전달 특성이 있습니다.

(b) a를 구하고 ω_c의 범위를 결정하세요.

4.29 입력 신호 $x(t)=\mathrm{Sa}(\pi t)+\cos(2\pi 10t)$이고 출력 $y(t)=2x^2(t)$인 시스템이 있습니다. 중심 주파수가 20π[rad/s]이고 대역폭이 6π[rad/s]인 이상적인 BPF에 $y(t)$를 통과시킨 결과 파형 $\varphi(t)$를 구하세요.

4.30 MATLAB [그림 4-12(a)~(f)]의 파형과 스펙트럼을 얻기 위한 MATLAB 코드를 작성하세요.

4.31 MATLAB [그림 4-16(a)~(f)]의 파형과 스펙트럼을 얻기 위한 MATLAB 코드를 작성하세요.

Chapter 05

각변조

Angle Modulation

학습목표

- 각변조의 원리를 이해할 수 있습니다.
- 각변조의 종류인 FM 변조와 PM 변조의 개념을 이해하고 이 신호들의 대역폭을 계산할 수 있습니다.
- FM 변조 신호와 PM 변조 신호의 복조 원리와 복조 시스템을 이해할 수 있습니다.
- FM 변조와 PM 변조의 장단점을 이해할 수 있습니다.

5.1 개요

이 장에서는 4장에서 공부한 진폭 변조보다 잡음에 강한 특징을 가진 각변조Angle Modulation에 대해 공부합니다. **각변조에는 주파수 변조**FM : Frequency Modulation**와 위상 변조**PM : Phase Modulation **방식이 있는데,** 이는 반송파 신호의 진폭에 신호를 실어 보낸 진폭 변조와 달리, **반송파 신호의 주파수 또는 위상에 정보를 실어 보내는 변조 방식입니다.** 각변조 방식 중 FM 변조는 일반적으로 많이 활용되고 있으나 PM 변조는 구현의 복잡성 때문에 통신에서 잘 활용되지 않습니다. FM 변조는 암스트롱이 진폭 변조의 대역폭을 줄이기 위해 제안했습니다. 그러나 SSB 변조 방식을 발명한 캐나다의 공학자 카슨[1]은 각변조가 진폭 변조보다 더 넓은 대역폭이 필요하다는 것을 밝혔습니다.

넓은 대역폭은 주파수 이용 효율을 낮추는 희생이 따릅니다. 그러나 **각변조는 진폭 변조보다 잡음에 강하다는 장점이 나중에 밝혀졌습니다.** 그리고 대역폭이 넓을수록 이 장점이 더

1 카슨(John R. Carson, 1886~1940)은 미국의 공학자로서 AT&T에 근무하면서 1915년 다수의 전화 음성을 동시에 전송하기 위한 SSB 변조 기법을 발명했습니다. 1922년 카슨의 법칙이라 불리는 FM 신호의 대역폭에 대한 논문 〈Notes on the theory of modulation〉을 Proc. IRE 논문지에 발표했습니다.

드러나게 되는데 이를 광대역 각변조라고 합니다. 각변조 신호를 얻는 대표적인 방식으로 변조 신호를 전압 제어 발진기[VCO]에 입력하는 직접 발생 방식이 있습니다. 그러나 이 방식은 원하는 주파수 대역에서 안정된 주파수를 만들어 내기 어렵다는 단점이 있습니다. 이 문제를 해결하기 위해 암스트롱은 협대역 각변조 신호로부터 대역폭을 계속 넓히는 주파수 체배기[frequency multiplier]를 활용한 간접 발생 방식을 발명하게 되었습니다(5.4절 참고). 이는 진폭 변조에서 공부했던 슈퍼헤테로다인 수신기에 이어서 암스트롱이 통신에 지대한 공헌을 한 사건입니다.

이 장에서는 각변조 신호의 발생을 비롯해 각변조 수신기의 구성 원리에 대해 공부할 것입니다. 그리고 이것을 일반화한 슈퍼헤테로다인 수신기를 다시 한 번 살펴보겠습니다. 초창기의 FM 변조기는 오늘날과 같은 스테레오 방식이 아니라 모노 방식이었습니다. 따라서 이 장의 마지막 부분에서는 기존 모노 방식의 FM 수신에 영향을 주지 않으면서 스테레오 FM 방송을 동시에 할 수 있는 스테레오 FM 변조의 원리와 수신기에 대해서도 공부합니다.

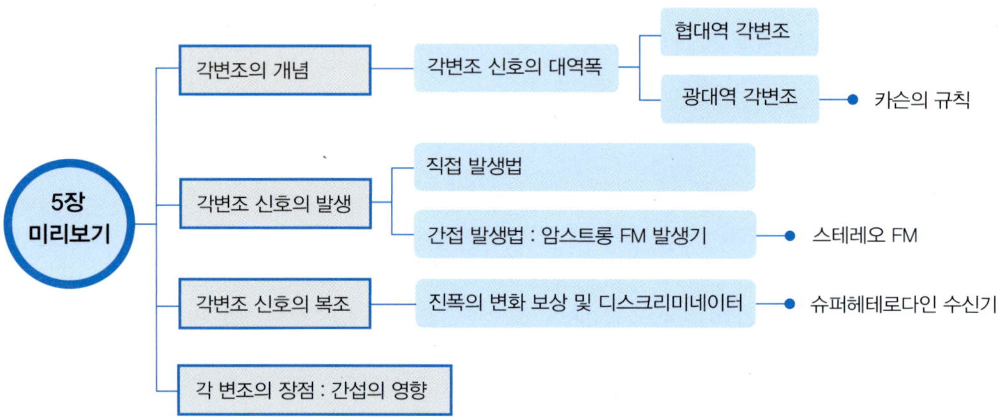

5.2 각변조의 개념

변조 과정을 거쳐 기저 대역의 신호를 높은 주파수 대역의 통과 대역 신호로 변환할 수 있다는 것을 4장에서 배웠습니다. 그리고 변조된 신호가 멀리까지 전송되려면 신호를 전달하기 위한 케이블이나 공기와 같은 매질이 필요합니다. 이때 변조 신호의 대역폭이 좁을수록 다중화 기법을 이용하여 주어진 대역 내에서 서로 다른 다수의 변조 신호를 동시에 전달할 수 있습니다. 그러므로 **변조 신호의 대역폭을 줄이는 것은 주파수 이용 효율의 관점**

에서 매우 중요합니다. 진폭 변조에서도 QAM이나 SSB, VSB 등의 변조 기법을 통해 변조된 신호가 차지하는 대역폭을 줄일 수 있었습니다.

FM 변조

슈퍼헤테로다인 수신기를 발명한 **암스트롱은 변조된 신호의 대역폭을 줄이기 위해 주파수 변조 기법을 제안하고** 1933년 미국에서 특허등록을 했습니다. 진폭 변조는 신호 $x(t)$의 진폭을 변조된 신호에 그대로 반영하는 방식입니다. 그러므로 신호가 전파되는 동안 변조된 파형의 크기 변화는 복원된 신호의 품질에 상당한 영향을 미칠 수밖에 없습니다. 자동차를 타고 가면서 진폭 변조된 신호를 수신하는 경우, 송신기와 수신기가 서로 마주 보는 곳에서는 수신 신호의 세기가 크지만 건물 등으로 가려진 경우에는 신호의 세기가 급격히 약해질 것입니다. 고속으로 이동하는 경우에는 신호의 세기 변화가 빠르게 일어납니다. 이는 수신 신호의 빠른 진폭 변화로 나타나며, 수신기에서 변조 신호의 복원에 큰 어려움을 줄 것입니다.

암스트롱은 변조된 신호의 대역폭을 낮추면서 수신 신호의 진폭 변화에 영향을 주지 않도록 메시지 신호 $x(t)$를 주파수로 표현하려고 시도했습니다. 즉 FM 변조된 신호를

$$\varphi_{\mathrm{FM}}(t)=A_c\cos\{\omega_c t+k_{\mathrm{F}}\int_{-\infty}^{t}x(\tau)\,d\tau\} \tag{5.1}$$

로 표현하고자 한 것입니다. 식 (5.1)에서 $\varphi_{\mathrm{FM}}(t)$의 위상 $\phi(t)$는 $\omega_c t+k_{\mathrm{F}}\int_{-\infty}^{t}x(\tau)\,d\tau$이며, 위상의 시간에 대한 미분값 $\omega_i(t)=d\phi(t)/dt=\omega_c+k_{\mathrm{F}}x(t)$를 순시 주파수instantaneous frequency라고 합니다. 그러므로 FM 신호의 순시 주파수는 다음 범위에서 변화합니다.

$$\omega_c-k_{\mathrm{F}}x_{\mathrm{p}}\le\omega_i(t)\le\omega_c+k_{\mathrm{F}}x_{\mathrm{p}} \tag{5.2}$$

여기서 $-x_{\mathrm{p}}\le x(t)\le x_{\mathrm{p}}$를 만족하므로 FM 변조된 신호의 최대 주파수 변화는 $2k_{\mathrm{F}}x_{\mathrm{p}}$[rad/s]입니다. 그러므로 상수 k_{F}에 따라 최대 주파수의 변화를 조절할 수 있습니다. 신호의 대역폭은 그 신호의 최대 및 최소 주파수 범위입니다. 그러므로 **암스트롱은 k_{F}를 아주 작은 값으로 하면 $\varphi_{\mathrm{FM}}(t)$의 대역폭을 아주 좁게 할 수 있다고 생각했습니다.**

메시지 신호를 반송파 신호의 주파수로 표현하고 주파수의 변화 폭을 줄여서 대역폭을 줄이겠다는 암스트롱의 생각은 매우 그럴듯해 보였습니다. 하지만 실제로는 그렇지 않았습니다. **카슨은 FM 변조에 필요한 대역폭이 진폭 변조보다 매우 넓다는 사실을 밝혀냈습니다.** 실제로 우리나라에서는 한 개의 AM 방송을 위해 10[kHz] 정도의 대역폭을 사용하지만 FM 방송을 위해서는 200[kHz]의 대역폭을 사용하고 있습니다. 한편 FM 변조는 신호

의 품질이 진폭 변조보다 우수하다는 장점이 훗날 밝혀집니다.

직관적으로 생각하면 진폭 변조 방식은 정보가 변조 신호의 진폭에 실리기 때문에 신호의 진폭이 송신기와 수신기 사이의 거리, 주변 지형지물에 따라 달라질 수 있습니다. 즉 수신기가 위치한 환경이 수신 신호 품질에 중요한 영향을 미치는 것입니다. 반면에 FM 변조는 메시지가 주파수에 실리고 신호의 주파수는 주위 환경에 따라 잘 바뀌지 않습니다. 그러므로 대부분의 수신 환경에서 FM 변조된 신호가 진폭 변조된 신호보다 메시지 신호를 복원할 가능성이 더 높습니다. 단, 매우 빠르게 움직이는 차량에 장착된 수신기의 경우 수신 신호의 주파수가 조금씩 바뀌게 됩니다. 이를 도플러 효과Doppler effect라고 하는데, 이 경우 변조 신호의 복조에 영향을 줄 수 있습니다.

PM 변조

FM에서 보았듯이 주파수의 적분은 위상으로 표현됩니다. 따라서 진폭을 동일하게 유지하면서 정보를 표현하는 방법으로, **메시지 신호 $x(t)$를 주파수가 아닌 위상의 항으로 표현하는 방법을 생각할 수 있습니다. 이 변조 방식을 위상 변조라고 하며, 다음과 같이 표현합니다.**

$$\varphi_{\text{PM}}(t) = A_c \cos\{\omega_c t + k_{\text{P}} x(t)\} \tag{5.3}$$

그리고 PM 변조된 신호의 위상은 $\phi(t) = \omega_c t + k_{\text{P}} x(t)$이므로 PM 변조된 신호의 순시 주파수는 $\omega_i(t) = \omega_c + k_{\text{P}}\{dx(t)/dt\} = \omega_c + k_{\text{P}}\dot{x}(t)$가 됩니다.

각변조

FM 또는 PM 변조와 같이 정보를 주파수나 위상 성분에 실어 보내는 변조 방식을 통틀어 각변조 또는 지수 변조EM : Exponential Modulation라고 하며 다음과 같이 나타냅니다.

$$\varphi_{\text{EM}}(t) = A_c \cos\{\omega_c t + \theta(t)\} = A_c \cos\phi(t) \tag{5.4}$$

여기서 위상 $\phi(t)$는 FM 변조의 경우 $\omega_c t + k_{\text{F}}\int_{-\infty}^{t} x(\tau)\,d\tau$이고, PM 변조의 경우 $\omega_c t + k_{\text{p}} x(t)$입니다. 각변조를 AM이 아니라 EM으로 표현하는 것은 DSB-LC 변조인 AM 변조와 구분하기 위함입니다.

[그림 5-1]에 정현파 신호를 DSB-SC, FM, PM 변조한 경우의 신호 파형을 나타냈습니다. 이미 4장에서 공부했듯이 DSB-SC 변조 신호는 진폭이 변조 신호의 크기에 따라 변합니다. 그러나 EM 변조 신호는 진폭이 일정하고 위상이 시간에 따라 변합니다. [그림 5-1]

의 FM 변조 신호와 PM 변조 신호의 파형만을 보고 FM 변조와 PM 변조를 구분할 수 있을까요? 안타깝게도 **사전 정보 없이 파형만으로 두 변조를 구분하는 것은 불가능합니다.**

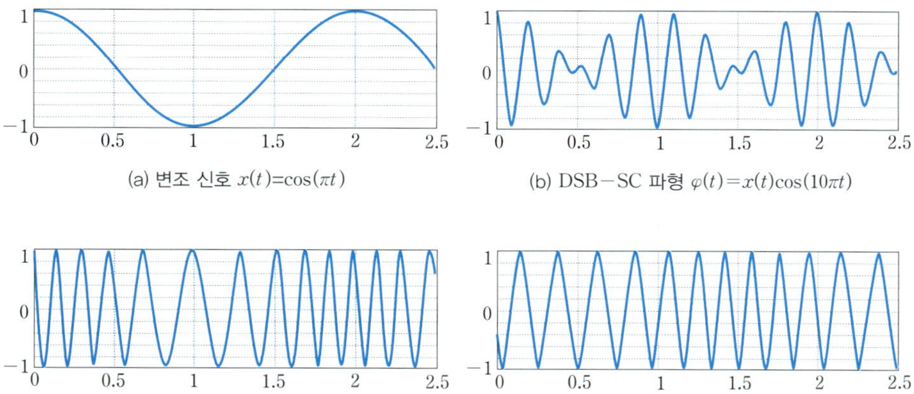

(a) 변조 신호 $x(t)=\cos(\pi t)$ (b) DSB−SC 파형 $\varphi(t)=x(t)\cos(10\pi t)$

(c) FM 파형 $\varphi(t)=\cos\{10\pi t+4\pi\int_{-\infty}^{t}x(\tau)d\tau\}$ (d) PM 파형 $\varphi(t)=\cos\{10\pi t+2x(t)\}$

[그림 5-1] DSB-SC, FM, PM 변조된 신호의 파형

PM 변조의 위상 모호성

메시지 신호가 $k\text{rect}(t/\tau)$ 또는 $-k\text{rect}(t/\tau)$인 구형파의 조합이면서 PM 변조된 신호의 위상이 $\theta(t)=k_p x(t)=\pm 2\pi$인 경우, PM 변조 파형은 항상 $\varphi_{PM}(t)=A_c\cos(\omega_c t)$가 되어 수신기에서 $x(t)$가 양의 구형파인지 음의 구형파인지 구분할 수 없습니다. 이와 같이 $x(t)$**가 갑자기 바뀌는 신호의 경우,** $-\pi<k_p x(t)<\pi$**의 조건을 만족하지 않을 때 메시지 신호의 판단이 모호해지는 것을 위상 모호성**phase ambiguity**이라고 합니다.**

메시지 신호가 양과 음의 구형파로 구성된 경우는 크기가 두 가지뿐이므로 일종의 디지털 신호입니다. 그러나 $x(t)$가 연속적으로 변화하는 아날로그 신호의 경우에는 $t=t_1$에서 위상이 $\theta(t_1)=\theta_0$, $t=t_1+\Delta T$에서 위상이 $\theta(t_1+\Delta T)=\theta_0\pm 2\pi$가 되어도 Δt 시간 동안 위상이 θ_0에서 $\theta_0+2\pi$로 서서히 바뀌므로 수신기에서 메시지 신호를 복원할 수 있습니다. 그러므로 PM 변조된 신호의 위상이 순간적으로 $\pm 2\pi$ 이상 변화하지 않은 경우에는 PM 변조 신호의 복조에 문제가 없습니다. 예를 들어 $k_p x(t)=5t$와 같은 램프 함수인 경우 $\varphi_{PM}(t)=\cos(\omega_c t+0.1\pi t)$가 됩니다. 이 신호는 20초가 지나면 2π[rad]의 위상 변화가 발생합니다. 그러나 이 위상의 변화는 순간적으로 발생한 것이 아니므로 $\theta(t)=k_p x(t)=0.1\pi t$를 복원할 수 있습니다.

FM 변조와 PM 변조의 관계

식 (5.1)과 식 (5.3)을 비교하면 FM 변조와 PM 변조의 파형이 매우 유사하다는 것을 알 수 있습니다. 메시지 신호 $x(t)$를 적분하여 PM 변조기를 통과시키면 FM 변조 신호가 됩니다. 그리고 $x(t)$를 미분하여 FM 변조를 수행하면 PM 변조 신호가 됩니다. 따라서 FM 변조기나 PM 변조기 중 한 가지를 구현하면 다른 변조기도 간단히 구현할 수 있습니다. [그림 5-2]에 FM 변조와 PM 변조의 관계를 나타냈습니다.

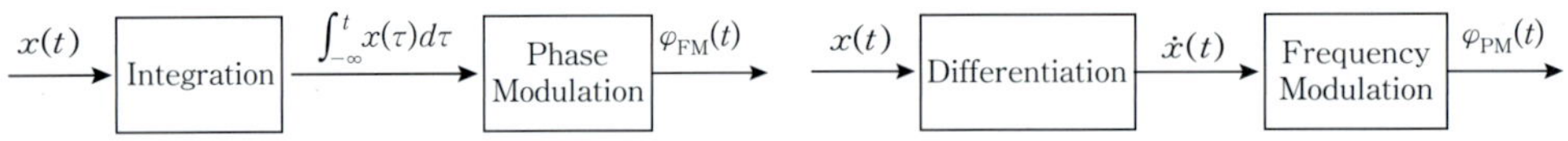

[그림 5-2] FM 변조와 PM 변조의 관계

FM 변조의 대역폭에 대한 암스트롱의 오류

암스트롱은 FM을 발명하면서 상수 k_F를 매우 작게 함으로써 FM 변조 신호의 대역폭을 대폭 줄일 수 있으리라 생각했습니다. 하지만 여기에는 오류가 있었습니다. 암스트롱의 실수는 무엇이었을까요?

우선 FM 변조된 신호는 진폭이 일정하게 유지되면서 주파수가 순간적으로 바뀌는 정현파입니다. 정현파 신호의 스펙트럼은 정현파 주파수에 임펄스가 존재하는 형태로 나타납니다. 식 (5.1)에서 FM 신호의 순시 주파수는 $\omega_c - k_F x_p \leq \omega_i(t) \leq \omega_c + k_F x_p$가 되므로 FM 신호의 스펙트럼은 $\omega_i(t)$의 주파수를 가진 임펄스의 조합으로 생각할 수 있습니다. 이를 [그림 5-3(a)]에 나타냈습니다. 바로 이것이 FM에 대한 잘못된 생각이었습니다.

어떤 정현파가 주파수 영역에서 임펄스 형태로 나타나려면 $-\infty < t < \infty$ 구간에서 동일한 주파수로 존재해야만 합니다. 메시지 신호 $x(t)$가 매우 천천히 변화하는 파형이라고 해도 일정 기간 동안 동일한 순간 주파수를 가지는 시간은 매우 짧습니다. **FM 변조된 신호가 $-\tau/2 \leq t \leq \tau/2$ 동안 동일한 순간 주파수를 유지한다고 가정하면, 이 신호는 $\varphi_{FM}(t) = \cos(\omega_i t)\,\mathrm{rect}(t/\tau)$로 표현될 수 있습니다.** 그런데 이것은 순수한 정현파가 아니라 정현파에 구형파가 곱해진 신호로, 이 신호는 주파수 영역에서

$$\begin{aligned}\Phi_{FM}(t) &= \frac{1}{2\pi}\mathbf{F}\{\cos(\omega_i t)\} * \mathbf{F}\{\mathrm{rect}(t/\tau)\} \\ &= \frac{\tau}{2}\left[\mathrm{Sa}\{(\omega-\omega_i)\tau/2\} + \mathrm{Sa}\{(\omega+\omega_i)\tau/2\}\right]\end{aligned} \tag{5.5}$$

가 됩니다. 따라서 **FM 변조된 신호의 스펙트럼은 순시 주파수에 의한 주파수 변화**

$\omega_c - k_F x_P \leq \omega \leq \omega_c + k_F x_P$의 범위뿐만 아니라 Sa 함수의 영향으로 [그림 5-3(b)]와 같이 더 넓은 대역을 차지하게 되는 것입니다.

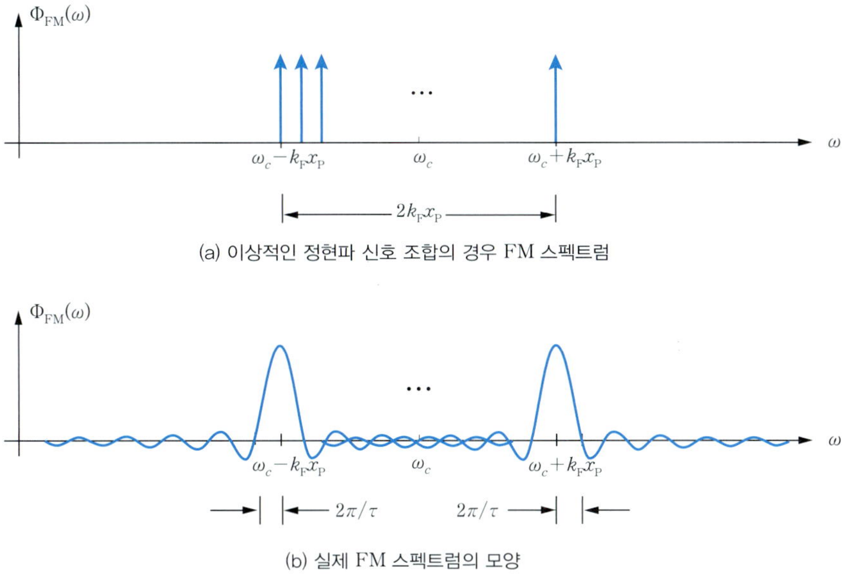

[그림 5-3] FM 변조 신호의 대역폭

엄격하게 말하면 Sa 함수의 대역폭은 무한대이므로 FM 변조된 신호의 절대 대역폭absolute bandwidth은 무한대가 될 수도 있습니다. 99% 전력 대역폭의 관점에서는 Sa 함수의 총전력 중 99%를 포함하는 주파수 범위가 됩니다. 어쨌든 FM 변조된 신호의 대역폭은 암스트롱이 생각했던 것보다 훨씬 넓다는 것을 알 수 있습니다.

예제 5-1

다음 신호의 순시 주파수와 위상, 그리고 순시 주파수의 최댓값과 최솟값을 구하세요.

(a) $x(t) = \cos 20\pi t$

(b) $x(t) = 10\cos(2000\pi t + 10\sin 100\pi t)$

(c) $x(t) = 10\cos(20\pi t + 2\pi t e^{\sin 10t})$

풀이

(a) $x(t)$의 위상은 $\phi(t) = 20\pi t$이므로 순시 주파수는 $\omega_i(t) = d\phi(t)/dt = 20\pi$[rad/s] 또는 10 [Hz]가 됩니다. 따라서 순시 주파수는 항상 일정합니다.

(b) $x(t)$의 위상은 $\phi(t) = 2000\pi t + 10\sin 100\pi t$이므로 순시 주파수는 다음과 같습니다.

$$\omega_i(t) = d\phi(t)/dt = 2\pi(1000 + 500\cos 100\pi t)[\text{rad/s}]$$

따라서 순시 주파수의 최솟값은 500[Hz], 최댓값은 1500[Hz]입니다.

(c) $x(t)$의 위상은 $\phi(t)=20\pi t+2\pi te^{\sin 10t}$이므로 순시 주파수는 다음과 같습니다.

$$\omega_i(t)=d\phi(t)/dt=20\pi+2\pi e^{\sin 10t}+20\pi t(\cos 10t)e^{\sin 10t}\,[\mathrm{rad/s}]$$

따라서 순시 주파수는 시간에 따라 발산하는 모양입니다.

핵심포인트 **진폭 변조 vs. 각변조**

진폭 변조는 메시지 신호 $x(t)$의 진폭을 변조된 신호에 그대로 반영하는 방식이므로 신호가 전파되는 동안 크기의 왜곡이 복원된 신호의 품질에 상당한 영향을 끼칩니다. 암스트롱은 메시지 신호 $x(t)$를 주파수로 표현여 이 문제를 해결했습니다.

핵심포인트 **FM 변조와 PM 변조**

FM 변조와 PM 변조를 통틀어 각변조라 하며 다음과 같이 나타냅니다.

$$\varphi_{\mathrm{EM}}(t)=A_c\cos\{\omega_c t+\theta(t)\}$$

여기서 메시지 신호 $x(t)$를 FM 변조에서는 $\theta(t)=k_{\mathrm{F}}\int_{-\infty}^{t}x(\tau)\,d\tau$, PM 변조에서는 $\theta(t)=k_{\mathrm{P}}x(t)$로 표현하여 전송합니다. k_{F}와 k_{P}는 각각 주파수와 위상의 변화량을 조절하는 상수입니다.

5.3 각변조 신호의 대역폭

각변조는 대역폭에 따라 협대역narrowband **각변조 신호와 광대역**wideband **각변조 신호로 구분합니다.** 실제 사용되는 각변조 신호는 광대역 각변조이지만, FM 라디오에서는 구현의 편의상 협대역 FM 변조 신호를 이용하여 광대역 FM 변조 신호를 생성합니다. 그러므로 FM 변조 신호의 발생 순서에 따라서 협대역 각변조 신호의 대역폭 해석 방법을 먼저 살펴볼 필요가 있습니다. 그다음에 광대역 각변조 신호의 대역폭에 대해 공부하겠습니다.

5.3.1 협대역 각변조

FM 변조 신호의 급수 전개를 통한 대역폭 계산

각변조 신호의 대역폭을 구하기 위해 먼저 FM 변조 신호를 살펴보겠습니다. FM 변조된 신호는 다음과 같이

$$\varphi_{\mathrm{FM}}(t)=\mathrm{Re}\{A_c e^{j\phi(t)}\}=\mathrm{Re}\left[A_c e^{j\{\omega_c t+\theta(t)\}}\right] \tag{5.6}$$

의 복소수로 표현할 수 있습니다. 그리고 멱급수 전개 $e^x=\sum_{n=0}^{\infty}x^n/n!$를 이용하면 식 (5.6)을 다음과 같이 표현할 수 있습니다.

$$\begin{aligned}\varphi_{\mathrm{FM}}(t)&=\mathrm{Re}\left[A_c\left\{1+j\theta(t)-\frac{1}{2!}\theta^2(t)-j\frac{1}{3!}\theta^3(t)+\cdots\right\}e^{j\omega_c t}\right]\\&=A_c\left\{\cos\omega_c t-\theta(t)\sin\omega_c t-\frac{1}{2!}\theta^2(t)\cos\omega_c t+\frac{1}{3!}\theta^3(t)\sin\omega_c t+\cdots\right\}\end{aligned} \tag{5.7}$$

이 결과는 메시지 신호 $\theta^n(t)$ $(n=0,\ 1,\ 2,\ \cdots)$를 DSB 변조한 신호의 조합으로 생각할 수 있습니다.

식 (5.7)의 급수 전개로 표현된 FM 신호를 통해 FM 변조 신호의 대역폭을 계산해보겠습니다. FM 변조 신호의 위상 성분 $\theta(t)=k_{\mathrm{F}}\int_{-\infty}^{t}x(\tau)\,d\tau$이므로, 이것의 주파수 성분은 3장에서 공부한 푸리에 변환 식을 고려하면 $\Theta(\omega)=k_{\mathrm{F}}\{X(\omega)/(j\omega)+\pi X(0)\delta(\omega)\}$가 됩니다. 그러므로 기저 대역 신호 $x(t)$의 대역폭이 ω_{B}[rad/s]이면, $\theta(t)$는 주파수가 높아짐에 따라 $1/\omega$로 크기가 줄어들지만 대역폭은 ω_{B}로 유지됩니다. 그리고 $\theta(t)\sin\omega_c t$의 주파수 특성은 $\Theta(\omega)*\mathbf{F}\{\sin\omega_c t\}/(2\pi)$로 표현됩니다. $\omega_c\gg\omega_{\mathrm{B}}$라는 가정에서 이 신호의 대역폭은 $2\omega_{\mathrm{B}}$[rad/s]가 됩니다.

식 (5.7)의 세 번째 항에서 $\theta^2(t)$의 주파수 영역 특성은 $\Theta(\omega)*\Theta(\omega)/(2\pi)$이므로 이것의 대역폭은 $2\omega_{\mathrm{B}}$가 됩니다. 그러므로 $\theta^2(t)\sin\omega_c t$의 대역폭은 $4\omega_{\mathrm{B}}$[rad/s]입니다. 이 결과로부터 식 (5.7)에서 $\theta^n(t)$의 대역폭은 $n\omega_{\mathrm{B}}$[rad/s]가 되고, $\theta^n(t)\sin\omega_c t$의 대역폭은 $2n\omega_{\mathrm{B}}$[rad/s]가 됩니다. 따라서 **FM 신호의 대역폭은 무한대가 되어야 합니다**. 이는 5.2절에서 언급한 암스트롱의 오류에 관한 내용과 동일한 결론입니다. 그러나 엄격하게 따지면 식 (5.7)에서 $1/(n!)$ 성분 때문에 고차 항으로 갈수록 신호의 크기가 작아지므로 FM 변조 신호의 대역폭이 무한대라고 할 수는 없습니다.

PM 변조의 경우에는 $\theta(t)=k_{\mathrm{P}}x(t)$이므로 $\Theta(\omega)$의 대역폭은 $X(\omega)$의 대역폭과 동일합니다. 그러므로 식 (5.7)에 $\theta(t)=k_{\mathrm{P}}x(t)$를 대입하면 **PM 변조된 신호의 경우에도 FM 변조와 마찬가지로 대역폭이 무한대가 됩니다**.

NBFM과 NBPM

각변조 신호의 상수 k_F 또는 k_P의 크기를 조절하여 식 (5.4)에서 $|\theta(t)| \ll 1$가 되도록 할 수 있습니다. 이 경우에 식 (5.7)은 다음과 같이 근사화할 수 있습니다.

$$\varphi_{EM}(t) \cong A_c\{\cos\omega_c t - \theta(t)\sin\omega_c t\} \tag{5.8}$$

이때 신호의 대역폭은 $2\omega_B$[rad/s]가 됩니다. 결국 각변조와 DSB 변조의 대역폭은 동일합니다. 또한 식 (5.8)은 DSB-LC 변조 신호의 모양과 매우 닮았습니다. 이와 같이 **$|\theta(t)| \ll 1$을 만족하는 각변조 신호를 협대역 FM**[NBFM : Narrow Band FM] **또는 NBPM 변조라고 합니다.**

NBFM의 경우에 식 (5.8)은 다음과 같이 표현됩니다.

$$\varphi_{NBFM}(t) = A_c\{\cos\omega_c t - k_F\int_{-\infty}^{t} x(\tau)\,d\tau \sin\omega_c t\} \tag{5.9}$$

이는 암스트롱이 처음에 생각했던 것과 같이 변조 신호를 주파수에 표현한 것이 아니라 반송파의 진폭에 정보를 표현한 것임을 알 수 있습니다. 오히려 DSB-LC 변조 신호와 유사해 보이며, 다만 변조 신호가 적분된 형태로 바뀐 것뿐입니다. 한편 식 (5.8)에서 NBPM 변조 신호는 다음과 같이 표현됩니다.

$$\varphi_{NBPM}(t) = A_c\{\cos\omega_c t - k_P x(t)\sin\omega_c t\} \tag{5.10}$$

이 결과 또한 DSB-LC 변조와 거의 동일합니다. 그러므로 k_F 또는 k_P를 매우 작게 한 **협대역 각변조는 DSB-LC 변조와 유사하므로 진폭 변조보다 대역폭이 좁아지는 장점이 없습니다.** [그림 5-4]는 협대역 각변조 송신기의 구조도입니다.

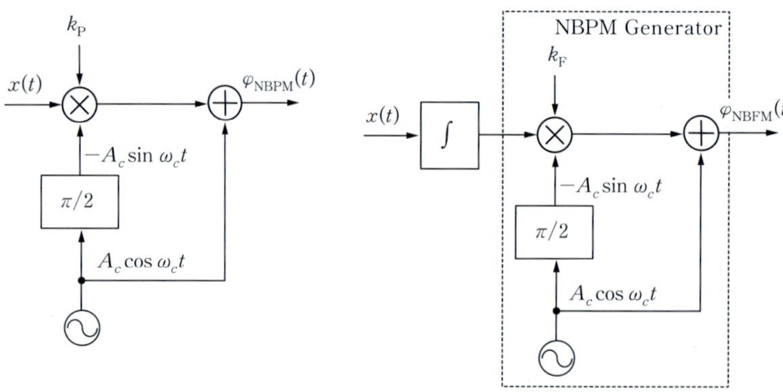

(a) NBPM 발생기의 구조　　(b) NBFM 발생기의 구조

[그림 5-4] 협대역 각변조기의 구조도

핵심포인트 **NBFM**

FM 변조 신호 $\varphi_{\mathrm{FM}}(t)=A_c\cos\{\omega_c t+\theta(t)\}$에서 $|\theta(t)|\ll 1$을 만족하는 신호를 협대역 FM 변조라고 합니다. NBFM의 경우 $\varphi_{\mathrm{FM}}(t)\cong A_c\{\cos\omega_c t-\theta(t)\sin\omega_c t\}$로 표현되어 DSB-LC 변조와 거의 유사합니다.

5.3.2 광대역 각변조

협대역 각변조는 DSB-LC 변조와 유사하여 대역폭이 줄어들지 않는다는 것을 보았습니다. 다음으로 $|\theta(t)|\ll 1$가 아닌, 광대역 각변조wideband angle modulation 신호의 대역폭을 살펴보겠습니다. **실제로 FM 변조의 장점인 잡음에 강한 특징을 보장하기 위해 FM 방송에서는 광대역 FMWBFM : WideBand FM 변조 방식을 사용하고 있습니다.** 각변조의 비선형 특징 때문에 광대역 각변조된 신호의 대역폭을 정확히 구하기란 매우 어렵습니다. 쉬운 이해를 위해 간단한 정현파 신호를 FM 변조하는 경우를 통해 FM의 대역폭을 살펴본 후 모든 변조 신호로 일반화해보겠습니다.

톤 신호의 FM 변조와 카슨의 규칙

해석을 단순화하기 위해 메시지 신호가 $x(t)=A_m\cos\omega_m t$인 톤 신호를 생각해보겠습니다. 이 신호의 FM 변조 결과는 다음과 같고,

$$\begin{aligned}\varphi_{\mathrm{FM}}(t)&=\mathrm{Re}\left[A_c\exp\{j(\omega_c t+k_{\mathrm{F}}\int_{-\infty}^{t}x(\tau)\,d\tau)\}\right]\\&=\mathrm{Re}\left[A_c\exp\{j(A_m k_{\mathrm{F}}\sin\omega_m t)/\omega_m\}e^{j\omega_c t}\right]\\&=\mathrm{Re}\{A_c\exp(j\beta\sin\omega_m t)\,e^{j\omega_c t}\}\end{aligned}\tag{5.11}$$

여기서 $\beta=A_m k_{\mathrm{F}}/\omega_m=\Delta\omega/\omega_m$입니다. 이것은 **메시지 신호의 최대 주파수 ω_m에 대한 주파수 편이를 나타내는 것으로 편이비deviation ratio라고 합니다.** 변조 신호가 정현파일 경우, β를 변조 지수modulation index라고 합니다. $\varphi_{\mathrm{FM}}(t)$의 순시 주파수는 $\omega_c+\omega_m\beta\cos\omega_m t$이므로 $(\omega_c-\Delta\omega)$[rad/s]에서 $(\omega_c+\Delta\omega)$ [rad/s]까지 변화함을 알 수 있습니다. 즉 β는 순시 주파수의 변화 폭을 결정하는 변수입니다. 그러므로 FM 변조된 신호의 대역폭과 직접적인 연관성이 있습니다. **일반적으로 $\beta>0.2$인 경우를 WBFM이라고 합니다.**

식 (5.11)에서 $\exp(j\beta\sin\omega_m t)$는 주기가 $1/f_m$[s]인 주기 신호이므로 다음과 같이 푸리에 급수로 나타낼 수 있습니다.

$$e^{j\beta\sin\omega_m t} = \sum_{n=-\infty}^{\infty} D_n e^{jn\omega_m t} \tag{5.12}$$

여기서 $D_n = (\omega_m/2\pi)\int_{-\pi/\omega_m}^{\pi/\omega_m} e^{j\beta\sin\omega_m t} e^{-jn\omega_m t} dt = (1/2\pi)\int_{-\pi}^{\pi} e^{j(\beta\sin x - nx)} dx$는 제1종 베셀 Bessel[2] 함수Bessel function of the first kind 라고 하며 $J_n(\beta)$로도 표현합니다. 여기서 $x = \omega_m t$입니다. [그림 5-5]와 [표 5-1]에 제1종 베셀 함수를 나타냈습니다. $J_n(\beta)$는 실숫값이며 다음과 같은 특징을 가지고 있습니다.

$$J_{-n}(\beta) = (-1)^n J_n(\beta) \tag{5.13}$$

$$\sum_{n=-\infty}^{\infty} J_n^2(\beta) = 1 \tag{5.14}$$

그러므로 식 (5.12)는 다음과 같이 나타낼 수 있습니다.

$$e^{j\beta\sin\omega_m t} = \sum_{n=-\infty}^{\infty} J_n(\beta) e^{jn\omega_m t} \tag{5.15}$$

또한 식 (5.11)과 식 (5.15)를 통해 다음과 같이 나타낼 수 있습니다.

$$\varphi_{\mathrm{FM}}(t) = \mathrm{Re}\left\{A_c e^{j\omega_c t} \sum_{n=-\infty}^{\infty} J_n(\beta) e^{jn\omega_m t}\right\} = A_c \sum_{n=-\infty}^{\infty} J_n(\beta)\cos(\omega_c + n\omega_m)t \tag{5.16}$$

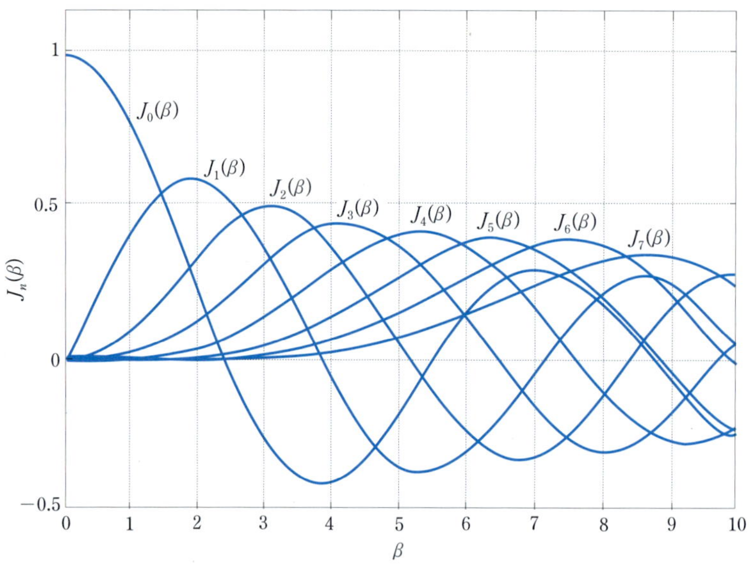

[그림 5-5] 제1종 베셀 함수

2 베셀(Friedrich Wilhelm Bessel, 1784~1846)은 독일의 수학자이자 천문학자로 베르누이(Daniel Bernoulli)가 발견한 것을 체계화하여 베셀 함수를 발표했습니다. 베셀 함수 $J_n(\beta)$는 물리에서 자주 등장하는 다음 미분방정식의 해입니다.

$$\beta^2 \frac{d^2 y}{d\beta^2} + \beta\frac{dy}{d\beta} + (\beta^2 - n^2)y = 0$$

[표 5-1] 제1종 베셀 함수[3]

β	$J_0(\beta)$	$J_1(\beta)$	$J_2(\beta)$	$J_3(\beta)$	$J_4(\beta)$	$J_5(\beta)$	$J_6(\beta)$	$J_7(\beta)$
0	1.0000	0	0	0	0	0	0	0
1	0.7652	0.4401	0.1149	0.1149	0.0025	0.0002	0.0000	0.0000
2	0.2239	0.5767	0.3528	0.3528	0.0340	0.0070	0.0012	0.0002
3	−0.2601	0.3391	0.4861	0.4861	0.1320	0.0430	0.0114	0.0025
4	−0.3971	−0.0660	0.3641	0.3641	0.2811	0.1321	0.0491	0.0152
5	−0.1776	−0.3276	0.0466	0.0466	0.3912	0.2611	0.1310	0.0534
6	0.1506	−0.2767	−0.2429	−0.2429	0.3576	0.3621	0.2458	0.1296
7	0.3001	−0.0047	−0.3014	−0.3014	0.1578	0.3479	0.3392	0.2336
8	0.1717	0.2346	−0.1130	−0.1130	−0.1054	0.1858	0.3376	0.3206
9	−0.0903	0.2453	0.1448	0.1448	−0.2655	−0.0550	0.2043	0.3275
10	−0.2459	0.0435	0.2546	0.2546	−0.2196	−0.2341	−0.0145	0.2167

그러므로 주파수 ω_m인 싱글 톤 신호에 대한 FM 변조의 결과는 크기가 $A_c J_n(\beta)$이고 주파수가 $\omega_c + n\omega_m$인 정현파들의 조합으로 나타납니다. 변조된 신호의 대역폭은 식 (5.5)에서 살펴본 것과 마찬가지로 무한대입니다. 그러나 [그림 5-5]에 나타낸 제1종 베셀 함수 $J_n(\beta)$는 β에 따라 특정 n 이상이 되면 매우 작아져서 의미가 없습니다.

식 (5.16)에서 $J_n(\beta)$의 크기가 의미 있는 경우만을 고려하면 FM 변조된 신호의 전송에 필요한 통신 대역폭이 유한하다는 것을 알 수 있습니다. 그리고 식 (5.16)으로부터 $\varphi_{\text{FM}}(t)$의 평균 전력은 다음과 같이 됩니다.

$$P_{\varphi\text{FM}} = (A_c^2/2) \sum_{n=-\infty}^{\infty} J_n^2(\beta) \tag{5.17}$$

일반적으로 $J_n(\beta)$는 $n > \beta + 1$이면 무시할 만한 크기입니다. 따라서 **식 (5.16)으로부터 주파수가 ω_m인 정현파에 대한 FM 변조 신호의 대역폭 ω_{FM}은 다음과 같습니다.**

$$\omega_{\text{FM}} \cong 2(\beta + 1)\,\omega_m = 2(\Delta\omega + \omega_m)\,[\text{rad/s}] \tag{5.18}$$

이 관계는 1922년 카슨이 발견하여 **카슨의 규칙**Carson's rule이라고 합니다. 여기서 대역폭은 변조된 신호에 대한 것이므로 기저 대역이 아니라 통과 대역 신호라는 것을 혼동하지 말아야 합니다.

지금까지 하나의 주파수를 가진 정현파에 대해 FM 변조한 신호의 대역폭을 구하여 FM 변조 신호의 대역폭이 카슨의 규칙을 만족한다는 것을 보았습니다. 그런데 정현파 이외 임의

3 MATLAB의 besselj(n, β) 함수를 이용하여 구할 수 있는데, 여기서는 besselj(0:7, (0:1:10)') 명령으로 구했습니다.

의 메시지 신호에 대한 FM 변조의 대역폭을 정확하게 해석하기란 매우 어렵습니다. 그러나 **임의의 메시지 신호 $x(t)$에 대해 FM 변조를 수행한 결과, 카슨의 규칙이 여전히 만족됨이 실험적으로 밝혀졌습니다.** 이제 식 (5.18), 카슨의 규칙에서 ω_m은 $x(t)$의 가장 높은 주파수 또는 기저 대역에서의 대역폭이 됩니다. 따라서 메시지 신호의 가장 높은 주파수 성분이 FM 신호의 대역폭 결정에 큰 영향을 줍니다.

PM 변조에 대한 카슨의 규칙

PM 변조의 경우로 대역폭의 해석을 확장해보겠습니다. PM 변조에서 순시 주파수는 $\omega_i(t)=\omega_c+k_{\mathrm{P}}\dot{x}(t)$이므로 주파수 편이는 $\Delta\omega=k_{\mathrm{P}}x_{\mathrm{p}}'$가 됩니다. 여기서 $x_{\mathrm{p}}'=\max\{\dot{x}(t)\}$입니다. 그러므로 카슨의 규칙에 따라 PM 변조 신호의 대역폭은 다음과 같습니다.

$$\omega_{\mathrm{PM}}=2(\Delta\omega+\omega_m)=2(k_{\mathrm{P}}x_{\mathrm{p}}'+\omega_m)[\mathrm{rad/s}] \tag{5.19}$$

4장에서 밝힌것처럼 이 책에서 메시지 신호 $x(t)$는 $-x_{\mathrm{p}}\leq x(t)\leq x_{\mathrm{p}}$임을 다시 한 번 강조합니다.

주파수 편이에 따른 톤 변조 신호의 FM 특성

통신을 위한 대역폭을 임의대로 결정할 수 있는 경우, 편이비에 따른 FM의 대역폭을 살펴보겠습니다. $x(t)=\sin(\omega_m t)$와 같이 주파수가 고정된 싱글 톤 신호를 FM 변조하여 $\varphi_{\mathrm{FM}}(t)=\cos\left(\omega_c+k_{\mathrm{F}}\int_{-\infty}^{t}x(\tau)\,d\tau\right)$를 생성하려고 합니다. $f_m=500[\mathrm{Hz}]$, $f_c=5000[\mathrm{Hz}]$일 때, $\beta=\Delta f/f_m=0.1,\ 0.5,\ 1,\ 2,\ 4$에 대한 FM 변조 신호의 스펙트럼 특성을 [그림 5-6]에 나타냈습니다.

카슨의 규칙에 따라 FM 신호의 대역폭은 $f_{\mathrm{FM}}\cong 2f_m(\beta+1)$이므로 f_m이 정해진 환경에서 편이비 β에 비례하여 대역폭이 증가함을 알 수 있습니다. $\beta=0.1$인 NBFM의 경우에도 대역폭은 $2f_m$을 유지합니다. 그리고 식 (5.16)에 나타난 바와 같이 $f_c\pm nf_m[\mathrm{Hz}]$에서 신호 성분이 존재함을 알 수 있습니다.

편이비 β가 커지면서 대역폭이 증가하면 FM 수신기에서 신호 전력이 잡음 전력에 비해 커지는 장점이 있습니다. 그러므로 β가 커지면 송신기와 수신기 간의 거리가 멀어져도 깨끗한 수신이 가능합니다. **DSB 유형의 변조에 비해 FM 변조는 통신을 위해 넓은 주파수를 필요로 하지만, 송신기와 수신기 간의 거리가 동일한 환경에서 FM의 수신 신호 세기가 DSB 변조보다 크다는 장점이 있습니다.** 이에 대해서는 6장에서 자세히 살펴보겠습니다.

[그림 5-6]을 구하기 위한 MATLAB 코드를 [표 5-2]에 나타냈습니다. MATLAB에는 FM 변조를 위한 내장 함수 'fmmod'가 있습니다. 그러나 FM 변조를 공부하는 관점에서는 내장 함수를 사용하지 않고 직접 기본적인 코드를 이용하여 구현하는 것이 좋습니다. 이 두 가지 구현 방법을 [표 5-2]에 함께 나타냈습니다.

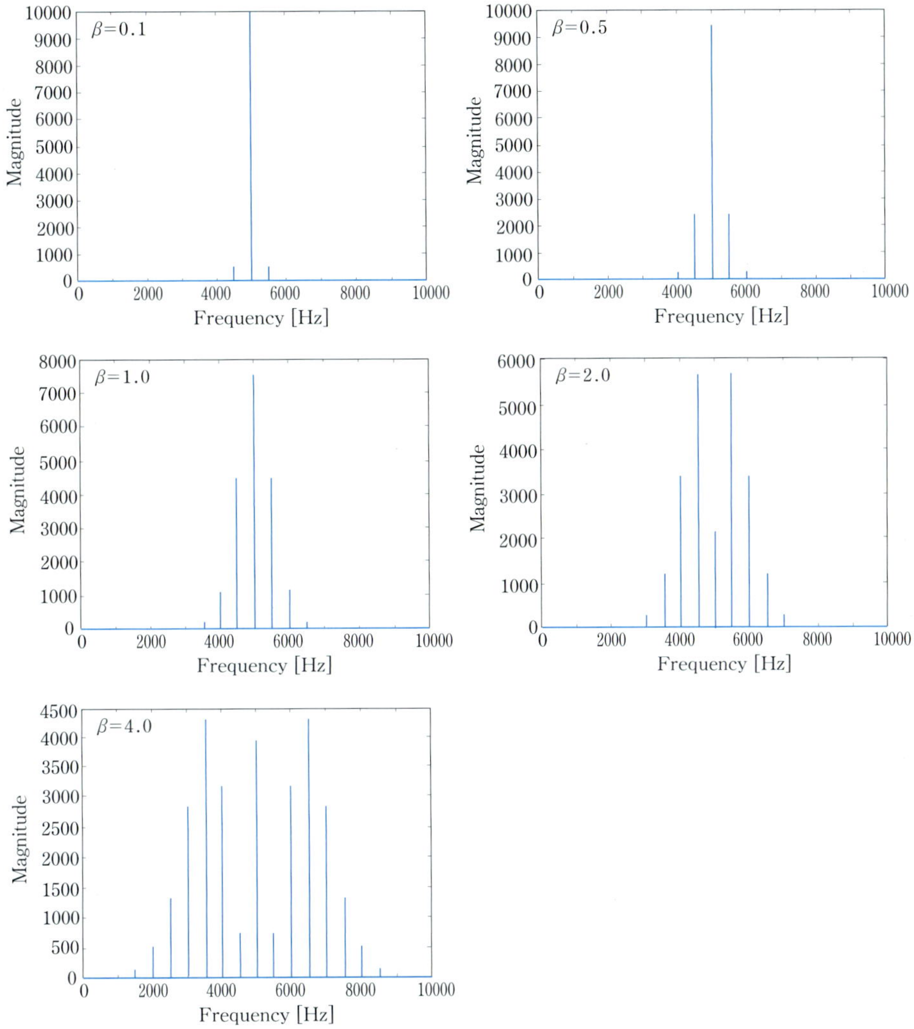

[그림 5-6] f_m이 고정된 경우, $x(t)=\sin(2\pi f_m t)$의 $\beta=\Delta f/f_m$에 따른 FM 신호의 스펙트럼

[표 5-2] [그림 5-6]의 스펙트럼 계산을 위한 MATLAB 프로그램

```
% FM signal modulation for a tone modulating signal
clear all;
clf;

Fs = 20000; % MATLAB에서 신호의 생성은 이산 시간 관점에서 생성합니다. 그러므로 이산 시간 간격을 1/20000초로 정함. 나이퀴스트 샘플링 정리에 따라 다루고자 하는 신호의 최대 주파수의 2배 이상으로 표본화하면 됨.
Fc = 5000; % Carrier frequency
Fm = 500; % 톤 신호의 주파수
t = [0:Fs-1]'/Fs; % 1초 동안의 샘플링 시간 간격

xp = 1; % 메시지 신호의 최댓값
beta=4; % deviation index beta=xp*kf/Fm
kf=beta*Fm/xp;
f_dev = kf*xp % FM 변조 신호의 주파수 편이

BW=2*Fm*(beta+1) % Bandwidth according to Carson's rule

x = xp*sin(2*pi*Fm*t); % 변조 신호 발생

% Use Matlab function
y1 = fmmod(x,Fc,Fs,f_dev); % MATLAB 내장 함수로 FM 변조 신호 발생

% MATLAB 함수가 아닌 방식으로 FM 신호 생성. 결론은 y1과 동일함
len = size(x,1);
int_x = cumsum(x)/Fs; % FM 변조의 위상 적분
y2 = cos(2*pi*Fc*t + 2*pi*kf*int_x); % FM 변조 신호의 생성

% Plot figure in frequency domain
Y2=abs(fft(y2)); % y2의 푸리에 변환
f=0:1:length(Y2)-1;
f=f/length(Y2)*Fs; % 주파수 축의 값 계산 [0~Fs)
figure(1); plot(f(1:length(f)/2),Y2(1:length(f)/2));
xlabel('Frequency [Hz]'); ylabel('Magnitude');
% fft 함수의 특성이 출력의 반이 [0~Fs/2)까지의 특성을 나타냄
```

주파수 편이가 고정된 톤 변조 신호의 FM 특성

일반적으로 특정 서비스를 위한 통신 대역폭은 고정되어 있습니다. 그러므로 메시지 신호의 특성에 따라 주파수 편이가 결정됩니다. 이제 톤 신호 $x(t)=\sin(2\pi f_m t)$에서 주파수 편이 $\Delta\omega=2\pi\Delta f$가 고정된 경우, FM 변조 신호 $\varphi_{FM}(t)=\cos(2\pi f_c t+k_F\int_{-\infty}^{t}x(\tau)\,d\tau)$의 스펙트럼 특성을 살펴봅시다. 주파수 편이는 $\Delta f=k_F x_p/2\pi$로 표현되고 $f_m=\Delta f/\beta$이므로 β에 따라 f_m이 바뀌어야 함을 알 수 있습니다. 그러므로 편이비 β가 커질수록 f_m이 작아져야 합니다. 이 특징을 [그림 5-7]에 나타냈는데, 여기서 $f_c=5$[kHz], $\Delta f=1$[kHz]로 설정했습니다.

주파수 편이를 고정했으므로 대역폭의 차이가 거의 없습니다. **대역폭이 서로 다른 기저 대역 신호를 FM 변조하여 동일한 대역폭으로 전송할 경우, 대역폭이 넓은 메시지 신호에 대해서는 상대적으로 편이비를 크게 할 수 없습니다. FM 변조에서 편이비를 크게 하면 수신 성능이 좋아지는 장점이 있습니다.** 이에 대해서는 6장에서 자세하게 살펴보겠습니다.

초기의 FM 방송은 오늘날과 같이 스테레오stereo FM이 아니라 모노mono FM이었습니다. 스테레오 FM 기법이 제안되면서 기저 대역 신호의 대역폭이 커졌으나 방송을 위한 대역폭은 추가로 할당되지 않았습니다. 그러므로 [그림 5-7]의 예를 통해 스테레오 FM의 β가 모노 FM보다 작아진다는 것을 예측할 수 있습니다.

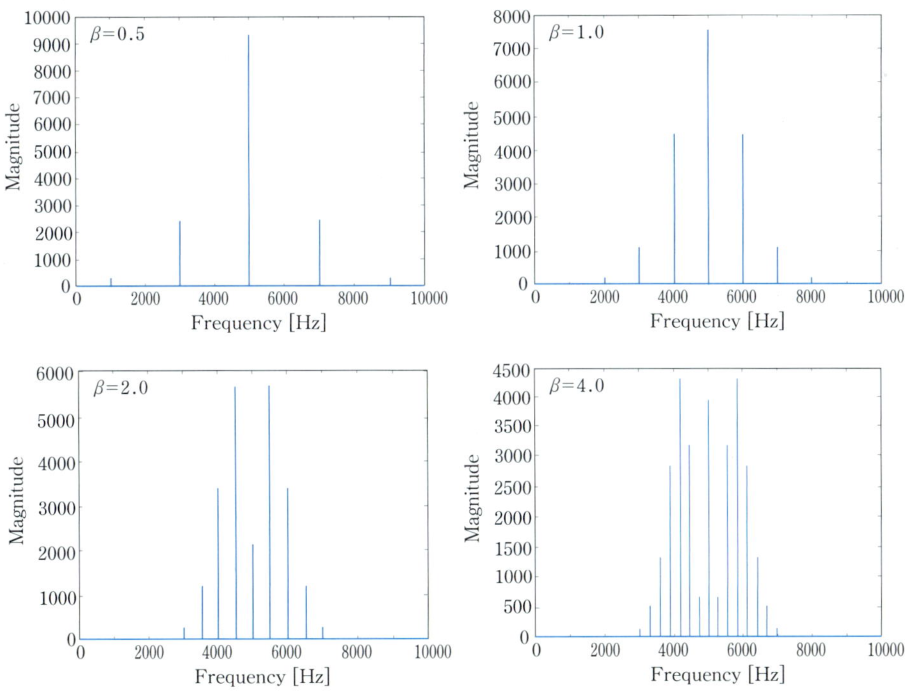

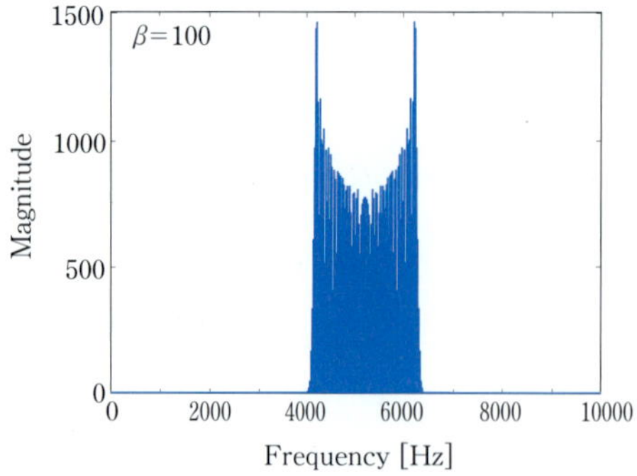

[그림 5-7] 주파수 편이 Δf가 고정된 경우, $x(t)=\sin(2\pi f_m t)$의 $\beta=\Delta f/f_m$에 따른 FM 신호의 스펙트럼

[표 5-3] [그림 5-7]의 스펙트럼 계산을 위한 MATLAB 프로그램

```
% FM signal modulation
clear all; clf;

Fs = 20000; % Sampling rate of signal
Fc = 5000; % Carrier frequency
t = [0:Fs-1]'/Fs; % Sampling times

xp=1;
beta=1.0; % deviation index beta=xp*kf/Fm
f_dev=1000;
Fm=f_dev/beta
kf=beta*Fm;

x = xp*sin(2*pi*Fm*t);

% Implement the FM modulation
len = size(x,1);
int_x = cumsum(x)/Fs;
y2 = cos(2*pi*Fc*t + 2*pi*kf*int_x);

% Plot figure in frequency domain
Y2=abs(fft(y2)); % y2의 푸리에 변환
f=0:1:length(Y2)-1;
f=f/length(Y2)*Fs; % 주파수 축의 값 계산 [0~Fs)
figure(1); plot(f(1:length(f)/2),Y2(1:length(f)/2));
xlabel('Frequency [Hz]'); ylabel('Magnitude');
```

예제 5-2

식 (5.12)에서 $x(t)=\exp(j\beta\sin\omega_m t)$가 주기 함수라는 특징을 이용하여 카슨의 규칙을 유도했니다. $x(t)$가 주기 함수임을 MATLAB을 통해 보이세요. 단, $\beta=5$, $\omega_m=2\pi$입니다.

풀이

다음은 $\exp(j\beta\sin\omega_m t)$의 주기성을 보이기 위한 MATLAB 프로그램입니다.

```
% Periodicity of exp(j beta sim omega_m t)
clear;
clf;
beta=5;
fm=1;
t=0:0.001:3;
x=beta*sin(2*pi*fm*t);
x=exp(i*x);
figure(1); plot(t,real(x)); grid; xlabel('Time [s]'); ylabel('Real Part');
figure(2); plot(t,imag(x)); grid; xlabel('Time [s]'); ylabel('Imaginary Part');
figure(3); plot(x); grid; xlabel('Real'); ylabel('Imaginary');
axis([-1 1 -1 1])
```

$x(t)$와 이것의 실수부와 허수부를 그림으로 나타내면 다음과 같습니다. 이 그림을 통해 $x(t)$의 실수와 허수 항은 주기가 1초인 주기 함수임을 알 수 있습니다. 따라서 $x(t)$도 주기가 1초인 주기 함수입니다.

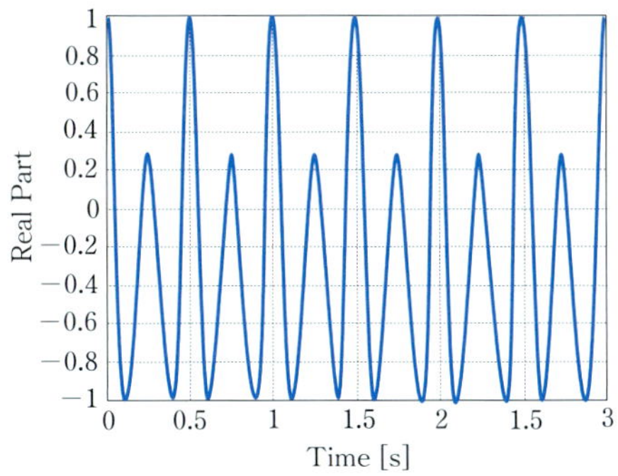

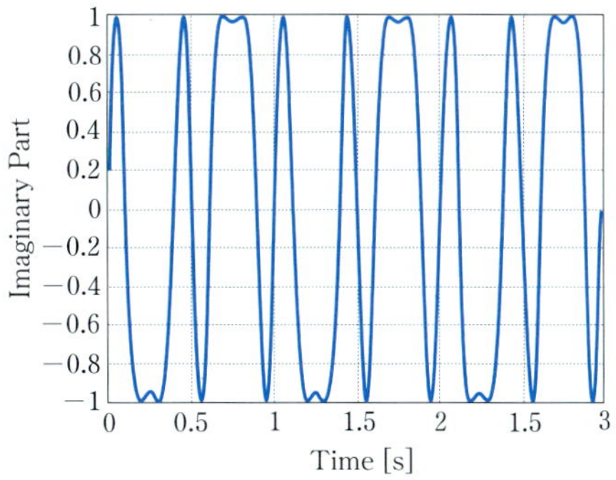

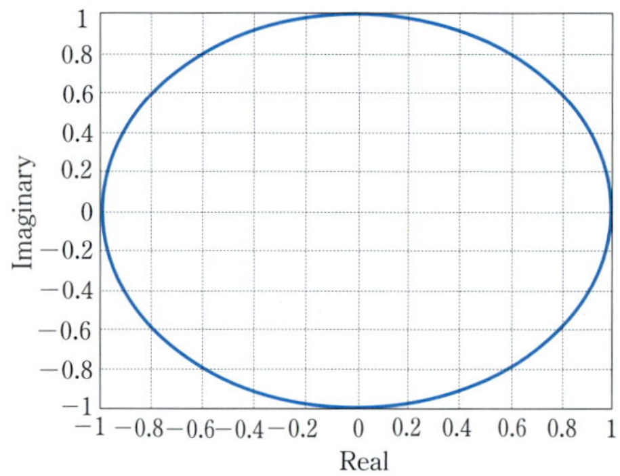

예제 5-3

다음 주파수의 정현파 신호를 FM 변조했습니다. 최대 주파수 편이 Δf가 100[kHz]일 때, FM 변조 신호의 대역폭과 편이비 β를 구하세요. 단, 반송파 주파수가 매우 높다고 가정합니다.

(a) 2[kHz]

(b) 20[kHz]

(c) 2[MHz]

풀이

(a) $f_{FM}=2(\Delta f+f_m)=2(100+2)=204$[kHz]이고 DSB-SC 변조인 경우에는 대역폭이 4[kHz]이므로 FM 변조의 대역폭이 51배 넓다는 것을 알 수 있습니다. 이는 $\beta=\Delta\omega/\omega_m=\Delta f/f_m=100/2=50$으로 광대역 FM 신호라는 의미입니다.

(b) $f_{FM}=2(\Delta f+f_m)=2(100+20)=240$[kHz]이고 DSB-SC 변조인 경우에는 대역폭이 40[kHz]이므로 FM 변조가 DSB-SC 변조보다 6배 정도 넓은 대역을 필요로 합니다. $\beta=\Delta f/f_m=100/20=5$가 됩니다.

(c) $f_{FM}=2(\Delta f+f_m)=2(100+2000)=4.2$[MHz]이고 DSB-SC 변조인 경우에는 대역폭이 4[MHz]이므로 두 변조 방식의 대역폭이 거의 동일합니다. FM 변조 신호는 $\beta=\Delta f/f_m=100/2000=0.05$인 협대역 FM입니다.

예제 5-4

각변조 신호 $\varphi_{EM}(t)=A_c\cos(\omega_c t+\beta\sin\omega_m t)$의 스펙트럼을 구하세요. 단, $\beta\ll 1$입니다.

풀이

$\cos(x\pm y)=\cos x\cos y\mp\sin x\sin y$와 $\sin x\sin y=0.5\{\cos(x-y)-\cos(x+y)\}$에서

$$\begin{aligned}\varphi_{\mathrm{EM}}(t)&=A_c\cos\omega_c t\cos(\beta\sin\omega_m t)-A_c\sin\omega_c t\sin(\beta\sin\omega_m t)\\&\simeq A_c\cos\omega_c t-A_c\beta\sin\omega_c t\sin\omega_m t\\&=A_c\cos\omega_c t-0.5A_c\beta\{\cos(\omega_c-\omega_m)t-\cos(\omega_c+\omega_m)t\}\end{aligned}$$

입니다. 여기서 $\cos(\beta\sin\omega_m t)\simeq 1$, $\sin(\beta\sin\omega_m t)\simeq\beta\sin\omega_m t$를 이용했습니다. 그러므로 $\varphi_{\mathrm{EM}}(t)$를 푸리에 변환하면 다음과 같습니다.

$$\begin{aligned}\varphi_{\mathrm{EM}}(t)=&A_c\pi\{\delta(\omega-\omega_c)+\delta(\omega+\omega_c)\}-0.5\pi A_c\beta\{\delta(\omega-\omega_c+\omega_m)\\&+\delta(\omega+\omega_c-\omega_m)-\delta(\omega-\omega_c-\omega_m)-\delta(\omega+\omega_c+\omega_m)\}\end{aligned}$$

$\varphi_{\mathrm{EM}}(t)$만 보고는 FM 변조 신호인지 PM 변조 신호인지 알 수 없다는 점에 주의하세요.

예제 5-5

각변조 신호 $\varphi_{\mathrm{EM}}(t)=5\cos(\omega_c t-10\cos 200\pi t+20\sin^2 100\pi t)$에 대해 다음 문제를 푸세요.

(a) 각변조 신호가 FM인지 PM인지 판단하세요.

(b) 변조 신호의 전력을 구하세요.

(c) 주파수 편이 $\Delta\omega$를 구하세요.

(d) 위상의 변화 폭을 구하세요.

(e) $\varphi_{\mathrm{EM}}(t)$의 대역폭 ω_{EM}을 구하세요.

풀이

(a) $\varphi_{\mathrm{EM}}(t)$에 대해서는 특별한 언급이 없으므로 FM 변조 신호인지 PM 변조 신호인지 알 수 없습니다. 통신은 송신단과 수신단의 약속에 따라 동작하므로 어떤 변조 방식인지 수신단에서 미리 알고 있어야 하며, 변조 방식에 따라 복조하는 방식이 달라집니다.

(b) 변조 신호의 전력은 $P_{\varphi_{\mathrm{EM}}}=E\{\varphi_{\mathrm{EM}}^2(t)\}=25/2=12.5\,[\mathrm{W}]$입니다.

(c) 주파수 편이를 구하기 위해 먼저 $\varphi_{\mathrm{EM}}(t)$의 순시 주파수를 살펴보겠습니다. $\sin^2\theta=0.5(1-\cos 2\theta)$의 삼각함수 공식을 이용하면,

$$\begin{aligned}\varphi_{\mathrm{EM}}(t)&=5\cos(\omega_c t-10\cos 200\pi t-10\cos 200\pi t+10)\\&=5\cos(\omega_c t-20\cos 200\pi t+10)\end{aligned}$$

이므로 순시 주파수는 다음과 같습니다.

$$\begin{aligned}\omega_i(t)&=d\theta_i(t)/dt=d(\omega_c t-20\cos 200\pi t+10)/dt\\&=\omega_c+4000\pi\sin 200\pi t\end{aligned}$$

따라서 $\Delta\omega = 4000\pi$[rad/s]입니다.

(d) φ_{EM}의 위상 값은 $\omega_c t - 10 \leq \theta(t)$[rad]$\leq \omega_c t + 30$의 비대칭적인 값입니다.

(e) 대역폭은 FM 또는 PM에 상관없이 주파수 편이에 따라 결정됩니다. 그러므로 카슨의 규칙에 의해 $\omega_{EM} \cong 2(\Delta\omega + \omega_m) = 2(4000\pi + 200\pi) = 8400\pi$[rad/s], 즉 $f_{EM} \cong 4200$[Hz]입니다.

핵심포인트 **카슨의 규칙**

FM 변조 신호의 대역폭 ω_{FM}은 피변조 신호의 최고 각주파수가 ω_m일 때 다음과 같습니다.

$$\omega_{FM}[\text{rad/s}] \cong 2(\beta + 1)\omega_m = 2(\Delta\omega + \omega_m)$$

5.4 FM 신호의 발생

일반적으로 FM 변조라고 할 때는 특별한 언급이 없으면 WBFM을 의미합니다. WBFM은 FM 변조의 장점인 잡음 대비 좋은 신호 품질을 제공하기 때문입니다. 그리고 NBFM은 DSB-LC 변조와 거의 유사하므로 DSB-LC와의 차별성이 없습니다. **FM 신호를 발생시키는 데는, 변조 신호를 VCO에 인가하여 직접 변조된 파형의 주파수를 발생시키는 직접 발생 방식과, 변조 신호를 먼저 NBFM 변조한 후 WBFM 신호를 발생시키는 간접 발생 방식이 있습니다.**

VCO를 이용한 직접 변조 방식

FM은 메시지 신호를 변조된 파형의 주파수로 표현합니다. 4장에서 입력 전압에 비례하는 주파수의 정현파 발생 장치인 VCO를 공부했는데, 이것을 활용하여 **VCO 입력으로 메시지 신호 $x(t)$를 입력하면 VCO의 출력 주파수는 $\omega_o(t) = \omega_V + k_F x(t)$가 됩니다.** 이와 같은 직접 발생 방식 FM 변조기의 구조도를 [그림 5-8]에 나타냈습니다. VCO의 이득이 k_V[rad/s/V], 중심 주파수가 ω_V[rad/s]일 때, VCO 출력은 다음과 같습니다.

$$\varphi_V(t) = A_c \cos\{\omega_V t + k_V \int_{-\infty}^{t} x(\tau)\,d\tau\} \tag{5.20}$$

[그림 5-8]과 같이 최종 FM 신호의 반송파 주파수 ω_c를 얻기 위해 VCO 출력을 국부 발

진기 $\cos(\omega_1 t)$와 믹싱하면 반송파가 $\omega_c = (\omega_V \pm \omega_1)$인 신호가 발생됩니다. BPF를 이용하여 원하는 대역의 신호를 선택하면 다음과 같은 FM 변조 신호를 얻을 수 있습니다.

$$\varphi_{FM}(t) = A_c \cos\{\omega_c t + k_V \int_{-\infty}^{t} x(\tau)\, d\tau\} \tag{5.21}$$

[그림 5-8]에서 VCO의 중심 주파수가 $\omega_V = \omega_c$라면 국부 발진기와 BPF는 불필요합니다.

그런데 **실제로는 VCO를 이용하여 매우 정확한 주파수를 발생시키기가 쉽지 않습니다. 또한 주변 온도의 변화나 시간의 경과에 따라 VCO 주파수의 오차가 커지는 경향이 있습니다.** 이러한 문제를 해결하기 위해서는 별도의 주파수 안정화회로가 필요합니다. 그리고 VCO의 이득 k_V는 항상 일정한 것이 아니라 입력 전압에 따라 약간의 차이가 있습니다. 따라서 매우 정교한 VCO의 구현은 어려울 뿐만 아니라 FM 변조기의 가격 상승에 큰 영향을 미칩니다.

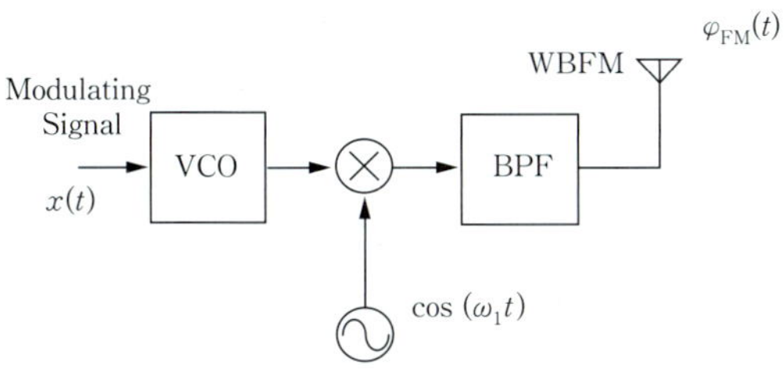

[그림 5-8] VCO를 이용한 FM 신호 발생기

주파수 체배기를 이용한 편이비 조절

FM 신호를 VCO를 이용하지 않고 간접적으로 발생시키는 가장 대표적인 것은 [그림 5-9]에 나타낸, 암스트롱이 발명한 방식입니다. 암스트롱의 FM 발생기를 이해하려면 [그림 5-9]에서 주파수 체배기로 표현한 비선형 증폭기의 특성을 알아야 합니다. 최대 주파수가 ω_m [rad/s]이고 $-x_p \le x(t) \le x_p$ 인 메시지 신호 $x(t)$의 FM 변조 신호는 $\varphi_{FM}(t) = A_c \cos\{\omega_c t + k_F \int_{-\infty}^{t} x(\tau)\, d\tau\}$가 됩니다. 이때 편이비는 $\beta = x_p k_F / \omega_m$입니다. 이 결과를 제곱기에 통과시키면,

$$\begin{aligned} \varphi_{FM}^2(t) &= A_c^2 \cos^2\left\{\omega_c t + k_F \int_{-\infty}^{t} x(\tau)\, d\tau\right\} \\ &= \frac{A_c^2}{2}\left[1 + \cos\left\{2\omega_c t + 2k_F \int_{-\infty}^{t} x(\tau)\, d\tau\right\}\right] \end{aligned} \tag{5.22}$$

와 같이 주파수와 편이비 β가 2배인 FM 신호가 생성됩니다. 이러한 원리를 이용하여 $\varphi_{FM}(t)$를 n승하면 다음과 같이 주파수와 편이비가 모두 n배 늘어난 신호가 생성됩니다.

$$\begin{aligned}\varphi_{\mathrm{FM}}^{n}(t)=\alpha_0+\alpha_1\cos\left\{\omega_c t+k_{\mathrm{F}}\int_{-\infty}^{t}x(\tau)\,d\tau\right\}+\cdots \\ +\alpha_n\cos\left\{n\omega_c t+nk_{\mathrm{F}}\int_{-\infty}^{t}x(\tau)\,d\tau\right\}\end{aligned} \tag{5.23}$$

여기서 $\alpha_i\,(i=0,\ 1,\ \cdots)$는 상수입니다.

주파수 체배기는 비선형 소자로 구현되는데 이는 주파수 편이를 늘리는 좋은 수단입니다. 주파수 편이비가 낮은 FM 신호의 생성은 비교적 쉽습니다. 낮은 β의 FM 신호로부터 식 (5.23)과 같이 주파수 체배기를 통해 원하는 주파수 편이를 얻은 이후에는 BPF를 통과시켜 반송파 주파수 $n\omega_c$인 FM 변조 신호를 얻습니다. 그리고 이 FM 신호의 반송파 주파수 $n\omega_c$를 원하는 반송파 주파수로 맞추기 위해 적절한 국부 발진기 신호와 믹싱하게 됩니다.

주파수 체배기는 작은 β 값을 가진 신호의 β를 키우는 목적으로 사용될 수 있음을 보았습니다. 예를 들어 메시지 신호 $x(t)=A_m\cos\omega_m t$를 이용하여 생성된 FM 변조 신호는 다음과 같습니다.

$$\begin{aligned}\varphi_{\mathrm{FM}}(t)&=A_c\cos\left(\omega_c t+k_{\mathrm{F}}A_m\int_{-\infty}^{t}\cos\omega_m\tau\,d\tau\right)\\ &=A_c\cos\{\omega_c t+k_F(A_m/\omega_m)\sin\omega_m t\}\\ &=A_c\cos(\omega_c t+\beta\sin\omega_m t)\end{aligned} \tag{5.24}$$

VCO 등 전자 소자의 한계로 원하는 편이비를 얻지 못하는 경우, n배 주파수 체배기를 거쳐 $\varphi_{\mathrm{FM}}(t)=A_c\cos(n\omega_c t+n\beta\sin\omega_m t)$를 발생시키면 원하는 높은 편이비 $n\beta$를 구현할 수 있습니다.

암스트롱의 간접 FM 변조 방식

주파수 체배기의 특성을 이용한 암스트롱의 FM 발생기를 살펴봅시다. 암스트롱의 FM 변조기는 메시지 신호 $x(t)$를 이용하여 먼저 NBFM 신호를 발생시킵니다. 이때 **NBFM은 주파수가 고정된 발진기를 이용하여 발생시키고, WBFM 신호를 발생시키기 위해 주파수 체배기를 이용합니다.** NBFM에 사용되는 저주파 수정[crystal] 발진기는 높은 정밀도로 구현할 수 있습니다. 그러므로 암스트롱 FM 발생기의 장점은 출력 주파수 안정도가 매우 우수하다는 것입니다.

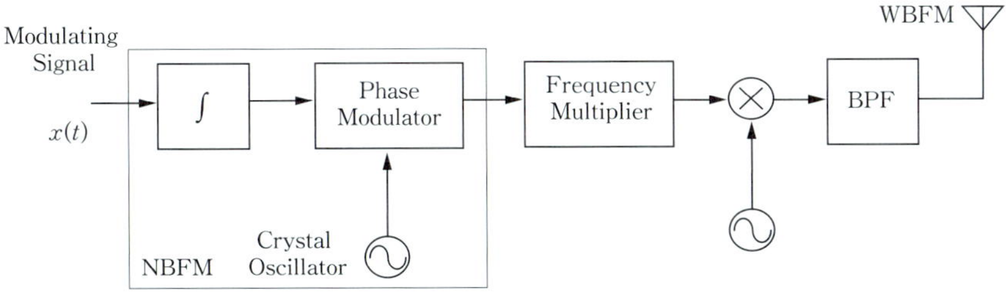

[그림 5-9] 암스트롱 FM 발생기

암스트롱 FM 발생기의 구체적인 예를 [그림 5-10]에 나타냈습니다. 암스트롱의 FM 변조기는 주파수가 200[kHz]인 수정 발진기를 사용하여 NBFM 신호를 먼저 발생시킵니다. 이때 메시지 신호 $x(t)$는 50[Hz]~15[kHz]의 주파수 성분을 포함하고 있는데 이는 가청 주파수 대역의 신호입니다. NBFM 신호의 주파수 편이 Δf_1은 24.4[Hz]가 되도록 설계되어 있습니다. 그러므로 NBFM 출력에서 주파수 편이비는 $\beta_1=\Delta f_1/f_m=24.4/15{,}000=0.00163$이 됩니다. 이것을 $n_1=64\,(=2^6)$배 주파수 체배기에 통과시켜서 $f_{c_2}=200[\text{kHz}]\times 64=12.8$ [MHz]의 반송파와 주파수 편이 $\Delta f_2=24.4[\text{Hz}]\times 64=1.56[\text{kHz}]$인 FM 신호를 만들어냅니다. 그리고 이것을 주파수가 10.925[MHz]인 두 번째 발진기와 믹싱하면 반송파 주파수는 $f_{c_3}=12.8-10.925=1.875[\text{MHz}]$가 되고, 주파수 편이 Δf_3는 1.56[kHz]인 FM 신호가 생성됩니다. 이것이 $n_2=48\,(=3\times 2^4)$배 주파수 체배기를 거치면 반송파 주파수가 $f_{c_4}=1.875\times 48=90[\text{MHz}]$이고 주파수 편이가 $\Delta f_4=1.56\times 48=75[\text{kHz}]$인 WBFM이 생성됩니다. 결국 최종 편이비는 $\beta=75\text{k}/15\text{k}=5=3074\beta_1$가 되어 암스트롱 FM 발생기의 최종 출력은 WBFM 변조 신호가 되는 것입니다.

정확한 해석은 아니지만, 아주 짧은 시간 동안 메시지 신호를 관찰하면 신호 주파수의 변화가 거의 없다고 볼 수 있습니다. 그러므로 **짧은 시간 동안 50[Hz]~15[kHz]의 특정 주파수를 가진 톤 신호에 대한 FM 변조로 근사화하면 주파수별 편이비는 $5\,(=75\text{k}/15\text{k})\le\beta\le 1500\,(=75\text{k}/50)$가 됩니다. 이는 FM 신호의 편이비가 시간에 따라 바뀌면서 최소 5 이상이 된다는 것을 의미합니다.**

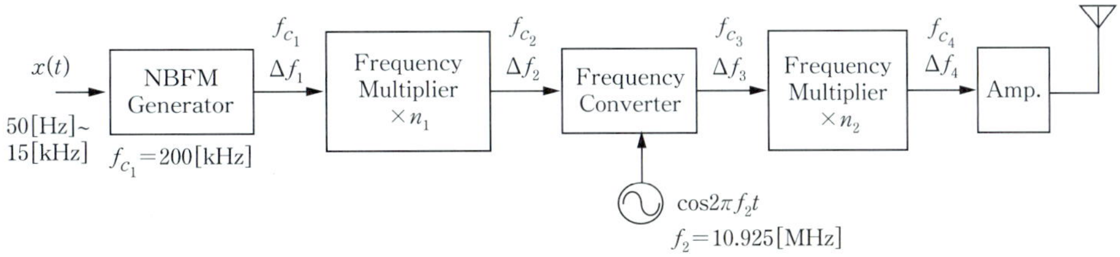

[그림 5-10] 암스트롱 FM 발생기의 구체적인 예

암스트롱 FM 변조기의 단점

NBFM은 식 (5.7)의 대역폭 해석에서 보았듯이 FM 신호에 존재하는 고주파 성분을 의도적으로 무시한 것입니다. 따라서 NBFM에서부터의 WBFM 발생은 있어야 할 고주파 성분의 발생을 원천적으로 봉쇄함으로써 신호의 왜곡이 존재합니다. 이 점을 NBFM 신호를 통해 확인해보겠습니다.

NBFM 신호는 식 (5.8)에서부터 다음과 같이 표현됩니다.

$$\begin{aligned}\varphi_{\mathrm{NBFM}}(t)&=A_c\left\{\cos\omega_c t-k_{\mathrm{F}}\int_{-\infty}^{t}x(\tau)\,d\tau\sin\omega_c t\right\}\\&=A_c E(t)\cos\{\omega_c t+\theta_{\mathrm{N}}(t)\}\end{aligned}\tag{5.25}$$

여기서

$$E(t)=\sqrt{1+k_{\mathrm{F}}^2\left\{\int_{-\infty}^{t}x(\tau)\,d\tau\right\}^2},\ \ \theta_{\mathrm{N}}(t)=\tan^{-1}\left\{k_{\mathrm{F}}\int_{-\infty}^{t}x(\tau)\,d\tau\right\}\tag{5.26}$$

입니다. 그러므로 순시 주파수[4]는 다음과 같이 됩니다.

$$\begin{aligned}\omega_i(t)=\dot{\theta}_{\mathrm{N}}(t)&=\frac{k_{\mathrm{F}}d\left\{\int_{-\infty}^{t}x(\tau)\,d\tau\right\}/dt}{1+k_{\mathrm{F}}^2\left\{\int_{-\infty}^{t}x(\tau)\,d\tau\right\}^2}=\frac{k_{\mathrm{F}}x(t)}{1+k_{\mathrm{F}}^2\left\{\int_{-\infty}^{t}x(\tau)\,d\tau\right\}^2}\\&=k_{\mathrm{F}}x(t)\left[1-k_F^2\left\{\int_{-\infty}^{t}x(\tau)\,d\tau\right\}^2+k_F^4\left\{\int_{-\infty}^{t}x(\tau)\,d\tau\right\}^4-\cdots\right]\end{aligned}\tag{5.27}$$

여기서 **두 번째 항부터는 FM 변조에서 원하는 항이 아니므로 왜곡을 일으키는 항입니다. 이는 NBFM 변조 신호를 복조하더라도 왜곡된 정보로 복원된다는 것을 의미합니다.** 왜곡된 신호의 편이비를 증가시키면 왜곡된 부분 또한 증폭되는 문제가 있습니다. 그러나 이 문제는 NBFM의 k_{F}를 아주 작은 값으로 조절한 후, WBFM으로 확장하면 그 영향을 최소화할 수 있습니다. **또 다른 문제는 식 (5.26)에서 FM 변조 신호의 진폭 $E(t)$가 일정하지 않다는 것입니다.** 이는 지금까지 고려한 FM 변조 신호의 진폭이 일정하다는 것을 어기는 것입니다. 5.5절에서 공부하겠지만 반드시 FM 신호의 진폭이 일정해야만 수신기에서 메시지 신호의 복조가 가능합니다. 암스트롱 FM 발생기의 진폭이 변화하는 문제는 5.5절에서 해결하겠습니다.

위와 같은 문제가 있는데도 암스트롱의 FM 변조기가 일반적으로 사용되는 이유는 값싸게 구현할 수 있기 때문입니다. VCO를 이용하여 FM 변조를 할 경우, VCO의 주파수 안정도가 낮아서 주파수 오차가 발생할 수 있습니다. 이는 수신기에서 복원한 메시지가 송신된

---

4 순시 주파수의 해석을 위해 $\frac{d}{dt}\{\tan^{-1}x(t)\}=\frac{1}{1+x(t)^2}\frac{d}{dt}x(t)$와 다음 멱급수 전개를 이용했습니다.

$$1/(1+x)=1-x+x^2-x^3+\cdots+(-1)^n x^n+\cdots\ (-1<x<1)$$

메시지와 오차가 있다는 것입니다. 반면에 암스트롱의 FM 변조기는 비교적 저주파의 안정된 수정 발진기를 사용하여 주파수 안정성이 좋다는 것이 장점입니다.

예제 5-6

대역폭이 10[kHz]인 메시지 신호 $x(t)$를 암스트롱 FM 변조기를 이용하여 WBFM 신호를 발생시키려고 합니다. 이때 반송파 주파수는 100[MHz]이며 $\Delta f=20$[kHz]입니다. 단, 반송파 주파수가 200[kHz], $\Delta f=20$[Hz]인 NBFM 변조를 먼저 수행하세요. 이 시스템의 구조도를 제시하고 각 부분의 반송파 주파수, 주파수 편이, 대역폭을 표시하세요.

풀이

NBFM 발생기의 편이비는 $\beta=\Delta f/f_m=20/10000=0.002$이므로 NBFM이라고 할 수 있습니다. 원하는 WBFM 신호의 편이비는 $\beta=\Delta f/f_m=20000/10000=2$로 NBFM 신호 편이비의 1000배입니다. 그러므로 NBFM 신호의 주파수를 1000배하면 WBFM 신호를 생성할 수 있습니다. 이 경우에 반송파 주파수도 NBFM의 1000배가 되어 200[MHz]가 됩니다. 이는 원하는 반송파 주파수보다 높기 때문에 별도의 발진기를 이용하여 100[MHz]의 주파수로 이동해야 합니다.

또는 다음 블록도와 같이 구현할 수도 있습니다.

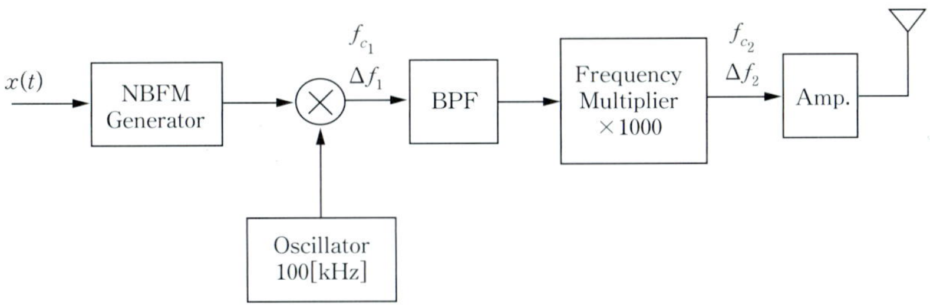

이 블록도에서 NBFM 출력 신호의 반송파 주파수는 200[kHz], 주파수 편이 Δf는 20[Hz], 대역폭은 2×10[kHz]$=20$[kHz]입니다. 또한 100[kHz]의 발진기를 이용하여 믹싱하면 $f_{c_1}=100$[kHz]와 300[kHz]인 NBFM이 생성됩니다. 그러므로 중심 주파수가 100[kHz], 대역폭이 20[kHz]인 BPF를 거치면 $f_{c_2}=100$[kHz]인 NBFM 신호를 얻게 됩니다. 이 결과가 1000배 주파수 체배기를 거치면 $f_{c_2}=100$[MHz], 주파수 편이 Δf_2는 20[kHz]가 되어 원하는 WBFM 신호를 생성합니다. 이때 WBFM 신호의 대역폭은 $2(\Delta f_2+f_m)=2(20+10)=60$ [kHz]입니다.

위의 결과는 원하는 WBFM 변조기를 구현하는 하나의 방법이며, 이 외에도 다양한 변형이 있을 수 있음을 명심하세요.

핵심포인트 **FM 변조기**

메시지 신호를 FM 변조하기 위해 VCO를 이용하는 방법과, NBFM 신호를 생성한 후 주파수 체배기를 이용하여 원하는 편이비를 만들어내는 WBFM 변조 방식이 있습니다. WBFM 변조 방식은 암스트롱 FM 변조기라고 합니다.

5.5 FM 신호의 복조

PLL을 이용한 FM 복조

FM 신호의 복조는 수신된 신호의 위상으로부터 순간 주파수를 찾아내면 됩니다. 수신된 FM 신호의 위상을 찾기 위해서는 [그림 5-11]과 같이 PLL을 이용할 수 있습니다. PLL이 수신 FM 신호와 동기되면, 입력 신호 $v_i(t)=A\cos\{\omega_c t+\theta_i(t)\}$와 VCO 출력 신호 $v_i(t)=B\sin\{\omega_c t+\theta_o(t)\}$의 위상이 $\theta_i(t)=\theta_o(t)$가 됩니다. 이때 $v_d(t)=\dot{\theta}_i(t)$입니다. 즉 FM 신호는 $\theta_i(t)=k_F\int_{-\infty}^{t}x(\tau)d\tau$이므로 루프 필터 $H(\omega)$의 출력이 $v_d(t)=k_F x(t)$입니다. **또한 PM 변조 신호의 경우는 루프 필터의 출력이 $v_d(t)=k_P\dot{x}(t)$이므로 루프 필터의 출력을 적분기에 통과시켜서 메시지 신호를 복원할 수 있습니다.**

PLL FM 복조기의 경우, 우수한 성능을 유지하려면 입력 FM 신호의 주파수 변화를 빨리 따라갈 수 있는 루프 필터의 설계가 매우 중요합니다. 그리고 VCO의 동작 주파수가 FM 신호의 주파수 변화 전 영역에 걸쳐서 바르게 생성되어야 합니다.

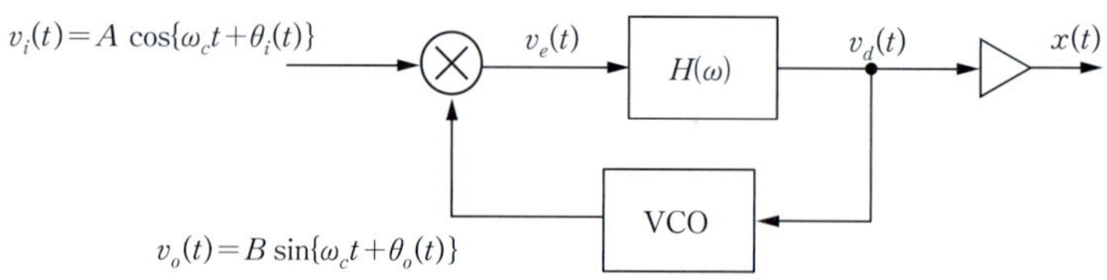

[그림 5-11] PLL을 이용한 FM 신호의 복조

미분을 이용한 FM 복조

PLL을 이용한 FM 복조기 이외에도 다음과 같은 FM 복조 방법이 있습니다. FM 수신 신호를 미분하면 다음과 같이 됩니다.

$$\dot{\varphi}_{\mathrm{FM}}(t)=\frac{d}{dt}\left[A_c\cos\left\{\omega_c t+k_{\mathrm{F}}\int_{-\infty}^{t}x(\tau)\,d\tau\right\}\right]$$
$$=-A_c\{\omega_c+k_{\mathrm{F}}x(t)\}\sin\left\{\omega_c t+k_{\mathrm{F}}\int_{-\infty}^{t}x(\tau)\,d\tau\right\} \tag{5.28}$$

$\omega_c+k_{\mathrm{F}}x(t)>0$이라면, 이 결과를 포락선 검파기와 직류 성분 제거기에 통과시키면 변조 신호 $x(t)$를 복원할 수 있습니다. 그러나 식 (5.25)에서 암스트롱의 FM 변조기로 발생된 FM 신호의 진폭이 일정하지 않음을 보았습니다. 또한 전송 중 채널의 영향으로도 FM 변조 신호의 진폭이 가변합니다. 이 경우에는 식 (5.28)과 같이 수신 신호를 직접 미분하여 포락선으로부터 FM 신호를 복조하는 것이 불가능합니다.

FM 수신 신호의 진폭이 변화하는 문제를 해결하기 위해 [그림 5-12]와 같이 수신 신호의 극성에 따라 출력을 이진으로 바꾸는 하드리미터hard limiter와 BPF로 구성된 리미터를 이용합니다. 하드리미터는 양의 값이 입력되면 출력이 V[V], 음의 값이 입력되면 출력이 $-V$[V]인 입력 신호의 극성을 판단하는 장치입니다. 즉 FM 입력 신호의 진폭을 극성에 따라 일정하게 고정하고 주파수 특성만을 남기는 것입니다.

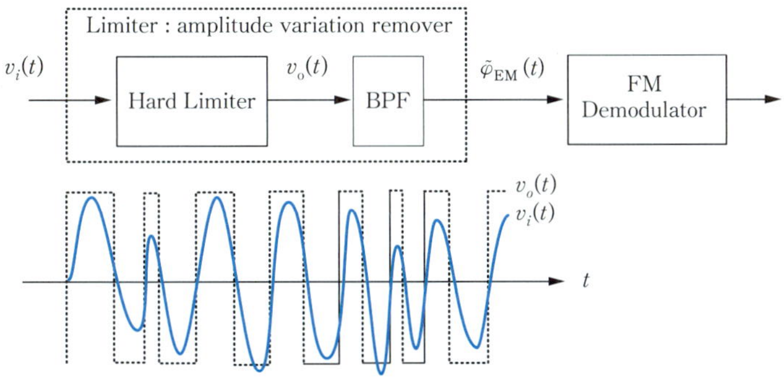

[그림 5-12] FM 수신 신호의 진폭 변화를 극복하기 위한 구조

그러므로 하드리미터의 입력 신호 $v_i(t)=A_c(t)\cos\{\omega_c t+\theta(t)\}=A_c(t)\cos\phi(t)$, $A_c(t)>0$에 대해 출력은 시간의 함수로 다음과 같이 표현됩니다.

$$v_o(t)=\begin{cases}1, & v_i(t)>0\\-1, & \text{otherwise}\end{cases} \tag{5.29}$$

또는 위상 ϕ의 관점에서 하드리미터는 다음과 같은 입출력 관계를 가집니다.

$$v_o(\phi)=\begin{cases}1, & \cos\phi>0\\-1, & \cos\phi<0\end{cases} \tag{5.30}$$

식 (5.30)에서 $v_o(\phi)$는 ϕ에 대한 주기 함수임을 알 수 있습니다. 그러므로 지금까지 익숙한 시간에 대한 함수가 아니라 ϕ에 대해 다음과 같이 푸리에 급수로 표현이 가능합니다.

$$v_0(\phi)=\frac{4}{\pi}\left(\cos\phi-\frac{1}{3}\cos 3\phi+\frac{1}{5}\cos 5\phi+\cdots\right) \tag{5.31}$$

수신된 EM 신호가 하드리미터를 통과하면 다음과 같이 됩니다.

$$\begin{aligned} v_o\{\phi(t)\}=\frac{4}{\pi}\Big[&\cos\{\omega_c t+\theta(t)\}-\frac{1}{3}\cos 3\{\omega_c t+\theta(t)\} \\ &+\frac{1}{5}\cos 5\{\omega_c t+\theta(t)\}+\cdots\Big] \end{aligned} \tag{5.32}$$

그리고 이 신호가 BPF를 거치면

$$\tilde{\varphi}_{\mathrm{EM}}(t)=\frac{4}{\pi}\cos\{\omega_c t+\theta(t)\} \tag{5.33}$$

가 됩니다. 식 (5.33)의 $\tilde{\varphi}_{\mathrm{EM}}(t)$에는 채널 또는 암스트롱의 FM 변조기에서 발생한 FM 변조 신호의 진폭 흔들림이 사라진다는 것을 알 수 있습니다. 따라서 FM의 경우, 다음과 같이 되고,

$$\tilde{\varphi}_{\mathrm{FM}}(t)=\frac{4}{\pi}\cos\left[\omega_c t+k_{\mathrm{F}}\int_{-\infty}^{t}x(\tau)\,d\tau\right] \tag{5.34}$$

되고, PM의 경우 다음과 같이 됩니다.

$$\tilde{\varphi}_{\mathrm{PM}}(t)=\frac{4}{\pi}\cos[\omega_c t+k_{\mathrm{P}}x(t)] \tag{5.35}$$

진폭의 흔들림이 제거된 EM 변조 신호 $\varphi_{\mathrm{EM}}(t)$를 [그림 5-13]과 같은 미분기Differentiator와 포락선 검파기Envelope Detector에 통과시키면 정보 $\theta(t)$를 복원할 수 있습니다. **[그림 5-13]과 같이 FM 수신 신호로부터 순시 주파수에 비례하는 전압을 발생시키는 장치를 디스크리미네이터discriminator라고도 합니다.** 이것은 [그림 5-13]과 같이 기울기와 포락선 검파기로 구성되어 있습니다.

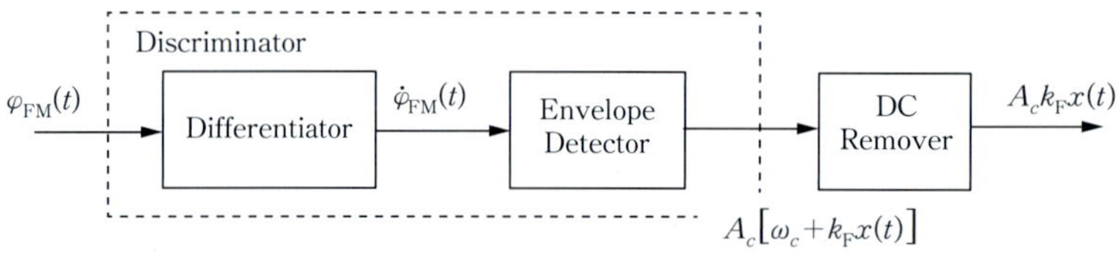

[그림 5-13] 디스크리미네이터를 이용한 FM 수신기의 구조도

FM 슈퍼헤테로다인 수신기

AM의 경우와 마찬가지로 암스트롱의 슈퍼헤테로다인 수신기의 원리를 FM 수신기의 구현에도 적용할 수 있습니다. 우리나라는 FM 방송에 88~108[MHz]의 대역을 할당하며 방

송국당 200[kHz]의 대역폭을 사용하고 있습니다. 그리고 슈퍼헤테로다인 수신을 위해 10.7[MHz]의 중간 주파수IF 를 사용하고 있습니다.

[그림 5-14]에 슈퍼헤테로다인 FM 수신기의 구조도를 나타냈습니다. 슈퍼헤테로다인 수신기의 동작 원리는 4.9절에 다루었으므로 여기서는 간단히 설명하겠습니다. 수신기 초단의 BPF는 중심 주파수가 수신하려는 방송국의 중심 주파수와 동일하고 대역폭은 200[kHz]보다 넓게 설계된 것입니다. 이 가변 BPF는 이미지 주파수를 제거하는 역할도 합니다. RF 대역의 BPF 출력 신호는 청취하려는 FM 방송 신호를 비롯해 주변 주파수 성분 신호를 포함하고 있습니다. 이 신호가 믹서를 통과하면서 신호의 주파수가 IF 대역으로 옮겨지고, IF단에서 정교한 BPF를 이용하여 청취하고자 하는 방송국의 신호만을 걸러내게 됩니다. 이 신호를 일반적으로 하드리미터와 디스크리미네이터가 직렬 연결된 검파기에 통과시켜서 변조 신호를 복원할 수 있습니다.

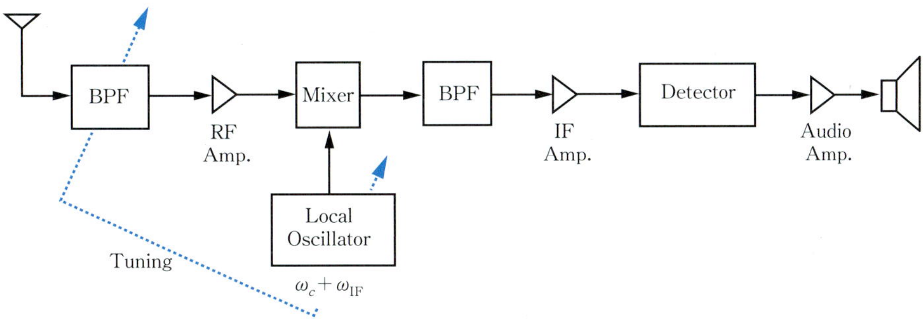

[그림 5-14] 슈퍼헤테로다인 수신기의 구조도

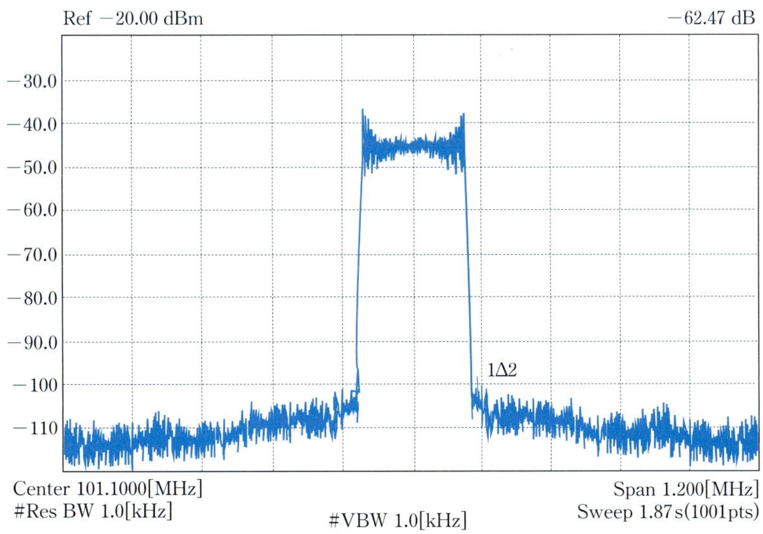

[그림 5-15] FM 방송 신호의 RF 영역 수신 스펙트럼

예제 5-7

PM 변조 신호를 수신하여 복조하려고 할 때, [그림 5-13]의 FM 수신기를 이용하여 복조하는 방법을 제안하세요. 그리고 이를 위해 [그림 5-13]의 출력에 필요한 기능을 추가하세요.

풀이

$\varphi_{PM}(t)=A_c\cos\{\omega_c t+k_P x(t)\}$의 PM 변조 신호를 미분하면 다음과 같습니다.

$$\dot{\varphi}_{PM}(t)=-A_c\{\omega_c+k_P\dot{x}(t)\}\sin\{\omega_c t+k_P x(t)\}$$

이 결과를 포락선 검파기에 통과시키면 $A_c\{\omega_c+k_P\dot{x}(t)\}$가 되고, 직류 성분을 제거하면 $A_c k_P\dot{x}(t)$를 얻습니다. 그리고 원하는 신호를 얻기 위해 이 결과를 적분기에 통과시키면 $\int_{-\infty}^{t}A_c k_P\dot{x}(\tau)\,d\tau=A_c k_P x(t)$가 되어 변조 신호 $x(t)$를 얻을 수 있습니다.

핵심포인트 **FM 복조기**

FM 변조 신호가 채널을 통과하면서 진폭의 변화가 발생할 수 있는데 암스트롱의 FM 변조기를 사용한 경우에는 이 문제를 피할 수 없습니다. FM 수신 신호의 진폭을 일정하게 하기 위해 하드리미터와 BPF를 이용합니다. 그리고 미분기와 포락선 검파기를 이용하여 메시지 신호를 복조할 수 있습니다.

5.6 각변조에 대한 간섭의 영향

각변조 신호는 진폭 변조보다 넓은 대역폭을 필요로 하는 반면에 간섭 신호에 강하다는 장점을 가지고 있습니다. EM 변조 신호 $\varphi_{EM}(t)$와 동일한 주파수 대역의 간섭 신호 $\varphi_I(t)$가 공존하는 경우, 다음과 같이 수신 신호를 표현할 수 있습니다.

$$\begin{aligned} r(t)&=\varphi_{EM}(t)+\varphi_I(t)\\ &=A_c\cos\{\omega_c t+\theta_{EM}(t)\}+I\cos\{\omega_c t+\theta_I(t)\}\\ &=R\cos\{\omega_c t+\theta_r(t)\}\end{aligned} \tag{5.36}$$

이 신호를 $\cos\omega_c t$에 대한 페이저 다이어그램으로 나타내면 [그림 5-16]과 같습니다.

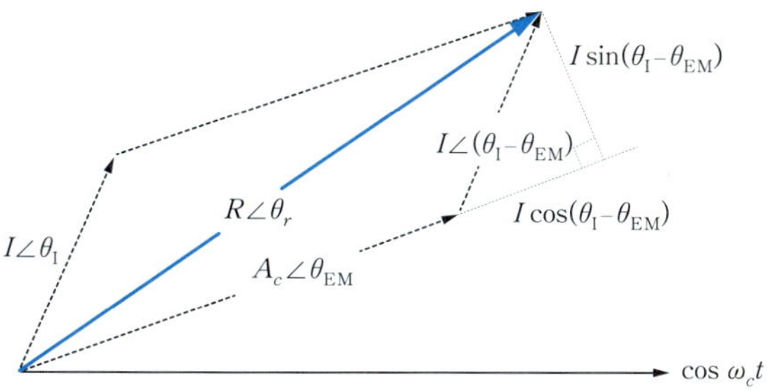

[그림 5-16] 간섭이 있는 EM 수신 신호의 페이저 다이어그램

[그림 5-16]에서 θ_r은 θ_{EM}에 $A_c\angle\theta_{EM}$과 $I\angle\theta_I$가 이루는 각의 합이므로 다음과 같습니다.

$$\theta_r=\theta_{EM}+\tan^{-1}\left\{\frac{I\sin(\theta_I-\theta_{EM})}{A_c+I\cos(\theta_I-\theta_{EM})}\right\} \tag{5.37}$$

만약 간섭 신호의 크기가 원 신호보다 매우 작아서 $I\ll A_c$인 경우,

$$\theta_r\approx\theta_{EM}+\tan^{-1}\left\{\frac{I}{A_c}\sin(\theta_I-\theta_{EM})\right\}\approx\theta_{EM}+\frac{I}{A_c}\sin(\theta_I-\theta_{EM}) \tag{5.38}$$

가 됩니다. 그러므로 PM 변조의 경우에는 $\theta_{EM}=\theta_{PM}=k_p x(t)$이므로 $I\sin(\theta_I-\theta_{PM})/A_c$가 메시지 신호를 왜곡하는 요인이 됩니다. 한편 FM 변조의 경우에는 순간 주파수에 메시지 신호가 실리고 $r(t)$의 순간 주파수는 다음과 같습니다.

$$\begin{aligned}\omega_i(t)&=\dot{\theta}_r(t)=\dot{\theta}_{FM}(t)+\frac{I}{A_c}\frac{d}{dt}[\sin\{\theta_I(t)-\theta_{FM}(t)\}]\\&=\omega_{FM}(t)+\cos\{\theta_I(t)-\theta_{FM}(t)\}\frac{I}{A_c}\frac{d}{dt}\{\theta_I(t)-\theta_{FM}(t)\}\\&=\omega_{FM}(t)+\cos\theta_d(t)\,\omega_d(t)\frac{I}{A_c}\end{aligned} \tag{5.39}$$

여기서 $\theta_d(t)=\theta_I(t)-\theta_{FM}(t)$, $\omega_d(t)=\dot{\theta}_d(t)$입니다. 그리고 간섭 신호의 크기는 $d\{\theta_I(t)-\theta_{FM}(t)\}/dt$에 비례함을 알 수 있습니다. 즉 $\omega_d(t)$는 FM 신호의 왜곡 요소가 됩니다. 따라서 간섭 신호의 크기도 중요하지만 두 신호의 주파수 차도 수신 신호의 품질에 매우 중요한 역할을 합니다.

간섭 신호는 의도적인 방해 주파수 신호 이외에도 형광등이나 주변의 변압기에 의해 발생할 수 있습니다. 또한 멀리 떨어진 곳에서 동일한 주파수를 사용하는 FM 방송 신호가 간섭을 일으킬 수도 있습니다.

일반적으로 FM의 경우 간섭 신호의 크기가 원 신호보다 6[dB] 이상, AM의 경우 35[dB] 이상 낮으면 수신기 메시지에 그다지 영향을 끼치지 않습니다. PM 변조와 FM 변조에서

ω_d에 따른 간섭 신호의 크기를 [그림 5-17]에 나타냈습니다. PM 신호는 식 (5.38)에서 ω_d에 무관하게 일정한 간섭 효과를 일으키지만, FM의 경우는 식 (5.39)에서 ω_d에 비례하는 간섭 효과가 발생함을 알 수 있습니다. 그러므로 FM 변조는 ω_d가 작을 때는 문제가 없지만 그렇지 않은 경우에는 PM 변조보다 간섭 효과가 커지게 됩니다. **각변조 신호는 I/A_c 성분에 의해 약한 간섭 신호를 억압하는 기능이 있는데 이를 캡처 효과**capture effect**라고 합니다.**

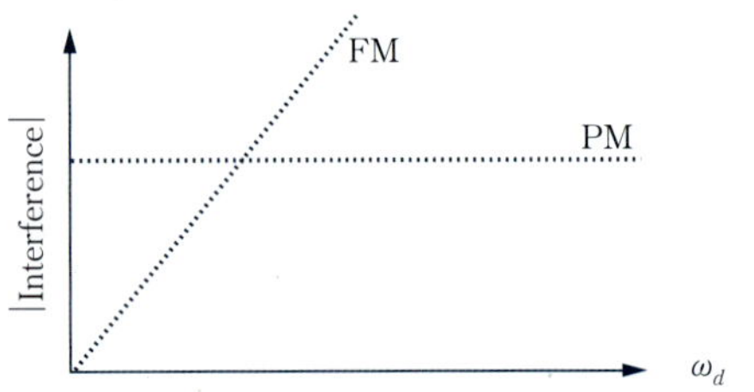

[그림 5-17] FM과 PM에서 변조 신호와 간섭 신호의 주파수 차에 따른 간섭 신호의 영향

> **핵심포인트** **FM 신호와 PM 신호**
>
> FM 신호는 간섭 신호와의 주파수 차이가 클수록 간섭의 효과가 커지고, PM 신호는 주파수 차이에 상관없이 간섭 효과가 일정합니다.

5.7 스테레오 FM

1950년대 말부터 FM 신호에 스테레오 신호를 실어 보내는 연구가 시작되어 1961년 미국 연방통신위원회FCC : Federal Communications Commission는 스테레오 FM 방송을 허용하기에 이르렀습니다. 단, 기존의 모노 FM 수신기에 영향을 주지 않는 역호환성을 유지해야만 했습니다. 따라서 **기존 모노 방식의 FM 신호에 FDM 방식으로 추가된 신호를 멀티플렉싱하여 FM 변조를 하는 방식을 채택했습니다.** 스테레오 방송은 왼쪽(L)과 오른쪽(R)에 위치한 두 개의 마이크에 입력된 신호 중 30[Hz]~15[kHz]에 존재하는 기저 대역의 L+R 신호는 기존과 같이 전송하고, L−R 신호는 23~53[kHz] 대역으로 DSB−SC 변조를 통해 L+R 신호와 중첩되지 않게 하여 FM 변조를 했습니다. 그리고 수신기에서 동기 복조를 쉽게 하려고 19[kHz]에 정현파 신호, 즉 파일럿 신호를 함께 보냅니다. [그림 5-18]은 스테레오 FM 송신기의 구조도이고, [그림 5-19]는 스테레오 FM 신호의 스펙트럼입니다.

FM 수신기에서 잡음의 영향을 최소화하기 위해 [그림 5-18]과 같이 $x_L(t)+x_R(t)$와 $x_L(t)-x_R(t)$ 이후에 프리엠퍼시스preemphasis[5]라는 일종의 필터를 통과시켜서 변조를 수행합니다. 그리고 [그림 5-19]의 수신기에서는 프리엠퍼시스의 역함수 기능을 하는 디엠퍼시스deemphasis[6] 필터를 거쳐서 원 신호를 복원하게 됩니다. 프리엠퍼시스와 디엠퍼시스의 특징 및 역할은 6장의 수신기에 존재하는 잡음 해석에서 자세히 다루겠습니다.

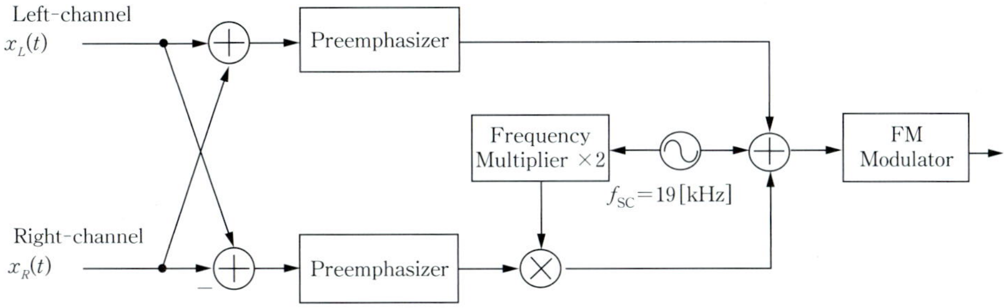

[그림 5-18] 스테레오 FM 송신기의 구조도

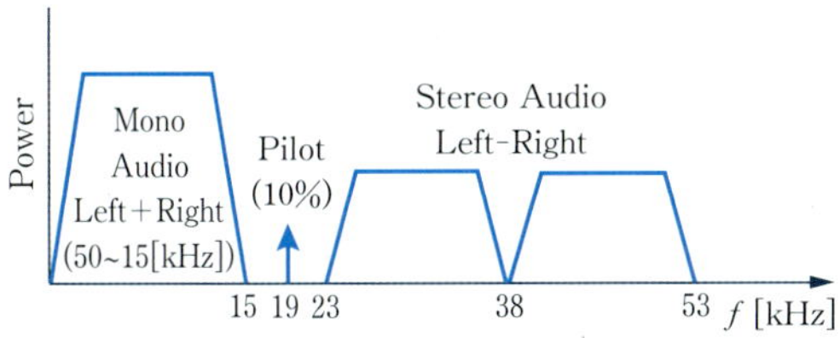

[그림 5-19] 스테레오 FM 신호의 기저 대역 스펙트럼

[그림 5-20]은 스테레오 FM 수신기의 구조도입니다. 이 수신기는 FM 복조기와 DSB-SC 복조기를 동시에 포함하고 있으며, 정확한 반송파 복원을 위해 19[kHz]에 존재하는 파일럿 신호를 이용합니다. 스테레오 FM에 입력되는 변조 신호는 다음과 같이 나타낼 수 있습니다.

$$x(t)=\{x_L(t)+x_R(t)\}+\{x_L(t)-x_R(t)\}\cos\omega_s(t)+k\cos\omega_{SC}(t) \tag{5.40}$$

여기서 $x_L(t)$, $x_R(t)$, ω_s, ω_{SC}는 각각 왼쪽 마이크 입력, 오른쪽 마이크 입력, 38[kHz]의 DSB-SC 변조를 위한 반송파 주파수, 19[kHz]의 톤 신호를 의미합니다.

스테레오 FM은 기존의 모노 FM에 비해 음질이 좋다는 장점이 있는 반면에 모노보다 잡음에 약하다는 단점이 있습니다. 이는 최대 주파수가 15[kHz]에서 53[kHz]로 증가되었기 때문입니다. 그리고 편이비는 변조 신호의 최대 크기와 관련이 있으므로 식 (5.40)에서

5 프리엠퍼시스 필터는 메시지 신호의 고주파를 증폭하는 필터로써 FM 수신기에서 고주파 잡음이 큰 문제를 해결합니다.
6 디엠퍼시스 필터는 FM 수신기에서 고주파를 억압하여 원래 메시지 신호의 크기로 만드는 역할을 합니다.

$L_p = \max|x_L(t)|$와 $R_p = \max|x_R(t)|$일 때, $x_p = \max\{2L_p + k, 2R_p + k\}$가 됩니다. 일반적으로 $L_p \simeq R_p$를 만족하며 $x_p \simeq 2L_p + k$입니다. 그러므로 모노 FM의 경우 $x_p \simeq 2L_p$이고, 스테레오 FM 변조 신호의 최댓값이 19[kHz]의 톤 신호에 의해 증가함을 알 수 있습니다. 이는 75[kHz]를 최대 주파수 편이로 설정한 FM 변조의 편이비를 감소시키는 요인이 됩니다. 따라서 k를 되도록 작게 해야 FM 수신 관점에서 잡음에 강한 특징을 유지할 수 있습니다. 실제 방송에서 사용하는 스테레오 FM 변조 신호의 주파수에 따른 편이비는 $0.64 < \beta < 675$ 정도입니다.

모노 FM이나 스테레오 FM을 전송하기 위한 대역폭은 200[kHz]입니다. 또한 모노 FM의 편이비는 $5 < \beta < 1500$으로 스테레오 FM보다 2배 이상입니다. 이러한 점들은 동일한 잡음 환경에서 모노 FM이 스테레오 FM보다 잡음에 강하다는 사실을 의미합니다. 즉 동일한 송신 전력으로 방송을 할 경우, 모노 FM은 스테레오 FM보다 편이비가 커서 더 먼 거리에서도 좋은 신호 품질을 유지할 수 있습니다. 그래서 스테레오 FM보다 모노 FM의 방송 권역이 더 넓습니다. 참고로 모노 FM과 스테레오 FM에 대한 영국 BBC의 방송 권역[7]을 보면 모노 FM의 방송 권역이 스테레오 FM보다 훨씬 넓다는 것을 알 수 있습니다. FM 수신기에서 대역폭과 편이비가 신호의 품질에 미치는 영향은 6장에서 자세히 설명하겠습니다.

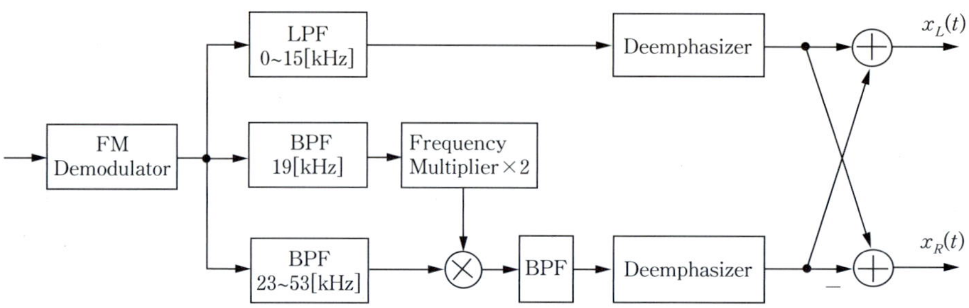

[그림 5-20] 스테레오 FM 수신기의 구조도

핵심포인트 **스테레오 FM**

모노 FM 방송을 스테레오로 FM으로 개선하면서 대역폭을 넓히지 않아 편이비가 감소하는데, 이는 통신 신호의 전달 거리가 줄어드는 결과를 초래합니다.

7 http://www.mds975.co.uk/txmaps/cornwall.html을 참조하세요.

Chapter 05 연습문제

5.1 다음 설명 중 잘못된 것을 바르게 고치세요.

(a) 동일한 메시지 신호에 대해 각변조된 신호는 진폭 변조된 신호보다 대역폭이 좁습니다.

(b) 신호의 위상을 시간에 따라 미분하면 순시 주파수를 구할 수 있으며, 순시 주파수를 적분하면 신호의 위상을 구할 수 있습니다.

(c) 식 (5.3)과 같이 표현된 각변조 신호의 수식을 통해 FM 변조 신호 또는 PM 변조 신호를 구분할 수 있습니다.

5.2 다음 설명 중 잘못된 것을 바르게 고치세요.

(a) 각변조 신호의 대역폭은 이론적으로는 매우 넓지만, 의미 있는 신호 크기의 주파수 범위까지를 제시한 것이 카슨의 규칙입니다.

(b) 각변조 신호에서 대역폭은 FM 신호의 경우 최대 주파수 편이에 따라 결정되고, PM 신호의 경우 위상의 편이에 따라 결정됩니다.

5.3 다음 설명 중 잘못된 것을 바르게 고치세요.

(a) 암스트롱의 FM 변조기는 NBFM 신호를 발생시키고 주파수 체배기를 이용하여 왜곡이 없는 WBFM 신호를 발생시킬 수 있습니다.

(b) 식 (5.25)에서 NBFM 신호의 진폭이 시간에 따라 변하지만 FM 신호의 정보가 위상에 있으므로 진폭의 변화는 수신기에서 정보의 추출에 영향을 미치지 않습니다.

5.4 다음 설명 중 잘못된 것을 바르게 고치세요.

(a) 암스트롱 FM 복조기와 AM 복조기의 RF단은 동일한 구조이며 중간 주파수 이후의 신호 복조 방식만 다를 뿐입니다.

(b) FM 수신 신호의 진폭이 일정할 때, 미분기를 거친 FM 신호로부터 메시지 신호를 추출하는 것은 DSB-LC 복조 방식과 유사합니다.

5.5 다음 설명 중 잘못된 것을 바르게 고치세요.

(a) FM 변조는 DSB 계열의 변조 방식보다 간섭의 영향을 덜 받습니다.

(b) FM 변조와 달리 DSB-SC 변조는 간섭 신호가 더해지면 신호 포락선에 그 영향이 그대로 나타나는 단점이 있습니다.

5.6 신호 $x(t)=A_c\cos(200\pi t+\sin 30\pi t)$의 순시 주파수를 구하세요.

5.7 변조 신호 $x(t)$가 다음 그림과 같은 주기 신호일 때, PM 변조와 FM 변조의 경우에 대한 위상 편이 및 주파수 편이를 각각 구하세요.

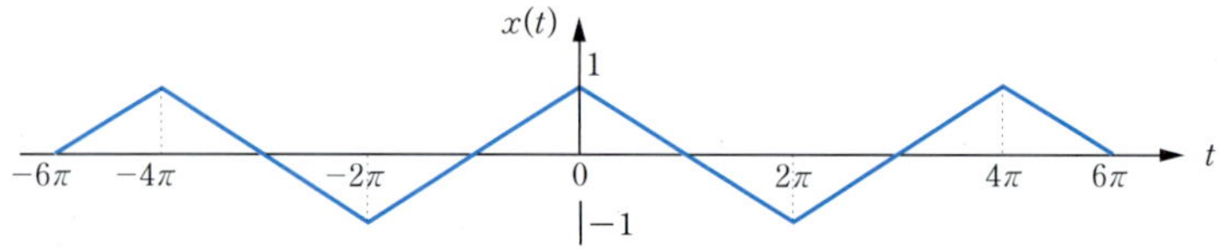

5.8 각변조 신호 $\varphi_{EM}(t)=10\cos(20000\pi t+2\pi\cos 2000\pi t)$에 대해 다음 문제를 푸세요.

(a) PM 변조 신호일 때 메시지 신호 $x(t)$를 구하세요. 단, $k_P=10\pi$입니다. 그리고 카슨의 규칙을 이용하여 대역폭을 구하세요.

(b) FM 변조 신호일 때 메시지 신호 $x(t)$를 구하세요. 단, $k_F=10\pi^2$입니다. 그리고 카슨의 규칙을 이용하여 대역폭을 구하세요.

5.9 순시 주파수가 $f_i(t)=f_c+10^3\text{Sa}(100\pi t)$[Hz]인 FM 변조 신호에 대해 다음 문제를 푸세요.

(a) 주파수 편이를 구하세요.
단, $\text{Sa}(100\pi t)$의 최댓값은 1, 최솟값은 $-2/(3\pi)=-0.2122$입니다.

(b) 카슨의 규칙을 이용하여 FM 변조 신호의 대역폭을 구하세요.

5.10 $\varphi_{FM}(t) = A_c \cos\{2\pi f_c t + 20\pi \int_0^t \cos(1000\pi\tau)\,d\tau\}$일 때 다음 문제를 푸세요.

(a) 주파수 편이를 구하세요.

(b) 카슨의 규칙을 이용하여 FM 변조 신호의 대역폭을 구하세요.

(c) 제1종 베셀 함수 $J_n(\beta)$를 사용하여 FM 변조 신호 $\varphi_{FM}(t)$를 표시하고, 유도 과정을 제시하세요.

(d) $\varphi_{FM}(t)$의 스펙트럼을 그리세요. $J_n(\beta)$는 MATLAB의 besselj 함수를 이용하여 구하세요.

5.11 반송파 주파수 89.7[MHz], 주파수 편이 Δf=10[kHz]인 암스트롱 FM 변조기를 설계하려고 합니다. 메시지 신호 $x(t)$는 50[Hz]~15[kHz]의 주파수 특성을 가지고, 반송파 주파수 f_c=100[kHz], 주파수 편이 Δf =10[Hz]인 NBFM 발생기가 주어져 있습니다. 주파수를 2배로 높이는 다수의 주파수 체배기와 다양한 종류의 BPF를 사용할 수 있을 때, 다음 문제를 푸세요.

(a) 주어진 조건에 가장 근접한 FM 변조기를 설계하세요.

(b) 설계한 FM 변조기의 편이비 β와 대역폭을 구하고 최종 FM 변조 신호의 파형 $\varphi_{FM}(t)$를 제시하세요. 그리고 이 변조기의 단점을 수식과 함께 밝히세요.

5.12 FM 변조된 신호 $\varphi_{FM}(t) = \cos\{10000\pi t + 100\pi \int_0^t x(\tau)\,d\tau\}$에 대해 다음 문제를 푸세요. 단, 변조 신호 $x(t)$는 다음과 같은 주기 신호입니다.

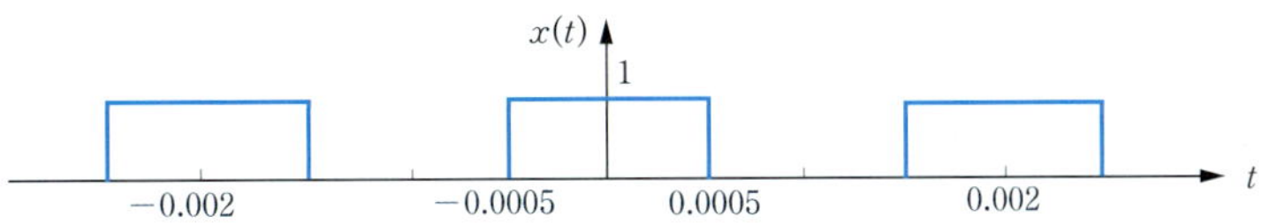

(a) $\varphi_{FM}(t)$의 순간 주파수 $\omega_i(t)$와 주파수 편이를 구하세요.

(b) $x(t)$를 푸리에 급수 전개한 후 $x(t)$의 대역폭을 구하세요. 단, 주파수 영역에서 가장 큰 진폭을 기준으로 진폭의 크기가 15% 이하인 주파수 성분은 무시합니다.

(c) 카슨의 규칙을 이용하여 $\varphi_{FM}(t)$의 대역폭을 구하세요.

5.13 각종 변조 신호의 대역폭 개념을 다시 한 번 상기하고자 합니다. $x(t)$, $y(t)$는 기저 대역 신호로서 대역폭이 각각 10[kHz], 20[kHz]이고 $|dx(t)/dt| \le 2000$일 때, 다음 변조 신호에 대한 대역폭을 구하세요. 각변조의 경우 카슨의 규칙을 이용하세요.

(a) $\varphi(t) = 10\cos(2\pi 10^5 t + 2\sin 1000\pi t + 10\sin 5000\pi t)$

(b) $\varphi(t) = x(t)\cos(10^6\pi t) - y(t)\sin(10^6\pi t)$

(c) $\varphi(t) = x(t)y(t)\cos(10^6\pi t)$

(d) $\varphi(t) = y(t)\cos\{2\pi 10^6 t + 20\pi x(t)\}$

5.14 FM 복조기에서 하드리미터의 입력 신호가 $v_i(t) = a(t)\cos\theta(t)$일 때 출력을 유도하세요.

5.15 FM 변조된 신호 $\varphi_{\mathrm{FM}}(t) = 10\cos(\omega_c t + a\sin\omega_1 t + b\sin\omega_2 t)$를 베셀 함수의 항으로 표현하세요.

5.16 스테레오 FM 방송에서 왼쪽 마이크의 신호는 $x_{\mathrm{L}}(t) = 20\mathrm{Sa}(20\pi t)$, 오른쪽 마이크의 신호는 $x_{\mathrm{R}}(t) = 100\mathrm{Sa}^2(10\pi t)$이고 파일럿 신호의 주파수가 f_c일 때, 다음 문제를 푸세요.

(a) 메시지 신호 $x(t)$를 수식으로 표현하고, 이 신호의 주파수 스펙트럼을 그리세요.

(b) 스테레오 FM 신호의 기저 대역 스펙트럼을 그리세요.

5.17 식 (5.36)에서 DSB-SC 변조의 경우, 간섭 신호의 영향을 FM 변조와 비교하여 설명하세요.

5.18 MATLAB 변조 신호 $x(t)=\sin 200\pi t$를 FM 변조했을 때의 스펙트럼을 MATLAB 프로그램으로 구하려고 합니다. 반송파 주파수로 5[kHz]를 선택하고, 편이비 $\beta=1$, 2, 5인 경우의 스펙트럼을 그림으로 나타내는 MATLAB 프로그램을 작성하세요. 그리고 FM 복조 후 피변조 신호가 복원됨을 보이세요. FM 변·복조를 위해 MATLAB의 fmmod(x, Fc, Fs, freqdev) 함수와 fmdemod(x, Fc, Fs, freqdev) 함수를 이용하세요. 여기서 Fc는 반송파 주파수 5000, Fs는 메시지 신호를 1/Fs초마다 표현하기 위한 변수로서 Fs=20000을 선택하세요.

5.19 MATLAB 변조 신호 $x(t)=\sin 2\pi f_m t$를 FM 변조했을 때의 스펙트럼을 MATLAB 프로그램으로 구하려고 합니다. 반송파 주파수로 5[kHz]를 선택하고, 주파수 편이 $\Delta f=100$[Hz]로 일정하며, 편이비 $\beta=1$, 2, 5인 경우의 스펙트럼을 그림으로 나타내는 MATLAB 프로그램을 작성하세요. 그리고 FM 복조 후 피변조 신호가 복원됨을 보이세요. FM 변복조를 위해 MATLAB의 fmmod(x, Fc, Fs, freqdev) 함수와 fmdemod(x, Fc, Fs, freqdev) 함수를 이용하세요. 여기서 Fc는 반송파 주파수 5000, Fs는 피변조 신호를 1/Fs초마다 표현하기 위한 변수로서 Fs=20000을 선택하세요.

5.20 MATLAB 메시지 신호 $x(t)=A_m\cos 2\pi f_m t$와 반송파 신호 $c(t)=A_c\sin 2\pi f_c t$를 이용하여 FM 변조 신호 $\varphi_{FM}(t)=A_c\sin[2\pi f_c t+\{k_F A_m/(2\pi f_m)\}\sin 2\pi f_m t]=A_c\sin(2\pi f_c t+\beta\sin 2\pi f_m t)$를 그리는 MATLAB 프로그램을 작성하세요. 단, f_m, f_c와 변조 지수 β를 외부 입력으로 받아서 다음과 같은 출력이 나오도록 하세요.

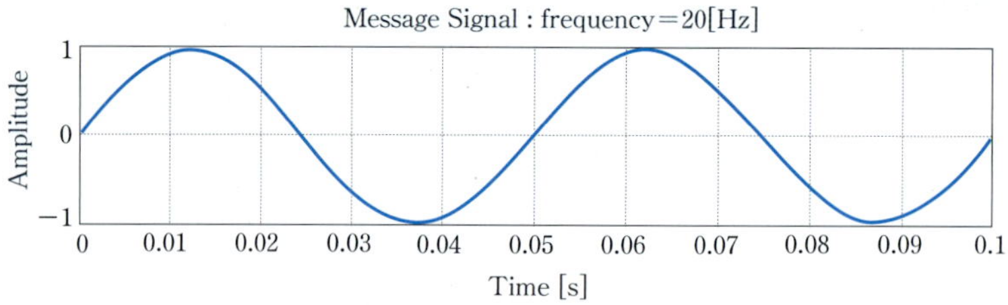
Message Signal : frequency=20[Hz]
Amplitude
Time [s]

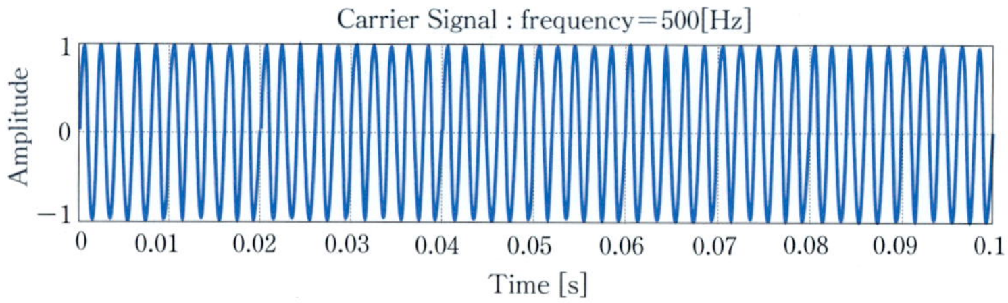
Carrier Signal : frequency=500[Hz]
Amplitude
Time [s]

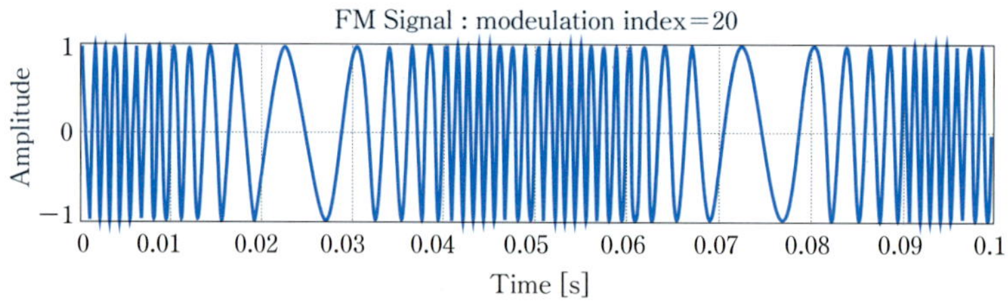
FM Signal : modeulation index=20
Amplitude
Time [s]

Chapter 06

잡음과 통신 품질

Noise and Communication Quality

학습목표

- 통신 수신기 단말에서 발생하는 열 잡음의 발생 원인과 특징, 열 잡음이 수신 신호에 미치는 영향을 이해할 수 있습니다.
- 통신 시스템에서 신호와 잡음의 전력비인 신호 대 잡음비의 개념과 그 계산 방법을 이해할 수 있습니다.
- 다양한 아날로그 변조 방식에서 복조된 신호의 신호 대 잡음비를 해석하고, 신호 품질의 관점에서 변조 방식의 특징을 구분할 수 있습니다.

6.1 개요

이 장에서는 잡음이 통신 신호의 품질에 미치는 영향을 공부합니다. 모든 전자 제품에는 열 잡음thermal noise이 발생하는데, 이로 인해 통신 수신기에 수신된 신호의 품질이 떨어지게 됩니다. **열 잡음은 전자 제품에서 제거할 수 없는 것으로 부가성 백색 가우스 잡음**AWGN : Additive White Gaussian Noise**이라는 특성이 있습니다.** 이 장에서는 이러한 열 잡음의 특징을 시간과 주파수 영역에서 살펴볼 것입니다.

라디오의 경우 송신기와 수신기 사이의 거리가 너무 멀어지면 신호의 세기가 작아져서 스피커에서 잡음 소리만 나오게 됩니다. 라디오 수신기에서 복조되어 송신 오디오 정보를 재생할 수 있을 정도의 최소 신호 전력을 수신 감도sensitivity라고 합니다. 그런데 라디오 수신기에서 오디오를 재생하려면 수신 신호의 세기도 중요하지만 이 신호와 함께 섞이는 잡음의 세기도 매우 중요합니다. **수신하고자 하는 통신 신호와 잡음의 전력비를 신호 대 잡음비**SNR : Signal to Noise Ratio**라고 하는데,** 이 비율이 어느 정도 이상 되어야 우리가 확실히 인식할 수 있는 깨끗한 음질의 소리를 들을 수 있습니다.

이 장에서는 지금까지 공부한 아날로그 통신 방식의 수신기에서 복조한 신호에 열 잡음이 미치는 영향을 공부하겠습니다. 이 과정을 통해 잡음이 복조 과정에서 어떠한 영향을 미치는지도 알 수 있습니다. 그리고 최종 복조 신호의 신호 대 잡음비를 통해 각 변조 방식별 신호의 품질도 비교할 수 있습니다.

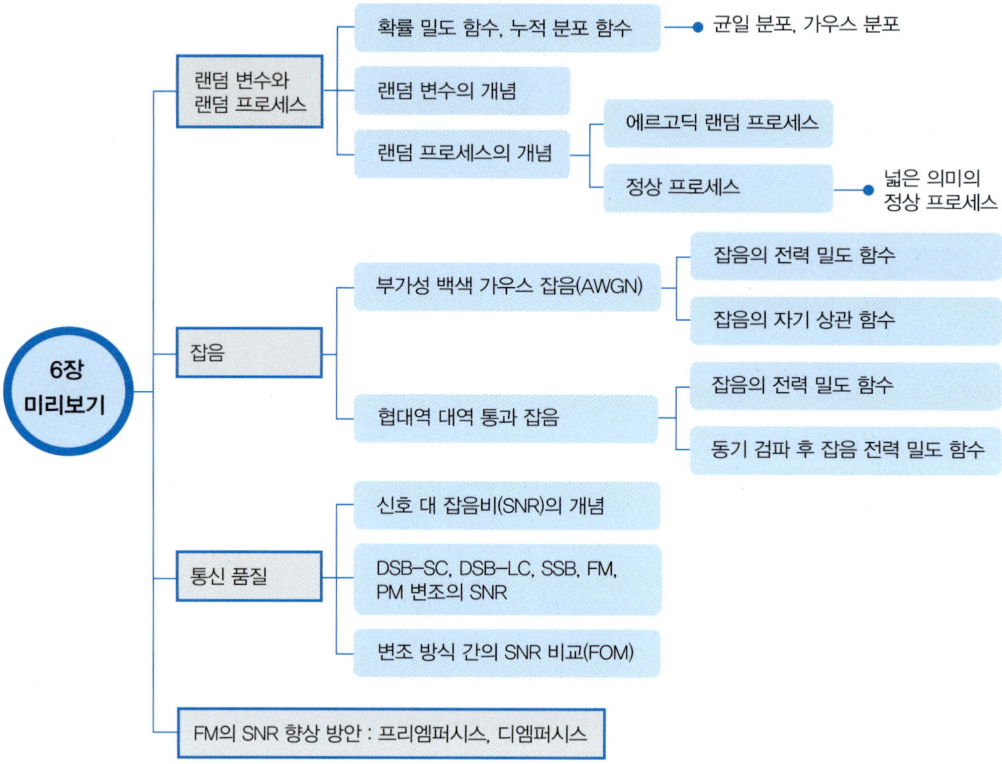

6.2 랜덤 변수와 랜덤 프로세스

통신 신호를 보낼 때 수신기에서 복조 후 신호의 품질이 얼마나 좋을 것인가를 예측하고 송신단에서는 송신 신호의 세기를 결정합니다. 이를 구현하는 데 가장 쉬운 방법은 2장에서 배운 식 (2.3)의 프리스 전송식입니다. 이 식을 보면 신호의 전달 거리는 송신 평균 전력과 비례합니다. 신호의 평균 전력은 통계적 특징입니다.

통신 단말에서 수신 신호 $r(t)$는 송신 신호 $\varphi(t)$와 수신기에서 발생하는 열 잡음 $n(t)$로 나타낼 수 있습니다.

$$r(t) = \varphi(t) + n(t) \qquad (6.1)$$

식 (6.1)에서는 내용을 쉽게 이해할 수 있도록 통신 채널에서 발생하는 지형지물에 의한 통신 신호의 왜곡 등을 고려하지 않고, 송신 신호가 그대로 보존되어 수신기에 도달하는 이상적인 채널을 통과했다고 가정했습니다. 지금까지는 통신 신호에 잡음이 존재하지 않는다는 가정하에 공부했습니다. **잡음 $n(t)$는 무작위로 발생하는 값으로 지금까지의 데이터를 가지고 있더라도 다음 순간에 어떤 크기로 나타날지 예측할 수 없습니다.** 그러나 관측한 잡음 신호를 통해 평균이나 전력 등의 통계적 특성을 알 수 있고, 대부분의 경우 이 특성은 변화하지 않습니다. 비록 랜덤한 신호라고 하더라도 통신 신호의 통계적 특성인 평균값과 전력을 계산하여 수신기에서 복조 후 신호의 품질을 예측할 수 있습니다. 이 사실을 이용하여 송신단에서 통신 신호 $\varphi(t)$를 보낼 때, 멀리 떨어진 수신기에서 복조후 메시지를 잘 복원할 수 있을 송신 전력을 결정합니다.

통신에서 잡음, 메시지 신호, 인터넷 신호 등과 같이 예측할 수 없는(랜덤하게 발생하는) 신호의 특징은 통계적 특성에 근거하여 이들 신호의 통계적 특징을 표현합니다. 이미 우리는 통계에 근거하여 평균값, 상관값, 전력 스펙트럼 밀도 등을 공부했습니다. **이 장에서는 각종 아날로그 변조 방식의 수신기에서 신호와 잡음의 전력비 계산을 통해 통신 방식 간의 수신 성능을 비교하려고 합니다. 이를 위해 통신에서 필요한 확률, 랜덤 변수**random variable**, 랜덤 프로세스**random process**의 개념을 먼저 살펴보겠습니다.**

랜덤 변수

무작위 신호의 크기에 대한 통계적 특성을 알려면 먼저 랜덤 변수의 개념을 이해해야 합니다. 불규칙적으로 발생하는 사건을 숫자로 표현하는 규칙을 랜덤 변수라고 합니다. 사건이란 예를 들어 어떤 순간에 주사위나 동전을 던지고 나타난 결과, 통신에서 나타난 잡음 신호 등 일상에서 일어날 수 있는 모든 현상을 말합니다.

랜덤 변수의 의미를 동전을 던지는 경우에 빗대어 살펴봅시다. 동전을 던지면 앞면과 뒷면 중 하나가 불규칙적으로 나옵니다. 이때 동전의 앞면을 1, 뒷면을 0의 수로 표현하는 규칙을 랜덤 변수라고 합니다. 즉 랜덤 변수는 어떤 사건을 숫자로 나타내는 규칙입니다. 그러므로 식 (6.1)의 불규칙적으로 발생하는 잡음도 전압의 크기로 표현하는 랜덤 변수로 나타낼 수 있습니다.

이 책에서는 어떤 특정 현상을 s라 하고, 이것의 랜덤 변수를 $X(s)$ 또는 X로 표현하겠습니다. 또한 특정 현상을 숫자로 표현하여 $X(s)=x$의 형태로도 나타냅니다. 랜덤 변수를 꼭 X라고 표현할 필요는 없으며, 다양한 문자로 표현할 수 있습니다. **잡음의 경우에 한 순간 발생한 잡음을 전압 값 n[V]로 나타내고 이 규칙을 랜덤 변수 N이라고 선언할 수 있습니다.**

어떤 랜덤 변수 $X(s)$가 x보다 같거나 작은 확률 $P\{X(s)\le x\}$를 누적 분포 함수cdf : cummulative distribution function $F_X(x)=P\{X(s)\le x\}$라고 정의합니다. cdf는 다음과 같은 성질을 만족합니다.

$$\begin{aligned}&0\le F_X(x)\le 1,\ F_X(x_1)\le F_X(x_2)\ \text{for}\ x_1<x_2\\&F_X(-\infty)=0,\ F_X(\infty)=1\end{aligned} \tag{6.2}$$

일반적으로 정상적인 주사위를 100회 던질 때 1이 나올 확률은 1/6이 될 것입니다. 그런데 미리 각도가 표시된 회전하는 수평 원판을 정지시켰을 때, 진북 방향을 가리키는 각도 x를 출력하는 랜덤 변수 X에 대하여 생각해 보겠습니다. 특정한 각도 θ_0가 진북 방향을 가리킬 확률은 $P\{x=\theta_0\}=1/360$일까요? 실제로 원판에는 무한개의 각도가 존재합니다. 그러므로 원판의 θ_0 각이 진북 방향이 될 확률은 $P\{x=\theta_0\}=0$입니다. 이처럼 **특정 지점의 확률이 0이 되는 경우, 어떤 범위에서 사건이 일어날 확률을 확률 밀도 함수**pdf : probability density function**라고 정의하며, $p_X(x)$로 표현합니다.** 그러므로

$$\int_{-\infty}^{x} p_X(x)\,dx=P\{X\le x\}=F_X(x),\ p_X(x)=\frac{d}{dx}F_X(x) \tag{6.3}$$

의 관계가 성립됩니다.

랜덤 변수 X에 대해 평균이라고도 하는 기댓값 $E\{X\}$는

$$E\{X\}=\mu_X=\int_{-\infty}^{\infty} xp_X(x)\,dx \tag{6.4}$$

로 표현되고, X^n의 기댓값 $E\{X^n\}$은

$$E\{X^n\}=\int_{-\infty}^{\infty} x^n p_X(x)\,dx \tag{6.5}$$

로 표현됩니다. 그리고 랜덤 변수 X의 분산variance σ_X^2는

$$\sigma_X^2=E\{(X-\mu_X)^2\}=\int_{-\infty}^{\infty}(x-\mu_X)^2 p_X(x)\,dx \tag{6.6}$$

이고, σ_X를 표준편차standard deviation라고 합니다.

균일 분포와 가우스 분포

통신 신호에서 많이 나타나는 pdf로는 균일 분포uniform distribution와 가우스 분포Gaussian distribution가 있습니다. 앞에서 설명한 원판을 돌리는 랜덤 변수 X의 경우, 어떤 각도 x가 나타날 pdf는 $p_X(x)=1/360$입니다. 이와 같이 **랜덤 변수가 발생할 수 있는 모든 구간에서 균일하게 발생하는 pdf를 균일 분포라고 합니다.** 균일분포의 pdf와 cdf는 [그림 6-1]과 같습니다.

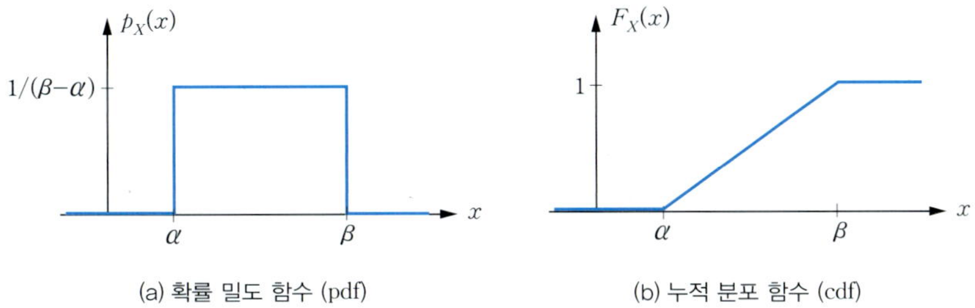

[그림 6-1] 균일 분포

통신 신호의 잡음을 전압 값으로 표현하고 랜덤 변수 N으로 나타낼 때, 대부분의 경우 가우스 분포를 따릅니다. **가우스 분포는 정규 분포normal distribution라고도 하며, 잡음 전압 n [V]가 나타날 pdf $p_N(n)$은**

$$p_N(n)=\frac{1}{\sqrt{2\pi}\,\sigma_N}\exp\left\{-\frac{(n-\mu_N)^2}{2\sigma_N^2}\right\} \tag{6.7}$$

와 같이 가우스 함수를 따릅니다. 여기서 μ_N은 평균, σ_N은 표준편차입니다. 식 (6.7)을 $X\sim N(\mu_N,\ \sigma_N^2)$으로도 나타내는데, 이때 N은 정규 분포를 의미합니다. [그림 6-2]에 평균 1, 분산 1인 가우스 분포의 pdf와 cdf를 나타냈습니다. 가우스 분포를 따르는 랜덤 변수는 실험으로 구한 값의 히스토그램histogram을 그렸을 때 식 (6.7)과 매우 흡사해집니다.

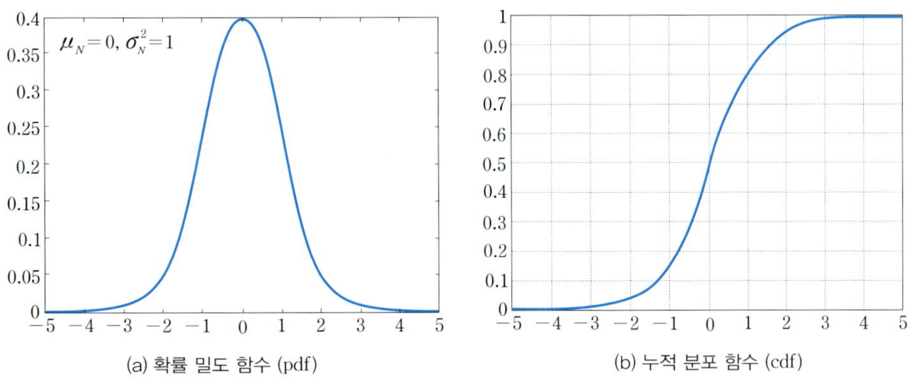

[그림 6-2] 평균 1, 분산 1인 가우스 분포

현실 세계에서 무작위로 발생하는 사건은 대부분 가우스 분포를 따릅니다. 가우스 분포를 따르는 랜덤 변수에 일정한 상수를 곱하면 이 역시 가우스 분포를 따르며 평균과 분산이 바뀝니다. 서로 다른 두 개의 독립적인 가우스 분포를 따르는 랜덤 변수를 합한 신호도 가우스 분포를 따릅니다. 가우스 분포를 따르는 다수의 독립적인 랜덤 변수에 서로 다른 가중치를 곱해서 더해도 역시 가우스 분포를 따르는 랜덤 변수가 됩니다.

랜덤 프로세스

지금까지 어떤 사건을 숫자로 표현하는 것을 랜덤 변수라고 했습니다. 어떤 현상의 통계적 특성을 알려면 많은 실험을 거쳐야 합니다. 통신 수신기에서 발생하는 잡음의 확률적 특성을 찾기 위해 N개의 수신기를 동시에 관측하는 경우를 생각해 보겠습니다. 이것을 통해 랜덤 프로세스에서 사용되는 용어를 먼저 살펴보겠습니다. **통신 수신기에서 관측된 잡음을 숫자로 나타내는 규칙을 랜덤 변수 X라고 하고,** i번째 통신 수신기에서 수행한 관측 실험 s_i의 잡음값 $X(s_i)$를 시간에 따라 파형 $X(t, s_i)$으로 나타내었다고 하겠습니다. 여기서 특정한 시각 $t=t_1$에서 관측한 통신 수신기의 모든 결과 값 $X(t_1)=\{X(t_1, s_1), X(t_1, s_2), X(t_1, s_3), \cdots, X(t_1, s_N)\}$은 랜덤 변수입니다. i번째 통신 수신기의 잡음값을 시간에 따라 나타낸 랜덤한 파형을 샘플 함수sample function $X(t, s_i)$라고 합니다. 그리고 N개의 통신 수신기가 생성한 샘플 함수들의 전체 집합을 랜덤 프로세스 $X(t)$라고 합니다.

통신 수신기에서 발생하는 잡음 특성을 통계적으로 판단하기 위해 한 대의 통신 수신기만을 이용하여 잡음을 관측하고 잡음의 특징을 일반화하는 것은 문제가 있습니다. 여러 개의 통신 수신기에서 발생되는 잡음 신호를 관측해야 통신 수신기의 잡음 특성을 일반화할 수 있을 것입니다. 그러므로 통신에서는 다수의 수신기에서 발생하는 잡음 신호를 동시에 이용하여 각 수신기에서 잡음의 샘플 함수와 랜덤 프로세스를 정의할 수 있습니다. **랜덤 프로세스에는 시간의 개념이 존재하지만 랜덤 변수는 그렇지 않습니다.**

통신 수신기에서 잡음의 크기를 표현하는 규칙을 랜덤 변수 X로 표현하고, 특정 수신기의 시간에 따른 잡음 $\{X(t_1, s_i), X(t_2, s_i), X(t_3, s_i), \cdots, X(t_M, s_i)\}$의 평균값을 구한 것을 시간 평균time average이라고 합니다. 그리고 특정 시각에 모든 통신 수신기에서 관측된 잡음값 $X(t_j)$의 평균을 앙상블 평균enssemble average이라고 합니다. 특히 **랜덤 프로세스의 시간 평균과 앙상블 평균이 같은 경우를 에르고딕ergodic 랜덤 프로세스라고 합니다.** 우리가 다루는 대부분의 통신 신호는 에르고딕 랜덤 프로세스에 포함됩니다. 즉 **여러 개의 통신 수신기에서 발생한 잡음의 앙상블 평균이나 한 개의 통신 수신기에서 발생한 잡음의 시간 평균이 동일하다는 것입니다.** 이 경우에는 하나의 샘플 함수만을 이용하여 랜덤 프로세스의 통계적 특성을 알 수 있습니다. **샘플 함수의 통계적 특성이 시간에 따라 변화하지 않는 랜덤 프로세스를 정상**stationary **프로세스라고 합니다.**

랜덤 프로세스 $X(t)$에 대한 평균 $E\{X(t)\}$는

$$E\{X(t)\}=\int_{-\infty}^{\infty} x p_{X(t)}(x)\,dx=\mu_X(t) \tag{6.8}$$

로 표현되고, $p_{X(t)}(x)$는 랜덤 프로세스 $X(t)$의 pdf입니다. 두 개의 랜덤 프로세스 $X(t_1)$과 $X(t_2)$의 곱에 대한 기댓값을 랜덤 프로세스 $X(t)$의 자기 상관 함수라고 하며

$$R_X(t_1,\ t_2)=E\{X(t_1)X(t_2)\}=\int_{-\infty}^{\infty}\int_{-\infty}^{\infty} x_1x_2 p_{X(t_1)X(t_2)}(x_1,\ x_2)\,dx_1dx_2 \tag{6.9}$$

와 같이 정의됩니다. 여기서 $p_{X(t_1)X(t_2)}(x_1,\ x_2)$는 결합 확률 밀도 함수joint pdf라고 합니다. 우리가 다룰 **잡음 신호는 서로 다른 시각에서 발생하는 잡음 값들이 서로 연관성이 없는, 통계적으로 독립적인 특징을 가지고 있습니다.** 이 경우 $p_{X(t_1)X(t_2)}(x_1,\ x_2)=p_{X(t_1)}(x_1)p_{X(t_2)}(x_2)$가 됩니다. 이 책에서는 결합 확률 밀도에 대해 깊이 있게 다루지 않겠습니다.

통신에서 다루는 대부분의 신호는 평균이 시간에 상관없이 일정한 $E[X(t)]=\mu_X$의 특성이 있습니다. 그리고 이들의 자기 상관 함수 $R_X(t_1,\ t_2)$는 시간 차이 $\tau=t_2-t_1$에만 의존하는 $R_X(t_1,\ t_2)=R_X(t_2-t_1)=R_X(\tau)$인 통계적 특성을 가집니다. 여기서 τ를 시간 차이time lag 또는 지체 시간이라고 합니다. 이러한 두 가지 특성이 있는 랜덤 프로세스를 **넓은 의미의 정상**WSS : Wide-Sense Stationary **프로세스**라고 합니다.

3장에서 PSD를 공부할 때, PSD는 신호의 자기 상관 함수를 푸리에 변환하여 구할 수 있음을 보았습니다. PSD는 신호의 푸리에 변환을 통해 구할 수 있습니다. 그러나 무작위로 변화하는 통신 신호의 경우 관측 시간마다 신호가 다르기 때문에 이것의 푸리에 변환 역시 달라져서 푸리에 변환을 통해 통신 신호의 PSD를 구하기가 매우 어렵습니다. 다행히도 잡음을 포함해 통신에서 다루는 대부분의 신호는 WSS 프로세스의 특성을 따릅니다. 따라서 통신 신호를 언제 관측했는지 상관없이 동일한 자기 상관 함수를 구할 수 있으며, 이것을 이용하여 변화하는 통신 신호의 PSD와 스펙트럼 특성을 알 수 있습니다.

핵심포인트 **랜덤 프로세스**

불규칙적으로 발생되는 사건을 숫자로 표현하는 규칙을 랜덤 변수라고 합니다. 어떤 사건을 시간에 따라 랜덤 변수 규칙에 의해 숫자로 표현한 것을 랜덤 프로세스라고 합니다.

6.3 부가성 백색 가우스 잡음

통신 단말에서 수신 신호는 송신 신호 $\varphi(t)$와 수신기에서 발생하는 잡음 신호 $n(t)$로 구성되어 있습니다. **전자 기기에는 열 잡음, 산탄 잡음**shot noise**, 플리커 잡음**flicker noise **등 원치 않는 신호가 존재합니다.** 열 잡음은 모든 전도성 소자에서 발생하는 잡음, 산탄 잡음은 진공관이나 반도체 소자 등에서 발생하는 잡음, 플리커 잡음은 트랜지스터에서 발생하는 저주파 잡음입니다. 이 중 **열 잡음과 산탄 잡음은 모든 주파수 성분을 일정하게 가진 백색 잡음**white noise**이라는 특성이 있습니다. 통신 시스템에서는 주로 열 잡음이 수신 신호의 품질에 가장 큰 영향을 미칩니다.**

이 절에서는 통신 신호의 품질 해석에 사용하는, 백색 잡음 $n(t)$의 특징과 그 주요한 원인인 저항성 소자에 의한 열 잡음에 대해 공부하겠습니다. 그리고 실제 통신 시스템에서 저항성 소자가 어떠한 원리로 $n(t)$의 크기와 PSD를 결정하는지 살펴보겠습니다.

AWGN

일반적으로 **전자 기기에서 발생하는 잡음은 AWGN이라는 특징을 띱니다. 여기서 '부가성'은 식 (6.1)과 같이 수신된 통신 신호에 더해지기 때문에 주어진 것이고, '백색'은 주파수 영역에서 바라본 특징으로 모든 주파수에서 동일한 PSD를 가진다는 의미입니다. 백색은 모든 주파수 성분을 다 가지고 있다는 의미입니다. 또한 '가우스'는 열 잡음의 통계적 특성이 정규 분포로도 불리는 가우스 분포를 따르기 때문에 붙은 것입니다.**

통신공학에서는 식 (6.1)에서 신호에 부가되는 백색 잡음 $n(t)$의 PSD $S_n(\omega)$를 다음과 같이 표현하기로 약속했습니다.

$$S_n(\omega) = \frac{N_0}{2}\ [\mathrm{W/Hz}]\ \text{for all}\ \omega \tag{6.10}$$

즉 백색 잡음은 모든 주파수에 대해 동일한 전력 밀도를 가집니다. 여기서 N_0는 상수로서 온도 등에 따라 변화하는 값입니다. 식 (6.10)을 더 정확하게 표현하면 양측 전력 스펙트럼 밀도two-sided power spectral density입니다. 여기서 양측이라 함은 양과 음의 주파수 성분까지 고려한다는 의미입니다. 이에 대응하는 용어로는 단측 전력 스펙트럼 밀도one-sided power spectral density가 있는데, 이는 스펙트럼에 양의 주파수 성분만이 존재한다고 고려할 때 사용합니다. 음의 주파수가 없다고 간주하기 때문에 스펙트럼 밀도의 크기는 동일 주파수에서 양측 전력 스펙트럼 밀도의 두 배가 됩니다. 그래야 전체 전력이 음의 주파수까지 고려하는 경우와 동일해집니다. 일반적으로 전력 스펙트럼 밀도에 대한 특별한 언급이 없다면 양측 전력 스펙트럼 밀도를 의미합니다.

잡음의 PSD $S_n(\omega)$에 대해 역푸리에 변환을 하면 잡음의 자기 상관 함수 $R_n(\tau)$를 얻게 됩니다.

$$S_n(\omega)=\frac{N_0}{2} \xrightarrow{\text{IFT}} R_n(\tau)=\frac{N_0}{2}\delta(\tau) \tag{6.11}$$

이 특성을 [그림 6-3]에 나타냈습니다.

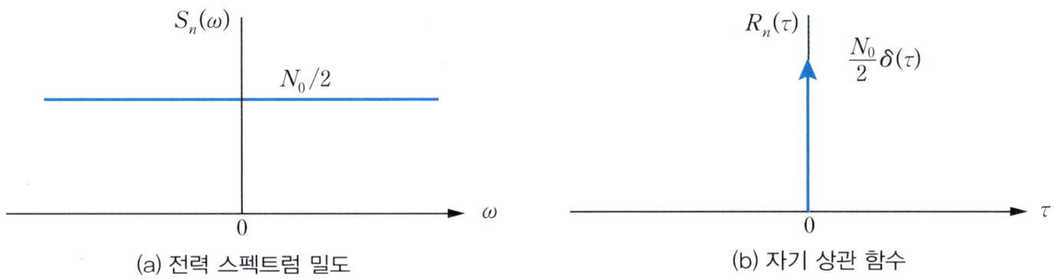

[그림 6-3] 백색 가우스 잡음의 전력 스펙트럼 밀도와 자기 상관 함수

열 잡음

식 (6.1)에서 수신된 변조 신호에 더해진 AWGN은 대부분 통신 수신기의 저항성 소자로 인해 발생한 열 잡음에 의한 것입니다. 그러므로 저항성 소자가 만들어내는 열 잡음의 특징과 통신 단말기에서 고려하는 AWGN의 관계를 아는 것은 통신 신호를 이해하는 데 매우 중요합니다.

저항기와 같은 전도성 소자는 절대 온도(−273℃) 이상에서 저항기 내부의 전자가 활발한 브라운 운동 Brown motion[1]**을 합니다. 이로 인해 전자들은 서로 충돌하고 열을 발생시키는데, 이는 외부 전원의 인가와는 무관하게 일어나는 것으로 열 잡음이라고 하며 AWGN의 특성을 가집니다.** 1926년 벨연구소의 연구원이던 존슨J. B. Johnson이 도체의 열 잡음을 처음으로 측정하여 열 잡음을 존슨 잡음이라고도 합니다. 그리고 벨연구소의 나이퀴스트는 이것을 수학적으로 정리했습니다.

존슨의 연구 결과에 따르면 열 잡음의 PSD는 다음과 같이 표현됩니다.

$$S_n(\omega)\simeq 2kT[\text{W/Hz}],\quad |\omega|\ll 2\pi kT/h \tag{6.12}$$

여기서 T[K]는 켈빈Kelvin 온도, $k=1.38\times10^{-23}$[joule/K]인 볼츠만Boltzmann 상수,

1 브라운 운동은 1827년 스코틀랜드 식물학자 로버트 브라운(Robert Brown)이 발견한 것으로, 액체나 기체 속의 입자가 서로 충돌하면서 불규칙적으로 움직이는 현상을 말합니다.

$h=6.625\times 10^{-34}$[Joule-sec]는 플랑크Planck 상수입니다. 290[K](17°C)의 상온에서 주파수 6000[GHz]까지 식 (6.12)를 만족합니다.

열 잡음은 백색 잡음이지만, 통신 시스템에서는 수신기에서 식 (6.1)과 같이 변조된 신호와 동일 대역의 잡음이 관심사이므로 잡음의 대역폭을 변조 신호의 대역폭으로 제한하여 생각하겠습니다. 관심 대역폭이 B[Hz]일 때, $R[\Omega]$ 저항기는 [그림 6-4]와 같이 잡음 전원과 잡음이 없는 이상적인 $R[\Omega]$ 저항의 직렬 연결로 이루어진 테브닌Thévenin 등가 회로로 표현될 수 있습니다. 그리고 식 (6.12)로부터 수신 신호 대역폭 내 잡음원의 전력 P_{Ns}는

$$P_{Ns}=\frac{1}{2\pi}\int_{-2\pi B}^{2\pi B} 2kT\,d\omega=4kTB\,[\mathrm{W}] \tag{6.13}$$

가 됩니다.

식 (6.13)에 의해 관심 대역에서 잡음원 전압의 평균 제곱 값mean-square voltage은

$$E[v^2(t)]=P_{Ns}R=4kTBR\,[\mathrm{V}^2] \tag{6.14}$$

입니다. 예를 들어 관측 대역폭이 20[MHz], 상온 $T=290\mathrm{K}$에서 동작하는 50[Ω] 저항은 $E[v^2(t)]=200kTB=200(1.38\times 10^{-23})(290)(20\times 10^6)=1.6008\times 10^{-11}\,[\mathrm{V}^2]$ 또는 실효 전압rms : root mean square $\sqrt{E[v^2(t)]}\approx 4\times 10^{-6}$[V]를 발생시키는 열 잡음원이 됩니다. 따라서 저항기는 [그림 6-4]와 같이 열 잡음을 발생시키지 않는 무잡음 저항과 전압원 $v(t)$가 직렬 연결된 등가 회로로 표현할 수 있습니다. [그림 6-4]의 등가 회로에서 잡음원이 회로에 영향을 미치려면 부하가 연결되어야 합니다. 그렇지 않은 경우는 개방 회로가 되므로 잡음원은 의미가 없습니다.

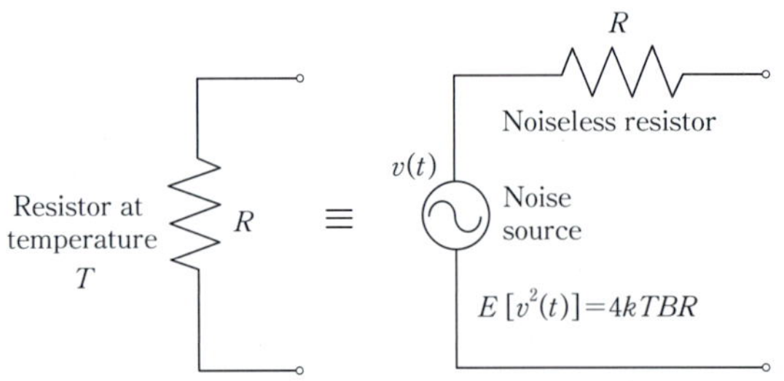

[그림 6-4] 일반 저항기와 열 잡음 관점의 테브닌 등가 회로

열 잡음원이 통신 시스템에 미치는 영향

저항성 소자는 열 잡음을 발생시켜서 마치 잡음 전원과 열 잡음을 발생시키지 않는 이상적

인 저항으로 표현됨을 공부했습니다. 그럼 실제로 이러한 저항성 소자가 통신 단말에는 어떠한 영향을 미칠까요? 실제로 수신기에는 매우 많은 저항기가 있는데 이 모든 저항을 [그림 6-4]와 같이 등가 회로로 변환하여 해석하기는 매우 어렵습니다.

통신 수신기는 [그림 6-5]와 같이 안테나(무선 시스템) 또는 전송선(유선 시스템)과 부하 저항으로 구성된 간단한 회로로 표현할 수 있습니다. 안테나/전송선 부분은 통신 신호로 인한 전압원 V_S와 안테나/전송선의 등가 저항 R_S로 표현할 수 있으며, 나머지 수신 회로는 등가 저항 R_{IN}으로 단순화하여 표현할 수 있습니다. 여기서 R_S는 열 잡음을 발생시키는 일반 저항, R_{IN}은 해석의 편의를 위해 무잡음 저항이라고 가정하겠습니다. 안테나/전송선은 수신 등가 임피던스의 저항 값이 $R_{IN}=R_S$인 경우를 임피던스 정합impedance matching이 되었다고 하며, 이때 통신 신호의 최대 전력이 수신기에 전달될 수 있습니다. 통신 시스템에서는 일반적으로 안테나와 동축 케이블coaxial cable의 임피던스가 50[Ω] 또는 75[Ω]입니다. 그리고 인터넷 통신을 위해 많이 사용되는, 두 줄의 구리 선을 꼬아서 만든 트위스티드 페어twisted pair 선은 100[Ω], 전화선이나 이더넷에 사용되는 꼬지않은 UTPUnTwisted Pair 선은 300[Ω]입니다.

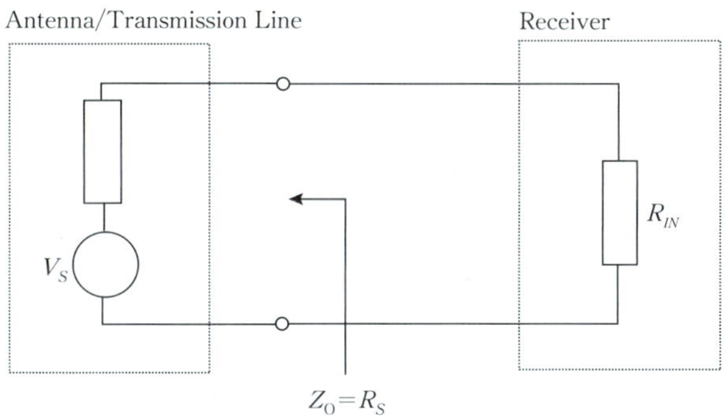

[그림 6-5] 통신 수신기의 간단한 등가 회로

안테나의 임피던스 R_S에 의해 부하 R_{IN}에서 소비되는 열 잡음의 최대 전력은 다음과 같습니다.

$$P_N=\frac{E[v^2(t)]}{4R}=kTB[\mathrm{W}] \tag{6.15}$$

이 값이 수신기 초단에서 통신 신호에 더해진 백색 잡음의 전력입니다. 여기서 온도 T는 안테나의 경우 안테나가 있는 곳의 주변 온도가 아니라 안테나가 주시하고 있는 곳 대기 환경의 영향을 받게 됩니다.

AWGN의 PSD는 [그림 6-6]과 같고 파시발의 정리를 이용하면 열 잡음의 전력은

$$P_N = \frac{1}{2\pi}\{2S_n(\omega)\times(2\pi B)\} = N_0 B \tag{6.16}$$

가 되고, 식 (6.15)와 식 (6.16)을 통해 $N_0 = kT$라고 할 수 있습니다. 단, 이 경우는 회로에 열 잡음만 존재한다는 가정하에 내린 결론입니다. 그런데 재미있는 사실은 식 (6.15)로부터 **부하에서 소비되는 열 잡음의 최대 전력이 저항의 크기와 무관하다는 것입니다. 열 잡음은 모든 통신 수신기에서 기본적으로 발생되는 잡음으로 제거가 불가능합니다.**

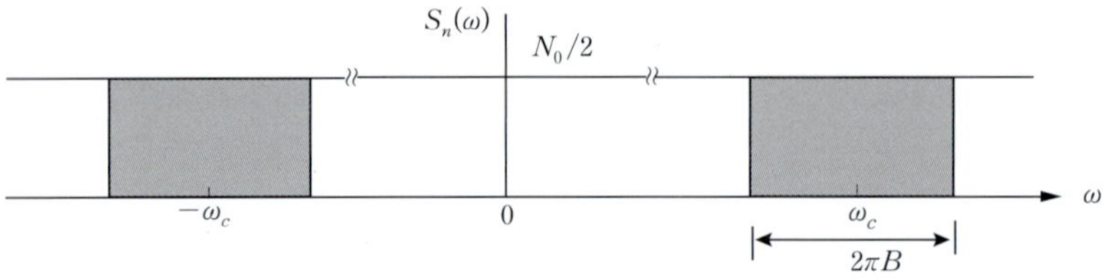

[그림 6-6] 관심 주파수 대역에서의 열 잡음 PSD

식 (6.15)와 식 (6.16)에서 수신기의 등가 저항 R_{IN}은 열 잡음을 발생시키지 않는다고 가정했으나 실제로는 이 역시 열 잡음을 발생시킵니다. 통신 수신기에서는 수신 신호 입력단과 수신기 등가 임피던스 사이에 신호 증폭기, 주파수 변환 믹서, 국부 발진기 등이 존재합니다, 이러한 소자들은 열 잡음을 추가로 발생시키며 최종 복조 후에는 잡음 신호가 더 커지게 됩니다. 물론 증폭기에 의해 수신 신호 성분도 커지지만 잡음이 더 추가되어 잡음의 영향을 더 받게 됩니다. 이와 같이 **통신 시스템 신호 입력단의 신호 대 잡음 전력비**SNR : Signal-to-Noise power Ratio[2] SNR_{in}**보다 최종 출력단에서의 신호 대 잡음비** SNR_{out}**이 더 나빠지고, 입출력단 SNR 비인** SNR_{in}/SNR_{out}**을 잡음 지수**noise figure**라고 합니다.**

대표적인 통신 시스템의 열 잡음 전력

상온(290[K])에서 대역폭이 B[Hz]인 수신 신호에 포함된 열 잡음의 전력은 다음과 같습니다.

$$\begin{aligned} P &= 10\log(kTB\times 1000) \\ &= 10\log(1.38\times 10^{-23}\times 290\times B\times 1000) \\ &\cong -174 + 10\log B\,[\text{dBm}] \end{aligned} \tag{6.17}$$

식 (6.17)을 통해 몇 가지 대표적인 통신 시스템의 대역폭에 따른 열 잡음의 전력을 [표 6-1]에 나타냈습니다. 무선 인터넷을 위한 국제 표준인 IEEE 802.11은 20[MHz]의 대역

2 디지털 통신에서는 수신기에서 복조 후 기저 대역 신호의 신호 대 잡음비를 SNR이라 하고, 변조된 통과 대역 신호의 신호 대 잡음비는 CNR(Carrier to Noise power Ratio)이라고도 합니다. 그러나 이 책에서는 특별한 설명이 없으면 디지털 통신 신호도 CNR을 SNR이라고 표현했습니다.

을 이용하므로 [표 6-1]에서 비교한 시스템 중에서 열 잡음의 세기가 가장 크다는 것을 알 수 있습니다.

[표 6-1] 주파수 대역폭에 따른 열 잡음 전력

대역폭	열 잡음 전력 [dBm]	용도	대역폭	열 잡음 전력 [dBm]	용도
10[kHz]	−134	AM 라디오	200[kHz]	−121	GSM
1[MHz]	−114	블루투스	2[MHz]	−111	GPS
6[MHz]	−106	TV	20[MHz]	−101	WiFi (IEEE802.11 a/g)

디지털 TV를 예로 들어 잡음 전력을 계산해보겠습니다. 우리나라는 디지털 TV 방송을 위한 채널의 대역폭이 6[MHz]이지만 유럽에서는 8[MHz]를 사용하기도 합니다. 우리나라의 디지털 TV는 이론적으로 SNR이 15[dB] 이상이면 TV 수신에 문제가 없습니다. 그러므로 최적의 TV 수신기는 수신 신호의 전력이 상온에서 잡음 전력 −106[dBm]보다 15[dB] 높은 −91[dBm] 이상이면 됩니다. 그러나 어떤 TV 수신기가 동일한 환경에서 수신 전력이 −80[dBm] 이상일 때 TV 수신에 문제가 없다면 이 수신기는 잡음을 −80[dBm]−(−91[dBm])=11[dB] 증가시킨 것과 같은 현상을 보입니다. 이런 경우 이 수신기의 잡음 지수는 11[dB]이라고 할 수 있습니다.

예제 6-1

평균 0, 분산 $\sigma_n^2 = N_0/2$인 가우스 분포를 따르는 AWGN $n(t) \sim N(0,\ N_0/2)$가 대역폭 B[Hz]인 LPF를 통과했을 때, 다음 문제를 푸세요.

(a) 필터 출력에서 잡음의 PSD를 구하세요.

(b) 필터 출력에서 잡음의 자기 상관 함수를 구하세요.

풀이

(a) 필터의 전달 함수가 $H(\omega)$일 때, 필터 출력의 PSD는 $S_n(\omega)H^2(\omega)$가 됩니다. 필터는 통과 대역에서 크기가 1인 이상적인 필터이므로, 출력 잡음의 PSD는 주파수만 대역이 제한될 뿐 크기의 변화는 없습니다. 따라서 필터 출력에서 잡음의 PSD는 다음과 같습니다.

$$S_n(\omega) = \begin{cases} N_0/2, & |\omega| < 2\pi B \\ 0, & \text{otherwise} \end{cases}$$

(b) 필터 출력에서 자기 상관 함수는 PSD의 역푸리에 변환을 통해 다음과 같이 구할 수 있습니다.

$$R_n(\tau) = \frac{1}{2\pi}\int_{-2\pi B}^{2\pi B} \frac{N_0}{2} e^{j\omega\tau} d\omega = N_0 B \cdot \text{Sa}(2\pi B\tau)$$

예제 6-2

수신 안테나의 등가 임피던스가 100[Ω]인 FM 수신기의 열 잡음에 대한 다음 문제를 푸세요. 단, 동작 온도는 290[K]이고, 관측 주파수는 88~108[MHz]입니다.

(a) 저항기가 만들어내는 열 잡음 소스의 전압을 구하세요.

(b) 이 저항기가 부하에 전달할 수 있는 최대 잡음 전력을 구하세요.

풀이

(a) $E[v^2(t)]=4kTBR=4(1.38\times10^{-23})\cdot290\cdot(20\times10^6)\cdot100=3.2\times10^{-11}[\text{V}^2]$

$\sqrt{E[v^2(t)]}\approx5.6\times10^{-6}[\text{V}]$

(b) $P_N=kTB=(1.38\times10^{-23})\cdot290\cdot(20\times10^6)=8\times10^{-6}[\text{W}]$

핵심포인트 부가성 백색 가우스 잡음

통신 단말에서는 수신 신호에 열 잡음이 반드시 더해집니다. 이 열 잡음을 부가성 백색 가우스 잡음이라고 하며, 전력 스펙트럼 밀도는 $S_n(\omega)=N_0/2$[W/Hz]입니다. 부가성 백색 가우스 잡음은 확률적으로 가우스 분포를 따르며 자기 상관 함수는 임펄스 함수로 표현됩니다. 이것은 시간에 따라 발생되는 이웃 잡음 신호와 전혀 상관이 없이 발생되는 무작위 신호라는 의미입니다.

6.4 협대역 대역 통과 잡음

변조된 통신 신호는 수신 안테나를 통해 수신되면서 열 잡음에 의해 AWGN과 섞이게 된다는 것을 앞 절에서 공부했습니다. 그리고 AWGN은 모든 주파수 성분을 가진 광대역 잡음이라고도 했습니다. 그러나 실제로 수신기에서는 이 모든 주파수 성분이 잡음으로 영향을 미치지 않습니다. 그러나 **실제로 우리가 관심을 가지는 대역은 통신 신호가 실려 있는 반송파 ω_c[rad/s] 근처의 일정한 대역폭 내 신호입니다.** 이 통과 대역 신호와 동일한 주파수에 있는 열 잡음이 통신 신호의 품질 저하에 영향을 미칩니다. 그러므로 수신기에서는 원하는 신호만을 복원하기 위해 슈퍼헤테로다인 수신기와 같이 반드시 BPF를 거칩니다. 따라서 이 BPF 출력에 있는 AWGN은 더 이상 광대역이 아니라 협대역 신호가 됩니다.

AWGN은 평균적으로 일정한 PSD를 가지나 짧은 시간 구간에서는 [그림 6-7(a)]와 같이 주파수마다 약간의 차이가 있습니다. 이는 잡음 신호의 크기가 불규칙하게 발생되는 특징 때문입니다. 즉 잡음의 크기는 실숫값으로 표현되지만 모든 주파수에서 동일한 값은 아닙니다. 그러므로 **잡음의 PSD는 DC를 중심으로 양과 음의 주파수에서 우대칭인 특성을 보입니다.** 이것은 푸리에 변환에서 밝힌 실수 신호의 특성입니다. 그러나 **반송파 주파수 ω_c [rad/s]를 중심으로 잡음의 PSD는 비대칭이라는 데 주의해야 합니다.** 이 부분을 강조하기 위해 [그림 6-7(a)]는 다소 과장하여 나타냈습니다.

통신 신호에 영향을 주는 잡음 신호는 [그림 6-7(b)]와 같이 중심 주파수가 ω_c[rad/s]인 BPF를 통과한 신호로 표현할 수 있습니다.

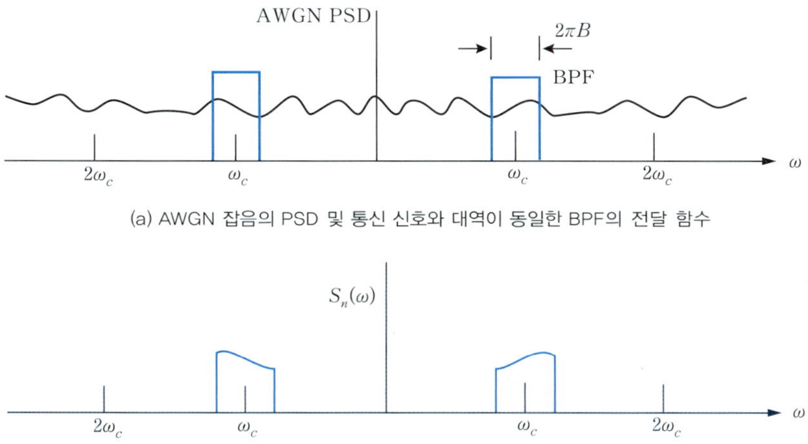

(a) AWGN 잡음의 PSD 및 통신 신호와 대역이 동일한 BPF의 전달 함수

(b) BPF를 통과한 대역 통과 AWGN 잡음 스펙트럼

[그림 6-7] BPF를 통과한 잡음 신호의 전력 밀도

BPF를 거친 AWGN 잡음의 특징

AM, FM 암스트롱 수신기에서 보았듯이 수신기의 앞 단에서는 원하는 주파수 특성만을 추출하기 위해 BPF를 통과시킨 후 복조를 시작합니다. [그림 6-7(b)]에 수신기 BPF를 통과한 잡음 신호의 PSD를 나타냈습니다. 이 결과는 통과 대역에서 ω_c를 중심으로 비대칭인 특성이 있습니다. 이와 같이 반송파 주파수를 중심으로 비대칭성을 지닌 스펙트럼은 4장에서 공부한 QAM과 같이 두 개의 기저 대역 신호가 서로 직교하는 성분으로 변조된 경우에 나타나는 현상입니다. 이 사실을 바탕으로 **통과 대역의 협대역 AWGN 잡음은 두 개의 기저 대역 신호를 반송파 ω_c[rad/s]로 QAM 변조한 신호라고 생각해도 됩니다.** 그러므로 수신 통신 신호에 영향을 미치는 잡음 신호 $n(t)$는 다음과 같이 표현할 수 있습니다.

$$\begin{aligned} n(t) &= \mathrm{Re}\left[\{n_c(t)+jn_s(t)\}e^{j\omega_c t}\right] \\ &= n_c(t)\cos(\omega_c t) - n_s(t)\sin(\omega_c t) \\ &= n_r(t)\cos\{\omega_c t + \theta_n(t)\} \end{aligned} \tag{6.18}$$

여기서 $n_c(t)$와 $n_s(t)$는 기저 대역에서 각각 잡음의 cos과 sin 성분으로 모두 실수 신호입니다. 또는 각각 동위상[in-phase]과 직교위상[quadrature-phase] 성분이라고도 합니다. 그러므로 기저 대역에서 잡음 신호는 서로 직교하는 두 신호가 섞인 것이라고 볼 수 있습니다. 이를 수학적으로는 복소수로 표현할 수 있습니다. $n_r(t)=\sqrt{n_c^2(t)+n_s^2(t)}$와 $\theta_n(t)=\tan^{-1}\{n_s(t)/n_c(t)\}$는 동위상과 직교위상의 합성된 신호의 진폭과 위상으로서 랜덤한 신호입니다.

식 (6.18)을 이용하면 통과 대역 잡음의 평균 전력은 다음과 같습니다.

$$\begin{aligned} P_n &= E[n^2(t)] = E[\{n_c(t)\cos\omega_c t - n_s(t)\sin\omega_c t\}^2] \\ &= E[\{n_c(t)\cos\omega_c t\}^2] + E[\{n_s(t)\sin\omega_c t\}^2] \\ &= 0.5(P_{nc}+P_{ns}) \end{aligned} \tag{6.19}$$

여기서 P_{nc}와 P_{ns}는 각각 기저 대역 잡음 신호 $n_c(t)$와 $n_s(t)$의 평균 전력입니다. 그리고 $E\{n_c(t)\}=E\{n_s(t)\}=0$이며, 통계적으로 서로 독립인 랜덤한 잡음의 특성을 고려하면 $E[n_c(t)\,n_s(t)]=E[n_c(t)]\,E[n_s(t)]$입니다. 또한 $P_{nc}=P_{ns}$라고 가정하면 식 (6.19)에 의해 $P_n=P_{nc}=P_{ns}$를 만족합니다. 그러므로 기저 대역에서 잡음 전력은 식 (6.19)와 같이 $n_c(t)$와 $n_s(t)$가 가진 전력의 합으로 나타남을 알 수 있습니다.

동기식 검파기에서 통과 대역 잡음은 [그림 6-8]과 같이 반송파 동기를 거쳐 기저 대역 신호로 변환됩니다. 따라서 복조된 기저 대역에 잔류하는 잡음은 다음과 같습니다.

$$\begin{aligned} n_B(t) &= [n(t)\cos\omega_c t]_{LP} \\ &= [\{n_c(t)\cos\omega_c t - n_s(t)\sin\omega_c t\}\cos\omega_c t]_{LP} \\ &= 0.5n_c(t) \end{aligned} \tag{6.20}$$

여기서 $[\cdot]_{LP}$는 LPF를 거쳤다는 의미입니다. $n_c(t)=2[n(t)\cos\omega_c t]_{LP}$이므로 $n(t)$의 푸리에 변환이 $N(\omega)$일 때 식 (6.20)을 푸리에 변환하면

$$N_c(\omega)=2N_B(\omega)=[N(\omega-\omega_c)+N(\omega+\omega_c)]_{LP} \tag{6.21}$$

입니다. 그러므로 $n_c(t)$의 PSD는 다음과 같이 됩니다.

$$S_{nc}(\omega)=[S_n(\omega-\omega_c)+S_n(\omega+\omega_c)]_{LP} \tag{6.22}$$

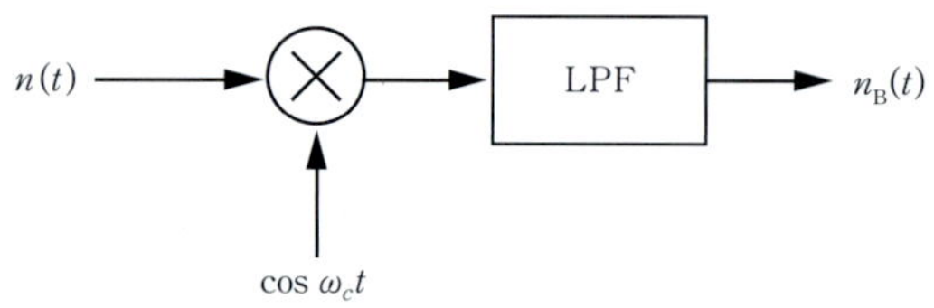

[그림 6-8] 동기 검파기에서 잡음 관점의 수신기

마찬가지로 $n_s(t)=[2n(t)\sin\omega_c t]_{LP}$이므로

$$S_{n_s}(\omega)=[S_n(\omega-\omega_c)+S_n(\omega+\omega_c)]_{LP} \tag{6.23}$$

가 됩니다. 이 관계를 [그림 6-9]에 나타냈으며 $S_{n_s}(\omega)=S_{n_c}(\omega)=N_0$[W/Hz]입니다.

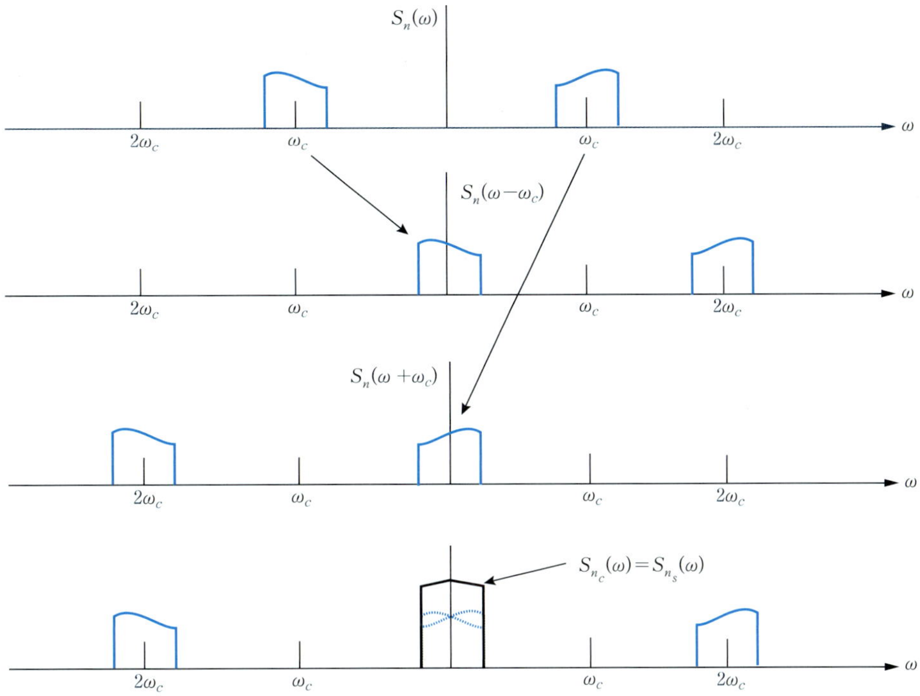

[그림 6-9] 동기 검파기의 잡음 스펙트럼 밀도

예제 6-3

전력 스펙트럼 밀도가 $S_n(f)=N_0/2$인 잡음이 대역폭 B[Hz]인 이상적인 LPF를 통과했습니다. 이 필터 출력에서 잡음의 전력을 구하세요.

풀이

대역폭이 B인 필터를 통과한 잡음의 전력은 $P_n=2(N_0/2)B=N_0B$[W]입니다. 여기서 2를 곱한 것은 음의 주파수를 고려했기 때문입니다.

핵심포인트 **협대역 통과 잡음**

통신 수신기에서 부가되는 백색 잡음은 주로 저항성 소자에서 발생하는 열 잡음에 의한 것으로 수신 변조 신호의 RF 대역에 있는 협대역 대역 통과 잡음의 전력 스펙트럼 밀도는 $N_0/2$[W/Hz]이지만 기저 대역으로 복조 후 잡음의 전력 스펙트럼 밀도는 N_0[W/Hz]입니다.

6.5 DSB-SC 변조의 신호 대 잡음비

이 절에서부터는 변조 방식에 따른 복조 후 잡음에 의한 복조 신호의 품질을 해석하여 변조 방식별 잡음에 대한 특성을 살펴보겠습니다. 송신된 통신 신호는 채널을 거치면서 감쇄가 발생하지만 여기서는 해석의 편의를 위해 이상적인 채널이라고 가정하겠습니다.

통신 단말에서 안테나를 통해 수신된 신호 $r(t)$는 [그림 6-10(a)]와 같이 AWGN 잡음 $n(t)$가 더해져서 복조가 됩니다. 그리고 원하는 신호만을 추출하기 위해 변조된 신호 $\varphi(t)$와 동일한 대역폭 B_φ[Hz]를 가진 BPF를 통과시키면 원하는 신호 $\varphi(t)$와 대역 제한된 잡음 $n_i(t)$가 존재합니다. 여기서 BPF는 원하는 신호 이외의 대역에 존재하는 신호를 제거하는 데 사용됩니다. [그림 6-10(b)]에 $\varphi(t)$와 $n_i(t)$의 주파수에 따른 PSD의 특징을 나타냈습니다.

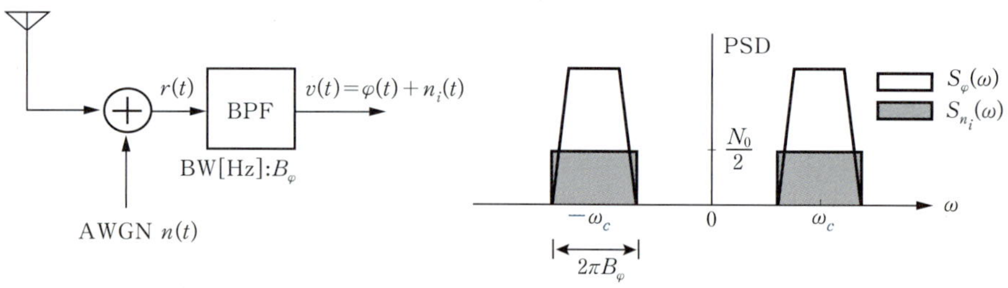

(a) 수신기 RF단의 구조 (b) RF단에서 통신 신호와 잡음의 PSD

[그림 6-10] 수신기 RF 단의 블록도 및 대역 통과 신호와 잡음의 PSD

SNR의 정의

복조된 통신 신호의 품질은 변조 신호의 전력과 여기에 섞인 잡음 전력의 비인 SNR에 의해 결정됩니다. 수신기 RF 대역에서 BPF 출력 신호인 $v(t)$에 존재하는 변조 신호 $\varphi(t)$와 잡음 $n(t)$의 전력비 SNR_v는 다음과 같이 정의됩니다.

$$\text{SNR}_v = \frac{E[\varphi^2(t)]}{E[n_i^2(t)]} = \frac{\overline{\varphi^2(t)}}{\overline{n_i^2(t)}} = \frac{P_\varphi}{P_{n_i}} = \frac{S_v}{N_v} \tag{6.24}$$

여기서 SNR의 단위는 없습니다. 일반적으로 SNR은 간단하게 표현하기 위해 다음과 같이 dB 단위로 나타내기도 합니다.

$$\text{SNR[dB]} = 10\log\text{SNR} \tag{6.25}$$

SNR은 수신 신호의 품질에 중요한 영향을 줍니다. SNR이 높으면 당연히 잡음에 비해 신호 전력이 크기 때문에 잡음의 영향이 작아서 수신 신호의 품질이 좋습니다.

DSB-SC 수신기의 SNR

이제 DSB-SC 변조된 신호의 SNR을 구해보겠습니다. [그림 6-11]에 DSB-SC 변·복조기의 간단한 구조를 나타냈습니다. 기저 대역의 메시지 신호 $x(t)$의 대역폭이 B_x[Hz]일 때, DSB-SC 변조된 신호의 파형은 $\varphi(t)=A_c x(t)\cos\omega_c t$가 됩니다. 그리고 수신기 초단의 BPF 출력 이후의 수신 신호는 $v(t)=\varphi(t)+n_i(t)$가 되고, 수신기 BPF의 대역폭은 $B_\varphi \geq 2B_x$[Hz]여야 합니다. 여기서는 계산의 편의를 위해 $B_\varphi=2B_x$[Hz]라고 가정하겠습니다. 그리고 LPF의 대역폭은 원하는 변조 신호는 남기고 잡음은 최소화해야 하므로 B_x[Hz]보다 크거나 같아야 합니다. 여기서는 계산의 편의를 위해 LPF의 대역폭이 B_x[Hz]라고 가정하겠습니다. 그러므로 [그림 6-11]에서 설정한 필터의 대역폭은 가장 큰 SNR을 확보할 수 있는 경우입니다. 이는 신호 대역보다 더 넓은 대역폭을 가진 필터를 사용하면 잡음이 그만큼 더 유입되기 때문이지요.

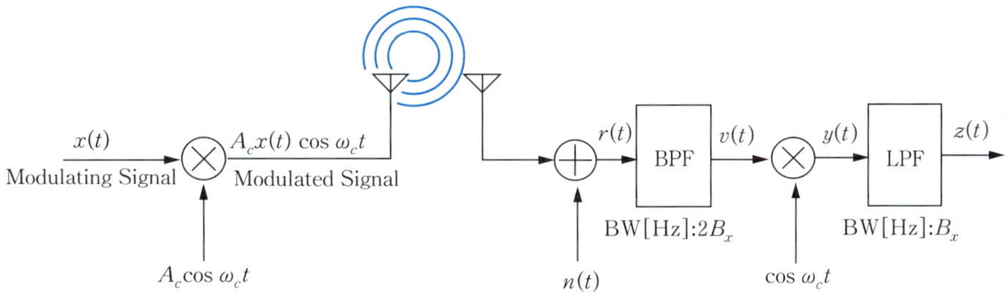

[그림 6-11] SNR 해석을 위한 DSB-SC 변·복조 시스템

DSB-SC 수신기 초단의 BPF 입력 신호는 $r(t)=A_c x(t)\cos\omega_c t+n(t)$입니다. 따라서 BPF 출력에서는 $v(t)=A_c x(t)\cos\omega_c t+n_c(t)\cos\omega_c t-n_s(t)\sin\omega_c t$이며, $v(t)$에 존재하는 복조에 필요한 신호는 첫 번째 항이 됩니다. 이것의 전력은 $S_v=E[\{A_c x(t)\cos\omega_c t\}^2]=A_c^2 E[x^2(t)]E[\cos^2\omega_c t]$입니다. 변조 신호 $x(t)$의 평균 전력을 $P_x=E[x^2(t)]$라고 하면 $S_v=A_c^2 P_x/2$가 됩니다.

$v(t)$에서 두 번째와 세 번째 항은 잡음에 의한 신호로 잡음의 PSD는 [그림 6-12]와 같습니다. 파시발의 정리에 따라 잡음의 전력은 $N_v=2\times 2B_x\times(N_0/2)=2N_0B_x$[W]가 됩니다. 그러므로 $v(t)$의 SNR은 다음과 같습니다.

$$\text{SNR}_v=\frac{S_v}{N_v}=\frac{A_c^2 P_x}{4N_0B_x} \tag{6.26}$$

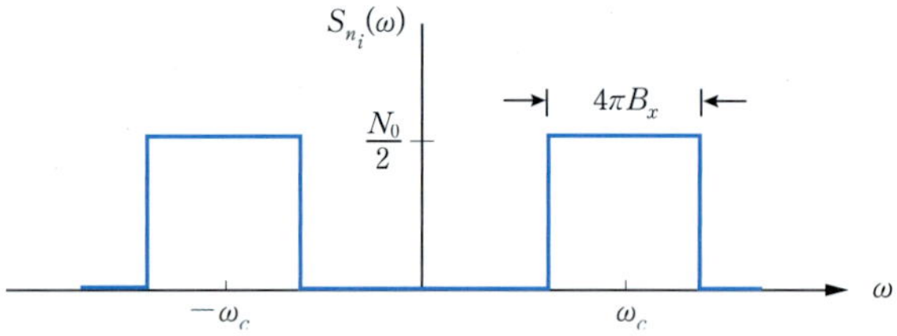

[그림 6-12] RF단 잡음의 PSD

$v(t)$로부터 국부 발진기와 믹싱되어 복조된 신호 $y(t)$는 다음과 같습니다.

$$\begin{aligned} y(t) &= v(t)\cos\omega_c t \\ &= 0.5\{A_c x(t)+n_c(t)\}+0.5\{A_c x(t)+n_c(t)\}\cos(2\omega_c t)-0.5n_s(t)\sin(2\omega_c t) \end{aligned} \quad (6.27)$$

그리고 이 신호를 LPF에 통과시켜 복원된 신호는 $z(t)=0.5\{A_c x(t)+n_c(t)\}$입니다. 그러므로 DSB-SC 변조된 신호의 수신기 출력단에서 신호의 전력은 $S_z=A_c^2P_x/4$이고, 잡음 전력은 $N_z=(1/2)^2P_{n_c}=0.25\times 2N_0B_x=0.5N_0B_x$입니다. 그러므로 DSB-SC 복조기 출력 신호의 SNR은 다음과 같습니다.

$$\mathrm{SNR}_z=\frac{S_z}{N_z}=\frac{A_c^2P_x}{2N_0B_x}=2\mathrm{SNR}_v \quad (6.28)$$

예제 6-4

[그림 6-10]에서 $\varphi(t)=A_c\cos(\omega_c t+\theta)$이고 AWGN의 PSD가 $N_0/2$[W/Hz]일 때, BPF 출력에서의 SNR을 구하세요. 단, BPF는 중심 주파수가 ω_c[rad/s], 대역폭이 $\varphi(t)$와 동일한 B[Hz]입니다.

풀이

BPF를 통과한 신호 $v(t)=\varphi(t)+n_i(t)$에서 신호 전력은 다음과 같습니다.

$$S_v=E[\varphi^2(t)]=A_c^2/2[\mathrm{W}]$$

여기서 수신 신호의 위상은 신호 전력에 별 영향을 끼치지 않음을 알 수 있습니다. 그리고 잡음의 전력은 $N_v=E[n_i^2(t)]=2(N_0/2)B=N_0B$[W]이므로 $\mathrm{SNR}=A_c^2/(2N_0B)$이 됩니다. 식 (6.26)에서는 BPF의 대역폭이 $2B_x$임에 주의하세요.

핵심포인트 **SNR**

신호 대 잡음의 전력비 SNR은 신호의 품질을 나타내는 지표로서 통신 품질을 나타냅니다.

6.6 DSB-LC 변조의 신호 대 잡음비

DSB-LC 변조된 신호는 $\varphi(t)=A_c\{1+k_a x(t)\}\cos\omega_c t$로 나타낼 수 있습니다. 그리고 $|k_a x(t)|\le 1$을 만족해야 하며, [그림 6-13]의 DSB-LC 수신기에서 수신기 초단의 BPF를 통과한 신호는 $v(t)=A_c\{1+k_a x(t)\}\cos\omega_c t+n_c(t)\cos\omega_c t-n_s(t)\sin\omega_c t$가 됩니다. 따라서 관심 있는 신호의 전력은 다음과 같습니다.

$$\begin{aligned}S_v&=E[A_c^2\{1+k_a x(t)\}^2\cos^2\omega_c t]\\&=E\left[\frac{A_c^2}{2}\{1+k_a x(t)\}^2(1+\cos 2\omega_c t)\right]\\&=\frac{1}{2}A_c^2\{1+2k_a E[x(t)]+k_a^2 E[x^2(t)]\}\\&=\frac{1}{2}A_c^2(1+k_a^2 P_x)\end{aligned}\tag{6.29}$$

통신에서 메시지 신호의 평균은 $E[x(t)]=0$이며 다음과 같습니다.

$$\begin{aligned}&E[\{1+k_a x(t)\}^2\cos 2\omega_c t]\\&=E[\{1+k_a x(t)\}^2]E\{\cos 2\omega_c t\}=0\end{aligned}$$

$x(t)$와 그리고 잡음 전력은 DSB-SC의 경우와 동일한 $N_v=2N_0B_x$이므로 $v(t)$의 SNR은

$$\mathrm{SNR}_v=\frac{S_v}{N_v}=\frac{A_c^2(1+k_a^2P_x)}{4N_0B_x}\tag{6.30}$$

가 됩니다.

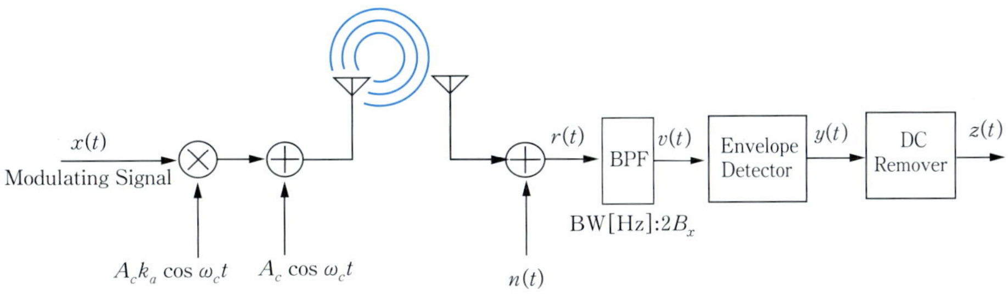

[그림 6-13] SNR 해석을 위한 DSB-LC 변·복조 시스템

그리고 포락선 검파기 출력 $y(t)$는 다음과 같습니다.

$$y(t)=\{[A_c\{1+k_a x(t)\}+n_c(t)]^2+n_s^2(t)\}^{1/2}\approx A_c\{1+k_a x(t)\}+n_c(t)\tag{6.31}$$

여기서 직류 성분을 제거하면 복조된 신호 $z(t)$는

$$z(t)=A_ck_a x(t)+n_c(t)\tag{6.32}$$

가 됩니다. $n_c(t)$는 랜덤 변수이므로 직류 성분 제거기로 제거할 수 없습니다. 따라서 DSB-LC 변조된 신호의 수신기 출력단에서의 신호 전력은 $S_z=A_c^2k_a^2P_x$이고, 잡음 전력은 $N_z=E[n_c^2(t)]=2N_0B_x$이므로 DSB-LC 복조기 출력 신호의 SNR은

$$\mathrm{SNR}_z=\frac{A_c^2k_a^2P_x}{2N_0B_x} \tag{6.33}$$

가 됩니다. RF단과 복조기 출력단 신호의 SNR은 식 (6.30)을 이용하면 다음과 같은 관계가 있습니다.

$$\mathrm{SNR}_z=\frac{2k_a^2P_x}{k_a^2P_x+1}\mathrm{SNR}_v \tag{6.34}$$

예제 6-5

[그림 6-13]은 비동기식 DSB-LC 복조기에 대한 블록도입니다. 동기식 DSB-LC 수신기의 경우, 복조된 신호의 SNR을 구하세요.

풀이

[그림 6-13]에서 $v(t)=A_c\{1+k_ax(t)\}\cos\omega_ct+n_c(t)\cos\omega_ct-n_s(t)\sin\omega_ct$를 동기식 수신기로 복조하면 $y(t)=v(t)\cos\omega_ct=0.5[A_c\{1+k_ax(t)\}+n_c(t)]+\cdots$가 됩니다. 이 신호를 LPF에 통과시키면 $z(t)=0.5[A_c\{1+k_ax(t)\}+n_c(t)]$입니다.

따라서 $z(t)$에 포함된 변조 신호의 전력은 $S_z=0.25A_c^2k_a^2P_x$이고, 잡음 전력은 $N_z=0.5B_xN_0$이므로 $\mathrm{SNR}_z=A_c^2k_a^2P_x/(2B_xN_0)$가 됩니다. 그리고 RF 대역 신호의 SNR을 계산하면 $S_v=0.5A_c^2(1+k_a^2P_x)$, $N_v=2N_0B_x$이므로 $\mathrm{SNR}_v=A_c^2(1+k_a^2P_x)/(4N_0B_x)$입니다. 그러므로 $\mathrm{SNR}_z=2k_a^2P_x/(k_a^2P_x+1)\mathrm{SNR}_v$로, 이는 식 (6.34)와 같습니다.

결과적으로 DSB-LC의 경우 동기식과 비동기식 검파기의 SNR 성능이 동일한데, 이는 식 (6.31)의 근사식을 만족하는 SNR_v가 큰 경우에 한정됩니다. SNR_v가 작은 경우에는 동기식이 비동기식보다 SNR 성능이 우수합니다. 그리고 DSB-SC에 비해서는 파일럿 신호로 인한 전력 손실이 있습니다.

6.7 SSB 변조의 신호 대 잡음비

SSB 변조된 신호는 $\varphi_{SSB+}(t)=\{A_c x(t)/2\}\cos\omega_c t-\{A_c x_H(t)/2\}\sin\omega_c t$와 같이 나타냅니다. 동기식 수신기의 RF 대역 BPF의 대역폭이 변조 신호 $x(t)$의 대역폭과 동일하게 B_x[Hz]인 필터를 통과한 수신 신호는 $v(t)=\{A_c x(t)/2\}\cos\omega_c t-\{A_c x_H(t)/2\}\sin\omega_c t+n_c(t)\cos\omega_c t-n_s(t)\sin\omega_c t$가 됩니다. [그림 6-14]는 SSB 복조 시스템의 SNR 해석을 위한 블록도입니다. 여기서 주목해야 할 점은 SSB 변조는 단일 측파대 신호만을 전송하기 때문에 RF 대역 BPF의 대역폭이 DSB 변조의 반인 B_x[Hz]라는 것입니다.

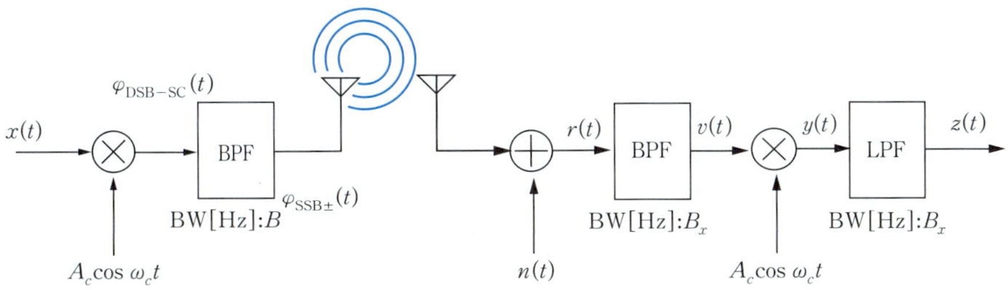

[그림 6-14] SNR 해석을 위한 SSB-변·복조 시스템

RF 대역의 BPF 출력 신호 $v(t)$의 전력은 $S_v=A_c^2\{E[x^2(t)]+E[x_H^2(t)]\}/8=A_c^2P_x/4$가 됩니다. 여기서 $x(t)$의 힐버트 변환 결과인 $x_H(t)$는 $x(t)$의 위상이 이동된 것이므로 두 신호의 PSD는 동일합니다. 따라서 잡음의 전력은 파시발의 정리에 따라 $N_v=2\times B_x\times(N_0/2)=N_0B_x$이므로 $v(t)$의 SNR은 다음과 같습니다.

$$\text{SNR}_v=\frac{A_c^2P_x}{4N_0B_x} \tag{6.35}$$

수신된 신호를 국부 발진기 $\cos\omega_c t$를 이용하여 기저 대역으로 옮기면

$$\begin{aligned} y(t)&=v(t)\cos\omega_c t\\ &=\frac{1}{2}\left\{\frac{A_c}{2}x(t)+n_c(t)\right\}+\frac{1}{2}\left\{\frac{A_c}{2}x(t)+n_c(t)\right\}\cos(2\omega_c t)\\ &\quad-\frac{1}{2}\left\{\frac{A_c}{2}x_H(t)+n_s(t)\right\}\sin(2\omega_c t) \end{aligned} \tag{6.36}$$

가 되므로 LPF를 통과한 신호는 다음과 같습니다.

$$z(t)=\frac{1}{2}\left\{\frac{1}{2}A_c x(t)+n_c(t)\right\} \tag{6.37}$$

따라서 SSB 변조된 신호의 수신기 출력단에서 신호 전력은 $S_z=A_c^2P_x/16$이고, 잡음 전력은 $N_z=E[n_c^2(t)]/4=2(N_0/2)B_x/4=N_0B_x/4$입니다. SSB 수신기에서 복조 후 기저 대

역 잡음의 전력을 구할 때, 잡음의 PSD는 $S_{n_s}(\omega)=S_{n_c}(\omega)=N_0/2$[W/Hz]임에 주의해야 합니다. 이는 [그림 6-9]와 같이 반송파 ω_c와 $-\omega_c$ 주변의 통과 대역 잡음이 복조 후 [그림 6-15]와 같이 기저 대역에서 중첩되지 않는다는 것입니다. 그러므로 식 (6.35)를 이용하면 SSB 복조기 출력 신호의 SNR은 다음과 같습니다.

$$\mathrm{SNR}_z=\frac{A_c^2P_x}{4N_0B_x}=\mathrm{SNR}_v \tag{6.38}$$

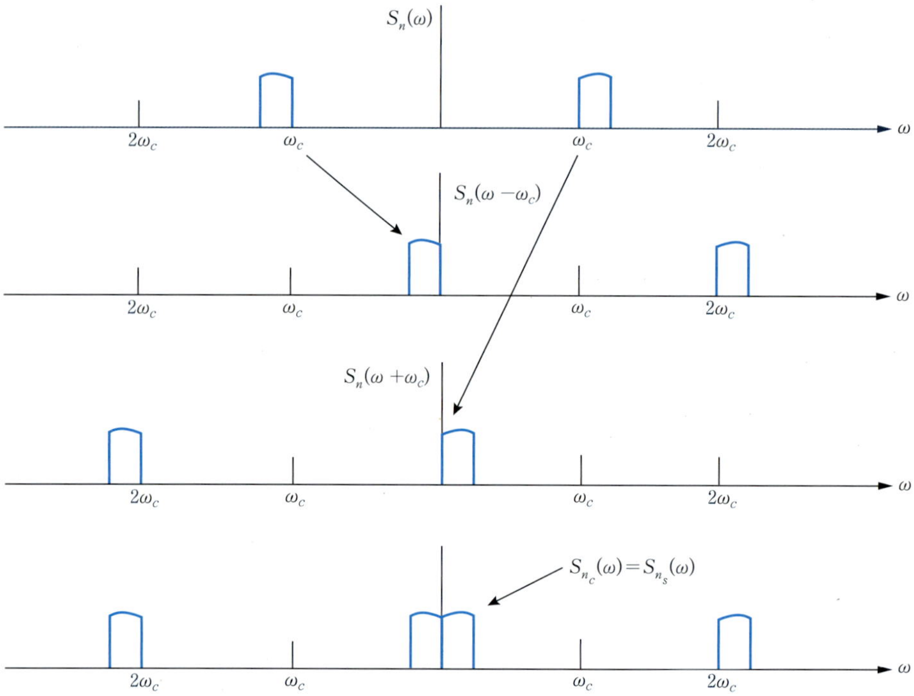

[그림 6-15] SSB 변조의 동기 검파에서 잡음의 PSD

식 (6.28)에서 DSB의 복조 후 SNR이 식 (6.38)과 같은 SSB-SC의 SNR보다 두 배 좋은 것처럼 보입니다. 하지만 이는 DSB-SC에서 변조 신호의 전력은 $P_\varphi=A_c^2P_x/2$인 반면, SSB에서 변조 신호의 전력은 $P_\varphi=A_c^2P_x/4$라는 데에서 발생한 차이입니다. 그러므로 동일한 메시지 신호 전력에서 DSB-SC와 SSB의 복조 후 SNR 성능은 동일합니다.

이와 같이 **서로 다른 변조 방식의 SNR 성능을 비교하기 위해 FOM**[Figure Of Merit] **지표를 사용합니다.** FOM의 개념은 6.9절에서 살펴보고 여기서는 각변조 방식의 성능을 먼저 확인하겠습니다.

예제 6-6

SSB 수신기에서 잡음의 전력 $N_z = N_0B/4$가 됨을 증명하세요.

풀이

SSB 수신기에서 AWGN이 RF 대역 BPF를 통과하면 B_x[Hz]의 대역폭을 가지게 됩니다. 이때 잡음의 전력 밀도 함수는 [그림 6-15]와 같이 $N_0/2$[W/Hz]입니다. 이 잡음이 동기 복조되어 기저 대역으로 천이되면 $0 \sim B_x$[Hz]의 대역에 존재하게 됩니다. 이는 DSB-SC 변조의 $-B_x \sim +B_x$[Hz] 대역을 차지하는 것의 반입니다. 따라서 기저 대역 잡음 전력 밀도는 DSB-SC 변조의 1/2인 $N_0/2$[W/Hz]이므로 $N_z = E\{n_c^2\}/4 = 2B_x \times (N_0/2)/4 = N_0B_x/4$입니다.

6.8 각변조의 신호 대 잡음비

FM 변조된 신호를 복조한 다음 SNR을 계산하는 것은 진폭 변조의 경우에 비해 매우 복잡합니다. FM에서는 메시지 신호 $x(t)$의 대역폭 B_x[Hz]와 변조된 신호의 대역폭이 다를 뿐만 아니라, 수신기에서 복조를 위해 비선형 시스템인 미분기를 거치기 때문입니다. [그림 6-16]에 SNR 해석을 위한 FM 수신기의 기본 구조를 나타냈습니다. 여기서 RF 대역의 BPF는 FM 신호의 대역폭과 같은 B_φ[Hz]라고 가정합니다. FM 신호를 다룰 때 특히 주의할 점은 메시지 신호의 대역폭 B_x와 FM 신호의 대역폭 B_φ가 다르다는 것입니다. 일반적으로 FM 신호의 대역폭은 $B_\varphi \geq 2B_x$임을 5장에서 이미 공부했습니다.

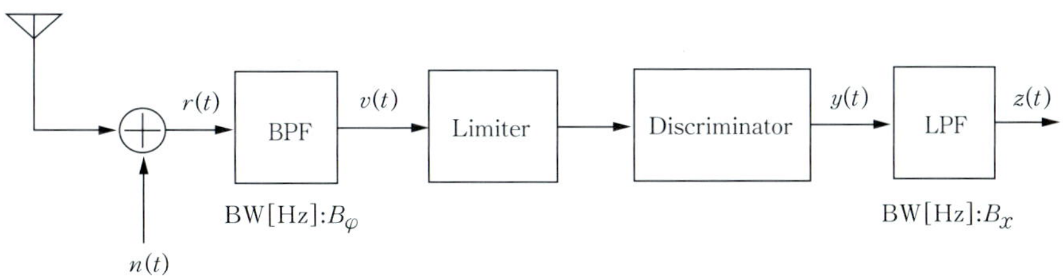

[그림 6-16] SNR 해석을 위한 FM 복조 시스템

FM 수신 신호의 SNR

메시지 신호 $x(t)$가 FM 변조되어 수신된 후 BPF를 통과한 신호는 다음과 같습니다.

$$
\begin{aligned}
v(t) &= A_c \cos\{\omega_c t + \theta(t)\} + n_c(t)\cos\omega_c t - n_s(t)\sin\omega_c t \\
&= A_c \cos\{\omega_c t + \theta(t)\} + v_n(t)\cos\{\omega_c t + \theta_n(t)\} \\
&= V\cos\{\omega_c t + \theta_v(t)\}
\end{aligned}
\tag{6.39}
$$

여기서 FM 변조된 신호의 위상은 $\theta(t)=k_F\int_0^t x(\tau)\,d\tau$, $v_n(t)=\sqrt{n_c^2(t)+n_s^2(t)}$, $\theta_n(t)=\tan^{-1}\{n_s(t)/n_c(t)\}$입니다. 그리고 잡음의 위상 $\theta_n(t)$는 잡음의 랜덤한 특성 때문에 $[0,\ 2\pi)$에서 균일한 분포를 나타냅니다. $v(t)$는 복조에 필요한 신호 $A_c\cos[\omega_c t+\theta(t)]$에 간섭 신호 $v_n(t)\cos\{\omega_c t+\theta_n(t)\}$가 더해진 형태가 됩니다. 그러므로 RF단에서 FM 신호의 전력은 $S_v=A_c^2/2$입니다. 그리고 RF단에서의 잡음 전력은 $N_v=N_0B_\varphi$이므로 RF단에서 $v(t)$의 SNR은 다음과 같습니다.

$$
\mathrm{SNR}_v=\frac{A_c^2}{2N_0B_\varphi} \tag{6.40}
$$

FM 신호는 위상에 정보가 있으므로 $\theta_v(t)$를 구하기 위해 [그림 6-17]과 같이 페이저 다이어그램으로 나타내면 이해하기 쉽습니다.

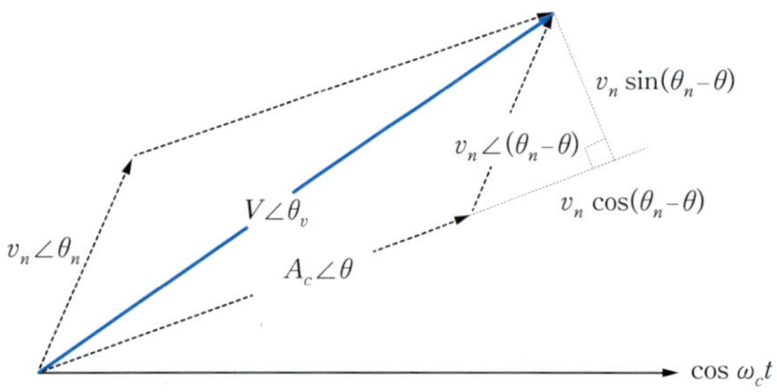

[그림 6-17] FM 신호와 통과 대역 AWGN 잡음의 합성 신호

[그림 6-17]을 통해 FM 변조된 신호와 잡음이 합성된 신호의 위상은

$$
\theta_v(t)=\theta(t)+\tan^{-1}\left[\frac{v_n(t)\sin\{\theta_n(t)-\theta(t)\}}{A_c+v_n(t)\cos\{\theta_n(t)-\theta(t)\}}\right] \tag{6.41}
$$

가 됩니다. 여기서 $\theta_n(t)$는 균일 분포이므로 $\theta_n(t)-\theta(t)$ 역시 위상 $[0,\ 2\pi)$에서 균일 분포가 되어 식 (6.41)을 다음과 같이 나타내도 문제가 없습니다.

$$
\begin{aligned}
\theta_v(t) &= \theta(t)+\tan^{-1}\left[\frac{v_n(t)\sin\{\theta_n(t)\}}{A_c+v_n(t)\cos\{\theta_n(t)\}}\right] \\
&= \theta(t)+\tan^{-1}\left\{\frac{n_s(t)}{A_c+n_c(t)}\right\}\approx\theta(t)+\frac{n_s(t)}{A_c}
\end{aligned}
\tag{6.42}
$$

[그림 6-17]에서 $n_s(t)=v_n(t)\sin\{\theta_n(t)\}$, $n_c(t)=v_n(t)\cos\{\theta_n(t)\}$임을 알 수 있습니다. FM 수신기에서는 FM 수신 신호의 진폭을 일정하게 하기 위한 리미터를 비롯해 리미터의

출력에서 FM 수신 신호의 위상을 얻기 위한 미분기와 포락선 검파기를 포함하는 디스크리미네이터를 거칩니다. 그리고 마지막으로 잡음을 최소화하기 위한 LPF를 거치면 FM 수신 신호로부터 복조한 신호는 다음과 같습니다.

$$z(t)=\frac{d\theta_v(t)}{dt}=\frac{d\theta(t)}{dt}+\frac{1}{A_c}\frac{dn_s(t)}{dt}=k_F x(t)+n_z(t) \tag{6.43}$$

여기서 $n_z(t)=(1/A_c)\{dn_s(t)/dt\}$입니다.

기저 대역에서 잡음의 PSD는 [그림 6-9]와 같이 N_0[W/Hz]입니다. 그리고 3장에서 공부한 미분기의 전달 함수는 $H(\omega)=j\omega$이므로 미분기를 거친 잡음 신호의 PSD는

$$S_{n_z}(\omega)=\frac{1}{A_c^2}S_{n_s}(\omega)|H(\omega)|^2=\frac{\omega^2}{A_c^2}S_{n_s}(\omega)$$
$$=\begin{cases}\dfrac{N_0\omega^2}{A_c^2}, & |\omega|\le 2\pi B_x \\ 0, & \text{otherwise}\end{cases} \tag{6.44}$$

가 됩니다. 따라서 미분기를 거친 잡음의 전력 스펙트럼 밀도는 [그림 6-18]과 같이 나타납니다.

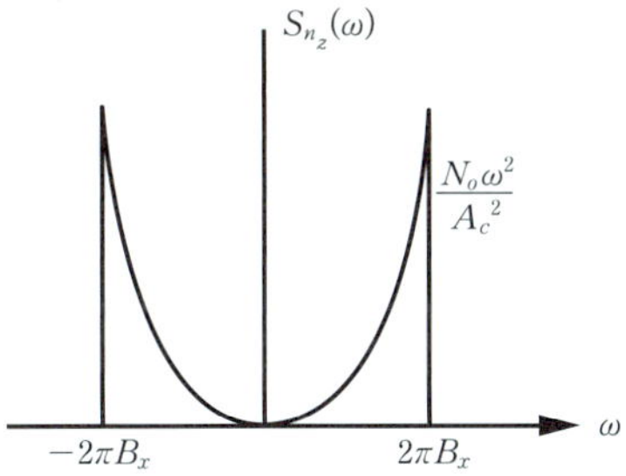

[그림 6-18] FM 복조기 출력에서의 잡음 스펙트럼 밀도

그러므로 FM 검파기의 잡음 전력은 파시발의 정리에 따라 다음과 같습니다.

$$N_z=\frac{N_0}{A_c^2}\frac{1}{2\pi}\int_{-2\pi B_x}^{2\pi B_x}\omega^2 d\omega=\frac{8\pi^2 N_0 B_x^3}{3A_c^2} \tag{6.45}$$

그리고 복조 신호 $z(t)$에서 원하는 신호의 전력은 $S_z=k_F^2 P_x$이므로 FM 복조된 신호의 최종 SNR은

$$\text{SNR}_z=\frac{S_z}{N_z}=\frac{3A_c^2 k_F^2 P_x}{8N_0\pi^2 B_x^3} \tag{6.46}$$

가 됩니다. 여기서 k_F는 편이비를 결정하는 요소로, **편이비 β가 커질수록 FM 복조 신호의 SNR이 좋아짐을 알 수 있습니다.**

PM 수신 신호의 SNR

PM 신호의 복조를 위해서는 식 (6.42)에서 위상 성분을 추출하면 되므로 PM 변조의 복조된 신호는 다음과 같습니다.

$$z(t)=\theta_v(t)\approx\theta(t)+\frac{n_s(t)}{A_c}=k_{\mathrm{P}}x(t)+\frac{n_s(t)}{A_c} \tag{6.47}$$

따라서 PM 복조 신호에 존재하는 잡음의 전력은 $N_z(t)=2N_0B_x/A_c^2$입니다. 그리고 복조된 PM 신호의 전력은 $S_{Z_p}(t)=k_{\mathrm{P}}^2P_x$가 되어 최종 SNR은 다음과 같습니다.

$$\mathrm{SNR}_z=\frac{A_c^2k_{\mathrm{P}}^2P_x}{2N_0B_x} \tag{6.48}$$

FM 수신 신호의 SNR 개선

[그림 6-18]에서 FM 복조 과정 중 거치는 미분기는 기저 대역에서 고주파 잡음의 전력을 매우 증폭시키는 특징이 있음을 알 수 있습니다. 이는 메시지 신호와 섞여 주파수에 비례하여 잡음의 영향이 커집니다. 이러한 **FM 복조기의 단점을 보완하기 위해 송신단에서 FM 변조 전에 미리 메시지 신호의 고주파 성분을 증폭시켜서 변조하는 방식을 사용합니다.** 이 경우, 복조 후에는 변조 신호의 고주파 성분이 이미 커져 있으므로 잡음의 영향을 덜 받게 됩니다.

송신단에서 변조 신호의 고주파 특성을 증폭시키는 필터를 프리엠퍼시스preemphasis 필터라고 하며, [그림 6-19(a)]에 회로도와 전달 함수를 나타냈습니다. 그리고 수신기에서는 미분기를 거쳐 복조 후 원래의 주파수 특성으로 변환하기 위해 [그림 6-19(b)]와 같은 특성을 가진 디엠퍼시스deemphasis 필터를 사용합니다. 잡음에 대한 신호 품질의 저하를 방지하기 위해 [그림 6-20]과 같이 프리엠퍼시스와 디엠퍼시스를 적용하여 FM 송수신기를 구현할 수 있습니다.

프리엠퍼시스 필터는 다음과 같은 HPF의 특성을 가지고,

$$H_p(\omega)=1+j\omega\tau_x \tag{6.49}$$

디엠퍼시스 필터는 다음과 같은 LPF의 특성을 가집니다.

$$H_d(\omega)=1/(1+j\omega\tau_x) \tag{6.50}$$

여기서 τ_x는 시정수time constant로 미국에서는 75μs, 유럽에서는 50μs로 정해져 있습니다. τ_x가 75μs일 때, 디엠퍼시스 여파기의 3dB 차단 주파수는 다음과 같습니다.

$$1/(2\pi\times75\times10^{-6})\simeq2100[\text{Hz}]$$

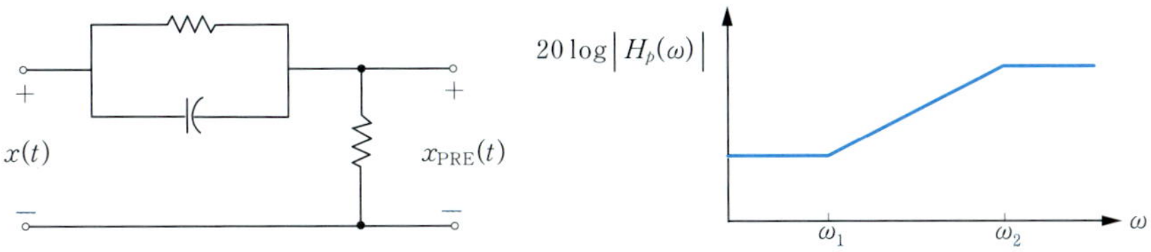

(a) 프리엠퍼시스 여파기($f_1=2.1[\text{kHz}]$, $f_2=30[\text{kHz}]$)

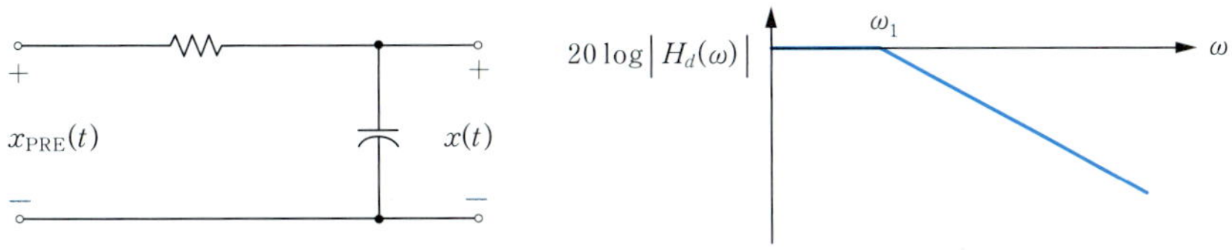

(b) 디엠퍼시스 여파기

[그림 6-19] 프리엠퍼시스와 디엠퍼시스 회로

[그림 6-20]과 같이 FM 송신기에서 프리엠퍼시스 필터를 거친 변조 신호가 FM 변조를 거치고 수신기에서 복조 후 디엠퍼시스 필터를 거치면 메시지 신호의 관점에서는 동일한 모양의 신호가 됩니다. 잡음의 관점에서도 미분기에 의해 증폭된 고주파 성분이 디엠퍼시스 필터를 거치면서 고주파 잡음 성분이 약화되므로 메시지 신호 전 주파수에 걸쳐서 SNR이 균일하게 됩니다.

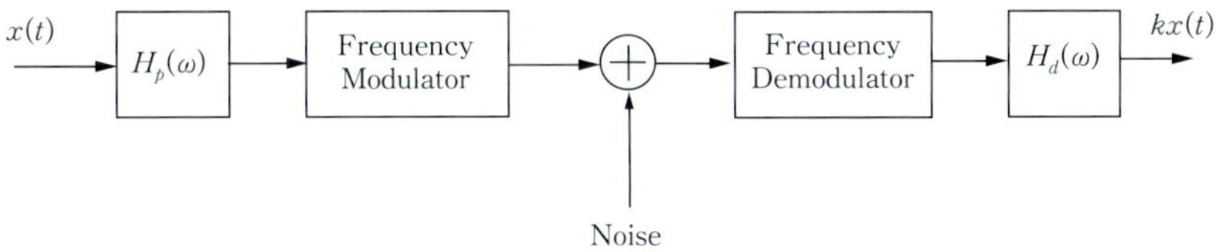

[그림 6-20] 프리엠퍼시스와 디엠퍼시스 회로를 이용한 FM 변·복조

예제 6-7

신호 $x(t)=a\cos\omega_m t$를 FM 변조하여 [그림 6-16]과 같은 수신기에서 복조한 신호의 SNR을 편이비 β의 항으로 나타내세요. 단, 통신 채널은 이상적이며 PSD가 $N_0/2[\text{W/Hz}]$인 AWGN 잡음이 수신기에서 부가됩니다.

풀이

[그림 6-16]에서 잡음이 더해진 수신 신호는 $r(t)=A_c\cos\{\omega_c t+(ak_F/\omega_m)\sin\omega_m t\}+n(t)$이고, 이 신호의 순시 주파수는 $\omega_i(t)=\omega_c+ak_F\cos\omega_m t$입니다. 그러므로 FM 변조된 신호의 편이비는 $\beta=ak_F/\omega_m$입니다.

식 (6.46)과 $k_F=\beta\omega_m/a$, $P_x=a^2/2$, $B_x=\omega_m/(2\pi)$의 관계를 이용하면 $SNR_z=\{3A_c^2(\beta\omega_m/a)^2(a^2/2)\}/(N_0\omega_m^3/\pi)=(3\pi A_c^2\beta^2)/(2N_0\omega_m)$이 됩니다. 그러므로 복조 신호의 SNR은 편이비 β의 제곱에 비례함을 알 수 있습니다.

그리고 변조 신호가 단일 톤인 경우에는 수신기 마지막 단을 대역폭이 B_x인 LPF가 아니라 중심 주파수가 ω_m인 협대역 BPF로 바꾸면 SNR 성능이 더 좋아질 수 있습니다.

핵심포인트 **FM 변·복조를 위한 프리엠퍼시스와 디엠퍼시스 필터**

FM 신호의 복조를 위해서는 수신기에서 미분기를 거쳐야 합니다. 이때 미분기는 기저 대역의 잡음 전력을 고주파로 갈수록 증폭시키는 단점이 있으며, 이 때문에 기저 대역 변조 신호 고주파 성분의 신호 품질이 나빠집니다. 이를 방지하기 위해 FM 송신단에서 미리 변조 신호의 고주파 성분을 키우는 프리엠퍼시스와 FM 수신기에서 복조 이후 고주파를 다시 낮추는 디엠퍼시스 필터를 사용합니다.

6.9 변조 방식 간의 신호 대 잡음비 비교

지금까지 진폭 변조 및 각변조된 신호의 복조 후 SNR을 계산하는 방법에 대해 살펴보았습니다. 이 절에서는 앞에서 고려한 다양한 변조 방식의 SNR을 동일한 환경에서 비교하여 변조 방식 간의 우위를 SNR 관점에서 따지고자 합니다.

앞 절에서 구한 각 변조 방식의 SNR 결과를 직접 비교하여 변조 방식 간의 우위를 알 수는 없습니다. 예를 들어 DSB-SC 변조에서 식 (6.26)을 도출하기 위해 변조 메시지를 $\varphi(t)=A_c x(t)\cos(\omega_c t+\theta)$라고 가정했습니다. 송신단에서 전송을 위해 사용된 전력은 $A_c^2P_x/2$[W]입니다. 반면에 DSB-LC는 $\varphi(t)=A_c\{1+k_a x(t)\}\cos\omega_c t$이므로 송신단에서 전송을 위해 사용된 전력이 $A_c^2(1+k_a^2P_x)/2$[W]입니다. 그리고 SSB 변조의 수신 신호는 $\varphi(t)=0.5A_c x(t)\cos\omega_c t\mp 0.5A_c x_H(t)\sin\omega_c t$이므로 송신단에서 전송을 위해 사용된 전력이 $A_c^2P_x/4$[W]입니다. 또한 FM 신호는 $\varphi(t)=A_c\cos\{\omega_c t+k_F\int x(\tau)d\tau\}$이므로 송신단에서 전송을 위해 사용한 전력은 $A_c^2/2$[W]입니다. 이처럼 **송신기에서 사용한 전력이 변조 방식마다 다르기 때문에 앞에서 구한 SNR을 직접 비교하는 것은 적절하지 않습니다.**

FOM

각 변조 방식마다 송신 전력이 다르므로 수신 SNR을 직접 비교할 수 없습니다. 서로 다른 변조 방식 간의 SNR 성능을 비교하기 위해서는 **기저 대역에서 동일한 메시지 신호 $x(t)$를 변조한 후 동일한 크기의 송신 전력으로 전송한 경우를 고려해야 합니다. 이런 경우 수신기 출력에서의 SNR을 비교한다면 변조 방식 간의 절대 비교가 가능합니다.**

이러한 목적으로 **다양한 변조 방식의 송수신 SNR 이득을 비교하기 위해 만들어진 지표가 FOM**Figure Of Merit**입니다.** FOM 지표를 정의하면 다음과 같습니다.

$$\text{FOM} = \frac{\text{SNR}_{\text{dem}}}{\text{SNR}_{\text{ref}}} \tag{6.51}$$

여기서 SNR_{dem}은 복조 후 최종 신호의 SNR입니다. 그러므로 SNR_{dem}은 복원된 메시지 신호의 전력과 여기에 더해진 잡음 신호의 전력비가 됩니다. SNR_{ref}는 기저 대역에서 메시지 신호 $x(t)$를 직접 전송한 경우 수신기 출력에서의 SNR로, [그림 6-21]에 SNR_{ref}를 구하기 위한 통신 시스템의 모델을 나타냈습니다. 그리고 SNR_{ref}는 다음과 같이 표현됩니다.

$$\text{SNR}_{\text{ref}} = \frac{S_\varphi}{N_x} \tag{6.52}$$

여기서 S_φ는 수신기에서 수신한 변조 신호 $\varphi(t)$의 평균 전력, N_x는 기저 대역에서 변조 신호 $x(t)$와 동일한 대역에 존재하는 AWGN 잡음의 평균 전력을 의미합니다. 따라서 식 (6.51)은 변조를 위해 사용한 전력에 따른 SNR을 정규화하는 의미를 가지므로 이 값을 이용하면 서로 다른 변조 방식 간의 SNR 성능 비교가 가능한 것입니다.

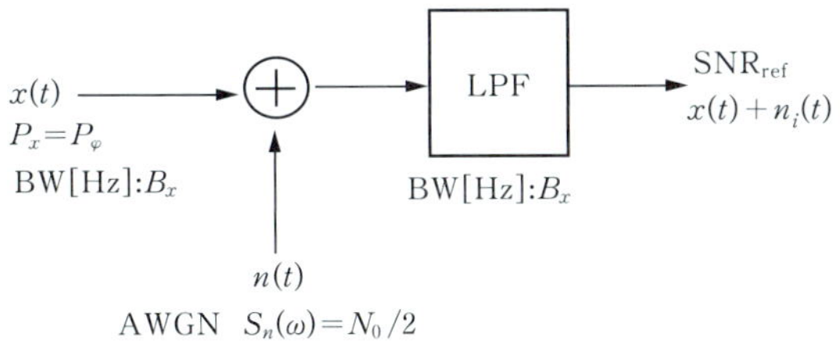

[그림 6-21] 변조 방식에 따른 SNR_{ref}를 구하기 위한 수신기의 구조

변조 신호 $\varphi(t)$에는 원하는 신호가 아닌 파일럿 신호 등이 있을 수 있으므로 통신 시스템에서 FOM은 항상 1보다 작거나 같습니다. 그러므로 **FOM=1이면 SNR 관점에서 가장 효율적인 변조 방식입니다.**

DSB-SC의 FOM

DSB-SC 변조의 경우, 변조 신호 $\varphi(t)=A_c x(t)\cos(\omega_c t+\theta)$의 전력은 $S_\varphi=A_c^2 P_x/2$입니다. 그리고 기저 대역에서 대역폭 B_x[Hz]에 있는 AWGN 잡음의 PSD는 $N_0/2$이므로, 잡음의 전력은 파시발의 정리에 따라 $N_x=2\times(N_0/2)\times B_x=N_0 B_x$[W]가 됩니다. [그림 6-21]에서 잡음의 전력은 변조 방식에 상관없이 동일한 값임을 주의하세요.

그러므로 $\text{SNR}_{\text{ref}}=A_c^2 P_x/(2N_0 B_x)$이고, 식 (6.28)에서 $\text{SNR}_{\text{dem}}=\text{SNR}_z=A_c^2 P_x/(2N_0 B_x)$이므로 DSB-SC의 FOM은 다음과 같습니다.

$$\text{FOM}_{\text{DSB-SC}}=\frac{\text{SNR}_{\text{dem}}}{\text{SNR}_{\text{ref}}}=1 \tag{6.53}$$

즉 DSB-SC 변조는 변조를 통한 신호 전력의 손실이 없음을 알 수 있습니다.

DSB-LC의 FOM

DSB-LC 변조의 경우, 변조된 신호 $\varphi(t)=A_c\{1+k_a x(t)\}\cos\omega_c t$의 전력은 $S_\varphi=A_c^2(1+k_a^2 P_x)/2$입니다. 그리고 $N_x=N_0 B_x$이므로 $\text{SNR}_{\text{ref}}=A_c^2(1+k_a^2 P_x)/(2N_0 B_x)$입니다. 식 (6.33)에서 $\text{SNR}_{\text{dem}}=A_c^2 k_a^2 P_x/(2N_0 B_x)$이므로 DSB-LC의 FOM은 다음과 같습니다.

$$\text{FOM}_{\text{DSB-LC}}=\frac{k_a^2 P_x}{1+k_a^2 P_x} \tag{6.54}$$

DSB-LC는 $|k_a x(t)|\leq 1$을 만족하므로 $\text{FOM}_{\text{DSB-SC}}\leq 1/2$이 됩니다. 식 (6.53)과 식 (6.54)를 통해 DSB-SC 변조가 DSB-LC 변조에 비해 잡음에 대한 특성이 우수함을 알 수 있습니다.

SSB의 FOM

SSB 변조의 경우, 변조 신호는 $\varphi_{\text{SSB+}}(t)=\{A_c x(t)/2\}\cos\omega_c t-\{A_c x_{\text{H}}(t)/2\}\sin\omega_c t$와 같이 표현되고 이것의 전력은 $S_\varphi=2\times(A_c^2 P_x/8)=A_c^2 P_x/4$입니다. 그리고 $N_x=N_0 B_x$이므로 $\text{SNR}_{\text{ref}}=A_c^2 P_x/(4N_0 B_x)$입니다. 식 (6.38)에서 $\text{SNR}_{\text{dem}}=A_c^2 P_x/(4N_0 B_x)$이므로 SSB의 FOM은 다음과 같습니다.

$$\text{FOM}_{\text{SSB}}=1 \tag{6.55}$$

따라서 수신기에서 SSB 변조와 DSB-SC 변조의 잡음에 대한 특성이 동일함을 알 수 있습니다.

FM의 FOM

FM 변조의 경우, 변조 신호는 $\varphi(t)=A_c\cos\{\omega_c t+\theta(t)\}$이고 이것의 전력은 $S_\varphi=A_c^2/2$입니다. 그리고 $N_x=N_0B_x$이므로 $\text{SNR}_{\text{ref}}=A_c^2/(2N_0B_x)$입니다. 식 (6.46)에서 $\text{SNR}_{\text{dem}}=3A_c^2k_F^2P_x/(8N_0\pi^2B_x^3)$이므로 FM의 FOM은 다음과 같습니다.

$$\text{FOM}_{\text{FM}}=\frac{3(k_F^2P_x)}{(2\pi B_x)^2} \tag{6.56}$$

식 (6.56)에서 $k_F^2P_x$는 편이비의 제곱 β^2과 비례하므로 β가 커질수록 FOM_{FM}도 커집니다.

FM 변조와 마찬가지로 PM 변조 신호도 $\varphi(t)=A_c\cos\{\omega_c t+\theta(t)\}$와 같이 표현되고, 이것의 전력은 $S_\varphi=A_c^2/2$입니다. 그리고 $N_x=N_0B_x$이므로 $\text{SNR}_{\text{ref}}=A_c^2/(2N_0B_x)$입니다. 식 (6.48)에서 $\text{SNR}_{\text{dem}}=A_c^2k_P^2P_x/(2N_0B_x)$이므로 PM의 FOM은 다음과 같습니다.

$$\text{FOM}_{\text{PM}}=k_P^2P_x \tag{6.57}$$

식 (6.57)에서도 β가 커질수록 FOM_{PM}이 커짐을 알 수 있습니다.

[표 6-2] 변조 방식에 따른 복조 신호의 SNR과 FOM

변조 방식	변조 파형	복조 신호의 SNR	FOM
DSB-SC	$\varphi(t)=A_cx(t)\cos(\omega_c t+\theta)$	$A_c^2P_x/(2N_0B_x)$	1
DSB-LC	$\varphi(t)=A_c\{1+k_ax(t)\}\cos\omega_c t$	$k_a^2A_c^2P_x/(2N_0B_x)$	$\frac{k_a^2P_x}{1+k_a^2P_x}$
SSB	$\varphi(t)=\frac{A_c}{2}x(t)\cos\omega_c t\mp\frac{A_c}{2}x_H(t)\sin\omega_c t$	$A_c^2P_x/(4N_0B_x)$	1
FM	$\varphi(t)=A_c\cos\{\omega_c t+k_F\int x(\tau)d\tau\}$	$\frac{3A_c^2k_F^2P_x}{8N_0\pi^2B_x^3}$	$\frac{3(k_F^2P_x)}{(2\pi B_x)^2}$
PM	$\varphi(t)=A_c\cos\{\omega_c t+k_Px(t)\}$	$\frac{A_c^2k_P^2P_x}{2N_0B_x}$	$k_P^2P_x$

예제 6-8

변조 신호 $x(t)=A_m\cos\omega_m t$를 DSB-LC 변조하여 $\varphi(t)=A_c\{1+k_ax(t)\}\cos\omega_c t$를 생성했을 때, DSB-LC 변조 신호의 FOM을 변조 지수의 항으로 구하세요.

풀이

$\varphi(t)=A_c(1+k_aA_m\cos\omega_m t)\cos\omega_c t$ 이고 변조 지수 $m=k_aA_m$, 메시지 신호의 전력 $P_x=A_m^2/2$이므로 다음과 같습니다.

$$\text{FOM}_{\text{DSB-LC}}=\frac{k_a^2P_x}{1+k_a^2P_x}=\frac{k_a^2A_m^2/2}{1+k_a^2A_m^2/2}=\frac{m^2}{2+m^2}$$

예제 6-9

메시지 신호 $x(t)=A_m \cos\omega_m t$에 대해 FM 변조 및 변조 지수가 1인 DSB-LC 변조를 했을 때, 다음 문제를 푸세요.

(a) FM 변조 신호의 FOM을 구하세요.

(b) DSB-LC 변조 신호의 FOM을 구하세요.

(c) FM 변조가 DSB-LC 변조보다 잡음에 대한 성능이 우수할 수 있는 편이비 β를 구하세요.

풀이

(a) 변조 신호의 전력 $P_x=A_m^2/2$이므로 FOM은 다음과 같습니다.

$$\begin{aligned}\mathrm{FOM_{FM}}&=\frac{3(k_\mathrm{F}^2 P_x)}{(2\pi B_x)^2}=\frac{3(k_\mathrm{F}^2 A_m^2/2)}{(2\pi f_m)^2}\\&=\frac{3}{2}\left(\frac{k_\mathrm{F}^2 A_m^2}{4\pi^2 f_m^2}\right)=\frac{3}{2}\left(\frac{k_\mathrm{F} A_m}{\omega_m}\right)^2=\frac{3}{2}\beta^2\end{aligned}$$

(b) 변조 지수 m에 대해 $\mathrm{FOM_{DSB-LC}}=m^2/(2+m^2)$이므로 $m=1$일 때 다음과 같습니다.

$$\mathrm{FOM_{DSB-LC}}=1/3$$

(c) FM 변조와 DSB-LC 변조의 FOM 비는 다음과 같습니다.

$$\frac{\mathrm{FOM_{FM}}}{\mathrm{FOM_{DSB-LC}}}=\frac{(3/2)}{(1/3)}\beta^2=\frac{9}{2}\beta^2$$

그러므로 $\mathrm{FOM_{FM}}>\mathrm{FOM_{DSB-LC}}$가 되려면 $\beta>\sqrt{2/9}\simeq 0.47$을 만족해야 합니다.

핵심포인트 **FOM**

변조 방식 간의 복조 후 신호 대 잡음비 에 대한 품질을 비교하는 척도로 FOM을 사용합니다. FOM은 기저 대역에서 메시지 신호를 전달하고 수신기에서 메시지 신호와 같은 대역에 AWGN이 더해진 경우의 SNR과 변조된 신호를 복조한 후 수신단 SNR을 비교하는 것입니다.

Chapter 06 연습문제

6.1 다음 설명 중 잘못된 것을 바르게 고치세요.

(a) AWGN 신호의 시간 평균과 앙상블 평균이 같았습니다. 이러한 랜덤 프로세스를 에르고딕 프로세스라고 합니다.

(b) WSS 프로세스 $X(t)$의 자기 상관 함수는 $R_X(\tau)=-R_X(-\tau)$를 만족합니다. 여기서 τ는 지체 시간입니다.

(c) 랜덤 변수 X의 pdf $p_X(x)$와 cdf $F_X(x)$는 다음과 같은 관계를 가집니다.

$$\int_{x_1}^{x_2} p_X(x)\,dx = F_X(x_2) - F_X(x_1) = P(x_1 < X \leq x_2)$$

6.2 다음 설명 중 잘못된 것을 바르게 고치세요.

(a) AWGN은 온도가 올라갈수록 잡음 전력이 높아집니다. 이는 전자의 브라운 운동이 더욱 활성화되기 때문입니다.

(b) 기저 대역에서 대역폭이 ω_B[rad/s]인 통신 시스템에서 AWGN 잡음 전력의 크기는 $P_n = 2 \times N_0/2 \times \omega_B = N_0\omega_B$[W]입니다.

6.3 다음 설명 중 잘못된 것을 바르게 고치세요.

(a) BPF를 거친 AWGN 잡음의 스펙트럼은 DC를 중심으로 크기가 비대칭을 이룹니다.

(b) 동기 검파된 기저 대역 통신 신호에 부가된 AWGN의 PSD는 통과 대역에 존재하는 AWGN PSD의 두 배입니다.

6.4 다음 설명 중 잘못된 것을 바르게 고치세요.

(a) DSB-SC 수신기 RF단 BPF의 대역폭은 반드시 기저 대역 LPF 대역폭의 두 배 이상이 되어야 합니다.

(b) 동기 검파된 DSB-SC 신호의 RF단 SNR과 복조된 기저 대역에서의 SNR은 동일합니다.

6.5 다음 설명 중 잘못된 것을 바르게 고치세요.

(a) DSB-LC 수신기 복조 신호의 SNR은 DSB-SC 변조보다 파일럿 신호에 의한 전력 손실 때문에 SNR이 낮습니다.

(b) 포락선 검파기를 사용하거나 동기식 검파기를 사용한 DSB-LC 변조 신호로부터 복조된 신호의 SNR은 항상 동일합니다.

6.6 다음 설명 중 잘못된 것을 바르게 고치세요.

(a) SSB 수신기에서 복조 후 기저 대역 잡음의 전력은 DSB-SC 수신기에 비해 1/2이므로 복조 후 SSB의 신호 품질이 DSB-SC보다 더 우수합니다.

(b) 변조 신호의 송신 전력이 동일할 경우, DSB-SC 변조 신호와 SSB 변조 신호의 복조 후 SNR은 동일합니다.

6.7 다음 설명 중 잘못된 것을 바르게 고치세요.

(a) FM 복조기를 거치면 잡음의 PSD는 [그림 6-17]과 같이 고주파로 갈수록 커지는 특징이 있습니다. 그러므로 변조 신호의 고주파 성분은 잡음의 영향을 더 받게 됩니다.

(b) [그림 6-16]에서 BPF와 LPF의 대역폭은 반드시 메시지 신호의 대역폭보다 크거나 같아야 합니다. 그리고 이들 필터의 대역폭에 따라서 복조 신호에 더해진 잡음의 전력이 바뀌게 됩니다.

6.8 AWGN은 확률적으로 가우스 분포를 따릅니다. 평균이 0, 분산이 σ^2인 AWGN의 전력을 구하세요.

6.9 잡음의 전력은 온도에 따라 바뀝니다. 무선 인터넷에서 사용하는 WiFi는 20[MHz]의 대역을 사용하는데, 온도가 −10℃일 때와 30℃일 때 기저 대역 신호에 존재하는 잡음 전력을 구하세요.

6.10 상온(290[K])에서 AM 라디오와 FM 라디오의 신호 대역에 존재하는 잡음의 전력을 구하세요.

6.11 우리나라에서 디지털 TV는 6[MHz] 대역을 사용하여 방송합니다. TV 신호 대역에 존재하는 AWGN 잡음의 전력을 구하고, 이를 통해 잡음 전력 밀도 $N_0/2$를 구하세요.

6.12 동축 케이블을 이용하여 통과 대역폭이 6[MHz]인 TV 신호를 5[km] 떨어진 가정으로 보내려고 합니다. 케이블의 [km]당 손실이 10[dB]일 때 수신 가정에서 SNR이 20[dB]가 되어야 할 때, 송신 측에서 변조 신호의 전력을 구하세요.

6.13 어떤 통신 채널이 80[dB]의 감쇄를 유발하고 잡음의 전력 밀도가 $N_0/2=0.5\times10^{-14}$[W/Hz]입니다. 메시지 신호의 대역폭이 3[MHz]이고 복조 후 필요 SNR이 20[dB]일 경우, DSB-SC 변조 시 필요한 송신 전력을 구하세요.

6.14 상온(290[K])에서 700[kHz]의 반송파를 이용하는 DSB-SC 통신 시스템의 대역폭이 10[kHz]이고 복조 후 SNR이 45[dB] 이상일 때 수신기에서 좋은 음질을 청취할 수 있다고 가정합시다. 단, 송신기와 수신기 간의 거리(R[m])에서 수신 전파의 세기(P_r)는 수신 전파의 세기 (P_t)일 때, 프리스 방정식 $P_r=P_tG_tG_r\{\lambda/(4\pi R)\}^2$을 따릅니다. 이때 송신기의 안테나 이득($G_t$)은 1, 수신기의 안테나 이득($G_r$)은 3입니다.

(a) SNR이 45[dB] 이상이기 위한 DSB-SC 복조 신호의 SNR 식 (6.28)에서 $A_c^2P_x$를 구하세요.

(b) 송신기와 수신기 간의 거리가 10[km]일 때 올바른 수신을 위한 송신기의 최소 신호 전송 전력을 구하세요.

6.15 기저 대역에서 대역폭이 10[MHz]인 메시지 신호 $x(t)$의 전력이 $P_x=10$[W]일 때, 다음 통신 시스템의 복조 후 SNR을 구하세요.

(a) DSB-SC(단, $A_c=1$)

(b) DSB-LC(단, $A_c=1$, $k_a=0.5$)

(c) SSB(단, $A_c=1$)

(d) FM(단, $A_c=1$, $\beta=5$)

6.16 DSB-SC로 변조된 신호가 [그림 6-11]에서 $r(t)=10x(t)\cos(20t)+n(t)$이며 메시지 신호 $x(t)$의 전력 P_x가 1[W]라고 가정할 때, BPF 출력단에서 SNR을 구하세요. 단, BPF의 대역폭은 5[Hz]이고 잡음의 PSD는 $N_0/2$입니다.

6.17 상온(290[K])에서 대역폭이 6[MHz], 8[MHz], 20[MHz]인 수신 신호에 포함된 열 잡음의 전력[dBm]을 구하세요. 단, 볼츠만 상수 $k=1.38\times10^{-23}$[Joule/K]입니다.

6.18 DSB-SC 변조된 신호의 PSD가 다음 그림과 같습니다. 통과 대역에서 잡음의 PSD가 $N_0/2$이고, 수신 신호를 기저 대역으로 복조 후 차단 주파수가 W[Hz]인 LPF를 거쳤을 때, 복조된 신호의 SNR을 구하세요.

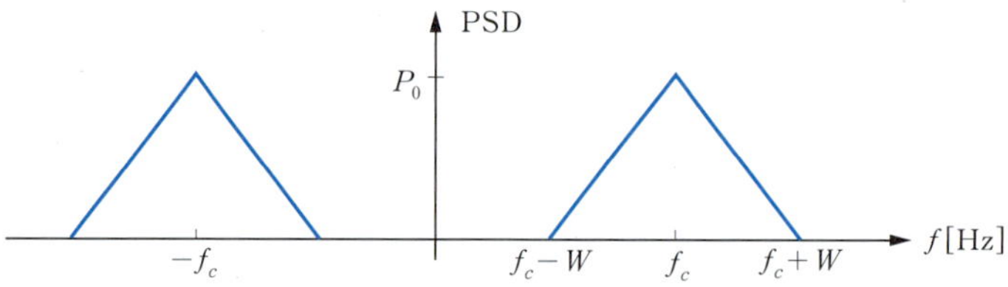

6.19 메시지 신호 $x(t)=\sin^2\omega_m t$일 때 SNR 관점에서 PM과 FM의 성능을 비교하세요.

6.20 변조 방식의 SNR 성능을 비교할 때 FOM을 이용합니다. $\text{FOM}=\text{SNR}_{\text{dem}}/\text{SNR}_{\text{ref}}$로 정의되며, 이 값이 클수록 잡음에 대한 강인성이 좋은 변조 방식입니다. SNR_{dem}은 복조 후 최종 SNR이고, 기준 SNR^reference SNR^은 $\text{SNR}_{\text{ref}}=P_\varphi/P_n$으로 정의됩니다. 여기서 P_n은 기저 대역 신호 $x(t)$에 존재하는 잡음의 전력이고, P_φ는 변조 신호의 총전력입니다. 단, 메시지 신호 $x(t)$의 대역폭은 B[Hz]이고 AWGN의 PSD는 $S_n(\omega)=N_0/2$[W/Hz]입니다. 따라서 $P_n=2(N_0/2)B=N_0B$일 때, 다음 문제를 푸세요.

(a) DSB-SC에서의 SNR_{ref}와 FOM을 구하세요.

(b) DSB-LC에서의 SNR_{ref}와 FOM을 구하세요.

(c) SSB에서의 SNR_{ref}와 FOM을 구하세요.

(d) FM에서의 SNR_{ref}와 FOM을 구하세요.

Chapter 07

디지털 통신의 기초

Basics on Digital Communications

학습목표

- 디지털 통신 시스템의 기본 개념과 구성 요소를 알 수 있습니다.
- 아날로그 신호를 샘플링하여 디지털 신호로 변환하는 방법과 역으로 변환하는 방법을 이해할 수 있습니다.
- 인터넷 선을 통해 이진 정보 0과 1을 표현하는 파형의 종류와 특징을 알 수 있습니다.
- 인터넷 선을 통해 전송되는 이진 정보의 자기 상관 함수로 신호의 PSD(전력 스펙트럼 밀도)를 구하는 방법을 알 수 있습니다.
- 디지털 정보를 수신기에서 검파할 때, 정합 필터를 통해 신호 대 잡음비를 향상시키는 기법을 알 수 있습니다.
- 무작위로 발생하는 디지털 신호의 PSD를 자기 상관 함수로 구하는 방법을 알 수 있습니다.

7.1 개요

이 장에서는 디지털 통신 시스템의 기초를 공부합니다. 디지털 통신은 아날로그 통신과 달리 샘플링을 거친 정보가 0과 1의 이진으로 표시됩니다. 이진 정보를 압축하여 데이터양을 줄일 수도 있으며, 정보가 전송되면서 발생하는 신호의 감쇄와 잡음에 의한 왜곡을 보상하는 방법도 있습니다. 그러므로 디지털 통신은 아날로그 통신보다 송신단에서 보낸 정보를 수신기에서 완벽하게 복원할 가능성이 높은 장점이 있습니다. 디지털 통신에서는 멀티미디어와 같이 영상, 오디오, 텍스트 정보를 동시에 보낼 수 있는 멀티플렉싱Multiplexing 기법의 적용 또한 가능합니다.

디지털 정보를 구리 선이나 공기를 통해 전송하려면 시간 불연속 정보를 연속 시간 파형으로 바꾸어 반송파를 곱하게 됩니다. 이때 연속 시간 파형의 모양에 따라 전송에 필요한 대역폭이 바뀌는데, 연속 시간 파형을 반송파에 싣는 것은 아날로그 통신과 동일합니다. 이 장에서는 송신된 디지털 정보를 수신기에서 복원할 때 발생하는 오류와 이를 최소화하기 위한 정합 필터의 개념도 공부할 것입니다. 이처럼 디지털 통신 시스템의 각 요소 기술과 그 원리를 살펴봅시다.

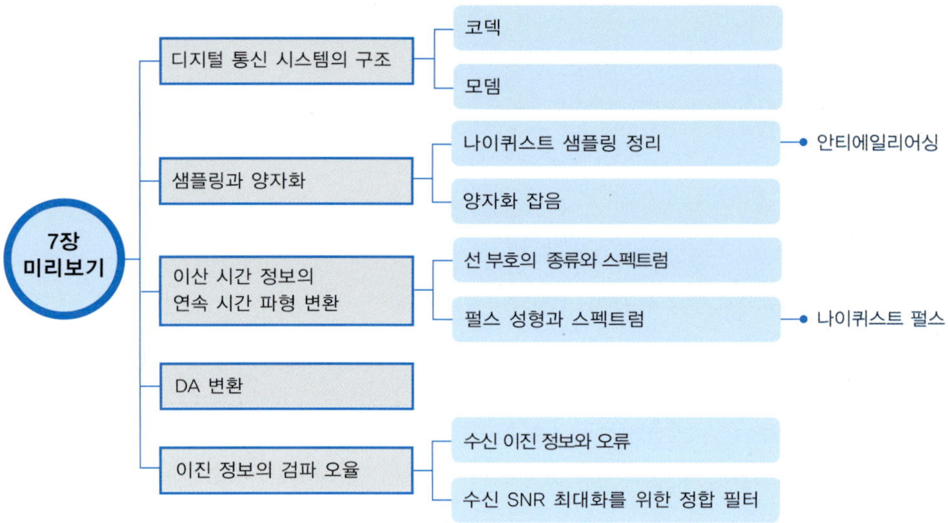

7.2 디지털 통신 시스템의 구조

지금까지는 아날로그 통신 시스템에 대해 살펴보았으니 오늘날 통신 시스템의 대부분을 차지하는 디지털 통신 시스템에 대해 공부할 차례입니다. 1장에서 잠깐 언급했듯이 디지털 통신에는 아날로그 통신 기술을 반드시 이용해야 합니다. 디지털 통신 시스템의 기본 구조를 [그림 7-1]에 나타냈는데, 여기서 변조와 복조에 해당하는 부분이 아날로그 통신 기술을 활용하는 영역입니다. 나머지 부분은 음성과 영상 등의 정보를 0과 1의 이진 정보로 표현하여 잡음이나 통신 채널로 인한 정보의 왜곡을 방지하는 기술을 적용하고 있습니다. 디지털에서 0 또는 1을 1비트bit 정보라고 합니다. 이 절에서는 [그림 7-1]의 각 세부 블록이 하는 역할을 간단히 살펴보겠습니다.

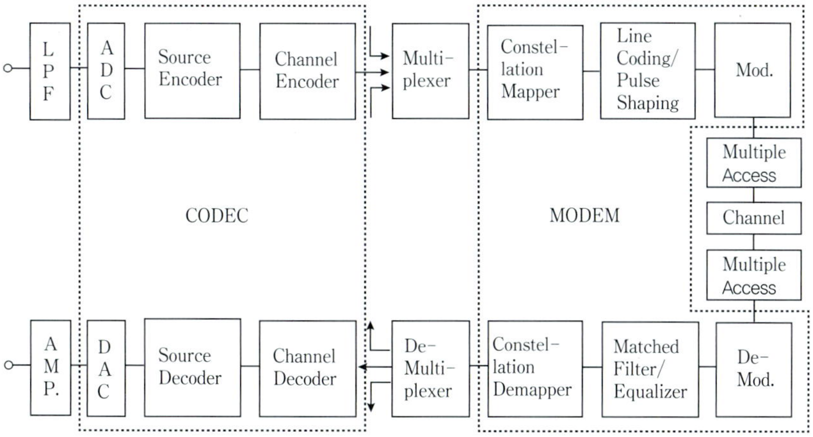

[그림 7-1] 디지털 통신 시스템의 블록도

전송하고자 하는 정보가 소리, 영상 같은 아날로그 정보이거나 컴퓨터 파일 같은 디지털 정보일 수 있습니다. 디지털 통신에서는 모든 정보를 먼저 디지털 정보로 변환해야 합니다. 아날로그 정보의 경우에는 안티에일리어싱anti-aliasing 필터라고 하는 LPF를 통해 고주파 성분을 제거하게 됩니다. 이어 나이퀴스트 샘플링 정리Nyquist Sampling Theorem를 만족하는 샘플링률sampling rate에 따라 ADC를 이용하여 아날로그 신호를 디지털 신호로 바꿉니다. **ADC는 아날로그 신호를 샘플링한 다음 양자화 및 부호화 과정을 거쳐서 0과 1의 이진 디지털 정보로 바꾸는데 이 과정을 펄스 부호 변조**PCM : Pulse Code Modulation**라고 합니다.**

참고 안티에일리어싱 필터

음성은 일반적으로 약 300~3400[Hz]까지의 주파수 특성을 가집니다. 이 경우 디지털 신호로 변환하기 위해 나이퀴스트 샘플링 정리에 따라서 음성이 가지고 있는 최고 주파수 성분의 2배 이상으로 샘플링해야 합니다. 사람에 따라서는 3400[Hz]보다 훨씬 높은 주파수 성분의 음성인 경우도 있습니다. 전화기의 경우, 사용자에 맞추어 샘플링률을 바꿀 수 없으므로 LPF를 이용하여 4000[Hz] 이하의 음성 성분만을 남겨서 식 (4.17)의 나이퀴스트 샘플링 정리에 따라 8[kHz]로 샘플링한 후 디지털 신호로 바꿉니다. 이처럼 **디지털 신호를 만들기 위한 샘플링 전에 나이퀴스트 샘플링 정리에 반하는 고주파 성분을 제거하는 LPF를 안티에일리어싱**anti-aliasing **필터라고 합니다.**

소스 코딩과 채널 코딩

ADC를 거친 이진 디지털 데이터는 **정보를 손실하지 않으면서도 이진 비트의 수를 줄이는 과정인 소스 인코더**Source Encoder**를 거칩니다.** 소스 인코더로는 허프만Huffman 코딩, 렘펠-지프Lempel-Ziv 알고리즘 등이 있습니다. 특히 렘펠-지프 알고리즘은 컴퓨터 파일의 크기를 줄이는 압축 프로그램에 주로 사용되는 알고리즘입니다. 우리가 흔히 접하는 영상의 경우에는 MPEG^Moving Picture Experts Group^-1, 2, H.264, HEVC^High Efficiency Video Coding^ 등이 소스 인코더로 사용됩니다. 디지털 TV의 경우, H.264 코딩 방식을 사용하면 원 영상의 이진 비트 수를 약 1/200로 줄일 수 있습니다. 휴대전화에서도 디지털화된 음성 정보가 소스 부호기를 거치면서 데이터양이 크게 줄어들어 전송됩니다. 전송에 필요한 데이터양을 줄이면 정보를 보내는 시간을 줄일 수 있으며, 통신에서 가장 큰 관심사 가운데 하나인 대역폭 감소의 장점이 있습니다. 7.4.2절에서 디지털 정보의 전송 속도와 통신 대역폭의 관계를 자세히 공부하겠습니다.

소스 인코더를 거쳐 압축된 정보는 채널 인코더^Channel Encoder^를 거치게 됩니다. **소스 인코더 출력은 어느 한 비트라도 손실되면 원래의 정보를 복원할 수 없습니다. 이 문제를 해결하는 것이 채널 인코더이며, 오류 정정 부호기**^ECC : Error Correction Code^**라고도 합니다.** 채널 부호기는 여분의 이진 정보를 소스 부호기 출력 정보에 덧붙여 전송함으로써 정보의 전송 중 발생할 수 있는 신호의 왜곡과 잡음에 의한 오류를 복구하도록 합니다. 가장 쉬운 채널 인코딩 방식은 동일한 정보를 여러 번 반복해서 보내는 것입니다. 이때 수신기에서 0 또는 1의 이진 정보로 판단하여 다수로 판단된 것을 송신 비트로 결정합니다. **아날로그 통신의 경우, 소스 코딩이나 채널 코딩 등을 적용할 수 없으므로 동일한 수신 잡음 환경에서 디지털 통신의 수신 품질이 아날로그 통신보다 좋을 가능성이 높습니다.**

송신단의 소스 인코더와 채널 인코더, 수신단의 채널 디코더와 소스 디코더를 통칭하여 코덱^CODEC : COder-DECoder^**이라고 합니다.** 인코더 출력을 디코더 입력으로 사용하면 디코더 출력에서 인코더 입력 신호를 복원할 수 있습니다.

멀티플렉싱

디지털 TV와 같이 영상, 오디오 및 텍스트 정보가 함께 전송될 때 서로 다른 종류의 정보를 섞는 장치를 멀티플렉서^Multiplexer^라고 합니다. 이때 정보의 종류에 따라 특성이 다른 소스 인코더와 채널 인코더를 거치게 됩니다. 예를 들어, 영상과 오디오 정보에서 일어나는 에러 비트의 개수가 비슷하더라도 사람이 느끼는 불편함이 다르므로 정보의 종류에 따라 적절한 소스 및 채널 인코딩 방식이 필요한 것입니다.

일반적으로 음성은 1000비트 데이터를 보낼 때 1비트 정도, 압축된 비디오나 인터넷 데이터는 100만 비트 중 1비트의 에러를 허용합니다. 이 정도의 통신 성능이 유지되어야 수신 후 송신 정보의 복원에 문제가 없습니다. 빠르게 달리는 기차 안에서 휴대전화로 통화를 할 때 음성이 자주 끊기더라도 어느 정도까지는 통화하는 데 큰 문제가 없습니다. 그러나

TV를 볼 때 화면의 일부가 자주 깨지면 시청하는 데 큰 불편을 느낍니다. 이는 전송 정보의 종류에 따라 허용 에러의 양이 다르다는 것을 보여주는 한 예입니다.

멀티미디어 정보를 전송할 때, 서로 다른 코딩 방식으로 만들어진 이진 데이터가 시간에 따라 섞여서 하나의 디지털 스트림stream으로 전송됩니다. 이때 다양한 정보를 하나의 스트림으로 변환하는 과정을 멀티플렉싱Multiplexing이라고 합니다.

멀티플렉싱된 0과 1의 이진 데이터를 몇 비트씩 묶어서 한꺼번에 표현하여 더 짧은 시간 안에 전송할 수도 있습니다. 이와 같이 몇 비트를 묶어서 정보를 표현하는 것을 성상 매핑Constellation Mapping이라고 합니다. 성상 매핑에 대해서는 뒤에서 더 자세히 살펴보겠습니다. [그림 7-1]에서 ADC 이후부터 성상 매핑까지의 신호는 이산 시간 디지털 신호입니다.

라인 코딩과 펄스 성형

디지털 데이터를 구리 선이나 공기 등의 물리적 매질을 통해 전송할 때, 데이터는 반드시 연속적인 전기적 파형의 형태로 표현되어야 합니다. 즉 연속 시간 디지털 또는 아날로그 형태의 신호로 표현되어야만 물리적 매질을 통과할 수 있습니다. 이와 같이 이산 시간 디지털 정보를 연속 시간 펄스로 변환하는 과정을 라인 코딩Line Coding 또는 펄스 성형Pulse Shaping이라고 합니다. 라인 코딩은 선 부호라고도 합니다.

라인 코딩은 비트 0과 1을 특정한 모양의 구형파 펄스로 표현하는 방식으로 기저 대역 디지털 신호 전송baseband digital signaling에 사용됩니다. 이는 유선 인터넷 서비스 등에 사용되는 방식으로 지금까지 변조에서 고려한, 반송파를 이용한 주파수 이동의 개념이 없습니다. 라인 코딩을 하는 경우에는 일반적으로 0과 1의 이진 데이터만을 전송하므로 다중 레벨로 표시하기 위한 성상 매핑의 과정이 필요 없습니다. 펄스 성형은 디지털 데이터를 통과 대역 신호로 바꾸어 전송하기 위해 필요한 과정입니다. 펄스 성형을 통해 다중 레벨 디지털 데이터를 아날로그 파형으로 변환하게 됩니다.

다중 접속

다양한 통신 전송 매체에서는 이용 효율을 높이기 위해 여러 명의 사용자가 하나의 통신 채널을 공유하게 됩니다. 이때 **사용자 신호 간에 간섭이 일어나지 않도록 전송하는 것을 다중 접속**Multiple Access **기법이라고 합니다.** 다중 접속에는 각 사용자의 신호를 시간별로 할당하여 전송하는 시분할 다중 접속TDMA : Time Division Multiple Access 방법, 주파수를 달리하여 전송하는 주파수 분할 다중 접속FDMA : Frequency Division Multiple Access 방법, 각 사용자의 데이터를 사용자별 코드로 확산하여 전송하는 부호 분할 다중 접속CDMA : Code Division Multiple Access 방법 등이 있습니다.

수신기는 송신기의 역기능을 가지고 있는데 송신기에서 보낸 정보를 복원하는 기능도 포함합니다. **송신 측의 성상 매퍼, 펄스 성형, 변조기와 수신기의 복조에서 성상 디-매퍼de-mapper까지를 모뎀MODEM : MOdulator-DEModulator이라고 합니다.**

> **핵심포인트** **디지털 통신 시스템**
>
> 디지털 통신 시스템은 샘플링, 소스 인코딩, 채널 인코딩, 멀티플렉싱, 펄스 성형과 변조의 과정을 거쳐 정보를 전송합니다. 수신기에서는 송신의 역과정을 거칩니다. 그리고 샘플링할 때 발생할 수 있는 에일리어싱aliasing 문제를 해결하기 위해 LPF와 ADC를 거쳐 디지털 정보를 발생시킵니다([그림 7-1] 참조).

7.3 샘플링과 양자화

7.3.1 샘플링

아날로그 신호를 이산 시간 디지털 신호로 변환하려면 ADC가 필요한데, ADC는 샘플링과 양자화를 수행하는 소자입니다. 일반적으로 정보는 문자와 같은 디지털 정보, 음성과 영상 등의 아날로그 정보로 나눌 수 있습니다. 문자 정보는 디지털 정보로서, 이를 표현하기 위한 7비트 ASCIIAmerican standard code for information interchange 부호, 1981년 IBM이 고안한 8비트 확장 ASCII 부호, 역시 IBM이 고안한 8비트 EBCDICextended binary coded decimal interchange code 부호 등이 있습니다. 최근에는 전 세계 모든 문자를 표현하기 위해 제안된 유니코드Unicode가 일반적으로 사용되고 있습니다. 2014년 6월 결정된 유니코드 버전 7.0에는 세계 각국의 알파벳과 기호를 포함한 112956개의 문자가 포함되어 있습니다. 유니코드는 문자에 따라 8, 16, 24 또는 32비트로 표현되며 대부분의 컴퓨터 운영체제와 워드프로세서 등에서 지원됩니다. 이 덕분에 세계 어느 나라에서도 한글로 작성된 컴퓨터 파일을 읽을 수 있습니다.

ASCII 부호에서는 문자 A를 1000001로, a를 1100001로 표현합니다. 이와 같이 이미 디지털 정보인 문자를 약속된 이진 정보로 바꿀 때는 변환표를 이용하면 됩니다. 그러므로 문자와 같이 처음부터 디지털 정보인 경우에는 샘플링 과정이 필요하지 않습니다. 그러나 **아**

날로그 정보를 디지털 통신으로 전송하는 경우에는 반드시 디지털 신호로 바꾸는 샘플링 과정을 거쳐야 합니다.**

아날로그 신호를 디지털화하려면 이산 시간 신호로 만들기 위해 샘플링을 해야 합니다. 이때 최대 샘플링 간격은 신호의 최대 주파수에 따라서 다릅니다. 예를 들어 [그림 7-2]와 같이 $x_1(t)=\cos(12\pi t)$와 $x_2(t)=\cos(2\pi t)$를 1/5초 간격으로 샘플링하면 그 결과가 동일합니다. 즉 샘플링 결과만을 보면 상대적으로 높은 주파수를 가진 $x_1(t)$가 저주파 신호 $x_2(t)$로 잘못 해석될 수 있습니다. 이것을 에일리어싱이라고 하는데, 이와 같이 아날로그 신호를 디지털로 변환할 때 샘플링 간격이 원 신호의 최대 주파수에 따라 달라져야 합니다.

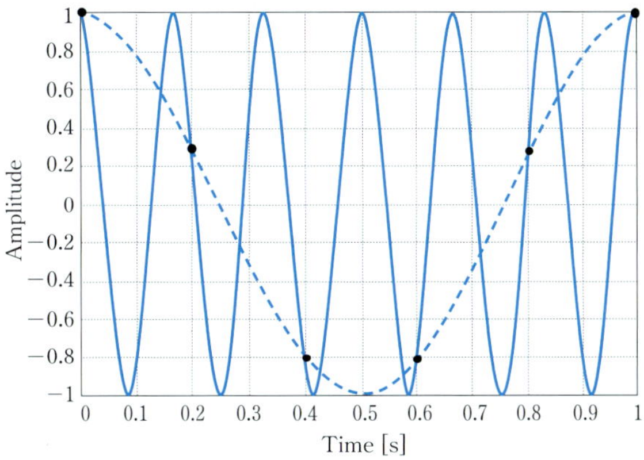

[그림 7-2] 샘플링에 따른 에일리어싱의 예

스위칭 변조기의 푸리에 급수 전개 해석에서 연속 시간 신호를 이산 시간 신호로 샘플링할 때, 원 신호의 스펙트럼 모양을 유지하기 위해 샘플링 주파수가 나이퀴스트 샘플링 정리를 만족해야 함을 4.3.3절에서 공부했습니다. 연속 시간 신호의 최대 주파수가 ω_{max}[rad/s]이고 샘플링 주파수가 ω_s[rad/s]일 때, 샘플링된 신호가 $0 \le \omega \le \omega_s/2$에서 원 신호와 동일하려면 $\omega_s \ge 2\omega_{max}$라는 조건을 만족해야 합니다. 그러나 $\omega_s = 2\omega_{max}$로 샘플링할 때, 정현파의 경우 항상 0만을 샘플링할 가능성도 있습니다. 그러므로 실제 시스템에서 ω_s는 최대 주파수의 최소 2.5배 이상으로 정하는 것이 일반적입니다. [그림 7-3]에 나이퀴스트 샘플링 정리를 다시 한 번 나타냈습니다.

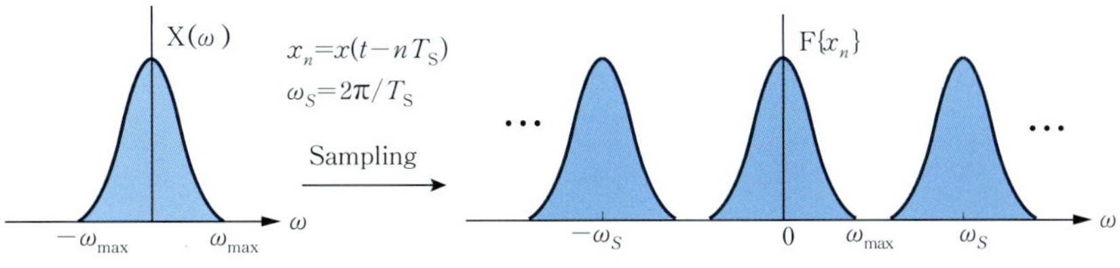

[그림 7-3] 나이퀴스트 샘플링 정리

7.3.2 양자화

연속 시간 아날로그 신호를 샘플링하여 이산 시간 아날로그 신호를 샘플링을 통해 생성했습니다. 디지털 통신에서는 샘플링된 신호를 미리 정한 몇 가지 높이의 신호 중 가장 가까운 높이의 신호로 매핑하는 양자화quantization 과정을 거칩니다. 그러므로 양자화된 신호와 원 신호 사이에 오차가 생길 수밖에 없습니다. 디지털 통신 시스템에서 전달하고자 하는 신호는 처음부터 원 신호에 비해 약간의 오류를 가지고 있는데 이를 양자화 에러라고 합니다.

아날로그 신호를 양자화하는 경우, 원 신호와 양자화된 신호 사이의 오차 정도에 대해 알아봅시다. 양자화기의 입력과 출력은 크기에 비례하는 선형적인 관계이고, 입력 신호는 양자화기 입력 허용 범위의 최솟값부터 최댓값까지 균일한 확률 분포라고 가정하겠습니다.

[그림 7-4]는 신호의 크기를 여덟 가지 레벨로 표현하는 양자화기의 입력과 출력 관계를 나타낸 한 예입니다. 미리 정한 8단계의 크기에 전압을 매핑하는 양자화기로, 여기서 양자화기 출력은 단계별로 q[V]씩 차이가 나며, $-7q/2 \sim 7q/2$[V]에서 여덟 개 단계로 표현됩니다. 해석의 편의를 위해 입력 파형에 대한 양자화 후 각 단계별 출력 신호의 확률 밀도 함수pdf는 균일 분포라고 가정하겠습니다. 그리고 여덟 가지 레벨의 양자화기 출력은 3비트 이진수 000~111의 하나로 나타내어 이진 정보로 표현됩니다.

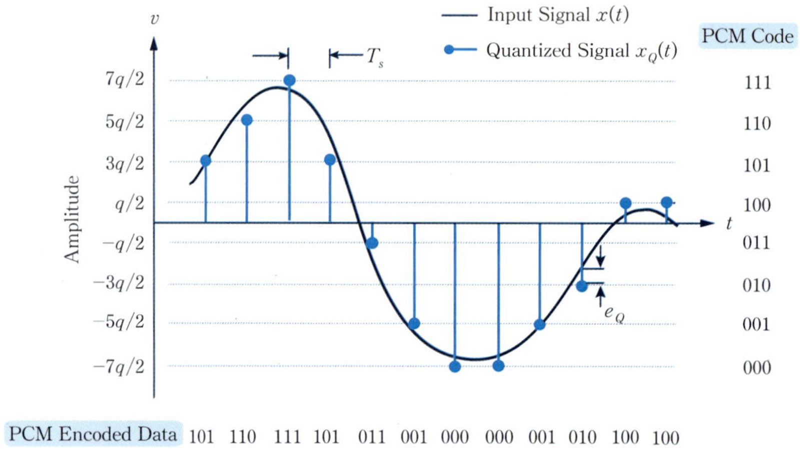

[그림 7-4] 양자화기에서 입출력 전압의 관계

[그림 7-4]에서 양자화 레벨에 따른 이진 값은 임의로 정한 것이며 다른 값으로 설정할 수도 있습니다. [그림 7-4]에서 양자화된 이진 정보는 101110111…의 스트림으로 바뀌어 소스 인코더 등의 다음 신호 처리단으로 전달됩니다. 이와 같이 양자화된 신호를 이진수로 표현한 것을 펄스 부호 변조PCM라고 합니다. ADC의 양자화기가 입력 신호를 $M=2^R$개의

레벨로 구분한다면 하나의 샘플링 신호를 R 비트 이진 정보로 표현할 수 있습니다.

양자화기 입력 신호를 T_S[s] 간격으로 샘플링한 후, $M=2^R$ 출력 레벨인 양자화기에서 각 출력 레벨의 pdf는 다음과 같습니다.

$$p(v)=\sum_{\substack{k=-M \\ k=\text{odd}}}^{M} \frac{1}{M}\delta(v-qk/2) \tag{7.1}$$

여기서 R은 양자화기 출력의 단계를 이진수로 표현할 때 필요한 비트의 수입니다. 그리고 양자화 후 출력 신호의 평균 전력은 다음과 같습니다.

$$\begin{aligned} E\{v^2\} &= \int_{-\infty}^{\infty} v^2 p(v)\,dv = \int_{-\infty}^{\infty} v^2 \sum_{\substack{k=-M \\ k=\text{odd}}}^{M} \frac{1}{M}\delta(v-qk/2)\,dv \\ &= \frac{2}{M}\left[\left(\frac{q}{2}\right)^2+\left(\frac{3q}{2}\right)^2+\cdots+\left(\frac{(M-1)}{2}\right)^2\right] \\ &= \frac{M^2-1}{12}q^2[\text{V}^2] \end{aligned} \tag{7.2}$$

이때 원 신호와 양자화된 신호의 오차 e_Q의 pdf는 다음과 같습니다.

$$p(e_Q)=\begin{cases} 1/q, & -q/2 \le e_Q < q/2 \\ 0, & \text{elsewhere} \end{cases} \tag{7.3}$$

따라서 오차 신호의 전력은

$$E\{e_Q^2\}=\int_{-q/2}^{q/2} e_Q^2 p(e_Q)\,de_Q=\frac{q^2}{12}[\text{V}^2] \tag{7.4}$$

이므로, 양자화 후 신호 대 양자화 잡음의 전력비SQNR : Signal to Quantization Noise Ratio는

$$\text{SQNR}=E\{v^2\}/E\{e_Q^2\} \cong M^2-1=20\log M=20\log 2^R[\text{dB}]=6.02R[\text{dB}] \tag{7.5}$$

이 됩니다. 양자화기 출력이 1비트씩 증가할 때마다 신호 전력이 양자화 잡음 전력에 비해 약 6[dB]씩 향상됨을 알 수 있습니다. 이는 양자화에 의해 아날로그 신호가 고정된 몇 개의 신호 중 하나로 매핑되면서 일어나는 오차에 따른 것입니다.

예제 7-1

신호 $x(t)=5\cos(3000\pi t+\pi/2)+4\cos(2000\pi t+\pi/3)$를 샘플링하려고 할 때, 다음 문제를 푸세요.

(a) 나이퀴스트 샘플링 주파수를 구하세요.

(b) $x(t)$를 최소 나이퀴스트 샘플링 주파수의 두 배로 1분 동안 샘플링했습니다. 8비트 양자화기를 사용하는 경우 총 발생된 비트 수를 계산하세요.

(c) (b)의 양자화 결과에 의한 SQNR을 구하세요.

풀이

(a) 신호 $x(t)$는 주파수가 1000[Hz], 1500[Hz]인 두 정현파로 이루어져 있으며, 가장 높은 주파수가 1500[Hz]이므로 나이퀴스트 샘플링 주파수는 3000[Hz] 이상이면 됩니다.

(b) 60초 동안 신호를 6[kHz]로 샘플링하면 360[k] 샘플이 만들어집니다. 그리고 각 샘플은 8비트로 표현되므로 2880[k] 비트가 됩니다.

(c) 신호의 SQNR은 $6.02R$[dB]이며, $R=8$이므로 SQNR은 약 48[dB]입니다.

핵심포인트 **나이퀴스트 샘플링 정리**

아날로그 신호를 이산 시간 디지털 정보로 변환할 때, 나이퀴스트 샘플링 정리를 만족해야만 아날로그 신호의 스펙트럼을 보존할 수 있습니다.

7.4 라인 코딩과 펄스 성형

7.4.1 라인 코딩

디지털 통신에서 이진 데이터는 압축 및 오류 정정 부호화 과정을 거친 후 아날로그 파형으로 변환되어 통신 선로를 통해 전송됩니다. 통신에서 변조는 넓은 의미에서 신호의 파형 모양이 변형되는 것 자체를 의미하기도 하고, 일반적으로 메시지 원 신호의 주파수를 고주파로 이동시키는 과정을 의미한다고 했습니다. **디지털 통신 역시 아날로그 통신과 같이 기저 대역 파형을 그대로 통신 매질을 통해 보내거나, 반송파에 정보를 실어 통과 대역으로 변조해 전송하기도 합니다.**

기저 대역 전송 시 0과 1로 구성된 디지털 데이터가 물리 계층을 통해 전송되려면 연속 시간 전압 파형으로 표현되어야 하는데, 이 과정을 선 부호화 또는 라인 코딩이라고 합니다. 라인 코딩은 [그림 7-5]와 같이 입력 이진 데이터에 따라 기저 대역 파형으로 변형하여 내보내는 것을 의미합니다. [그림 7-5]에 대표적인 라인 코드의 종류를 나타냈습니다.

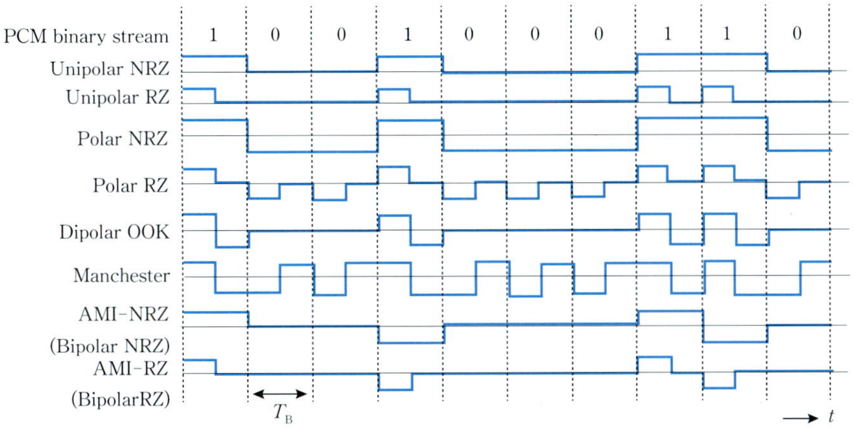

[그림 7-5] 라인 코드의 종류

[그림 7-5]에 제시된 라인 코드의 파형은 다음과 같은 특징이 있습니다.

- 유니폴라 NRZ[unipolar non-return-to-zero] 코드는 이진 1을 한 비트 구간(T_B) 동안 +A[V]의 직류 전압으로, 이진 0을 0[V]로 표현하는 방식입니다.
- 유니폴라 RZ 코드는 유니폴라 NRZ와 달리 이진 1을 1/2비트 구간 동안만 +A[V]의 직류 전압으로 표현하는 방식입니다.
- 폴라[polar] NRZ와 폴라 RZ에서는 이진 1을 각각 유니폴라 NRZ, 유니폴라 RZ와 동일하게 표현합니다. 그러나 이진 0에 대해서는 유니폴라 부호의 이진 1을 극성을 반전하여 표현하는 방식입니다.
- 다이폴라[dipolar] OOK[On-Off Keying]는 유니폴라 NRZ에서 이진 1을 1/2비트 구간 동안은 +A[V]의 직류 전압으로, 나머지는 −A[V]의 직류 전압으로 표현하는 방식입니다.
- 맨체스터[Manchester] 코드는 다이폴라-안티포달[anti-podal] 코드라고도 하며, 다이폴라 OOK와 다른 점은 이진 0을 처음 1/2의 비트 구간 동안은 −A[V]로, 나머지 구간 동안은 +A[V]로 표현하는 방식입니다. 맨체스터 부호는 IEEE 802 이더넷 LAN 통신에 적용되고 있습니다.
- AMI[Alternate Mark Inversion]-NRZ와 AMI-RZ 코드는 각각 유니폴라 NRZ, 유니폴라 RZ 부호와 동일하지만, 새로운 이진 1을 표현할 때 이전에 표현된 이진 1 파형의 극성과 반대가 되도록 표현합니다. 그러므로 수신 측에서 이진 1이라고 판단했을 때, 이전에 판단한 1과 극성이 같다면 오류가 발생한 것을 알 수 있습니다.

라인 코드의 PSD

라인 코딩된 신호의 스펙트럼 해석을 통해 신호 전송에 필요한 대역폭을 계산할 수 있습니

다. 디지털화된 이진 정보는 0과 1이 무작위로 발생되도록 하여 라인 코딩을 하는 것이 일반적입니다. 이는 모든 디지털 통신 시스템에서 지켜야 하는 조건입니다. 디지털 통신에서는 소스 인코더 출력을 무작위 수(0 또는 1) 발생기의 출력과 더하여 0과 1의 이진 데이터가 무작위로 발생되게 합니다. 이와 같이 **입력된 이진 데이터로부터 랜덤한 이진 데이터를 발생하는 장치를 랜덤화기**randomizer **또는 스크램블러**scrambler**라고 합니다.** 무작위 수 발생기의 출력은 송수신기가 모두 알고 있으므로 수신된 신호에 이 수를 다시 더하면 원하는 소스 인코딩된 신호를 복원할 수 있습니다.

예를 통해 랜덤화의 필요성을 살펴봅시다. 한 장의 문서를 흑백 팩스로 보낼 때, 글자가 없는 공간이 대부분입니다. 글자가 없는 부분을 0, 글자가 있는 부분을 1로 표현하면 0이 오랜 기간 동안 발생할 가능성이 높고, 유니폴라 NRZ 코드의 경우 수신기에서 파형의 변화가 일어나지 않아 정보를 추출하기 위한 샘플링 위치의 선정이 어려워집니다. 그리고 무작위로 발생된 이진 신호의 스펙트럼은 백색 잡음과 마찬가지로 특정 주파수가 아니라 전 대역에 골고루 펼쳐지는 장점이 있습니다. 이 경우 주어진 통신 대역의 이용 효율을 최대화할 수 있고, 수신기에서 통신 채널에 의한 특정 주파수 신호의 감쇄 현상을 잘 보상할 가능성이 높아집니다.

무작위로 발생하는 이진 신호의 스펙트럼은 통계적 관점에서 PSD를 구할 필요가 있습니다. 단순히 몇 개의 관측 신호만을 푸리에 변환하여 PSD를 구한다면 관측 길이, 이진 0과 1의 조합에 따라 그 스펙트럼이 달라집니다. 즉 신호 조합에 상관없이 평균적인 스펙트럼을 얻으려면 3.6절에서 다룬 자기 상관 함수의 푸리에 변환으로 PSD를 구하는 접근을 해야 합니다. 이는 무작위로 발생하는 이진 정보의 PSD를 구하기에 가장 적절한 방법입니다.

참고 랜덤 시퀀스의 PSD

인터넷 서버와 LAN을 통해 연결된 컴퓨터는 서로 정보를 교환하기 위해 이진 데이터를 라인 코드 파형 $x(t)$로 표현하여 LAN 선으로 흘려 보냅니다. LAN 선을 따라 전송되는 데이터는 랜덤화기 덕분에 무작위로 발생된 이진 데이터입니다. 이진 정보가 무작위로 발생하는 경우, 신호의 PSD는 일부 구간의 신호를 이용해도 전체 신호의 PSD를 구할 수 있습니다. 이것은 무작위로 발생하는 신호의 확률적 특징이 6장에서 다룬 넓은 의미의 정상WSS 프로세스를 따르기 때문입니다. **즉 신호의 평균 $E[x(t)]$가 시간에 상관없이 일정하고 자기 상관 함수 $R_x(\tau)$가 τ에만 의존하는 통계적 특성을 가집니다. 그러므로 일부 구간의 신호를 이용하여 $R_x(\tau)$를 구하고 이것을 푸리에 변환하면 신호의 PSD를 쉽게 구할 수 있습니다.**

T_B[s] 간격으로 발생하는 이진 시퀀스 A_k가 파형 $p(t)$로 라인 코딩된 신호의 파형은 다음과 같이 표현됩니다.

$$x(t) = \sum_{k=-\infty}^{\infty} A_k p(t - kT_B) \tag{7.6}$$

이때 PSD $S_x(\omega)$는

$$S\ (\omega) = \lim_{T\to\infty}[E\{|X_T(\omega)|^2/T\}] \tag{7.7}$$

와 같고, $X_T(\omega)$는 $x(t)$를 $T(T \gg T_B)$초 동안 관측한 신호 $x_T(t)$의 스펙트럼입니다. 그러므로 다음과 같이

$$x_T(t) = \sum_{k=-N}^{N} A_k p(t - kT_B) \tag{7.8}$$

로 표현할 수 있으며, 이것의 푸리에 변환은

$$X_T(\omega) = \sum_{k=-N}^{N} A_k \mathbf{F}[p(t-kT_B)] = \sum_{k=-N}^{N} A_k P(\omega) e^{-j\omega k T_B} \tag{7.9}$$

이므로 다음과 같습니다.

$$\begin{aligned} S_x(\omega) &= \lim_{T\to\infty}\left[E\left\{\left|\frac{X_T(\omega)}{T}\right|^2\right\}\right] \\ &= |P(\omega)|^2 \lim_{T\to\infty}\left\{\frac{1}{T}\sum_{n=-N}^{N}\sum_{l=-N}^{N} E[A_n A_l] e^{j(n-l)\omega T_B}\right\} \end{aligned} \tag{7.10}$$

이진 정보가 무작위로 발생한다는 가정에서

$$\begin{aligned} S_x(\omega) &= |P(\omega)|^2 \lim_{N\to\infty}\left\{\frac{1}{(2N+1)\,T_B}\sum_{n=-N}^{N}\sum_{k=-N-n}^{N-n} R(k) e^{jk\omega T_B}\right\} \\ &= \frac{|P(\omega)|^2}{T_B} \lim_{N\to\infty}\left\{\frac{(2N+1)}{(2N+1)}\sum_{k=-N-n}^{N-n} R(k) e^{jk\omega T_B}\right\} \\ &= \frac{|P(\omega)|^2}{T_B}\left[R(0) + \sum_{k=1}^{\infty} R(k)(e^{jk\omega T_B} + e^{-jk\omega T_B})\right] \end{aligned} \tag{7.11}$$

가 됩니다. 여기서 $R(k)$는 발생 이진 정보의 자기 상관auto-correlation 값으로 $R(k) = E[A_n A_{n+k}]$입니다.

다음 몇 가지 예를 통해 라인 코드의 PSD 특징을 살펴보겠습니다.

예제 7-2

폴라 NRZ 라인 코딩된 WSS 프로세스를 따르는 시퀀스의 PSD를 구하세요. 단, 이진 0과 1이 발생할 확률은 모두 1/2이며, 식 (7.6)에서 이진 0은 $A_k=-A$이고, 이진 1은 $A_k=+A$입니다. 그리고 $p(t)=\text{rect}(t/T_B)$, $-\frac{T_B}{2}\le t\le\frac{T_B}{2}$ 입니다.

$$p(t)=1 \text{ for } -T_B/2<t\le T_B/2$$

풀이

발생하는 이진 정보 A_k의 자기 상관 함수는 다음과 같습니다.

$$E[A_nA_m]=\begin{cases} E[A_n^2]=A^2, & n=m \\ E[A_nA_m]=0, & n\ne m \end{cases}$$

그리고

$$E[A_n]=0,\ E[A_n^2]=A^2\times 0.5+(-A)^2\times 0.5=A^2$$

이므로 $R(0)=A^2$, $k\ne 0$일 때 $R(k)=0$입니다. 또한 펄스 $p(t)=\text{rect}(t/T_B)$의 푸리에 변환은 $P(\omega)=T_B\text{Sa}(\omega T_B/2)$이므로 식 (7.11)에서 $S_x(\omega)=A^2T_B\text{Sa}^2(\omega T_B/2)$가 됩니다.

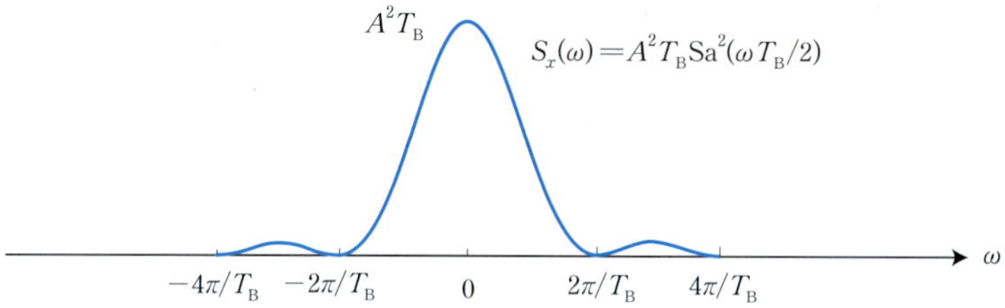

예제 7-3

유니폴라 RZ 라인 코딩된 WSS 프로세스를 따르는 시퀀스에 대한 PSD를 구하세요. 단, 이진 0과 1이 발생할 확률이 모두 1/2이며, 식 (7.6)에서 이진 정보 0과 1의 크기는 A이고 파형 $p(t)$는 $p_0(t)$와 $p_1(t)$이며 다음과 같습니다.

$$p_0(t)=0,\ p_1(t)=\begin{cases} 1 & -T_B/2<t\le 0 \\ 0 & 0<t\le T_B/2 \end{cases}$$

풀이

유니폴라 RZ 파형으로 표현된 이진 신호의 자기 상관 함수에서 시간 지연이 0인 경우 $R(0)=A^2\times 0.5+0=A^2/2$이고, $k\ne 0$인 경우는 $A\times A$, $A\times 0$, $0\times A$, 0×0의 네 가지 경우

가 동일 확률로 발생하므로 다음과 같습니다.

$$R(k)=A^2\cdot(1/4)+0\cdot(1/4)+0\cdot(1/4)+0\cdot(1/4)=A^2/4$$

그리고

$$p_1(t)=\text{rect}(2t/T_B) \leftrightarrow P_1(\omega)=\frac{T_B}{2}\text{Sa}(\omega T_B/4)$$

이므로 푸아송 합 공식을 이용하면

$$\begin{aligned}S_x(\omega)&=\frac{1}{T_B}\cdot\frac{T_B^2}{4}\text{Sa}^2(\omega T_B/4)\left[\sum_{k=-\infty}^{\infty}\frac{A^2}{4}e^{jk\omega T_B}+\frac{A^2}{4}\right]\\&=\frac{A^2T_B}{16}\text{Sa}^2(\omega T_B/4)\left[\sum_{k=-\infty}^{\infty}e^{jk\omega T_B}+1\right]\\&=\frac{A^2T_B}{16}\text{Sa}^2(\omega T_B/4)\left[\frac{2\pi}{T_B}\sum_{k=-\infty}^{\infty}\delta(\omega-2\pi k/T_B)+1\right]\\&=\frac{A^2T_B}{16}\text{Sa}^2(\omega T_B/4)+\frac{\pi A^2}{8}\sum_{k=-\infty}^{\infty}\text{Sa}^2(k\pi/2)\delta(\omega-2\pi k/T_B)\end{aligned}$$

가 됩니다. 이 결과를 그림으로 표현하면 다음과 같습니다.

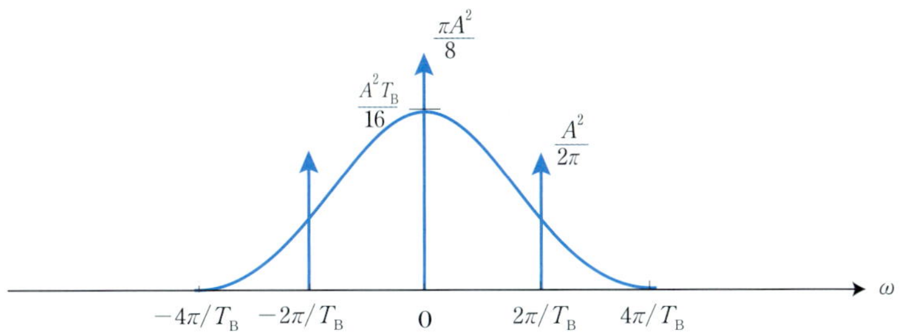

참고 푸아송 합 공식 Poisson sum formula

$$\sum_{k=-\infty}^{\infty}e^{\pm jk\omega T_B}=\frac{2\pi}{T_B}\sum_{n=-\infty}^{\infty}\delta\left(\omega-\frac{2\pi n}{T_B}\right)$$

예제 7-4

MATLAB을 이용하여 [예제 7-3]의 유니폴라 RZ 라인 코드 펄스를 100개 무작위로 발생시킨 후 이 신호의 PSD를 구하세요. 또한 결과 파형도 [예제 7-3]과 같은지 확인하세요.
단, $T_B=1$[s]입니다. MATLAB으로 신호를 발생시킬 때 0.1초마다 신호 파형이 나타나게 하세요.

(a) 발생된 유니폴라 RZ 파형을 그리세요.

(b) 유니폴라 RZ 파형의 PSD를 그림으로 표현하세요.

(c) 발생된 유니폴라 RZ 파형의 자기 상관을 구하여 그림으로 표현하세요.

(d) (c)의 결과를 푸리에 변환하여 PSD를 구하고 (b)의 결과와 비교하세요.

풀이

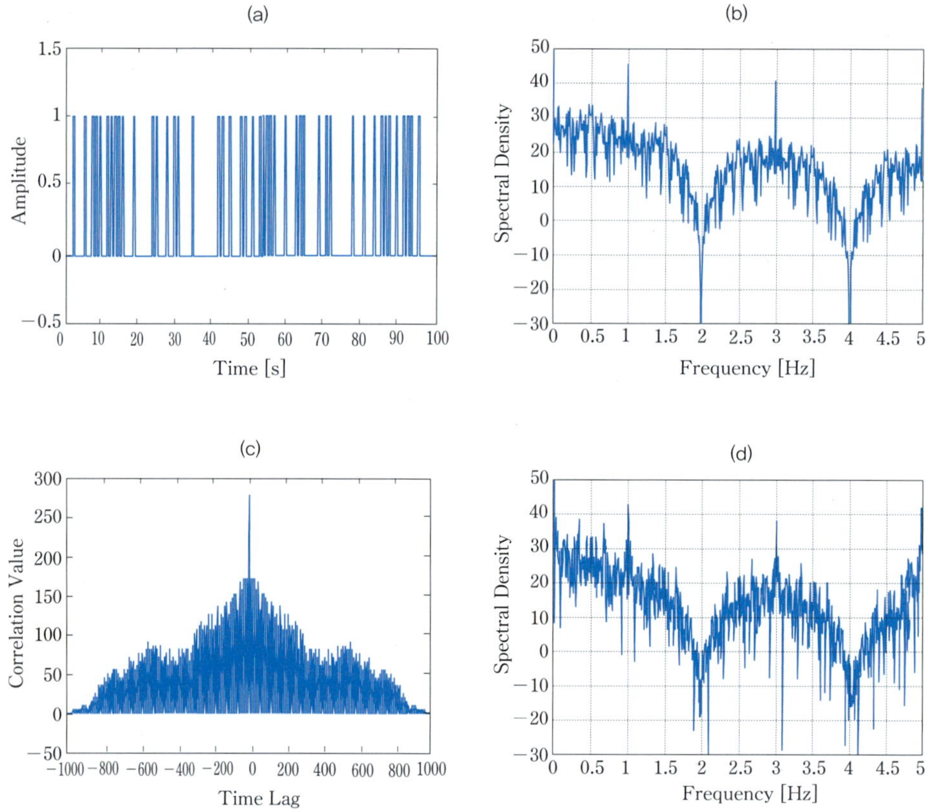

접근 방법은 달랐지만 (b)와 (d)의 결과를 통해 두 PSD가 동일함을 알 수 있습니다.

```
% RZ Line code

clf;
clear all;
rn=rand(1,100); % 100 random number generation
bit=(rn>0.5); % Digitalization
n=1;
l=length(bit);
sequence=0;

while n<=length(bit)-1;
```

```
% Binary 0
if bit(n)==0 y=[zeros(1,10)];
% Binary 1
    else y=[ones(1,5) zeros(1,5)];
    end
    n=n+1;
    sequence((n-1)*10+1:n*10)=y;
end
wave=sequence;

t=0:0.1:100-0.1; figure(1);
plot(t, wave);
axis([0 100 -0.5 1.5]);
xlabel('Time [s]');
ylabel('Amplitude');

% PSD calculation
f=0:10/length(wave):10-10/length(wave);
m=fft(wave);
figure(2); plot(f,20*log10(abs(m)));
xlabel('Frequency [Hz]');
ylabel('Spectral Density');
axis([0 5 -30 50]);
grid;

% Calculation of autocorrelation
c_wave=xcorr(wave);
l=length(c_wave);
lag=-(l-1)/2:1:(l-1)/2;
figure(3); plot(lag, c_wave);
xlabel('Time Lag');
ylabel('Correlation Value');

% PSD with autocorrelation
m=fft(c_wave);
f=0:10/length(m):10-10/length(m);
figure(4); plot(f,10*log10(abs(m)));
```

```
xlabel('Frequency [Hz]');
ylabel('Spectral Density');
axis([0 5 -30 50]);
grid;
```

예제 7-5

맨체스터 라인 코드 파형이 이진 0과 1에 대해 각각 다음과 같습니다.

$$p_0(t)=\begin{cases}1 & -T_B/2<t\leq 0\\ 1 & 0<t\leq T_B/2\end{cases},\quad p_1(t)=-p_0(t)$$

이것을 이용하여 라인 코딩된 WSS 프로세스의 PSD를 구하세요. 단, 이진 0과 1이 발생될 확률은 모두 1/2이며 크기는 A입니다.

풀이

$R(0)=A^2\times 0.5+(-A)^2\times 0.5=A^2$이고, $k>1$일 때,

$$R(k)=A^2\cdot(1/4)-A^2\cdot(1/4)-A^2\cdot(1/4)+A^2\cdot(1/4)=0,$$

$$p_0(t)=\text{rect}\left(\frac{t+T_B/4}{T_B/2}\right)-\text{rect}\left(\frac{t-T_B/4}{T_B/2}\right)$$

$$\leftrightarrow P_0(\omega)=\frac{T_B}{2}\text{Sa}(\omega T_B/4)e^{j\omega T_B/4}-\frac{T_B}{2}\text{Sa}(\omega T_B/4)e^{-j\omega T_B/4}$$

$$=jT_B\text{Sa}(\omega T_B/4)\sin(\omega T_B/4)$$

이고 $|P_0(\omega)|=|P_1(\omega)|$이므로

$$S_x(\omega)=\frac{|P(\omega)|^2}{T_B}\left[\sum_{k=-\infty}^{\infty}R(k)e^{jk\omega T_B}\right]=A^2T_B\text{Sa}^2(\omega T_B/4)\sin^2(\omega T_B/4)$$

가 됩니다. 이것을 그림으로 표현하면 다음과 같습니다.

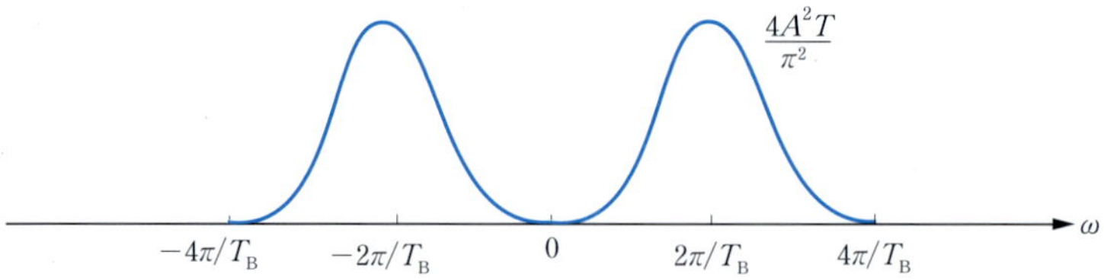

예제 7-6

AMI-RZ 라인 코드 파형이 $-T_B/2 \le t \le T_B/2$에서 이진 0은 $p_0(t)=0$, 첫 번째 발생한 이진 1은 $p_1(t)=\text{rect}\{(t+T_B/4)/(T_B/2)\}$, 두 번째 발생한 이진 1은 $-p_1(t)$와 같을 때, AMI-RZ 라인 코딩 된 WSS 프로세스의 PSD를 구하세요. 단, 이진 0과 1이 발생할 확률은 모두 1/2이며 크기는 A입니다.

풀이

$R(0)=A^2\times 0.5+0\times 0.5=A^2/2$이고, $|k|=1$일 때, 조합 가능한 이진 데이터는 (0,0), (0,1), (1,0), (1,1)이며 각 조합의 발생 확률은 1/4입니다. 그리고 (1,1) 조합에 대한 신호의 곱은 $-p_1p_1$이므로 $R(1)=-A^2/4$이 됩니다. $k>1$인 경우에도 조합 가능한 이진 데이터 또한 (0,0), (0,1), (1,0), (1,1)이며, 각 조합의 발생 확률은 1/4입니다. 그러나 (1,1)을 신호 파형의 조합으로 표현하면 $(p_1,\ p_1)$, $(p_1,\ -p_1)$, $(-p_1,\ p_1)$, $(-p_1,\ -p_1)$의 네 가지 경우가 발생합니다. 또한 각 경우가 발생활 확률은 1/16이 됩니다.

따라서 $R(k)=A^2\cdot(1/16)-A^2\cdot(1/16)-A^2\cdot(1/16)+A^2\cdot(1/16)=0$이므로 다음과 같습니다.

$$R(k)=\begin{cases} A^2/2, & k=0 \\ -A^2/4, & |k|=1 \\ 0, & |k|>1 \end{cases}$$

그리고 $P_1(\omega)=(T_B/2)\,\text{Sa}(\omega T_B/4)e^{j\omega T_B/4}$이므로

$$\begin{aligned} S_x(\omega) &= \frac{|P(\omega)|^2}{T_B}\left[\sum_{k=-\infty}^{\infty} R(k)\,e^{jk\omega T_B}\right] \\ &= \frac{A^2T_B}{8}\text{Sa}^2\left(\frac{\omega T_B}{4}\right)\{1-\cos(\omega T_B)\} = \frac{A^2T_B}{4}\text{Sa}^2\left(\frac{\omega T_B}{4}\right)\sin^2\left(\frac{\omega T_B}{2}\right) \end{aligned}$$

가 됩니다. 이것을 그림으로 표현하면 다음과 같습니다.

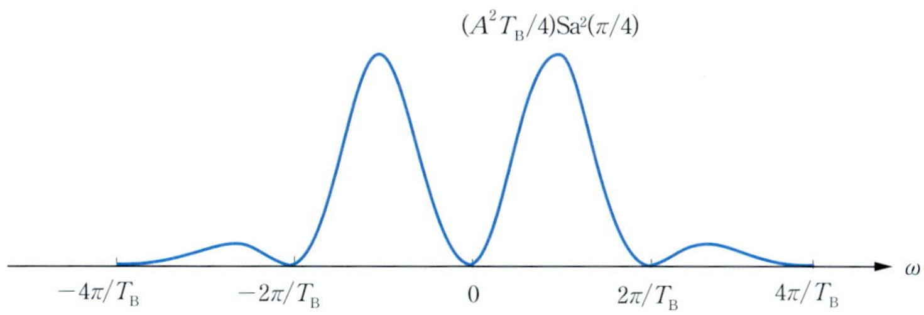

라인 코드 파형의 특징

라인 코드 파형은 ❶ PSD 모양과 DC 성분의 존재 유무, ❷ 대역폭, ❸ 잡음에 대한 내성, ❹ 수신 측에서 심벌의 샘플링 시점 자동 검출 여부, ❺ 오류 검파 특성, ❻ 투명성 transparency**과 같은 사항을 고려하여 결정해야 합니다.**

일반적으로 구리 선은 DC 근처의 저주파 신호를 멀리까지 잘 전송하지 못합니다. 그러므로 파형의 스펙트럼이 DC 성분을 보유하는지는 통신 매질에 따라 전송 품질에 중요한 영향을 미칩니다. 앞서 본 예제의 경우, 폴라 NRZ와 유니폴라 RZ 파형은 DC 성분이 매우 강하다는 것을 알 수 있습니다. 이러한 펄스는 구리 선의 DC 감쇄 현상으로 인해 상대적으로 DC 성분이 없는 맨체스터나 AMI-RZ 파형에 비해 멀리까지 전송하기가 어렵습니다.

대역폭의 관점에서도 신호 파형은 구리 선 등의 전송 매질이 물리적으로 전달할 수 있는 주파수 대역이어야 합니다. 유니폴라 RZ, 폴라 RZ, 맨체스터, AMI-RZ의 첫 번째 스펙트럼 널 null까지의 대역폭은 각각 $2f_B$, f_B, $2f_B$, f_B[Hz]입니다. 잡음에 대한 내성은 뒤에서 자세히 설명할 테지만, 파형에 따라 동일한 잡음 전력 환경에서 수신기 검파 오류 성능이 달라질 수 있습니다. 그러니 되도록 검파 오류를 덜 유발하는 파형이 통신의 관점에서 유리하겠지요.

디지털 통신의 수신기 단말에서 신호의 정확한 샘플링 위치를 판단해야 송신 정보의 복원이 가능합니다. 이 샘플링 위치를 판단하는 것은 라인 코딩 파형의 모양에 많은 영향을 받게 됩니다. **유니폴라 RZ 파형의 경우, 스펙트럼에 한 비트의 발생 주파수($f_B = 1/T_B$[Hz])와 일치하는 주파수를 가진 정현파 신호가 존재합니다. 수신기에서 이 정현파 정보를 이용하면 신호의 정확한 샘플링 시점을 찾아낼 수 있습니다. 그리고 맨체스터 코드도 모든 비트의 중간 지점에서 펄스의 반전이 일어나므로 영점 교차점** zero-crossing**을 판단하여 샘플링에 이용할 수 있습니다.**

오류 검파 특성의 경우, AMI-RZ는 이웃하는 비트 1의 극성이 반드시 바뀌어야 하는 점을 이용하면 채널 코딩 기법 없이도 수신기에서 판단 오류를 검출할 수 있습니다.

투명성은 동일한 이진 심벌이 길게 존재할 경우 수신 성능에 영향을 미치지 않아야 하는 조건입니다. 일례로 폴라 NRZ 부호는 연속적으로 이진 0 또는 1이 발생하면 수신기에서 샘플링 시점을 제대로 찾지 못해 성능이 떨어질 우려가 있습니다. 이러한 부호의 경우에 투명성이 낮다고 합니다.

핵심포인트 **라인 코드의 조건**

이진 정보를 기저 대역의 구형파 전압으로 표현할 때 PSD 모양과 DC 성분의 존재 유무, 대역폭, 잡음에 대한 내성, 수신 측에서 심벌의 샘플링 시점 자동 검출 여부, 오류 검파 특성, 투명성을 고려해야 합니다.

7.4.2 펄스 성형

디지털 데이터를 구형파 파형의 형태로 표현하는 방법 중 하나인 라인 코딩은 구리 선으로 디지털 데이터를 직접 전송하기 위한 방법입니다. 라인 코딩에서는 기저 대역 통신을 위한 것으로 반송파 주파수의 개념이 존재하지 않습니다. 디지털 데이터도 무선으로 멀리 보내려면 반송파에 실어서 보내야 합니다. **디지털 데이터를 반송파에 실어 최소의 대역폭을 유지하는 통과 대역 신호로 변조하기 위해 먼저 디지털 정보를 대역 제한된 아날로그 파형으로 바꾸는데, 이것을 펄스 성형**Pulse Shaping**이라고 합니다.**

라인 코딩의 경우, 한 신호의 파형이 한 비트의 발생 구간인 T_B초마다 발생하고 펄스의 길이도 T_B초를 넘지 않습니다. 펄스 성형 기법에서는 이진 비트 정보뿐만 아니라 몇 개의 비트를 묶어서 하나의 디지털 데이터로 표현하는 것이 일반적입니다. 이때 이것을 심벌symbol이라 하고, 심벌의 발생 간격을 심벌 간격 T_S라고 합니다. N개의 이진 정보를 하나의 심벌로 매핑하면 한 심벌은 $T_S = NT_B$초마다 발생합니다. 심벌의 발생률을 심벌 레이트symbol rate라 하고, $F_S = 1/T_S$[symbol/sec, sps]입니다.

펄스 성형은 심벌 하나를 아날로그 파형으로 바꾸며, 펄스의 길이가 T_S초보다 훨씬 길게 표현됩니다. [그림 7-6]은 펄스 성형된 파형의 예를 시간과 주파수 영역에서 나타낸 것입니다.

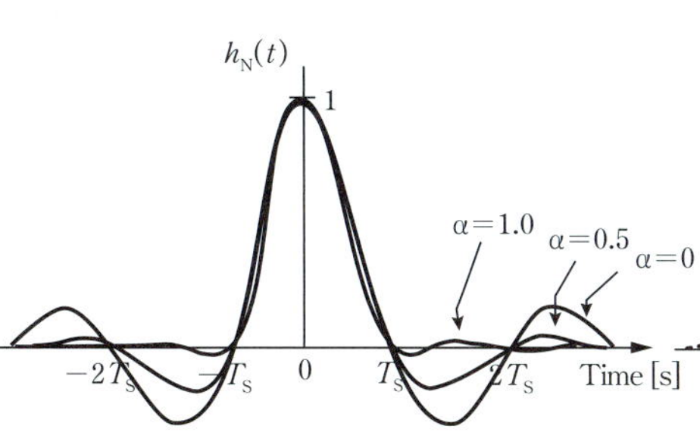

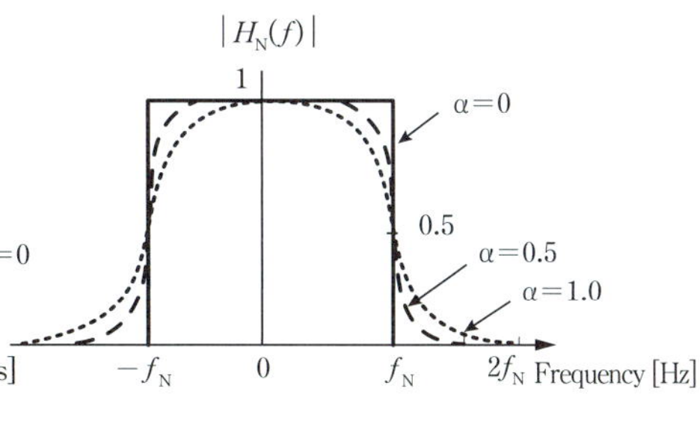

[그림 7-6] 펄스 성형 파형의 예 : 상승 코사인 파형

[그림 7-6]을 통해 펄스 성형 파형의 몇 가지 특징을 시간과 주파수 영역에서 파악할 수 있습니다. **펄스 성형 파형은 나이퀴스트 펄스라고도 하며, 반드시 다음 두 가지 조건을 만족해야 합니다.**

- (시간 영역) 파형의 크기는 $t=0$에서 1이고, T_S의 정수배 시각마다 반드시 0이 되어야 합니다.
- (주파수 영역) 파형의 스펙트럼은 LPF의 특징을 따르며, 대역폭은 최소 $f_N=f_S/2=1/(2T_S)$[Hz]에서 최대 f_N[Hz]입니다. 최소 대역폭 f_N[Hz]를 나이퀴스트 주파수라고 하며, 이에 대해 늘어난 폭의 정도를 롤-오프roll-off 계수 α로 표시하는데, $\alpha=1$은 주파수가 f_N[Hz]만큼 더 늘어났다는 것입니다. 주파수 효율의 관점에서는 대역폭이 되도록 좁은 것이 좋겠지요?

나이퀴스트 펄스의 주파수 영역 특징을 [그림 7-7]에 자세히 나타냈습니다. 나이퀴스트 펄스는 주파수 영역에서 [그림 7-7(a)]와 같이 차단 주파수가 f_N[Hz]인 이상적인 LPF의 전달 함수를 [그림 7-7(b)]와 같이 전달 대역을 f_x[Hz]만큼 확장하여 구현 가능한 파형이 되도록 합니다. 이상적인 LPF는 시간 영역에서 Sa(·) 파형을 따르고 펄스의 길이가 시간 영역에서 무한대이므로 구현이 불가능합니다. [그림 7-7(b)]와 같이 구현 가능한 나이퀴스트 필터는 f_N[Hz]에서 1/2 크기이며, f_N+f_1[Hz]에서 전달 함수의 크기가 a라면 f_N-f_1[Hz]에서는 $1-a$인 특징을 가지고 있습니다.

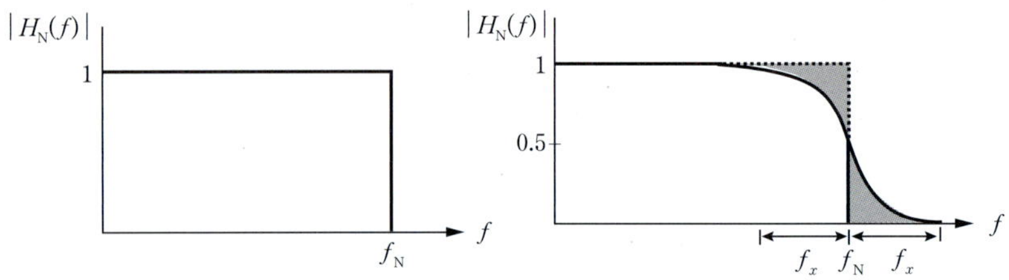

(a) 이상적인 나이퀴스트 펄스 (b) 구현 가능한 나이퀴스트 펄스

[그림 7-7] 나이퀴스트 펄스의 주파수 전달 함수

나이퀴스트 펄스의 조건을 따르는 파형 중에서 상승 코사인raised cosine 펄스는 디지털 통신 시스템에서 가장 많이 사용되는 파형으로 상승 여현 펄스라고도 합니다.

상승 코사인 펄스의 진폭 및 위상 전달 함수의 특성은 다음과 같습니다.

$$H_N(f)=\begin{cases}1, & 0<f<f_N-f_x \\ \frac{1}{2}\{1-\sin\frac{\pi}{2\alpha}(f/f_N-1)\}, & f_N-f_x<f<f_N+f_x \\ 0, & f>f_N+f_x\end{cases} \tag{7.12}$$

$$\angle H_N(f)=kf$$

여기서 $\alpha=f_x/f_N$는 롤-오프 계수이며, 이상적인 LPF의 차단 주파수 f_N[Hz]에서 초과한 주파수의 비율을 의미합니다. 상승 코사인 펄스의 시간 영역에서 전달 함수는 다음과 같습니다.

$$h_N(t)=\frac{\sin(\pi t/T_S)}{(\pi t/T_S)}\frac{\cos(\pi\alpha t/T_S)}{1-4\alpha^2t^2/T_S^2} \tag{7.13}$$

상승 코사인 파형을 살펴보면 롤-오프 계수가 클수록 필요 대역폭이 넓어지지만 시간의 관점에서 펄스의 진폭이 급격히 0으로 수렴함을 알 수 있습니다. 그러므로 롤-오프 계수가 클수록 구현이 쉽습니다. 상승 코사인 펄스의 전달 함수는 MATLAB의 rcosfir 함수로 구할 수 있습니다.

실제 시스템에서 펄스 성형을 하는 방법은 [그림 7-8(a)]와 같이 디지털 심벌이 입력되면 바로 펄스 발생기가 [그림 7-6]과 같은 아날로그 나이퀴스트 펄스를 출력하는 것입니다. 또는 디지털 영역에서 [그림 7-8(b)]와 같이 보간기Interpolator를 통해 이산 시간 나이퀴스트 펄스를 발생시킨 후 DAC를 거쳐 아날로그 파형을 만들기도 합니다.

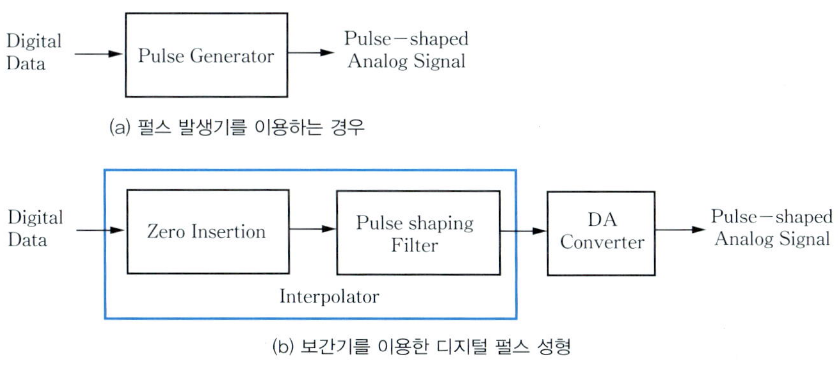

[그림 7-8] 펄스 성형 파형 발생법

[그림 7-6]과 같이 나이퀴스트 펄스는 심벌 간격 T_S보다 긴 시간 동안 존재하므로 T_S의 정수배가 아닌 시각에서는 데이터 심벌에 의해 서로 간섭을 일으킵니다. 이진 정보를 2비트씩 묶어서 00, 01, 11, 10을 각각 −3, −1, 1, 3과 같이 다중 레벨로 표현한 경우를 예로 들어 설명하겠습니다. [그림 7-9]에 +1, −3, −1 레벨 신호가 T_S초 간격으로 발생하여 상승 코사인 파형으로 표현한 경우의 신호 파형을 나타냈습니다. 펄스 성형된 파형은 아날로그 변조와 마찬가지로 반송파 신호에 의해 통과 대역 신호로 바뀌어 전송됩니다. 펄스 성형의 장점은 변조된 신호의 스펙트럼 대역폭을 조절할 수 있다는 것입니다. 그리고 심벌의 발생 간격에 따라서 기저 대역 대역폭이 $f_N(1+\alpha)$[Hz]가 되며, 변조 후 통과 대역에서는 $2f_N(1+\alpha)$[Hz]가 됩니다. 그러므로 f_N과 α를 이용하여 대역폭을 정할 수 있습니다.

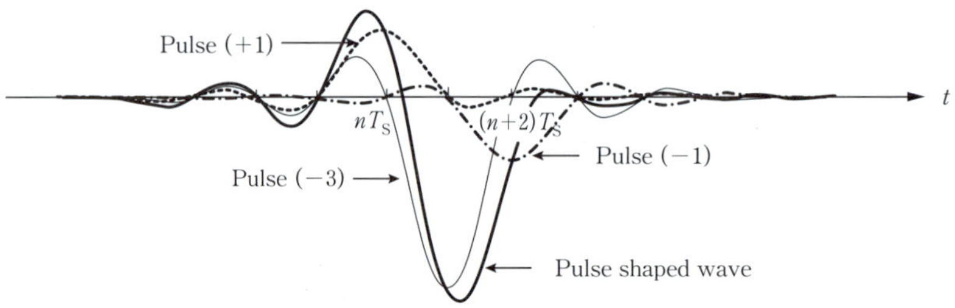

[그림 7-9] [+1, −3, −1] 레벨 신호를 상승 코사인 파형으로 전송하는 경우의 신호 파형

예제 7-7

양자화된 PCM 신호가 8[kbps(bit/s)]의 속도로 발생했으며, 이것을 2비트씩 묶어서 네 가지 레벨의 심벌로 표현했습니다. 그리고 이 심벌들을 롤-오프 계수가 0.2인 상승 코사인 파형으로 바꾸었습니다. 심벌 발생률과 상승 코사인 파형의 대역폭을 구하세요.

풀이

8[kbps]를 2비트씩 묶으면 $f_s=4$[ksps(symbol/sec)]의 심벌 전송률이 됩니다. 그러므로 롤-오프 계수가 0인 이상적인 상승 코사인 파형의 차단 주파수는 $f_N=f_S/2=2.0$[kHz]입니다. 그리고 롤-오프 계수가 0.2인 파형으로 바꾸면 기저 대역에서 신호의 대역폭은 $f_N(1+\alpha)=2.0\times1.2=2.4$[kHz]가 됩니다.

핵심포인트 펄스 성형

디지털 정보를 반송파에 실어 최소 대역폭을 유지하는 통과 대역 신호로 변조하기 위해 먼저 디지털 정보를 대역 제한된 아날로그 파형으로 바꾸는데, 이를 펄스 성형이라고 합니다.

핵심포인트 **라인 코딩과 펄스 성형**

디지털 정보가 실제로 전송되려면 연속적인 전기적 파형의 형태로(즉 연속 시간 디지털 또는 아날로그 형태의 신호로) 표현되어야 합니다. 즉 이진 정보를 직류 전압의 형태로 표현하여 구리선을 통해 전송하는 방식을 라인 코딩 또는 선 부호라고도 합니다. 그리고 변조를 통해 고주파 대역으로 메시지를 전송하려면 디지털 정보를 대역폭이 제한된 연속 시간 펄스의 형태로 바꾸어 표현해야 하는데, 이것을 펄스 성형이라고 합니다.

7.5 DA 변환

디지털 정보가 코딩 등의 신호 처리 과정을 거친 후 최종 변조되어 전송될 때는 이산 시간 신호가 연속 시간 신호로 변환 및 전송됩니다. 이 경우 앞에서 설명한 라인 코딩이나 펄스 성형을 통해 연속 시간 신호로 변환되어 전송될 수 있습니다. [그림 7-10]에 이 과정을 나타냈습니다.

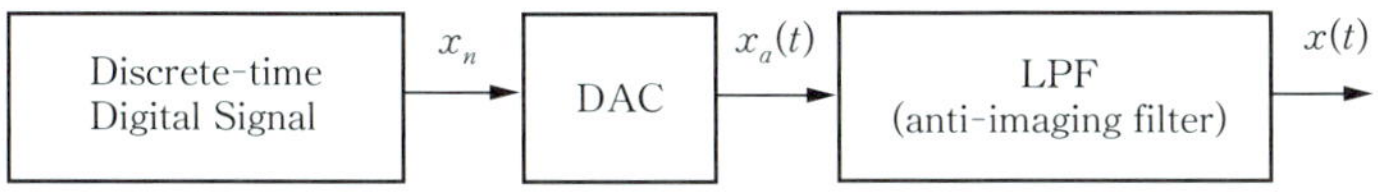

[그림 7-10] DA 변환 과정

[그림 7-11]은 DA 변환 과정을 시간 및 주파수 영역에서 나타낸 것입니다. [그림 7-11]에서 샘플링된 이산 시간 신호 x_n은 주파수 영역에서 $X_n(\omega)$와 같이 표현되고, DAC의 임펄스 응답은 $h(t)$입니다. 이것의 주파수 특성 $H(\omega)$는 Sa 함수를 따릅니다. x_n이 필터 $h(t)$를 거치면 두 신호의 컨벌루션에 의해 연속 시간 신호 $x_a(t)$를 얻게 됩니다. 이것의 주파수 특성 $X_a(\omega)$는 $H(\omega)$와 $X_n(\omega)$의 곱으로 표현됩니다. 그러므로 $x(t)$는 Sa 함수에 의해 주파수가 커질수록 감쇄된 $x_a(t)$를 얻게 됩니다. 또한 ω_s의 정수배마다 $X_n(\omega - n\omega_s)$가 조금씩 남아 있습니다. 이는 시간 영역에서 x_n이 $x_a(t)$에서는 계단파 형태로 나타나기 때문입니다. 그러므로 [그림 7-10]과 같이 $x_a(t)$를 LPF에 입력하여 원하는 기저 대역의 아날로그 신호 파형 $x(t)$를 얻을 수 있습니다. 이 LPF를 안티-이미징anti-imaging 필터라고 합니다.

DAC의 주파수에 따라 감쇄가 커지는 특성을 보상하기 위해 안티-이미징 필터의 주파수 영역 전달 함수를 Sa의 역함수 모양이 되도록 설계합니다. 즉 주파수가 높아질수록 필터의 이득을 높이는 것입니다.

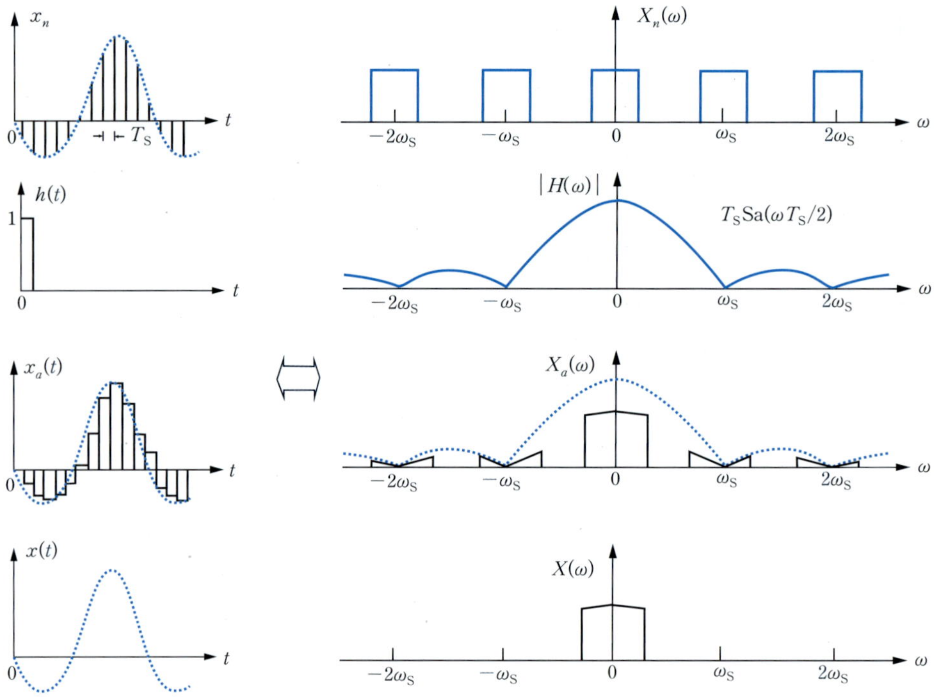

[그림 7-11] DA 변환 과정에서 시간 및 주파수 영역의 특성

> **핵심포인트** **DAC**
>
> 디지털 신호를 아날로그 신호로 변환할 때 DAC를 이용합니다. 이 신호를 LPF에 통과시켜 디지털 신호의 스펙트럼을 유지하는 아날로그 파형을 얻을 수 있습니다.

7.6 이진 신호의 검파와 정합 필터

7.6.1 이진 신호의 검파

이 절에서는 무작위로 발생한 이진 데이터 0과 1이 파형 $s(t)$로 바뀌어 전송되고 수신기에서 ADC를 통해 이진 디지털 데이터로 복원된 후, 송신 신호를 판단할 때 발생하는 검파 detection 오류에 대해 알아보겠습니다. 검파 오류는 수신기에서 AWGN이 부가되고, 신호 전송 중 감쇄 등의 왜곡으로 인해 생기는 문제입니다.

수신기에서 샘플링된 이진 데이터 0과 1이 각각 직류 전압 $-A$[V]와 A[V]로 표현된다고 가정합시다. 그리고 수신 신호에 가우스 잡음 $n(t)$가 부가된 이후의 신호를 샘플링했을 때, 이 신호가 0인지, 1인지를 판단하는 검파를 수행합니다. 그렇다면 이때 판단의 오류가 얼마나 될까요? [그림 7-12]는 이와 같은 과정을 수행하는 수신기의 블록도입니다.

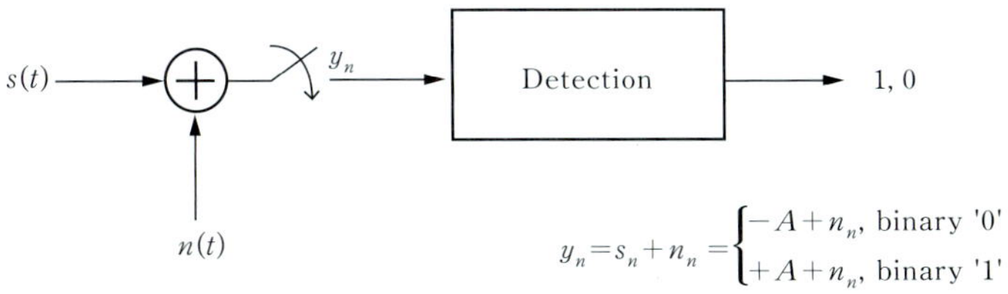

[그림 7-12] 검파 오류 해석을 위한 디지털 통신 수신기의 블록도

동일한 확률로 발생한 이진 데이터 0과 1을 수신기에서 샘플링할 때 수신 신호의 pdf는 [그림 7-13]과 같습니다. 수신 신호에 더해지는 잡음 $n(t)$는 평균 0, 분산 σ_n^2인 가우스 잡음으로서 이것의 pdf는 다음과 같습니다.

$$p_N(n) = \frac{1}{\sigma_n\sqrt{2\pi}} e^{-n^2/2\sigma_n^2} \tag{7.14}$$

잡음의 평균 전력은 σ_n^2이며, 잡음의 확률적 특징을 $N(0, \ \sigma_n^2)$와 같이 표현할 수 있습니다. 이진 신호에 이와 같은 가우스 잡음이 더해진 샘플된 수신 신호 y_n이 이진 데이터 0과 1이 전송된 결과일 때, 이진 데이터에 대한 pdf는 각각

$$p_{Y_0}(y_n) = P_0 \frac{1}{\sigma_n\sqrt{2\pi}} e^{-(y_n+A)^2/2\sigma_n^2} \tag{7.15}$$

$$p_{Y_1}(y_n) = P_1 \frac{1}{\sigma_n\sqrt{2\pi}} e^{-(y_n-A)^2/2\sigma_n^2} \tag{7.16}$$

이 됩니다. 여기서 P_0와 P_1은 송신기에서 보낸 이진 데이터 0과 1의 발생 확률을 의미합니다. 디지털 통신에서는 0과 1이 동일 확률로 랜덤하게 발생시키는 것이 일반적이므로 $P_0 = P_1 = 1/2$이라고 하겠습니다. 그러므로 y_n의 pdf는 [그림 7-13]과 같습니다. 검파기는 y_n이 양수인지 음수인지에 따라 1과 0으로 판단하게 됩니다.

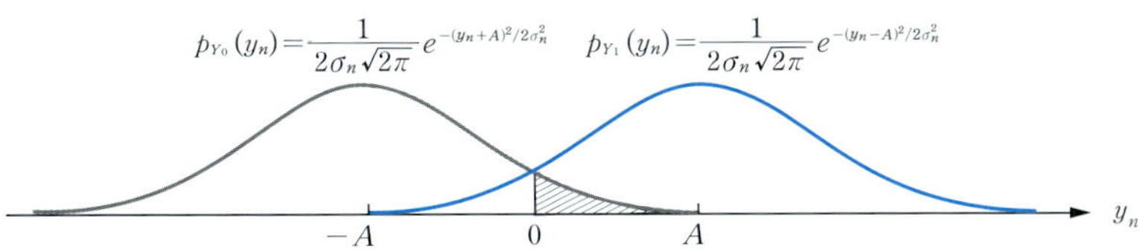

[그림 7-13] 디지털 통신 신호 수신단에서의 pdf

수신기에서 샘플링 이후 잡음과 송신 비트가 섞인 신호 $y_n = \pm A + n_n$으로부터 검파 오류 확률을 생각해보겠습니다. y_n의 pdf는 [그림 7-13]으로부터 이진 데이터 0과 1에 따라 평

균만 다를 뿐 동일한 모양을 하고 있습니다. 그리고 송신단에서 1을 보냈을 때, 수신 신호의 크기가 0보다 작으면 검파 오류가 발생합니다. 마찬가지로 0을 보낸 경우, y_n이 0보다 크면 검파 오류가 발생합니다. 그러므로 수신단 검파 후 오류 확률 P_e는 다음과 같습니다.

$$\begin{aligned} P_e &= \frac{1}{2\sigma_n\sqrt{2\pi}}\left\{\int_{-\infty}^{0} e^{-(y_n-A)^2/2\sigma_n^2}dy_n + \int_0^{\infty} e^{-(y_n+A)^2/2\sigma_n^2}dy_n\right\} \\ &= \frac{1}{2\sqrt{\pi}}\left\{\int_{-\infty}^{-A/(\sqrt{2}\sigma_n)} e^{-x^2}dx + \int_{A/(\sqrt{2}\sigma_n)}^{\infty} e^{-x^2}dx\right\} \\ &= \frac{1}{2}\operatorname{erfc}\left(\frac{A}{\sigma_n\sqrt{2}}\right) = Q\left(\frac{A}{\sigma_n}\right) \end{aligned} \tag{7.17}$$

여기서 erfc(·)는 상보 오류 함수complementary error function로 Q 함수와 다음과 같은 관계를 가집니다.

$$\operatorname{erfc}(a) = \frac{2}{\sqrt{\pi}}\int_a^{\infty} e^{-x^2}dx = 2Q(\sqrt{2}\,a) \tag{7.18}$$

erfc(·)와 Q 함수는 MATLAB의 erfc(x) 함수와 qfunc(x) 함수로 각각 구할 수 있습니다. 식 (7.17)은 이진 데이터 0과 1의 크기 차가 $d_{\min} = A-(-A) = 2A$[V]일 때

$$P_e = Q\left(\frac{A}{\sigma_n}\right) = Q\left(\frac{d_{\min}}{2\sigma_n}\right) \tag{7.19}$$

와 같으며, $d_{\min}$은 심벌 중 가장 가까운 이웃 심벌과의 거리입니다. 그리고 이진 정보가 전해질 경우, 한 번의 검파 오류는 한 비트 오류가 발생한 것이므로 비트 오류율BER : Bit Error Rate P_b와 동일합니다. 즉 이진 데이터 전송의 경우 $P_b = P_e$입니다.

예제 7-8

유니폴라 NRZ 신호가 전송될 때의 검파 오류 P_e를 구하려고 합니다. 수신 신호 $y_n = A + n_n$ 또는 $y_n = n_n$이며 잡음 n_n은 $N(0,\ \sigma_n^2)$을 따릅니다.

풀이

샘플링된 신호는 이진 데이터의 종류에 따라 $A + n_n$ 또는 n_n입니다. $P_e = Q\{d_{\min}/(2\sigma_n)\}$에서 $d_{\min} = A$이므로 $P_e = Q\{A/(2\sigma_n)\}$가 됩니다. 이때 평균 신호 전력 $S = 0.5(0 + A^2) = A^2/2$이고, 잡음 전력 $N = \sigma_n^2$이므로 $P_e = Q\{A/(2\sigma_n)\} = Q\{\sqrt{S/(2N)}\}$으로도 표현할 수 있습니다.

예제 7-9

폴라 NRZ 신호가 전송될 때의 검파 오류 P_e를 구하려고 합니다. 수신 신호 $y_n = A/\sqrt{2} + n_n$ 또는 $y_n = -A/\sqrt{2} + n_n$이며 잡음 n_n은 $N(0,\ \sigma_n^2)$을 따릅니다.

풀이

샘플링된 신호는 $A/\sqrt{2}+n_n$ 또는 $-A/\sqrt{2}+n_n$입니다. $P_e=Q\{d_{\min}/(2\sigma_n)\}$에서 $d_{\min}=\sqrt{2}A$이므로 $P_e=Q\{A/(\sqrt{2}\sigma_n)\}$가 됩니다. 이때 평균 신호 전력 $S=0.5(A^2/2+A^2/2)=A^2/2$이고, 잡음 전력 $N=\sigma_n^2$이므로 $P_e=Q\{A/(\sqrt{2}\sigma_n)\}=Q(\sqrt{S/N})$입니다.

이 결과를 [예제 7-8]과 비교해보면 동일한 송신 전력 $S=A^2/2$에 대해 폴라 NRZ 신호가 유니폴라 NRZ 신호보다 오류 확률이 낮다는 것을 알 수 있습니다. 이는 두 파형의 송신 전력이 동일하더라도 $d_{\min}$이 다르기 때문에 발생하는 차이입니다.

예제 7-10

유니폴라 NRZ와 폴라 NRZ 신호를 전송할 때 수신기에서의 오류 확률 P_e를 구하세요. 단, 수신기 판별 시점에 신호의 SNR은 10[dB]입니다.

풀이

[예제 7-8]과 [예제 7-9]에서 유니폴라 NRZ와 폴라 NRZ의 검파 오류율은 각각 $P_e=Q\{\sqrt{S/(2N)}\}$와 $P_e=Q(\sqrt{S/N})$입니다. 그리고 $S/N=10^{10/10}=10$이므로 유니폴라 NRZ의 경우 $P_e=Q(\sqrt{5})=0.0127$, 폴라 NRZ는 $P_e=Q(\sqrt{10})=7.827\times10^{-4}$이 됩니다. 그러므로 유니폴라 NRZ는 $P_e^{-1}=79$비트마다 한 비트의 오류가 발생하고, 폴라 NRZ는 $P_e^{-1}=1278$비트마다 한 비트의 오류가 발생합니다.

핵심포인트 **이진 데이터의 검파 오류**

AWGN 환경에서 수신된 이진 데이터의 오류 확률 $P_e=Q\{d_{\min}/(2\sigma_n)\}$입니다. 여기서 $d_{\min}$은 이진 데이터 간의 최소 거리를 의미합니다.

7.6.2 정합 필터

펄스 성형되어 전송된 아날로그 파형은 수신 측에서 백색 부가 잡음 $n(t)$가 더해집니다. [그림 7-14]와 같이 수신기에서는 신호 검파를 위해 바로 판단하는 것보다 검파의 정확성을 높이기 위해 정합 필터Matched Filter를 거친 후 판단하게 됩니다. **정합 필터는 AWGN 수신 환경에서 $t=nT_S$마다 신호를 판별할 때 SNR을 최대화하는 역할을 수행합니다.**

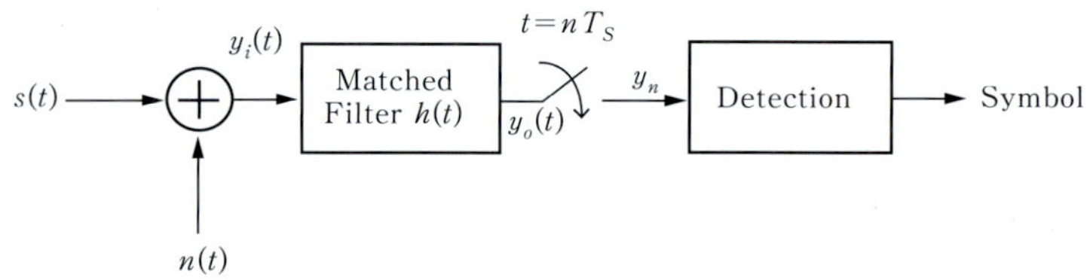

[그림 7-14] 통신 수신기의 구조

송신기에서 한 심벌을 전송하기 위해 펄스 $s(t)$, $0 \le t < T_S$를 보내는 경우를 생각해보겠습니다. 수신기에서는 AWGN 잡음이 부가되어 $y_i(t)=s(t)+n(t)$가 됩니다. AWGN $n(t)$의 PSD는 $S_n(\omega)=N_0/2$[W/Hz]라고 하겠습니다. 정합 필터 출력이 $y_o(t)=s_o(t)+n_o(t)$일 때, 정합 필터는 $t=T_S$에서 샘플링된 y_n의 SNR을 최대로 만드는 역할을 합니다.

펄스 $s(t)$에 대한 필터의 출력은 $s(t)$와 필터 전달 함수의 컨벌루션으로 나타나므로 주파수 영역에서 두 특성의 곱이 되고, 이에 대해 역푸리에 변환을 하면 다음과 같습니다.

$$s_o(t)|_{t=T_S}=\mathbf{F}^{-1}\{S_i(\omega)H(\omega)\}|_{t=T_S}=\frac{1}{2\pi}\int_{-\infty}^{\infty}H(\omega)S_i(\omega)e^{j\omega T_S}d\omega \tag{7.20}$$

여기서 $\mathbf{F}\{s_i(t)\}=S_i(\omega)$이며, $H(\omega)$는 정합 필터의 전달 함수입니다. 그리고 필터 출력에서 잡음 신호의 전력은

$$N_o=E[n_o^2(t)]=\frac{1}{2\pi}\int_{-\infty}^{\infty}\frac{N_0}{2}|H(\omega)|^2d\omega \tag{7.21}$$

이므로 필터 출력에서 SNR은 슈바르츠Schwarz 항등식[1]에 따라서 다음과 같습니다.

$$\begin{aligned}\left.\frac{S_o}{N_o}\right|_{t=T_S}&=\frac{\left|\int_{-\infty}^{\infty}H(\omega)S_i(\omega)e^{j\omega T_S}d\omega\right|^2}{\pi N_0\int_{-\infty}^{\infty}|H(\omega)|^2d\omega}\\&\le\frac{1}{\pi N_0}\int_{-\infty}^{\infty}|S_i(\omega)|^2d\omega=\frac{2E}{N_0}\end{aligned} \tag{7.22}$$

식 (7.22)에서 좌변과 우변이 같아지려면 수신기 필터가 다음 조건

$$H(\omega)=kS_i^*(\omega)e^{-j\omega T_S}\rightarrow h(t)=ks_i^*(T_S-t) \tag{7.23}$$

를 만족할 때 최고 SNR을 얻을 수 있습니다. 여기서 k는 임의의 상수입니다. 이 조건을 만족하는 수신 필터를 정합 필터라고 합니다. 표현의 편의를 위해 $k=1$로 가정할 경우, $t=T_S$에서 정합 필터 출력의 신호 성분은

1 $\left|\int_{-\infty}^{\infty}f_1(x)f_2(x)dx\right|^2\le\int_{-\infty}^{\infty}|f_1(x)|^2dx\int_{-\infty}^{\infty}|f_2(x)|^2dx$이며 $f_1(x)=kf_2^*(x)$일 때 좌변과 우변이 같아집니다.

$$s_O(T_S)=\frac{1}{2\pi}\int_{-\infty}^{\infty}|S(\omega)|^2 d\omega=E \tag{7.24}$$

인 송신 펄스의 에너지이므로, $t=T_S$에서 정합 필터 출력에서 송신 펄스의 전력은 $S_O=E^2$이므로 잡음 전력은 다음과 같이 됩니다.

$$N_o=EN_0/2 \tag{7.25}$$

통신 수신기에는 반드시 정합 필터를 두어 신호의 SNR을 최대화하고 검파 확률을 높입니다. **디지털 통신에서는 심벌을 나이퀴스트 펄스로 전송하므로 이에 맞는 정합 필터를 수신기에 둘 수 있습니다. 그러나 아날로그 통신에서는 송신 펄스가 고정되어 있지 않기 때문에 정합 필터를 둘 수 없습니다.**

송신기의 펄스 성형 파형과 정합 필터의 전달 함수가 동일하면 송신에서 수신까지의 전체 파형은 두 필터의 컨벌루션이 되므로 나이퀴스트 필터 조건을 만족할 수 없습니다. 즉 심벌 간격 T_S의 정수배 시점에 신호의 값이 0이 아닌 값이 됩니다. **따라서 나이퀴스트 필터 조건과 정합 필터의 조건이 모두 만족되도록 송수신기에 각각 나이퀴스트 필터의 주파수 특성 $H_N(f)$에 제곱근을 씌운 필터를 사용합니다.**

상승 코사인 필터를 펄스 성형 필터로 사용할 경우, 실제로는 수신 측 정합 필터를 고려하여 제곱근 상승 코사인 필터square root raised cosine filter를 펄스 성형기로 사용합니다. 이때 제곱근 상승 코사인 필터의 전달 함수는 다음과 같습니다.

$$H(f)=\sqrt{H_N(f)}=\begin{cases}1, & 0\le|f|\le(1-\alpha)/2T_S\\ \cos\left[\dfrac{T_S}{4\alpha}\left\{2\pi|f|-\dfrac{\pi(1-\alpha)}{T_S}\right\}\right], & (1-\alpha)/2T\le|f|\le(1+\alpha)/2T_S\\ 0, & |f|>(1+\alpha)/2T_S\end{cases}$$

$$h(t)=4\alpha\frac{\cos[(1+\alpha)\pi t/T_S]+\sin[(1-\alpha)\pi t/T_S](4\alpha t/T_S)^{-1}}{\pi T_S^{1/2}[1-(4\alpha t/T_S)^2]},\quad -\infty\le t<\infty \tag{7.26}$$

$$h(0)=\frac{1}{\pi T_S^{1/2}}[\pi(1-\alpha)+4\alpha]$$

MATLAB의 rcosfir(R, N_T, RATE, T, FILTER_TYPE) 함수에서 FILTER_TYPE = 'sqrt'로 두면 제곱근 상승 코사인 필터를 구현할 수 있습니다. 여기서 R은 롤-오프 계수 α, N_T는 펄스의 존재 구간, RATE는 펄스의 샘플링 간격, T는 한 심벌의 기간을 나타냅니다. [그림 7-15]에 $\alpha=0.25$, RATE=5[Hz], $T_S=1$[s]이고 상승 코사인 펄스의 길이가 $[-5T_S,\ 5T_S]$인 상승 코사인 파형을 나타냈습니다. 이는 MATLAB의 rcosfir(0.25, [-5,5], 5, 1) 명령으로 구한 것입니다. 이 상승 코사인 펄스가 이에 상응하는 정합 필터를 통과한 경우의 컨벌루션 결과 파형도 함께 나타냈습니다. MATLAB에서 rcosfir(0.25, [−5,5], 5, 1, 'sqrt') 명령을 이용하여 발생시킨 제곱근 상승 코사인 파형의 경우, 정합 필터를 통과하면 정확히 심벌 간격 T_S의 정수배마다 0이 되어 나이퀴스트 조건을 만족함을 알 수 있습니다.

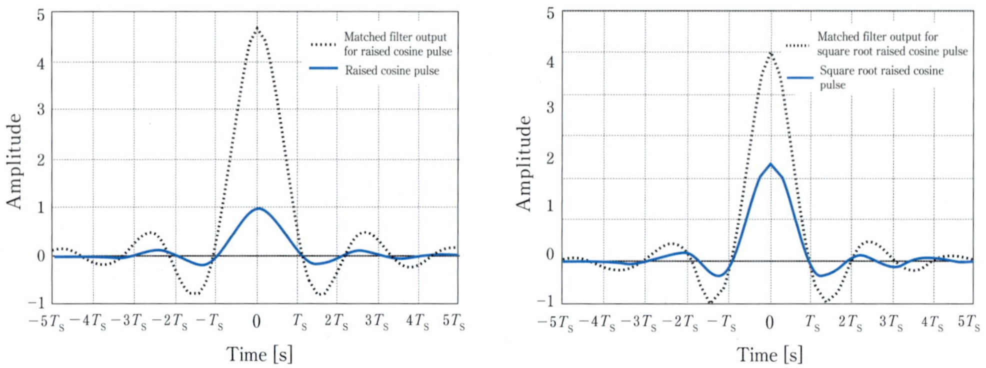

[그림 7-15] 상승 코사인과 제곱근 상승 코사인 파형의 정합 필터 출력 특성

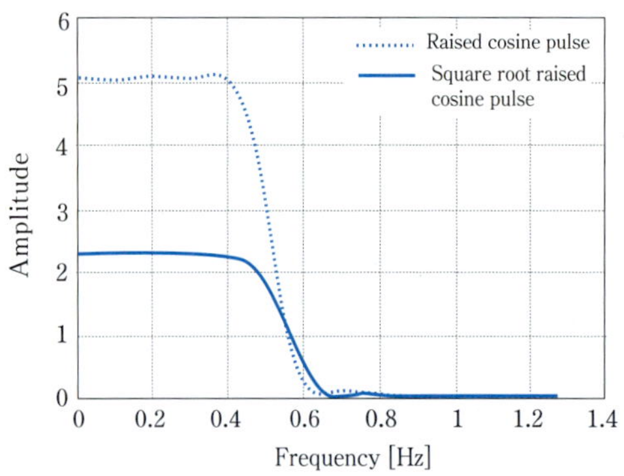

[그림 7-16] 상승 코사인과 제곱근 상승 코사인 파형의 스펙트럼 특성(심벌 간격 $F_s = 1$ [s])

예제 7-11

[그림 7-16]과 같은 결과를 만들기 위한 MATLAB 코드를 작성하세요.

풀이

```
% raised cosine and root raised cosine
clear all;

h1=rcosfir(0.25, [-5,5], 5, 1); % raised cosine pulse alpha=0.25
h2=rcosfir(0.25, [-5,5], 5, 1, 'sqrt'); % root raised cosine

Fs=5; % sampling frequency
H1=fft(h1,256);
del_f=Fs/(256);
freq=0:del_f:Fs-del_f;
plot(freq(1:256/4),abs(H1(1:256/4)));

hold on;
H2=fft(h2,256);
plot(freq(1:256/4),abs(H2(1:256/4))); grid;
xlabel('Frequency [Hz]');
ylabel('Amplitude');
```

핵심포인트 **정합 필터**

정합 필터는 디지털 통신에서만 구현할 수 있으며, 수신기에서 SNR을 최대화하는 필터입니다. 정합 필터 출력에서 신호의 SNR은 $S_o/N_o=2E/N_0$, 잡음 전력은 $N_o=EN_0/2$입니다.

Chapter 07 연습문제

7.1 다음 설명 중 잘못된 것을 바르게 고치세요.

(a) 디지털 통신에서는 정보의 압축 및 오류 정정을 위한 기법을 적용할 수 있어 아날로그 통신에 비해 수신 품질이 좋을 가능성이 높습니다.

(b) 여러 사용자의 정보를 동시에 보내는 기법을 다중 접속이라고 합니다. 그리고 아날로그 통신에서는 다중 접속 기술을 적용하는 것이 불가능합니다.

(c) 디지털 통신에서 이진 데이터 0과 1은 항상 직류 0과 1[V]로 표현됩니다.

7.2 다음 설명 중 잘못된 것을 바르게 고치세요.

(a) 주파수가 100[Hz]인 정현파를 80[Hz]의 샘플링 주파수로 샘플링한 결과에는 100[Hz] 성분의 정현파가 남아 있습니다.

(b) 아날로그 신호를 양자화하여 디지털 신호로 변환하면 양자화 잡음에 의해 신호의 왜곡이 발생합니다.

7.3 다음 설명 중 잘못된 것을 바르게 고치세요.

(a) 선 부호 스펙트럼의 특정 주파수에 임펄스 성분이 존재하면 샘플링 위치의 추정에 도움이 됩니다.

(b) 이진 정보의 발생이 광의의 정상^{WSS} 프로세스인 경우 선 부호의 PSD는 자기 상관 함수로 구할 수 있습니다.

7.4 다음 설명 중 잘못된 것을 바르게 고치세요.

(a) 펄스 성형 파형의 길이가 심벌 간격보다 길수록 주파수 특성이 이상적인 LPF에 가까워집니다.

(b) 펄스 성형은 디지털 정보를 변조하여 전송하는 데 필요한 과정입니다.

7.5 다음 설명 중 잘못된 것을 바르게 고치세요.

(a) DA 변환기를 통해 디지털 신호를 연속 시간 아날로그 신호로 변환할 때, 디지털 신호의 심벌률이 높을수록 DA 변환기 전후의 기저 대역 스펙트럼이 거의 동일합니다.

7.6 다음 설명 중 잘못된 것을 바르게 고치세요.

(a) 나이퀴스트 조건을 만족하는 펄스를 송신기에 보내고, 수신기에서 이에 상응하는 정합 필터를 사용하여 송신 심벌을 판단하면 샘플링 시점마다 이웃 심벌의 영향을 받게 되어 오류를 유발할 수 있습니다.

(b) 아날로그 통신에서는 송신 펄스가 고정되어 있지 않으므로 수신기에서 적합한 정합 필터를 결정할 수 없습니다.

7.7 [그림 7-5]의 라인 코드에 대한 다음 문제를 푸세요.

(a) 에러 검출 기능이 있는 부호를 열거하고, 에러 검출이 가능한 이유를 설명하세요.

(b) PSD에 DC 성분이 존재하는 라인 코드를 제시하세요.

7.8 200[Hz]의 정현파를 샘플링 주파수 150[Hz]로 샘플링한 경우, 그 결과를 수식으로 나타내세요.

7.9 목소리 신호의 대역이 300~3400[Hz]이고, 32레벨로 양자화하여 PCM 신호를 구현하려고 합니다. 8000[sps]로 샘플링할 때 다음 문제를 푸세요.

(a) 이진으로 표시한 PCM 신호의 데이터율을 bps로 나타내세요.

(b) 이진 PCM 데이터를 서로 다른 네 개 레벨의 심벌로 매핑한 경우의 심벌률을 구하세요.

(c) (b)의 결과를 펄스 성형했을 때 신호의 가능한 최소 대역폭을 구하세요.

(d) (c)의 롤-오프 계수가 0.5일 때 신호의 대역폭을 구하세요.

7.10 비트열이 00101101인 이진 정보를 유니폴라 NRZ, 폴라 NRZ, 폴라 RZ, 맨체스터, AMI-RZ 라인 코드로 나타내세요.

7.11 아날로그 신호 $x(t)=5\cos 2000\pi t+3\sin 6000\pi t+8\cos 10000\pi t$에 대한 다음 문제를 푸세요.

(a) 이 신호의 나이퀴스트 샘플링 주파수를 구하세요.

(b) 이 신호를 5000[Hz]로 샘플링할 때 얻을 수 있는 이산 시간 신호를 수식으로 나타내세요.

7.12 신호 $x(t)=A\sin(1500\pi t)$를 샘플링 주파수 3[kHz]로 샘플링했을 때, 이 신호를 복원하기 위한 이상적인 복원 필터를 설계하세요.

7.13 주파수 대역이 500~2000[Hz]로 제한된 신호가 있습니다. 1초당 5000개의 샘플이 추출되어 PCM 신호가 만들어지고, 이것의 SQNR은 20[dB] 이상입니다. 이때, 필요한 균등 양자화 레벨의 최소 비트 수를 구하세요. 그리고 PCM 출력을 4비트씩 묶어서 심벌로 표현할 때, 심벌률과 펄스 성형 후 전송에 필요한 최소 대역폭을 구하세요.

7.14 0 또는 +3.3[V]의 값을 가진 유니폴라 RZ 부호 신호에 10^{-3}[W/Hz]의 PSD를 가진 AWGN 잡음이 섞였을 때, 정합필터 출력에서의 비트 오류 확률 P_e가 10^{-4}보다 작아지는 최대 비트 전송률을 구하려고 합니다.

(a) 유니폴라 RZ 부호에서 $P_e<10^{-4}$를 만족하는 AWGN의 전력 σ_n^2을 구하세요.

(b) (a)의 결과를 이용하여 대역폭을 구하세요.

(c) 유니폴라 RZ 신호의 비트 전송률을 구하세요.

7.15 디지털 변조에서 송신 파형의 모양이 $s(t)$이고 심벌의 길이가 T_S[s]일 때, 정합 필터의 임펄스 응답이 $h(t)=s^*(T_S-t)$임을 증명하세요.

7.16 MATLAB 신호 $x(t)=\text{Sa}(\pi t)$를 나이퀴스트 샘플링 정리를 만족하도록 해서 샘플링하고 양자화한 후 이진화하여 비트 스트림으로 나타내려고 합니다. 다음 물음에 답하세요.

(a) $0<t<10$에서 $x(t)=\text{Sa}(\pi t)$의 파형을 그림으로 나타내세요.

(b) (a)의 결과를 8레벨 양자화기에 입력했습니다. 양자화기 입력의 최댓값과 최솟

값이 각각 +1, −1일 때, 양자화기 출력을 그림으로 나타내세요.

(c) (b)의 결과를 이진 비트 시퀀스로 나타내세요. 단, 각 레벨을 이진 부호로 매핑 시, 최고 레벨 000에서부터 크기에 따라 순서대로 001, 010, …, 111로 정합니다.

Chapter 08

디지털 변조

Basics on Digital Modulation

학습목표

- 디지털 통신 변조 방식의 원리를 이해할 수 있습니다.
- BPSK, QPSK, OQPSK, QAM과 같은 디지털 통신의 가장 기초가 되는 변조 방식을 이해할 수 있습니다.
- 디지털 통신 신호의 수신기 에러율을 계산하는 방법을 알 수 있습니다.
- 디지털 변조 방식에서 변조된 파형 위상 연속성의 중요성과 HPA 증폭기의 특징을 알 수 있습니다.
- 다중 반송파 디지털 통신 시스템의 원리와 장단점을 이해할 수 있습니다.

8.1 개요

이 장에서는 디지털 통신의 다양한 변조 기술에 대해 공부합니다. 디지털 통신은 우리의 일상생활에서 WiFi, LTE[Long Term Evolution], DTV[Digital Television] 등 통신 시스템에 전반적으로 사용되고 있습니다. **가장 기본적인 디지털 통신 변조 방식으로** BPSK[Binary Phase Shift Keying], QPSK[Quadrature Phase Shift Keying], QAM[Quadrature Amplitude Modulation] **변조가 있습니다. 먼저 이들 디지털 변조의 기본 원리를 살펴보고, 이러한 변조 방식을 변형한** OQPSK[Offset QPSK], $\pi/4$-DQPSK[Differential QPSK], MSK[Minimum Shift Keying] **변조를 공부할 것입니다.**

또한 최근 **DTV와 WiFi가 일반화되면서 부상한 변조 방식으로 8-VSB와 OFDM**[Orthogonal Frequency Division Multiplexing] **변조를 살펴보겠습니다.** 8-VSB 변조는 우리나라와 북미 지역의 디지털 텔레비전 방송 방식으로 우리 생활에 밀접하게 연관되어 있습니다. OFDM은 최신 WiFi, 디지털 케이블 방송, 전력선 통신 등 대부분의 통신에서 사용된다고 해도 될 정도로 주목을 받고 있습니다. 이를 확장하여 LTE에서는 다중 접속을 위한 OFDMA[OFDM Multiple

Access 방식을 사용합니다. **마지막으로 최신 통신의 주요 이슈인 OFDM 방식의 원리와 장점도 공부할 것입니다.**

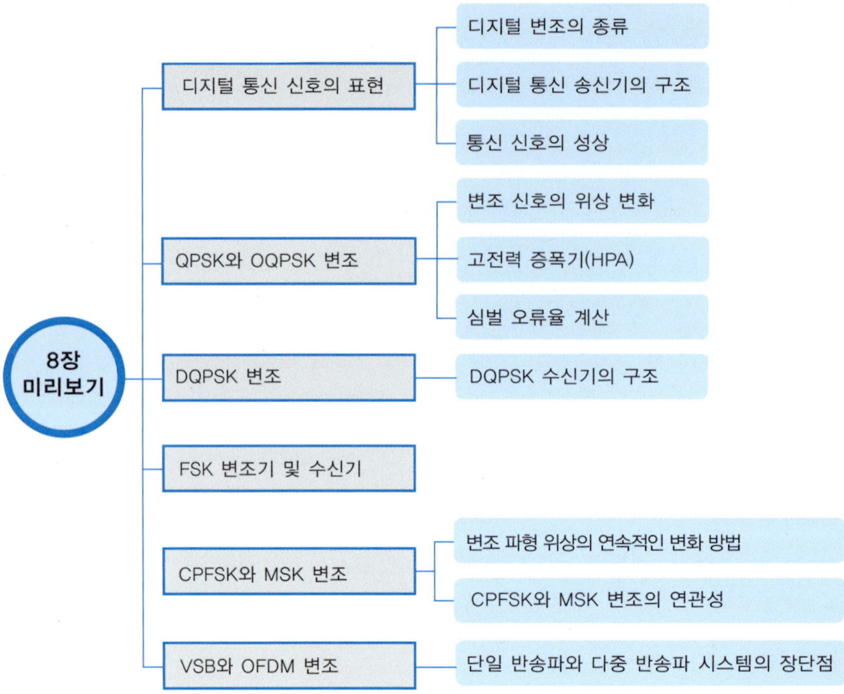

8.2 디지털 통신 신호의 표현

7장에서는 디지털 통신의 기초 개념에 대해 공부했으며 이 장에서는 실제로 디지털 정보를 멀리 보내기 위한 변조 방식에 대해 공부하겠습니다. 아날로그 통신에서는 보내고자 하는 원 정보를 연속적으로 변화하는 전압의 진폭으로 표현하고, 디지털 통신에서는 원 정보를 0과 1의 조합으로 구성된, 이미 정해진 몇 개의 진폭과 시간 불연속 신호로 표현합니다. 그러나 실제 0과 1 또는 다수의 진폭을 가진 디지털 정보를 유선 또는 무선의 물리적 매질을 통해 기저 대역으로 전송할 때는 연속 시간 파형으로 바꾸어 전송합니다. 통과 대역으로 전송할 때도 디지털 정보를 고주파 신호에 실어서 연속 시간 아날로그 파형으로 변조한 후 전송하게 됩니다.

디지털 변조의 종류

디지털 변조는 변조 후 진폭이 일정한 방식과 진폭이 일정하지 않은 방식으로 나눌 수 있습니다. 아날로그 통신에서는 이 두 가지가 FM과 AM 변조로 구분되었습니다. **진폭이 일정한 디지털 변조 방식은 FSK**Frequency Shift Keying, **PSK**Phase Shift Keying, **CPM**Continuous Phase Modulation **변조 등이고, 진폭이 일정하지 않은 디지털 변조 방식은 ASK**Amplitude Shift Keying, **QAM 등입니다.** 이 장에서는 이러한 디지털 변조 방식에 대해 살펴보겠습니다.

가끔은 응용 시스템의 관점에서 디지털 변조 방식을 구분하기도 합니다. 이동통신과 같이 배터리의 소모가 문제가 되는 응용에서는 데이터 전송 속도가 느리지만 저전력 전송이 가능한 BPSK, QPSK 등의 변조 방식을 선호합니다. 그러나 전원이 항상 공급되는 환경에서 데이터를 송수신하는 경우에는 전력 소모보다는 빠른 데이터 전송을 목표로 64-QAM, 256-QAM과 같이 스펙트럼 효율이 높은 변조 방식을 선호합니다. 디지털 변조에서는 정보를 빨리 보내기 위해 이진 정보를 그대로 보내는 것이 아니라 몇 개의 비트를 묶어서 하나의 값으로 표현한 후 변조 과정을 거칩니다. 이처럼 한 번에 몇 개의 비트를 묶어서 표현한 값을 심벌이라고 합니다. 스펙트럼 효율이 높다는 것은 하나의 심벌로 많은 비트를 동시에 표현한다는 의미입니다. 예를 들어 $1\mu s$마다 1비트를 보내는 디지털 전송 시스템에서는 1초에 1[Mb]를 전송할 수 있습니다. 그러나 4비트를 묶어서 하나의 심벌로 표현하여 $1\mu s$마다 보낼 수 있다면 1초에 4[Mb]를 보낼 수 있습니다. 하나의 심벌이 많은 비트를 표현하면 정보를 빨리 보낼 수는 있지만, 전송할 때 사용 가능한 전력의 한계로 수신기에서 송신 신호를 판단할 때 에러가 높아질 수 있습니다.

디지털 통신 송수신기의 구조

[그림 8-1]에 이진으로 표현된 디지털 정보를 통과 대역으로 변조하여 송수신하는 통신 구조를 간략하게 나타냈습니다. 바이너리 심벌 매퍼binary-to-symbol mapper)는 T_B[s] 간격으로 발생한 이진 데이터 N비트를 묶어서 한 개의 심벌 s_n으로 변환합니다. N비트를 묶어서 한 개의 심벌을 생성하므로 서로 다른 종류의 2^N개 심벌이 생성될 수 있습니다. 따라서 심벌은 $T_S=NT_B$[s]마다 발생하고, 이 신호가 펄스 성형 필터 $p(t)$를 거쳐 $x(t)=\sum_n s_n p(t-nT_S)$인 연속 시간 파형으로 바뀝니다. 그리고 아날로그 변조와 마찬가지로 정보는 반송파에 실려 전송됩니다. 이때 변조된 신호가 계획된 최대 통달 거리까지 도달할 수 있도록 송신 전력을 키우기 위한 고전력 증폭기HPA : High Power Amplifier를 통과시킵니다.

수신기에서는 PSD가 $N_0/2$[W/Hz]인 AWGN 잡음이 부가되고 반송파 복구를 통해 기저 대역 신호 $x(t)$를 복원한 $\tilde{x}(t)$를 얻게 됩니다. 그리고 SNR을 극대화하기 위해 정합 필터를 거치고 심벌 발생 간격으로 샘플링한 후 심벌 s_n을 추정한 $\tilde{s}_n$을 얻습니다.

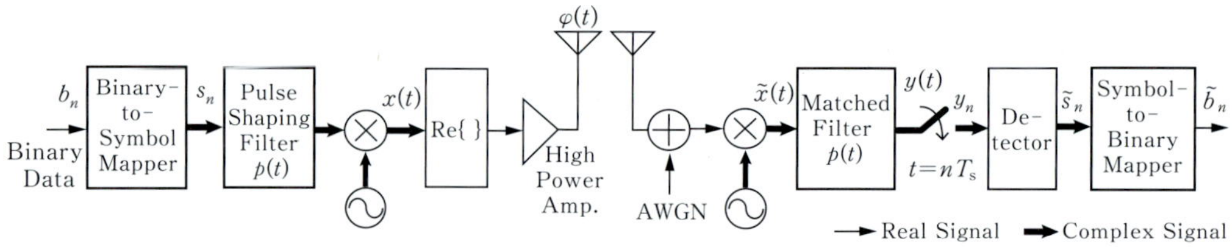

[그림 8-1] 디지털 송수신기의 간단한 표현

디지털 변조는 아날로그 통신과 달리 디지털 정보를 복소 공간에서 표현하며 이를 위해 [그림 8-2]의 심벌 매퍼를 사용합니다. 실제로 심벌을 복소수로 표현하는 것은 표현의 편의를 위한 것으로, 물리적으로는 서로 직교하는 두 파형의 조합을 의미합니다. [그림 8-2]에 이진 입력을 복소 공간에 매핑하는 다양한 심벌 매핑 방식을 나타냈습니다. 여기서 I는 실수 축, Q는 허수 축입니다. [그림 8-2(a)]는 이진 정보를 다수의 실수 레벨로 나타낸 것입니다. 예를 들어 이진 정보 0을 $-d/2$[V], 1을 $d/2$[V]로 표현했습니다. 이처럼 이진 데이터 0과 1을 두 가지 크기로 표시한 것을 BPSK 심벌 또는 BPSK 성상constellation이라고 하는데 심벌과 성상을 혼용합니다.

또한 2비트씩 묶어서 11, 10, 00, 01을 각각 $-3d/2$, $-d/2$, $d/2$, $3d/2$[V]의 전압으로 표현할 수도 있습니다. 이 경우 2비트씩 묶었으니 네 가지 서로 다른 진폭 레벨로 표현될 수 있으므로 4-레벨 PAMPulse Amplitude Modulation 성상 또는 4-PAM 성상이라고 합니다. 또한 이것을 일반화하여 N비트를 하나의 PAM 성상으로 표현한 것을 2^N-레벨 PAM(2^N-PAM) 성상이라고 합니다([그림 8-2(a)] 참조). 따라서 BPSK 성상을 2-PAM 성상이라고 해도 같은 의미입니다. 가장 간단한 디지털 성상 중의 하나가 BPSK 성상이며, 우리나라의 HDTV는 3비트를 묶어서 레벨로 표현한 8-PAM 성상을 사용하고 있습니다.

여러 비트를 심벌로 표현할 때, 이웃 심벌 사이에는 1비트만 다르게 매핑하는 그레이Gray 매핑 방식을 사용하는 것이 일반적입니다. 그레이 매핑의 장점은 잡음에 의해 수신기에서 이웃 심벌로 잘못 판단하더라도 1비트만 에러가 발생한다는 것입니다.

[그림 8-2(b)]는 이진 정보에 대해 원주상에 위상을 달리하여 다수의 비트를 하나의 점으로 표현하는 방식입니다. 이는 정보를 위상으로 표현했으므로 PSK 성상이라고 합니다. N비트를 PSK로 표현하면 역시 2^N-PSK 성상을 얻을 수 있습니다. PSK 성상에서 원주의 반지름은 $\sqrt{E_S}$이며 E_S는 전체 심벌의 평균 에너지입니다.

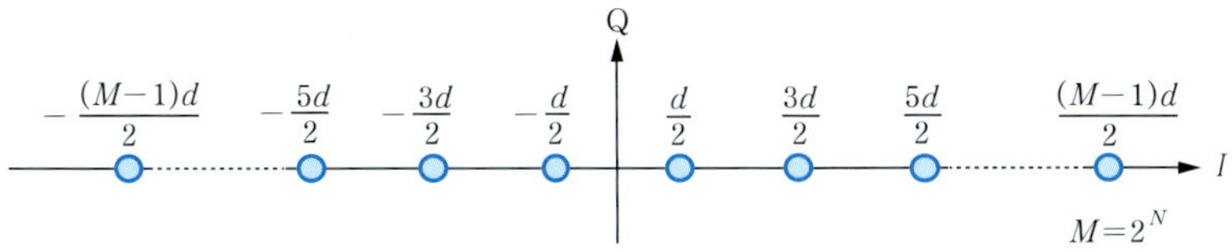

(a) PAM 성상

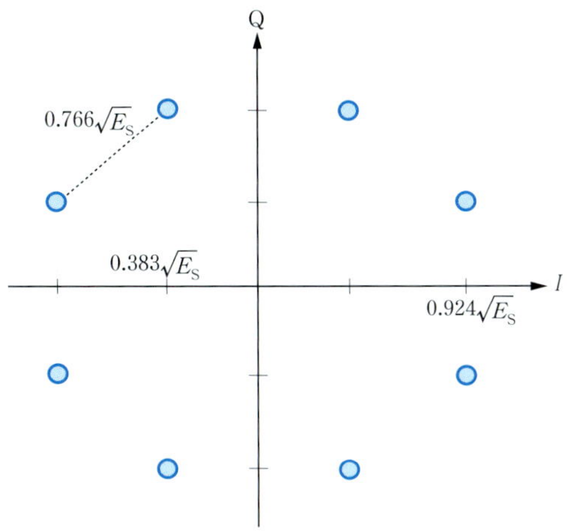

(b) PSK 성상

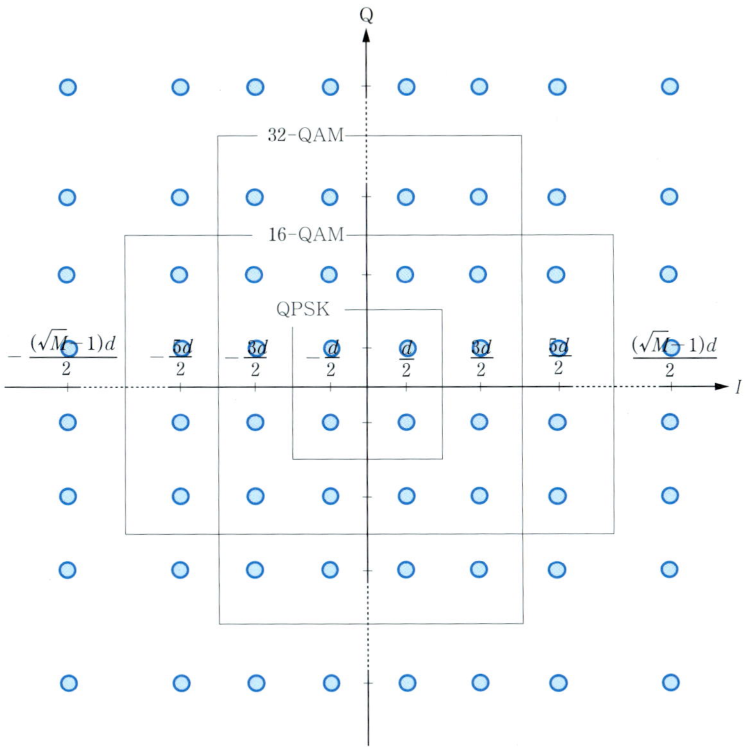

(c) QAM 성상

[그림 8-2] 다양한 심벌 매핑 방식

통신 신호의 성상

[그림 8-2(c)]는 디지털 통신에서 가장 많이 사용되는 성상인데, 복소 영역에서 이진 데이터를 표현했습니다. 원점을 중심으로 2비트 정보를 네 개의 심벌 $(d/2)(\pm 1 \pm j)$[V]의 하나로 매핑하는 방식을 QPSK 성상 또는 4-QAM 성상이라고 합니다. 그리고 4비트 정보를 묶어서 심벌로 매핑하는 방식을 16-QAM 성상이라고 합니다. 이처럼 QAM 성상은 다수의 비트로 쉽게 확장할 수 있다는 것이 장점입니다. [그림 8-2(c)]에 QPSK, 16-QAM, 32-QAM 성상을 동시에 나타냈습니다.

펄스 성형된 파형은 발진기와 믹싱되어 통과 대역 신호로 바뀌어 전송됩니다. 수신기에서는 국부 발진기로 수신 신호를 복조하여 $\tilde{x}(t)$를 얻고 $p(t)$와 정합되는 정합 필터 $p(T_S - t)$를 거쳐 $t = nT_S$(n은 정수)에서 샘플링합니다. 그리고 판별을 거쳐 전송된 심벌 $\tilde{s}_n$을 복원합니다. 그리고 심벌을 이진 데이터로 분리하여 송신 데이터를 복원합니다.

예제 8-1

3[Mb]의 데이터 파일을 BPSK, QPSK, 8-PSK, 64-QAM 성상으로 표현하여 전송할 때, 총 전송 심벌의 개수를 구하세요. 그리고 전송 속도가 1[Msys]일 때, 데이터 파일을 전송하는 데 걸리는 시간을 구하세요.

풀이

3[Mb]는 3×10^6 비트이며, BPSK는 1비트가 한 심벌이므로 3×10^6 심벌, QPSK는 2비트가 하나의 성상이므로 1.5×10^6 심벌입니다. 8-PSK는 3비트가 한 심벌로 표현되므로 1×10^6 심벌이고, 64-QAM은 6비트가 한 심벌로 표현되므로 0.5×10^6 심벌입니다. 그러므로 BPSK, QPSK, 8-PSK, 64-QAM 성상별 전송에 걸리는 시간은 각각 3초, 1.5초, 1초, 0.5초입니다.

핵심포인트 디지털 변조의 종류

디지털 변조에는 진폭이 일정한 FSK, PSK, CPM 방식이 있고, 진폭이 다양한 변조 방식으로 ASK, QAM 방식이 있습니다. 휴대전화와 같이 배터리 소비를 적게 하면서 오래 사용할 필요가 있는 방식으로 BPSK 및 QPSK 등의 변조 방식이 많이 사용됩니다. 전원이 상시로 공급되어 전원 소비가 문제되지 않은 케이블 TV, WiFi 등의 경우에는 데이터를 빨리 보낼 수 있는 QAM 변조가 일반적으로 많이 사용됩니다.

핵심포인트 **디지털 통신 데이터의 표현**

디지털 통신에서는 정보를 복소수로 표현하고 실제로는 실수 축과 허수 축에 서로 직교하는 반송파를 곱하여 구현합니다.

8.3 QPSK와 OQPSK 변조

QPSK 변조는 가장 많이 사용되는 디지털 변조 방식 중 하나이며, QAM 변조 계열의 한 종류입니다. [그림 8-3]에 QPSK 변 · 복조기의 블록도를 나타냈습니다. 이진 데이터의 발생 간격이 T_B[s]일 때 비트 발생률은 $R_B=1/T_B$[bps]가 됩니다. 이진 데이터는 심벌 매퍼 입력 순서에 따라서 심벌 매퍼 출력의 상 · 하단에 한 비트씩 나타나서 [그림 8-3]과 같이 복소 영역에 네 개의 점으로 표시되었습니다.

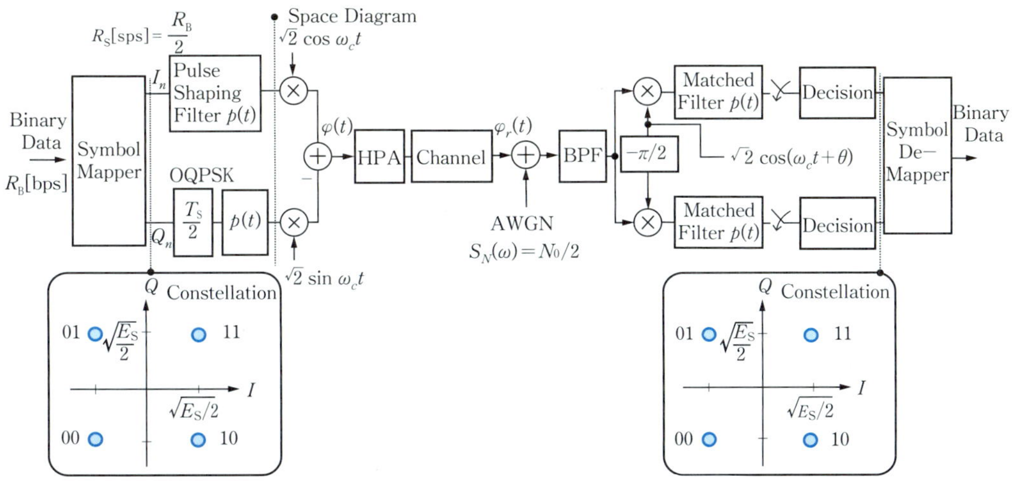

[그림 8-3] QPSK와 OQPSK 블록도

심벌 매퍼 상단의 출력은 펄스 성형 필터를 거친 후 코사인 반송파가 곱해지고 하단의 출력은 사인 반송파가 곱해져서 두 신호가 직교하므로 수학적으로는 복소수로 표현될 수 있습니다. 일반적으로 위쪽 가지를 실수 축, 아래쪽 가지를 허수 축으로 생각해도 수학적 표현 관점에서 동일합니다. 실수 축을 동상, 허수 축을 직교 위상 축이라고도 합니다. **[그림 8-3]에서 허수 축에 $T_S/2$[s]를 지연시킨 블록이 포함된 변조 방식을 OQPSK 변조라고 합니다.** 여기서 한 심벌의 발생 기간 $T_S=2T_B$[s]이며, QSPK와 OQPSK의 특징을 아래에서 자세히 살펴보겠습니다.

QPSK 변조의 특징

[그림 8-3]에서 실수 축과 허수 축의 비트 정보 I_n과 Q_n은 이진 데이터 0을 $-\sqrt{E_S/2}$의 크기로, 1을 $\sqrt{E_S/2}$의 크기로 표현했습니다. 여기서 크기는 전송 심벌의 평균 에너지를 E_S로 정하기 위해 의도적으로 결정한 값입니다. I_n과 Q_n 신호는 각각 동일한 전달 함수를 가진 펄스 성형 필터 $p(t)$를 거치고 반송파 $\sqrt{2}\cos\omega_c t$와 $\sqrt{2}\sin\omega_c t$가 곱해진 후 더해져서 전송됩니다. 수신기에서는 AWGN이 더해지고 $\sqrt{2}\cos(\omega_c t+\theta)$와 $\sqrt{2}\sin(\omega_c t+\theta)$가 곱해져서 실수와 허수 성분을 복원하게 됩니다. 수신기 발진기에 있는 θ는 송·수신 신호 사이의 지연에 의한 위상 회전을 보상하는 성분입니다. 그리고 정합 필터를 거치고 T_S[s] 간격으로 샘플링한 후 판정을 통해 이진 데이터를 복원합니다.

QPSK 변조된 신호 $\varphi(t)$는

$$\varphi(t)=\sqrt{2}\,I(t)\cos\omega_c t-\sqrt{2}\,Q(t)\sin\omega_c t \tag{8.1}$$

와 같이 표현되며, 여기서 $I(t)=\sum_{n=-\infty}^{\infty} I_n p(t-nT_S)$, $Q(t)=\sum_{n=-\infty}^{\infty} Q_n p(t-nT_S)$로 펄스 성형된 파형의 조합된 결과입니다.

QPSK의 특성을 살피기 위해 $p(t)$가 $[0,\ T_S]$에서 1인 구형파를 생각해봅시다. [그림 8-4(a)]에 심벌 간격이 1초인 이진 정보 '1 0 0 0 1 1 1 0 0 1'이 전송될 때, 실수 축과 허수 축의 펄스 성형된 파형을 나타냈습니다. 이제 0과 1의 불연속 시간 신호가 연속 시간 파형으로 바뀌었습니다. [그림 8-4(c)]는 [그림 8-4(a)]에 각각 사인과 코사인 반송파가 믹싱된 결과이며, 1, 2, 4초 지점에서 신호 위상이 갑자기 π[rad] 변합니다. 실제 전자 부품은 [그림 8-4(c)]와 같이 위상의 변화가 순간적으로 크게 일어나는 것을 구현하기가 어렵습니다. 이 현상은 [그림 8-4(d)]의 변조 신호에도 마찬가지로 나타납니다. 그러므로 현실적으로 구현된 QPSK 신호 파형은 약간의 왜곡이 발생할 가능성이 있습니다.

[그림 8-4(b)]는 **펄스 성형기 출력을 복소 영역에서 나타낸 것으로 심벌 간 변화하는 파형을 보여주며 공간도**space diagram**라고 합니다.** 공간도는 펄스 성형 필터의 출력을 이차원으로 나타내므로 신호 진폭의 변화를 볼 수 있습니다. 성상 (1,1)에서 성상 (−1,−1)로 위상이 π[rad] 변화하는 경우에는 파형이 원점을 지나가야 합니다. 이는 송신 신호를 증폭하기 위해 송신단 마지막에 고전력 증폭기HPA : High Power Amplifier를 사용하는 데 상당한 제약 요인이 됩니다. 원 신호의 특성을 유지하려면 증폭기는 입력 범위에 상관없이 동일한 크기로 증폭되어야 하는데, 현실적으로 이러한 증폭기는 고가일뿐더러 구현하기가 매우 어렵습니다. 이것은 QPSK 변조의 가장 큰 단점입니다.

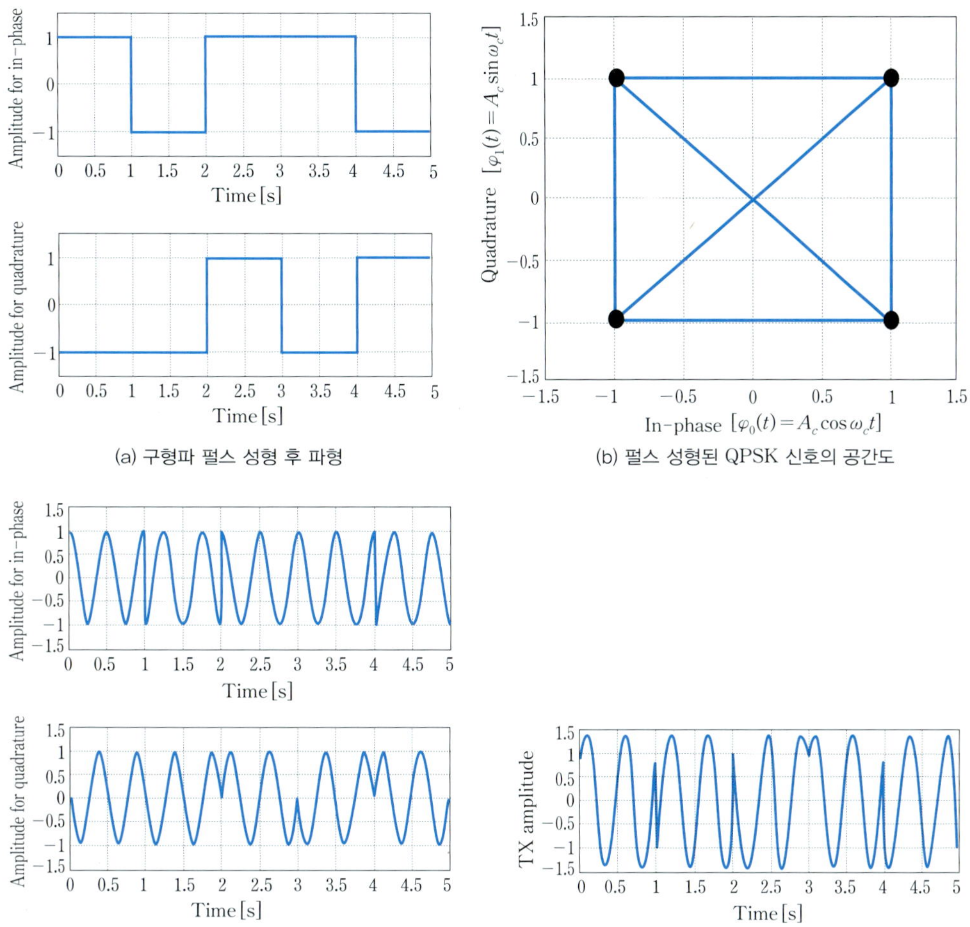

(a) 구형파 펄스 성형 후 파형 (b) 펄스 성형된 QPSK 신호의 공간도

(c) 반송파가 믹싱된 신호 (d) QPSK 변조 신호

[그림 8-4] QPSK 변조 신호

실제로 QPSK 변조를 이용하면 펄스 성형 파형은 [그림 8-4]에서 고려한 구형파가 아니라 제곱근 상승 코사인SRRC 파형을 주로 사용합니다. 구형파는 스펙트럼이 넓은 데 반해, SRRC 파형은 상대적으로 대역폭이 좁고 롤-오프 계수에 따라 스펙트럼을 조절할 수 있다는 장점이 있습니다. SRRC 파형은 수신기 정합 필터를 거쳐 상승 코사인RC 파형을 만들기 위함입니다. 설명의 편의를 위해 [그림 8-5]에 QPSK 송신단에서 롤-오프 계수가 0.4인 RC 파형을 이용한 경우 QPSK 송신단 각 부분의 파형과 스펙트럼을 나타냈습니다.

[그림 8-5(b)]는 T_S가 1[ms]인 펄스 성형된 실수 축 파형을 $2T_S$[s] 간격으로 반복해서 나타낸 것입니다. 이 그림은 마치 사람의 눈 뜬 모습을 닮아서 아이 패턴eye pattern이라고 합니다. 이 파형을 수신기에서 T_S[s] 간격으로 심벌의 정확한 크기인 −1 또는 1을 복원할 수 있음을 알 수 있습니다. 단, 수신기에서는 눈을 가장 크게 뜬 위치에서 샘플링을 해야 가장 정확하게 송신 신호를 복구할 수 있습니다. RC 성형 펄스를 사용한 [그림 8-5(c)]의 공간

도는 구형파 성형 펄스를 사용한 [그림 8-4(c)]와 달리 심벌 성상 간 변화에 따른 파형의 진폭 변화가 큽니다.

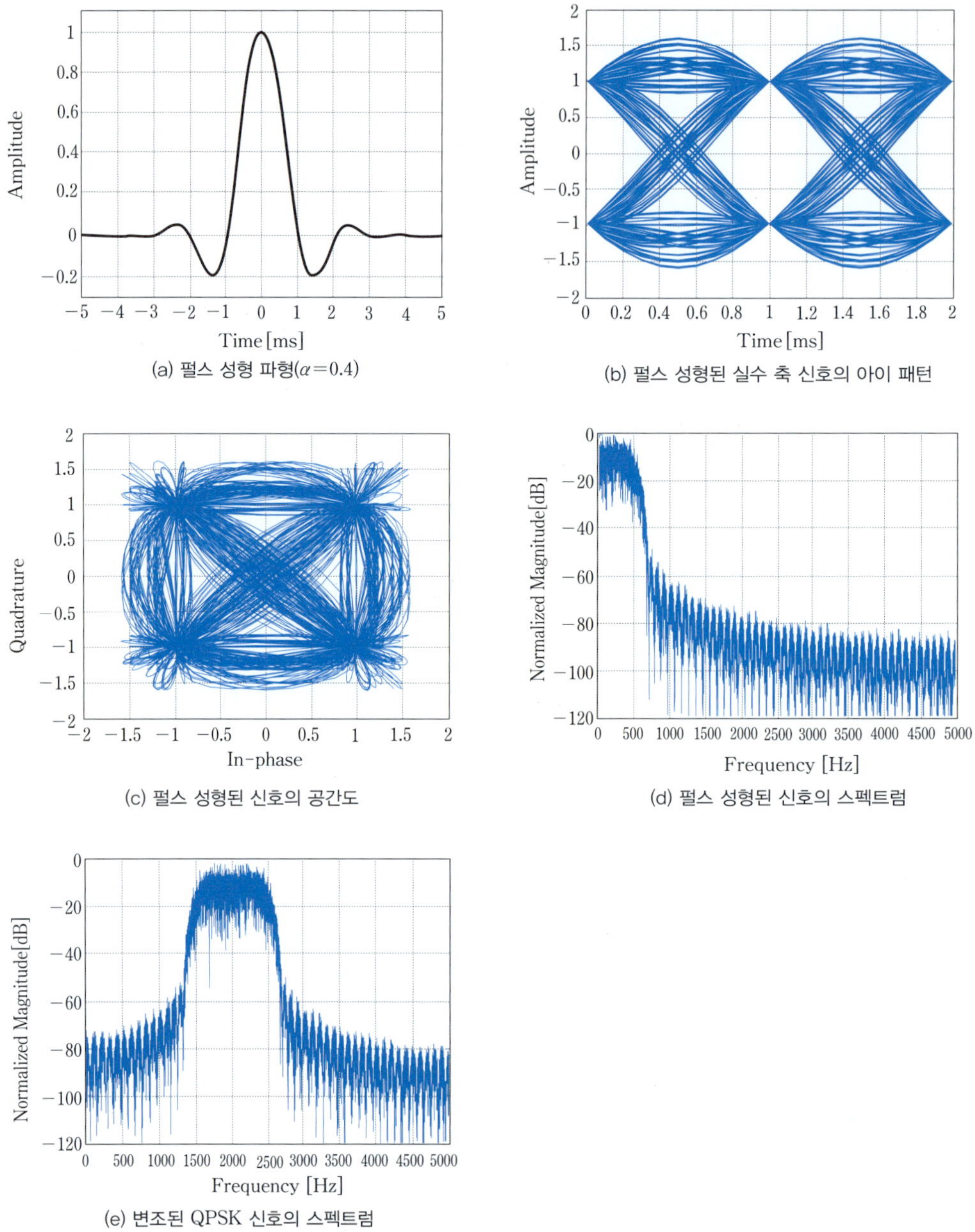

(a) 펄스 성형 파형($\alpha=0.4$)

(b) 펄스 성형된 실수 축 신호의 아이 패턴

(c) 펄스 성형된 신호의 공간도

(d) 펄스 성형된 신호의 스펙트럼

(e) 변조된 QPSK 신호의 스펙트럼

[그림 8-5] 상승 여현 파형을 이용한 QPSK 변조 신호($T_s=1$[ms])

[그림 8-6]은 SRRC 펄스 성형 파형을 이용했을 때 QPSK 송신 신호의 특징입니다. [그림 8-6(b)]와 같이 SRRC 파형은 심벌 간격마다 샘플링을 제대로 해도 정확히 +1 또는 −1의 레벨이 나타나지 않습니다. 이는 SRRC 펄스 파형이 RC 펄스와는 달리 T_s의 정수배 시각

마다 0이 아니기 때문입니다. 그러므로 T_S의 정수배 시각에 보낼 심벌이 주변 심벌의 영향을 받는 간섭 현상이 발생합니다. 그러나 수신기에서 SRRC 펄스와 동일한 전달 함수를 가진 정합 필터를 거치면 [그림 8-5(b)]와 같은 깔끔한 +1과 −1의 신호를 복원할 수 있습니다. [그림 8-6(d)]의 스펙트럼은 [그림 8-5(e)]와 큰 차이가 없습니다.

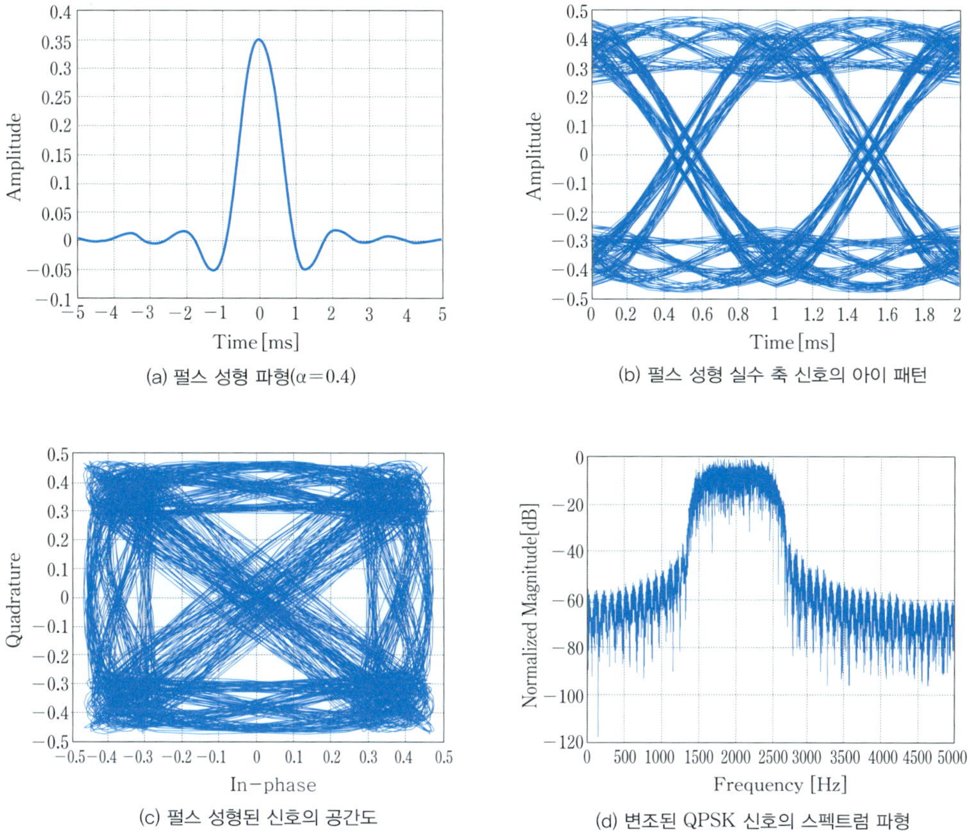

(a) 펄스 성형 파형($\alpha=0.4$)

(b) 펄스 성형 실수 축 신호의 아이 패턴

(c) 펄스 성형된 신호의 공간도

(d) 변조된 QPSK 신호의 스펙트럼 파형

[그림 8-6] 제곱근 상승 코사인 파형을 이용한 QPSK 변조 신호(심벌 간격 1[ms])

변조된 신호는 [그림 8-1]에서 설명한 것과 같이 HPA를 통해 원하는 송신 전력을 확보할 수 있습니다. HPA의 특성을 살피고, 선형성이 왜 중요한지 생각해보겠습니다. HPA에 입력되는 신호가

$$h_i(t)=r(t)\cos[\omega_c t+\Psi(t)] \tag{8.2}$$

로 표현될 때 $r(t)$, ω_c, $\Psi(t)$는 각각 입력 신호의 크기, 반송파 주파수, 위상 성분을 나타냅니다. 이때 HPA 출력 신호는

$$h_0(t)=A[r(t)]\cos\{\omega_c t+\Psi(t)+\Phi[r(t)]\} \tag{8.3}$$

가 되고, $A(\cdot)$는 증폭기의 입력 신호 크기에 따른 출력의 크기 변화로 AM/AM 특성이라

고 합니다. 이것은 입력 진폭이 출력 진폭에 영향을 주기 때문에 붙여진 이름입니다. 또한 $\Phi(\cdot)$는 증폭기의 입력 신호 크기에 따른 출력의 위상 변화로 AM/PM 특성이라고 합니다. [그림 8-7]에 HPA의 AM/AM, AM/PM 특성에 대한 일례를 나타냈습니다. 여기서 입력과 출력은 입력 신호의 최대 절댓값으로 정규화된 것입니다. 이상적인 증폭기는 증폭기의 입출력 위상 변화가 동일하고, 신호의 증폭도는 항상 일정해야 합니다. 그러나 [그림 8-7]의 HPA는 입력 전압의 크기가 0~0.3 정도까지 AM/AM 특성의 증폭률이 일정하고 그 이상의 입력에 대해서는 기울기가 변화합니다. 입력 신호의 크기에 따라 증폭률이 다른 HPA를 통과시키면 신호의 왜곡이 발생합니다. AM/PM 특성은 입력 신호의 크기에 따른 HPA 출력에서 위상의 변화를 나타내는 값으로, [그림 8-7]에서는 입력에 따라 HPA 출력에서 서로 다른 위상 변화를 유발합니다. 입력 크기에 따라 위상 변화가 달라지면, 16-QAM 성상의 경우 각 성상마다 위상의 변화가 달라 [그림 8-2(c)]와 같이 바둑판 형태의 모양이 되지 않습니다.

[그림 8-5(c)] 또는 [그림 8-6(c)]의 QPSK 공간도를 보면 신호의 크기를 정규화한 후 최대 1에서 최저 0까지 연속적으로 변화합니다. 그러므로 HPA는 이 입력 신호에 대해 모두 동일한 증폭률과 일정한 위상 천이의 선형성을 가져야 합니다.

HPA의 비선형 증폭 특성을 보상하기 위해 HPA의 AM/AM 및 AM/PM 특성과 반대가 되도록 입력 신호의 크기와 위상을 미리 조정하여 HPA에 입력하는 장치가 있습니다. 이 장치를 프리-디스토터pre-distorter라고 하며, 변조된 파형이 프리-디스토터와 HPA를 순서대로 통과하면 AM/AM 및 AM/PM 특성이 이상적인 선형 증폭기가 됩니다.

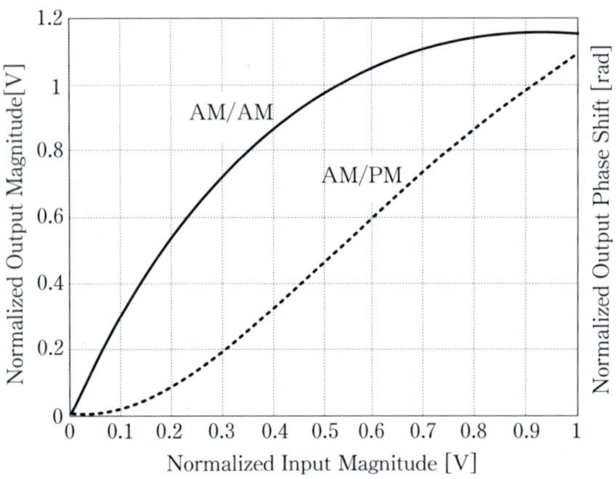

[그림 8-7] HPA의 AM/AM, AM/PM 특성

OQPSK 변조의 특징

QPSK 공간도를 통해 심벌의 변화에 따라서 위상이 갑자기 π[rad]만큼 할 수 있음을 보았습니다. 이 경우 파형의 진폭 변화가 매우 크다는 점 때문에 넓은 범위의 입력 크기에 대해 선형성을 가진 증폭기가 필요합니다. 이 문제를 좀 더 완화한 변조 방식이 [그림 8-3]과 같이 허수 입력 심벌을 $T_S/2$[s]초 지연시킨 OQPSK 변조입니다.

[그림 8-8]과 [그림 8-9]는 정보 '1 0 0 0 1 1 1 0 0 1'을 OQPSK 변조할 때, 각각 구형파와 RC 펄스를 펄스 성형 파형으로 사용한 경우의 결과입니다. 허수 축의 정보를 $T_S/2$[s] 지연시키면 [그림 8-8(b)]와 같이 신호의 성상이 π[rad]만큼 변화하는 경우가 없습니다. 단지 위상의 변화가 $\pm\pi/2$[rad]만 존재합니다. 즉 정보가 00에서 11로 바뀔 때 OQPSK는 00, 10, 11의 변화를 거치기 때문입니다. 그러므로 [그림 8-5(c)]의 QPSK 공간도와 달리 [그림 8-9(b)]의 QPSK 공간도는 신호 진폭의 변화가 크지 않아서 HPA가 선형성을 유지하는 입력 범위가 넓지 않아도 된다는 장점이 있습니다.

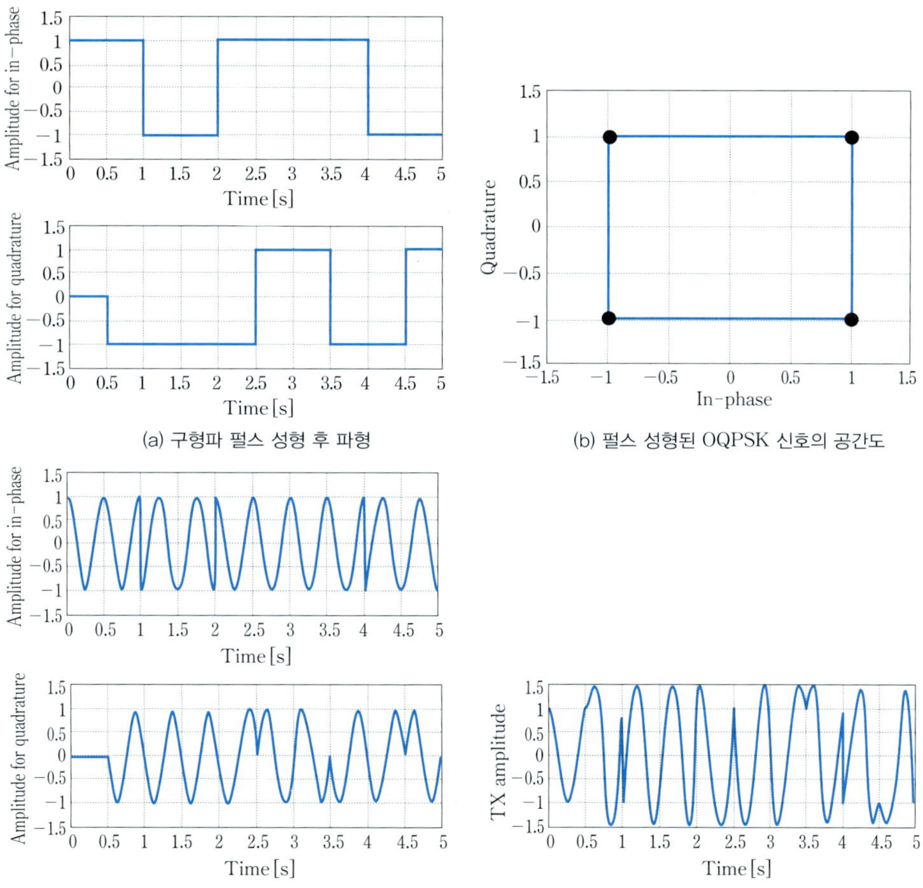

(a) 구형파 펄스 성형 후 파형 (b) 펄스 성형된 OQPSK 신호의 공간도

(c) 반송파가 믹싱된 신호 (d) OQPSK 변조 신호

[그림 8-8] OQPSK 변조 신호

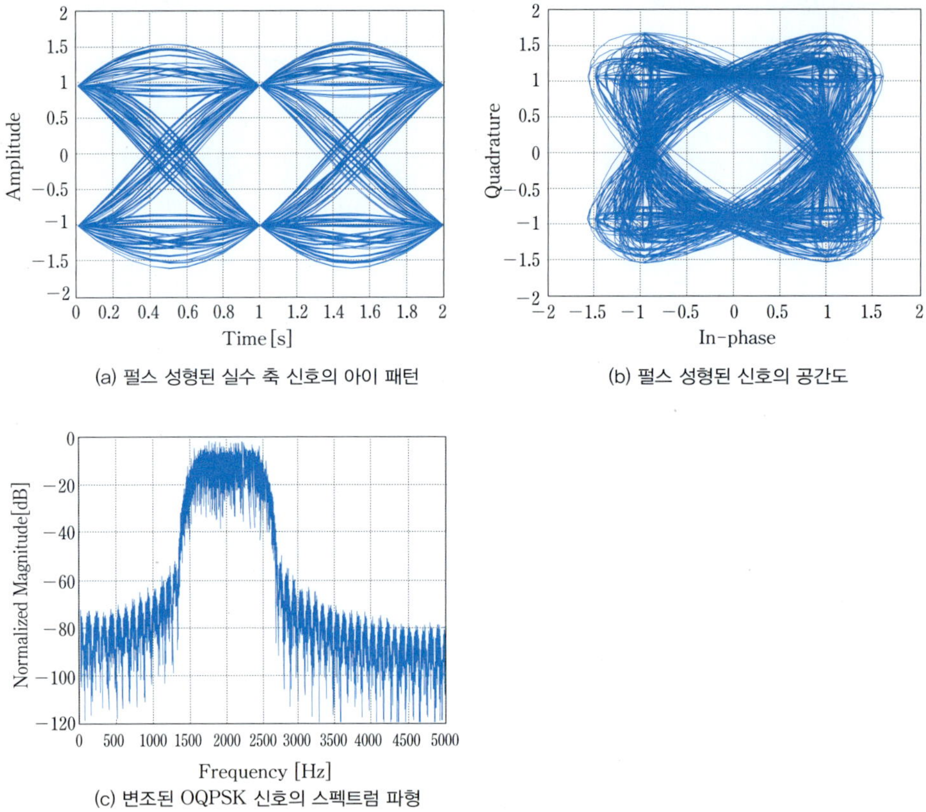

(a) 펄스 성형된 실수 축 신호의 아이 패턴

(b) 펄스 성형된 신호의 공간도

(c) 변조된 OQPSK 신호의 스펙트럼 파형

[그림 8-9] 상승 코사인 파형을 이용한 OQPSK 변조 신호($T_s = 1$[ms], 펄스 성형 파형 $\alpha = 0.4$)

[그림 8-9(b)]의 OQPSK 공간도를 살펴보면 신호의 크기가 정규화 후 약 0.2~1.0 사이에서 변화함을 알 수 있습니다. 그러므로 [그림 8-5(c)]의 0~1.0 사이의 변화보다는 작습니다.

[그림 8-5(e)]와 [그림 8-9(c)]를 HPA를 이용하여 증폭한 경우의 QPSK와 OQPSK 신호 스펙트럼의 변화를 각각 [그림 8-10(a)]와 [그림 8-10(b)]에 나타냈습니다. 비선형 증폭기를 거치면 신호 대역 내 스펙트럼 왜곡이 발생하고 대역 외에서는 스펙트럼이 커지는 문제를 발견할 수 있는데 QPSK보다는 OQPSK의 대역 외 스펙트럼 문제가 조금 작습니다. 이는 OQPSK 신호 파형의 진폭 변화가 QPSK보다 작기 때문에 HPA 비선형성의 영향을 덜 받기 때문입니다.

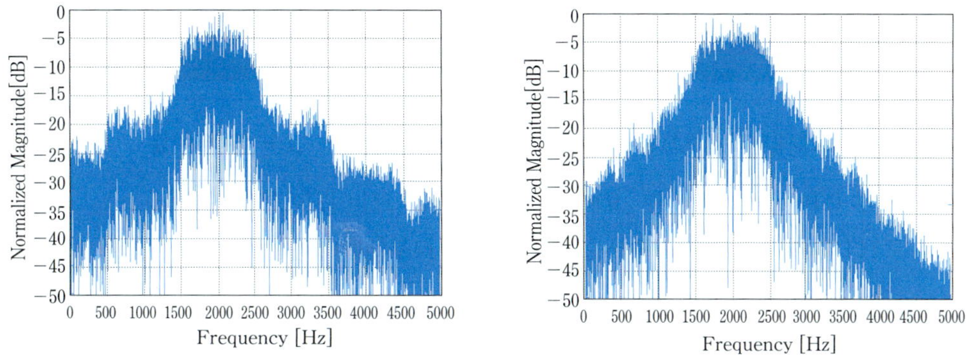

(a) QPSK (b) OQPSK

[그림 8-10] HPA 통과 후 QPSK와 OQPSK 스펙트럼([그림 8-7]의 HPA 적용)

QPSK 변조의 BER 성능

[그림 8-3]에서 신호의 왜곡이 없는 경우, 수신기에서 송신 심벌을 제대로 복원할 확률을 생각해봅시다. 실수 축과 허수 축이 서로 직교하므로 각 축의 관점에서는 BPSK 변조로 볼 수 있습니다. 정합 필터 출력에서 샘플링된 각 축 신호의 크기는 $\pm\sqrt{E_S/2}$입니다. 이는 펄스 성형 펄스 $p(t)$의 에너지가 $E_p=1$로 정규화되었다고 가정한 것입니다. 그리고 정합 필터 출력에서 샘플링된 신호에 포함된 잡음 전력은 $\sigma_n^2=E_pN_0/2=N_0/2$입니다.

BPSK 변조에서의 에러 확률은 식 (7.19)에서 두 성상의 가장 가까운 거리가 $d_{\min}=\sqrt{2E_S}$일 때 $P_e=Q\{d_{\min}/(2\sigma_n)\}$임을 확인했습니다. 따라서 QPSK에서는 실수 축과 허수 축 모두 에러가 발생하지 않아야만 심벌 에러가 발생하지 않으므로[1], 에러가 발생하지 않을 확률 P_c는

$$\begin{aligned} P_c &= [1-Q\{d_{\min}/(2\sigma_n)\}][1-Q\{d_{\min}/(2\sigma_n)\}] \\ &= 1-2Q\{d_{\min}/(2\sigma_n)\}+[Q\{d_{\min}/(2\sigma_n)\}]^2 \end{aligned} \tag{8.4}$$

이 됩니다. 여기서 모든 심벌은 동일 확률로 발생한다고 가정했습니다. 그러므로 QPSK 변조의 에러 확률은

$$P_e=1-P_c=2Q\left(\frac{d_{\min}}{2\sigma_n}\right)-\left\{Q\left(\frac{d_{\min}}{2\sigma_n}\right)\right\}^2<2Q\left(\frac{d_{\min}}{2\sigma_n}\right) \tag{8.5}$$

이고, $\sigma_n^2=E_pN_0/2=N_0/2$이며, QPSK 변조 수신기에서의 에러 확률은

$$P_e<2Q\{d_{\min}/(2\sigma_n)\}=2Q\{\sqrt{2E_S}/(2\sqrt{N_0/2})\}=2Q(\sqrt{E_S/N_0}) \tag{8.6}$$

1 QPSK는 수신기에서 복조 후 심벌이 복소 평면의 어떤 사분면에 존재하는가에 따라서 송신 심벌을 판단합니다. 그러므로 실수 및 허수 어느 한 축이라도 에러가 발생하면 원 송신 심벌의 위치를 벗어나게 되어 심벌 에러를 유발합니다.

가 됩니다. 또한 한 심벌의 에너지 E_s는 비트 에너지 E_b의 두 배이므로

$$P_e < 2Q\left(\sqrt{\frac{2E_b}{N_0}}\right) \tag{8.7}$$

로도 표현할 수 있습니다.

통신이 잘되는, SNR이 좋은 환경에서 가끔 발생하는 QPSK 심벌 에러는 AWGN에 의해 주로 원 성상의 이웃 성상으로 판단되는 경우가 대부분입니다. 이때 비트의 관점에서는 한 비트 에러를 유발하므로 비트 에러율 P_b는

$$P_b \approx \frac{1}{2}P_e = Q(\sqrt{2E_b/N_0}) \tag{8.8}$$

와 같이 심벌 에러의 반이 되어 BPSK 변조와 동일합니다. 이는 QPSK의 실수 축과 허수 축이 서로 직교하므로 두 개의 BPSK가 병렬로 존재하는 것과 같기 때문입니다.

디지털 통신의 에러율 계산을 위한 NNUB

일반적으로 디지털 통신 수신기에서는 송신 심벌 판단을 위해 수신 심벌을 송신 심벌과 가장 가까운 심벌로 판단하는 최우ML : Maximum Likelihood 판별기를 사용합니다. 성상의 개수가 M개인 디지털 통신 방식의 경우 AWGN 채널을 거친 심벌의 수신기에서 판별 에러 확률 P_e는 다음을 만족합니다.

$$P_e \leq N_e Q\left(\frac{d_{\min}}{2\sigma_n}\right) \tag{8.9}$$

여기서 N_e는 각 성상에 나타난 심벌의 최근접 이웃 심벌의 평균 개수입니다. 식 (8.9)는 성상에 따른 수신 심벌 에러율의 한계를 구하는 NNUBNearest Neighbor Union Bound입니다. QPSK 성상의 경우, 각 심벌의 근처에 두 개의 심벌이 이웃해 있으므로 $N_e = (2+2+2+2)/4 = 2$가 되어 $P_e \leq 2Q\{d_{\min}/(2\sigma_n)\}$로 식 (8.6)과 동일한 결과입니다. 이처럼 NNUB는 주어진 성상도의 수신 에러율을 예측하는 간단한 방법입니다.

예제 8-2

MATLAB을 이용하여 SNR을 5[dB]부터 20[dB]까지 5[dB] 단위로 변화시키면서 출력 성상을 볼 수 있는 M-file을 작성하세요.

풀이

```
% QPSK signal constellation

clear all;
no_data=10000; temp=rand(1,no_data); % random number generation
for i=1:no_data, % QPSK constellation mapping
    if(temp(i)<0.25) dsource(i)=-1+sqrt(-1)*(-1);
    elseif(temp(i)<0.5) dsource(i)=-1+sqrt(-1)*(1);
    elseif(temp(i)<0.75) dsource(i)=1+sqrt(-1)*(-1);
    else dsource(i)=1+sqrt(-1)*(1);
    end
end

sig_pow=sum(abs(dsource).^2)/no_data; % Average power calculation
i=0;

for SNRdB=5:5:20,
    i=i+1;
    SNR=10^(SNRdB/10); % Unit translation
    NP=1/SNR % Noise power to fit the required SNR
      noise=randn(1,no_data)+sqrt(-1)*randn(1,no_data); % Complex noise
generation
    noise=sqrt(NP)*noise;
    noise_pow=sum(abs(noise).^2)/no_data
    SNR_real=10*log10(sig_pow/noise_pow)% Generated SNR calculation
    rec=dsource+noise; % Received signal with AWGN
    figure(i)
    plot(rec,'.'); grid
end
```

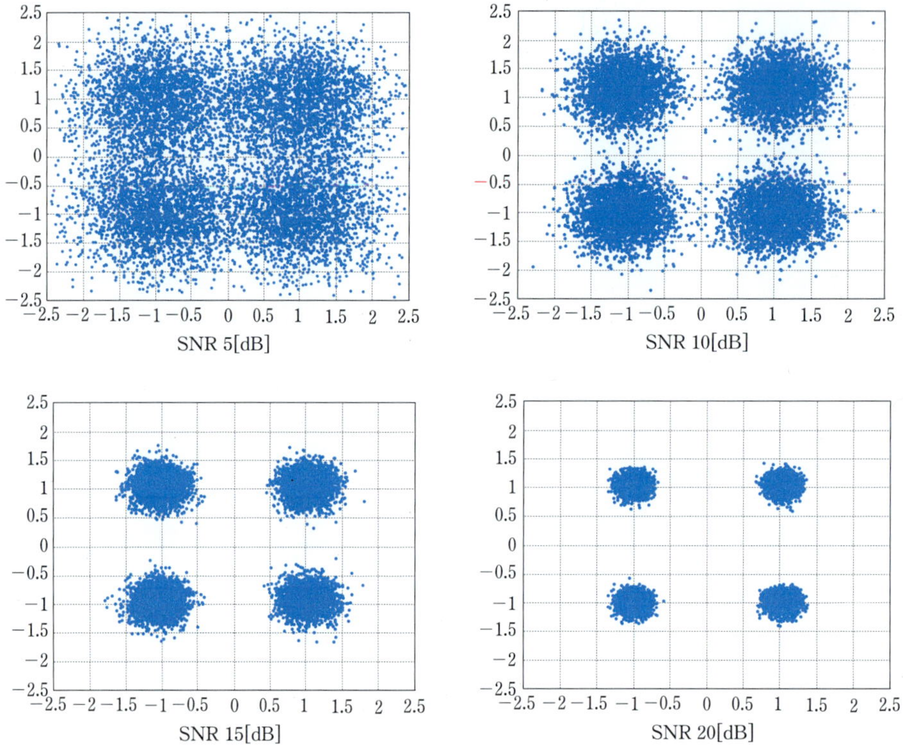

핵심포인트 **QPSK, OQPSK 변조**

QPSK 변조 방식은 입력 이진 데이터를 두 개의 축으로 나누어 각각 BPSK 변조한 것과 동일합니다. 단, 변조 시 서로 직교하는 신호를 사용하므로 수학적으로는 다음과 같이 복소 신호로 표현할 수 있습니다.

$$\varphi(t) = \sqrt{2}\, I(t) \cos \omega_c t - \sqrt{2}\, Q(t) \sin \omega_c t$$
$$= \sqrt{2}\, \mathrm{Re}\left[\{I(t) + jQ(t)\} e^{j\omega_c t}\right]$$

OQPSK 변조는 QPSK 변조에서 허수 축 데이터를 반심벌($T_S/2$[s]) 지연시켜서 복소 신호로 만든 후 변조하는 방식입니다. QPSK 변조는 이웃 성상과 위상이 $\pm\pi$[rad]까지 변화할 수 있고, OQPSK 변조의 경우 $\pm\pi/2$[rad]까지 변화할 수 있습니다.

핵심포인트 **HPA의 특성**

변조단 마지막에 신호를 증폭하기 위한 HPA가 사용되며, HPA는 입력 신호의 크기에 따라 증폭 이득 및 위상의 변화를 유발합니다. 이것을 AM/AM, AM/PM 변조라고 하며, [그림 8-7]과 같은 특징이 있습니다.

8.4 $\pi/4$-DQPSK 변조

$\pi/4$ -DQPSK Differential QPSK 변조는 1962년 벨연구소의 베이커 Baker 가 제안하여 미국의 IS-54 디지털 TDMA 셀룰러 통신 방식으로 사용되었습니다. [그림 8-11]의 송신기에서 보듯이 전송 비트 메시지 d_n은 두 비트가 병렬로 바뀌어 QPSK와 마찬가지로 동 위상과 직교 위상 성분의 정보를 $s_n = I_n + jQ_n$과 같이 복소수로 표현할 수 있습니다. 그리고 최종 심벌을 $m_n = I_{m,n} + jQ_{m,n}$이라고 하겠습니다. 여기서 s_n과 m_n의 동 위상과 직교 위상 성분은 다른 값이므로 구분을 위해 m_n에는 첨자 m을 표시했습니다.

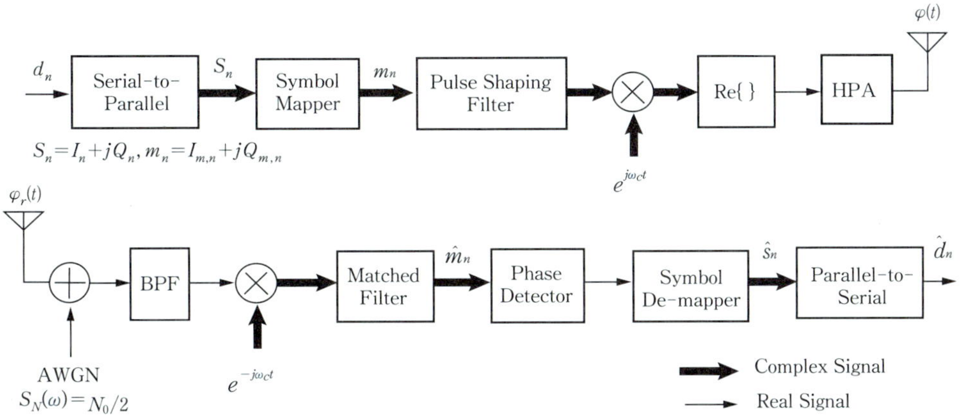

[그림 8-11] $\pi/4$ -DQPSK 변조 송수신기의 구조

전송될 최종 심벌 m_n은 심벌 s_n과 이전 전송 심벌 m_{n-1}을 이용하여 새로운 심벌 m_n을 다음과 같이 결정합니다.

$$
\begin{aligned}
m_n &= \sqrt{E_S}\, e^{j\phi_n} = \sqrt{E_S}\, e^{j\phi_{n-1}} e^{j\Delta\phi_n} \\
&= \sqrt{E_S}\,(I_{m,n-1} + jQ_{m,n-1})(\cos\Delta\phi_n + j\sin\Delta\phi_n) \\
&= \sqrt{E_S}\,(I_{m,n-1}\cos\Delta\phi_n - Q_{m,n-1}\sin\Delta\phi_n) \\
&\quad + j\sqrt{E_S}\,(I_{m,n-1}\sin\Delta\phi_n + Q_{m,n-1}\cos\Delta\phi_n)
\end{aligned}
\tag{8.10}
$$

여기서 ϕ_{n-1}은 시각 $n-1$에서 m_{n-1}의 위상, $\Delta\phi_n$는 현재의 입력 심벌 s_n에 의해 결정되는 위상의 변화 값으로 [표 8-1]과 같습니다.

[표 8-1] $\pi/4$ -DQPSK 변조에서 정보와 위상 천이의 관계

정보 I_n, Q_n	위상 천이 $\Delta\phi_n$
0 0	$\pi/4$
0 1	$-\pi/4$
1 0	$3\pi/4$
1 1	$-3\pi/4$

[그림 8-12]에는 $\pi/4$-DQPSK 변조 성상을 심벌 매퍼 출력에서 보았을 때 이웃 심벌 간의 변화를 나타냈습니다. 이 그림을 통해 이웃 성상과의 변화가 최대 $\pm 3\pi/4$까지 발생하면서 진폭의 큰 변화가 있음을 알 수 있습니다. 그러므로 HPA 관점에서는 넓은 입력 범위에 대해 선형성을 유지해야 하는 단점이 있습니다. 이때 전송 가능한 심벌은 [그림 8-12]와 같이 여덟 가지 위상 성상 중 하나가 됩니다.

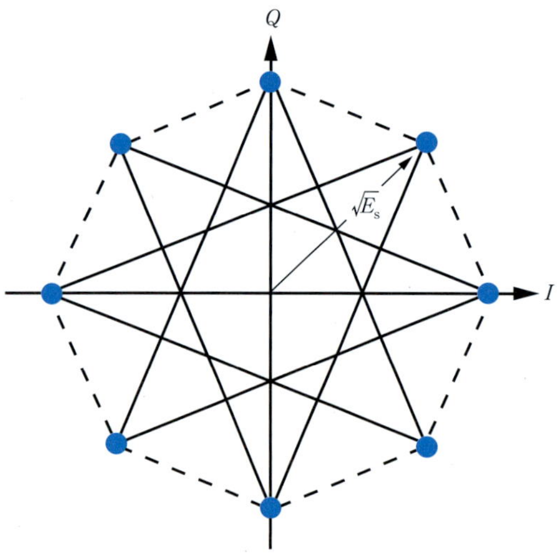

[그림 8-12] $\pi/4$ -DQPSK 변조의 공간도

참고 셀룰러 통신

셀룰러 통신은 이동통신 서비스를 넓은 지역에서 제한된 주파수 채널을 공용으로 활용하기 위해 벨연구소가 개발한 방식으로 1946년 적용되기 시작했습니다. 셀룰러 통신에서는 통신 서비스 지역을 셀이라 불리는 몇 개의 좁은 영역으로 나누어, 이동통신에 할당된 주파수 대역 중 몇 개를 각 셀에서 사용할 수 있는 주파수로 할당합니다. 이때 인접 셀마다 할당된 통신 주파수를 달리하여 간섭이 생기지 않도록 합니다. 그리고 멀리 떨어진 셀에서 이미 할당된 주파수를 재사용하게 함으로써 주파수 사용 효율을 높이는 것입니다. 이동통신은 1세대 아날로그 방식인 AMPS(Advanced Mobile Phone System)를 시작으로 2세대부터는 디지털 방식으로 발전하여 IS(Interim Standard)-54, CDMA(Code Division Multiple Access), GSM(Global System for Mobile communications) 방식이 사용되었습니다. 3세대 이동통신 방식으로는 CDMA-2000과 W-CDMA(Wideband-CDMA)가 있으며 최근에는 4세대라고 불리는 LTE(Long Term Evolution) 방식이 전 세계적으로 일반화되었습니다.

$\pi/4$-DQPSK 수신기

$\pi/4$-DQPSK 수신기의 경우 [그림 8-11]의 수신기에서 위상 검파기를 [그림 8-13]과 같이 동기식 검파기와 차분 검파기[differential detector]로 구현할 수 있습니다. **동기식 검파기는 [그림 8-11]의 수신기에서 반송파 복구를 정확하게 한 후, 이웃 심벌 간의 위상 변화를 찾아 정보를 추출하는 방식입니다. 차분 검파기는 [그림 8-11] 수신기에서 반송파 복구를 정확하게 하지 않는 비동기식 수신기에 적용하는 위상 검파 방식으로, 채널 특성이 빠르게 변화하는 이동통신 환경에서 주로 사용하며 간단하다는 장점이 있습니다.**

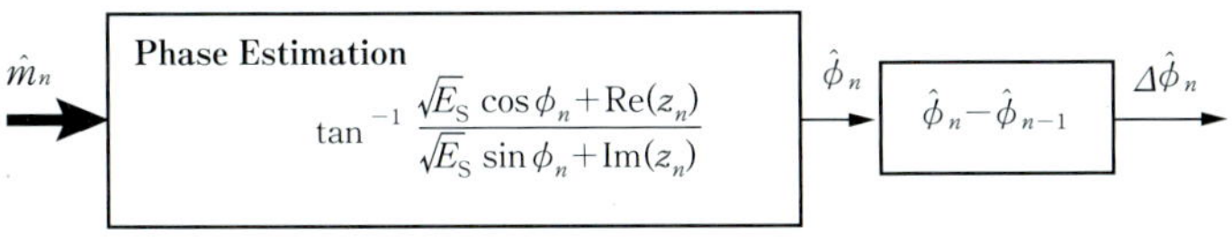

(a) 동기식 검파기

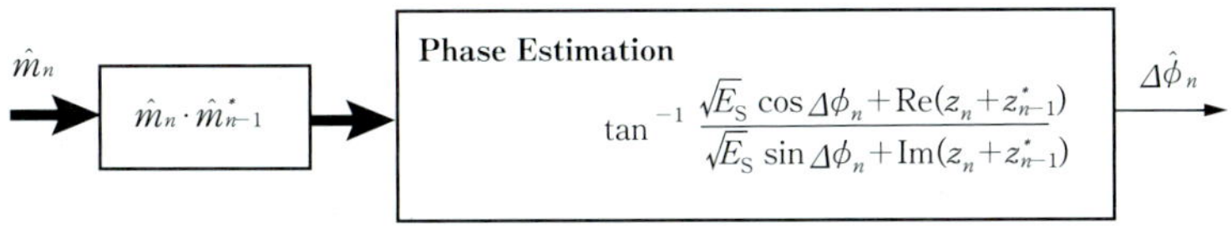

(b) 차분 검파기

[그림 8-13] $\pi/4$-DQPSK 위상 검파기

동기식 수신기의 경우 반송파 복구기에서 수신 신호의 위상을 정확히 추적하여 수신 신호의 위상을 찾아내고 시각 n에서 수신된 신호의 위상을 구하면 다음과 같습니다.

$$\hat{\phi}_n=\angle\hat{m}_n=\angle(\sqrt{E_S}\,e^{j\phi_n}+z_n)=\tan^{-1}\frac{\sqrt{E_S}\cos\phi_n+\mathrm{Re}\,(z_n)}{\sqrt{E_S}\sin\phi_n+\mathrm{Im}\,(z_n)} \tag{8.11}$$

여기서 z_n은 정합 필터 이후 복소 잡음입니다. 그러므로 높은 SNR에서 잡음을 무시하면, 수신된 신호의 위상을 구하여 이웃하는 두 신호의 위상차는 다음과 같습니다.

$$\phi_n-\phi_{n-1}=(\phi_{n-1}+\Delta\phi_n)-\phi_{n-1}=\Delta\phi_n \tag{8.12}$$

그러므로 위상의 변화 $\Delta\phi_n$을 이용하여 송신 신호의 정보 s_n를 복원할 수 있습니다.

[그림 8-13(b)]와 같은 차분 검파기의 경우, 반송파 복구를 하지 않으므로 수신 신호에 위상 또는 주파수 오차가 존재합니다. 수신 신호의 반송파 복구를 완벽하게 하지 않은 상태에서 연속하는 두 신호를 곱하면 다음과 같이 됩니다.

$$\begin{aligned}\hat{m}_n \cdot \hat{m}^*_{n-1} &= \{\sqrt{E_S}\, e^{j(\phi_{n-1}+\Delta\phi_n+\theta_n)} + z_n\}\{\sqrt{E_S}\, e^{-j(\phi_{n-1}+\theta_{n-1})} + z^*_{n-1}\} \\ &= E_S e^{j\{\Delta\phi_n+(\theta_n-\theta_{n-1})\}} + \sqrt{E_S}\, e^{j(\phi_n+\theta_n)} z^*_{n-1} \\ &\quad + \sqrt{E_S}\, e^{-j(\phi_{n-1}+\theta_{n-1})} z_n + z_n z^*_{n-1} \\ &\simeq E_S e^{j\Delta\phi_n} + \sqrt{E_S}\, z^*_{n-1} + \sqrt{E_S}\, z_n\end{aligned} \tag{8.13}$$

여기서 θ_{n-1}과 θ_n은 반송파 복구에서 상쇄하지 못한 위상 오차를 의미합니다. 한 심벌 구간의 짧은 시간 동안 $\theta_n \simeq \theta_{n-1}$이라고 생각하면 이웃하는 두 심벌의 곱은 식 (8.13)과 같이 근사화가 가능합니다. 그리고 두 번째와 세 번째 항에서 위상의 변화는 잡음과 곱해져서 역시 랜덤한 신호가 되고, 잡음의 곱은 크기가 더 작아지므로 SNR이 좋은 상황에서는 무시할 정도가 됩니다. SNR이 신호를 검파할 만큼 좋은 상황이라면 식 (8.13)의 위상은 다음과 같습니다.

$$\angle \hat{m}_n \cdot \hat{m}^*_{n-1} \simeq \tan^{-1} \frac{\sqrt{E_S}\cos\Delta\phi_n + \mathrm{Re}\,(z_n + z^*_{n-1})}{\sqrt{E_S}\sin\Delta\phi_n + \mathrm{Im}\,(z_n + z^*_{n-1})} \tag{8.14}$$

식 (8.12)와 식 (8.14)의 차이는 잡음의 분산이 두 배라는 점입니다. 따라서 **비동기식 검파 방식은 동기식 검파 방식보다 3[dB] 정도 성능 저하가 발생합니다.** 그러나 비동기식 검파 방식은 도플러 천이Doppler shift[2] 현상 등에 의한 빠른 심벌의 위상 변화를 제거할 필요가 없다는 장점이 있습니다.

참고로 IS-54 셀룰러 시스템은 송신기에서 신호를 롤-오프 계수가 0.35인 SRRC 펄스 파형을 이용하여 전송합니다.

예제 8-3

데이터 시퀀스 d_k={0010111000011110110100}을 QPSK, $\pi/4$-DQPSK 변조를 이용하여 전송할 때 송신 심벌의 위상을 나타내세요. 다음 표는 각 변조 방식의 데이터에 따른 출력 위상의 관계입니다. 단, $\pi/4$-DQPSK 변조의 초기 위상은 0입니다.

데이터	QPSK 위상 또는 $\pi/4$-DQPSK 위상 천이
00	$\pi/4$
01	$-\pi/4$
10	$3\pi/4$
11	$-3\pi/4$

2 도플러 천이는 전파가 이동 물체에 반사되어 수신되거나 수신기가 이동하는 경우 원래 신호의 주파수에 변화가 일어나는 현상입니다. 신호의 입사 방향과 안테나의 움직이는 방향 사이에 θ°만큼의 방향 차가 있고, 입사 신호의 주파수가 f_1[Hz], 안테나가 v[m/s]의 속도로 멀어질 때, 수신 신호는 $f_{\text{Doppler}} = -vf_1/c$[Hz]의 주파수 변화가 일어납니다. 여기서 전파의 속도 $c = 3\times10^8$[m/s]로 빛의 속도와 같습니다. 신호의 입사 방향과 안테나가 가까워지는 방향으로 이동할 때 $f_{\text{Doppler}} > 0$이 됩니다.

풀이

d_n을 2비트씩 묶어서 심벌 단위로 분류하면 {00 10 11 10 00 01 11 10 11 01 00}이 됩니다. 그러므로 QPSK 변조의 경우 변조 신호의 위상은 {$\pi/4$, $3\pi/4$, $-3\pi/4$, $3\pi/4$, $\pi/4$, $-\pi/4$, $-3\pi/4$, $3\pi/4$, $-3\pi/4$, $-\pi/4$, $\pi/4$}가 됩니다. 그리고 $\pi/4$-DQPSK 변조의 위상은 $\phi_n=\phi_{n-1}+\Delta\phi_n$, $\phi_0=0$이므로 {$\pi/4$, π, $\pi/4$, π, $-3\pi/4$, π, $\pi/4$, π, $\pi/4$, 0, $\pi/4$}입니다.

핵심포인트 $\pi/4$-DQPSK

$\pi/4$-DQPSK 변조는 비동기식 검파가 가능하여 수신기의 구조가 간단하며, 북미의 IS-54 이동통신에 사용된 방식입니다.

8.5 FSK 변조

FSK 변조는 정보를 특정 주파수의 정현파로 전송하는 방식으로, N비트의 데이터를 묶어 표현한 심벌의 변조 신호는

$$\varphi_i(t)=\sqrt{\frac{2E_S}{T_S}}\cos\omega_i t,\quad 0\le t\le T_S,\ i=1,\ \cdots,\ M \tag{8.15}$$

와 같이 $M=2^N$개의 서로 다른 주파수를 가진 정현파로 표현되어 전송됩니다. 이는 심벌 구간 T_S 동안 정현파의 주파수를 다르게 하여 정보를 보내는 방식입니다. 수신기는 [그림 8-14]와 같은 구조이며, 중심 주파수가 ω_i인 M개의 BPF 출력 크기를 비교하여 가장 큰 출력을 찾습니다. 일반적으로 FSK 변조는 이 필터의 중심 주파수를 통해 송신 심벌을 판단하는 비동기식 검파를 하는 것이 일반적입니다. 즉 수신기가 반송파 신호의 주파수와 위상을 추적하지 않는 비동기식 수신 방식입니다.

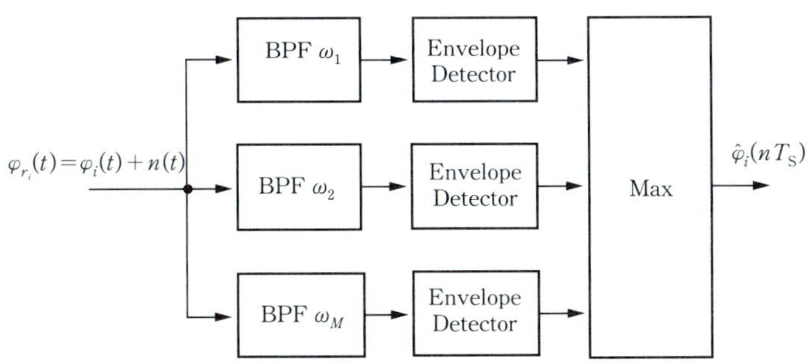

[그림 8-14] FSK 비동기식 수신기의 구조

FSK 변조에서 각 심벌을 표현하는 주파수 ω_i는 서로 다른 임의의 주파수를 사용하는 것이 아니라 반드시 식 (8.15)의 파형 간 직교하는 특성을 가져야 합니다. 즉 T_S초 동안 신호가 전송될 때 다음과 같이 표현할 수 있고

$$\varphi_i(t)=\sqrt{2\frac{E_S}{T_S}}(\cos\omega_i t)\,\mathrm{rect}(t/T_S) \tag{8.16}$$

이 신호의 주파수 특성은 $(T_S/2)[\mathrm{Sa}\{(\omega-\omega_i)T_S/2\}+\mathrm{Sa}\{(\omega+\omega_i)T_S/2\}]$가 되어 이진 정보를 보낼 경우 [그림 8-15]와 같이 표현됩니다.

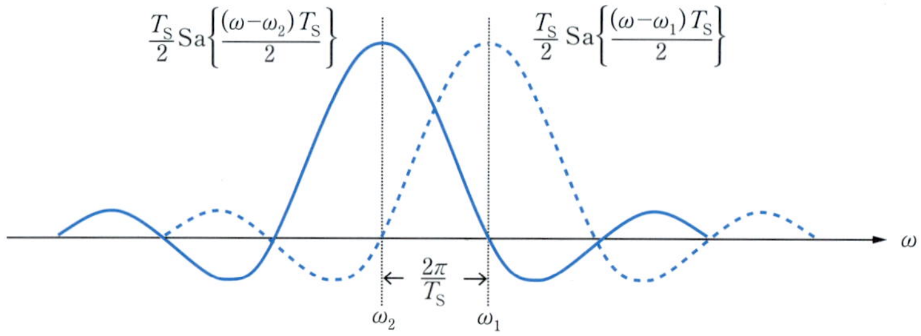

[그림 8-15] FSK 변조에서 변조 주파수와의 관계

따라서 FSK 변조의 경우, [그림 8-15]를 통해 **이웃 주파수 사이의 최소 간격은 $1/T_S$[Hz]가 되어야 식 (8.15)의 파형 간에 서로 간섭이 일어나지 않습니다.** 이 사실을 확인하기 위해 두 가지 파형을 가진 BFSK^binary FSK^에서의 비동기식 수신기를 살펴봅시다. 예를 들어 이진 데이터 0과 1이 각각 송신기에서 $\varphi_1(t)=\cos\omega_1 t$와 $\varphi_2(t)=\cos\omega_2 t$로 보내져서 $\varphi_{r_1}(t)=\cos(\omega_1 t+\phi)$와 $\varphi_{r_2}(t)=\cos\omega_2 t$로 수신되었다고 가정하겠습니다. 여기서 ϕ는 전송 과정에서 발생한 위상 변화로, 비동기식 수신기의 경우 $0\le\phi<2\pi$이며, 동기식 수신기의 경우 $\phi=0$입니다. 수신기에서 우수한 검파 성능을 얻으려면 두 파형이 반드시 직교성을 유지해야 합니다. 이를 위해서는 다음을 만족해야 하고,

$$\int_0^{T_S}\cos(\omega_1 t+\phi)\cos\omega_2 t\,dt=0 \tag{8.17}$$

이것은 다음과 같이 표현됩니다.

$$\begin{aligned}&\frac{\cos\phi}{2}\int_0^{T_S}[\cos(\omega_1+\omega_2)t+\cos(\omega_1-\omega_2)t]dt\\&-\frac{\sin\phi}{2}\int_0^{T_S}[\sin(\omega_1+\omega_2)t+\sin(\omega_1-\omega_2)t]dt=0\end{aligned} \tag{8.18}$$

그리고 다음과 같이 표현할 수도 있습니다.

$$\cos\phi\left[\frac{\sin(\omega_1+\omega_2)T_S}{(\omega_1+\omega_2)}+\frac{\sin(\omega_1-\omega_2)T_S}{(\omega_1-\omega_2)}\right]$$
$$+\sin\phi\left[\frac{\cos(\omega_1+\omega_2)T_S-1}{(\omega_1+\omega_2)}+\frac{\cos(\omega_1-\omega_2)T_S-1}{(\omega_1-\omega_2)}\right]=0 \quad (8.19)$$

현실적으로 $\omega_1+\omega_2$는 매우 크다고 가정해도 문제가 없으므로 식 (8.19)는

$$\cos\phi\sin(\omega_1-\omega_2)T_S+\sin\phi[\cos(\omega_1-\omega_2)T_S-1]\approx 0 \quad (8.20)$$

과 같이 단순화됩니다. 그리고 이 조건을 만족하기 위해서는

$$|\omega_1-\omega_2|T_S=2k\pi\rightarrow|\omega_1-\omega_2|=2k\pi/T_S,\ k:\text{integer} \quad (8.21)$$

가 됩니다. 따라서 두 주파수 사이의 최소 간격은 $k=1$이며, $|f_1-f_2|=1/T_S$[Hz]가 됩니다. 이 결과는 [그림 8-15]와 정확히 일치합니다.

다음으로 동기식 수신기를 사용하는 BFSK 변조를 살펴보겠습니다. 이때 수신 신호는 반송파 복원이 이루어졌으므로 $\varphi_1(t)=\cos\omega_1 t$와 $\varphi_2(t)=\cos\omega_2 t$이며, 식 (8.20)에서 $\sin(\omega_1-\omega_2)T_S\approx 0$이므로

$$\omega_1-\omega_2=\frac{\pi k}{T_S} \quad (8.22)$$

가 됩니다. 그러므로 이웃 주파수 간의 가장 짧은 간격은 $f_1-f_2=1/(2T_S)$[Hz]입니다.

예제 8-4

전송 속도가 1[ksps]인 16개의 주파수를 사용하는 16-FSK 변조 시스템에 대한 다음 문제를 푸세요.

(a) 1[Mb]의 정보를 전송하는 데 필요한 시간을 계산하세요.
(b) 비동기식 FSK 복조기를 위해 필요한 최소 통신 대역폭을 구하세요.
(c) 동기식 FSK 복조기를 위해 필요한 최소 통신 대역폭을 구하세요.

풀이

(a) 16개의 주파수를 사용하므로 16개의 심벌을 표현하는 것입니다. 따라서 한 심벌은 4비트 정보이므로 1[Mb] 데이터는 250000개의 심벌입니다. 한 심벌의 전송 간격은 1[ms]이므로 250000개의 심벌 전송에는 250초가 걸립니다.

(b) 비동기식 FSK 시스템은 16개의 서로 다른 주파수를 가져야 하므로 [그림 8-15]에 따라 $15/T_S=15\times10^{-3}=15$[kHz]의 대역폭이 필요합니다. 그리고 [그림 8-15]에서 Sa 함수의 특징에 따라 저주파 및 고주파 부분에 각각 $1/T_S$[Hz]의 대역이 추가로 필요하므로 총 필요 대역은 $17/T_S=17$[kHz]가 됩니다.

(c) 동기식 FSK 시스템은 심벌 주파수 간 간격이 $1/(2T_S)$[Hz]이므로 16개 주파수를 위한 간격은 $15/(2T_S)=7.5$[kHz]가 됩니다. 그리고 Sa 함수의 특징에 따라 저주파 및 고주파 부분에 각각 $1/T_S$[Hz]의 대역이 추가로 필요하므로 총 필요 대역은 $7.5+2/T_S=9.5$[kHz]가 됩니다.

핵심포인트 FSK

FSK 변조에서 동기식 수신기의 경우, 송신 주파수의 최소 간격은 $1/(2T_S)$[Hz]이며, 비동기식 수신기의 경우는 $1/T_S$[Hz]입니다.

8.6 CPFSK와 MSK 변조

QAM 변조나 FSK 변조를 통해 심벌이 전송될 때, 전송 신호의 위상이 갑자기 급격하게 바뀌는 경우가 발생한다는 것을 보았습니다. 이러한 파형은 송신기에서 신호를 멀리 전송하기 위해 HPA를 통해 증폭해서 보낼 때, 넓은 전압 범위의 입력 신호에 대해 동일한 증폭 이득 및 위상 천이 특성을 가져야 합니다. 이 조건을 만족하지 못하는 증폭기를 사용할 경우, 송신 신호가 왜곡되어 수신기에서 신호 검파 에러를 증가시키는 요인이 됩니다. 그러나 우수한 선형성을 가진 증폭기는 고가일뿐더러 구현하기도 어렵습니다. 이 문제를 해결하기 위해 **심벌의 변화에 상관없이 변조된 파형의 위상이 급격하게 변화하지 않는 변조 방식이 제안되었습니다.** CPFSK[Continuous Phase Frequency Shift Keying] 변조의 일종으로는 MSK와 GMSK 변조가 있습니다.

CPFSK 변조

CPFSK 변조는 송신 이진 정보의 시간에 따른 변화에도 불구하고 최종 변조 파형의 위상이 갑자기 변화하는 것이 아니라 연속적으로 변화하는 특징이 있습니다. CPFSK 변조는 FSK 변조의 일종으로 한 심벌의 길이가 T_S초일 때 송신 신호는 다음과 같고,

$$\varphi_i(t)=A\cos\{\omega_c t+\theta(t)\},\quad nT_S\le t\le(n+1)T_S \tag{8.23}$$

여기서 이진 심벌에 따른 위상은

$$\theta(t)=\pi h\sum_{k=0}^{n-1}s_k+s_n\frac{\pi h}{T_S}(t-nT_S)=\theta_n+s_n\frac{\pi h}{T_S}(t-nT_S) \tag{8.24}$$

입니다. s_n은 이진 데이터가 0 또는 1인 경우 각각 1과 −1로 매핑된 이진 심벌입니다. 식

(8.24)를 통해 위상 정보 $\theta(t)$는 시간에 따라 연속인 함수로서 심벌 $s_n=1$인 경우에는 심벌 구간 T_S[s] 동안 위상이 계속 증가하고, 심벌 $s_n=-1$인 경우에는 심벌 구간 동안 위상이 선형적으로 감소합니다. θ_n은 $0 \le t < (n-1)\,T_S$ 동안 전송된 모든 심벌의 위상 누적 값입니다. 그리고 h는 변조 지수modulation index라고 하는데, 이는 CPFSK에서 이웃 심벌 간 변조 신호의 위상차를 결정하는 변수입니다. 식 (8.24)의 $t=(n-1)\,T_S$와 $t=n\,T_S$에서 CPFSK 파형의 총 위상 변화는

$$\theta(nT_S)-\theta\{(n-1)\,T_S\}=\begin{cases} \pi h, & \text{for bit 1} \\ -\pi h, & \text{for bit 0} \end{cases} \tag{8.25}$$

가 됩니다. 그러므로 시간에 따른 CPFSK 신호의 위상 변화가 정보를 표현하는 것입니다. [그림 8-16]에 시간에 따라 변화하는 전송 정보에 의한 CPFSK 파형의 위상 변화를 나타냈는데 이 그림을 위상 트리라고 합니다. [그림 8-16]을 통해 **CPFSK 변조는 위상이 연속적으로 변화하는 FSK 변조 방식임을 알 수 있습니다.**

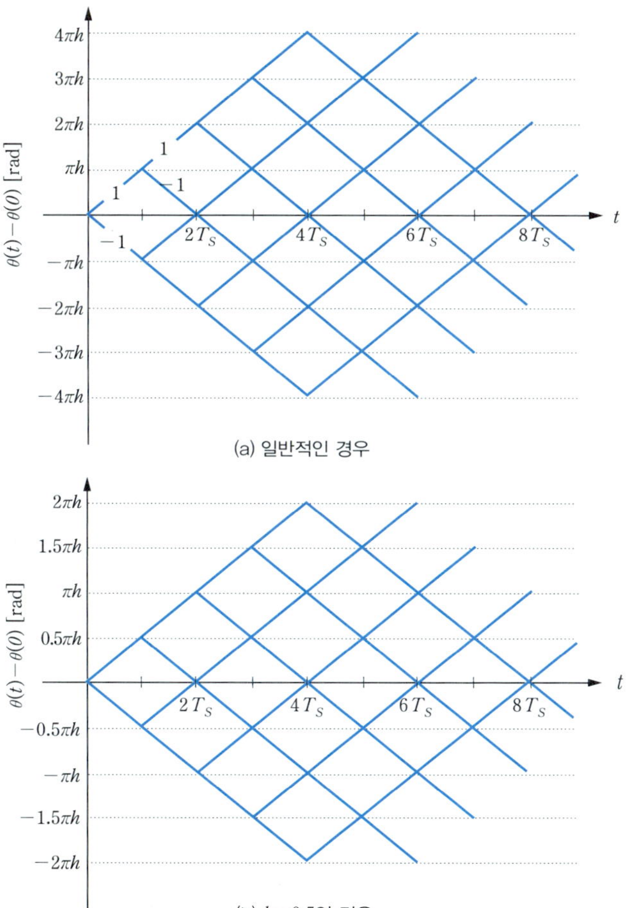

(b) $h=0.5$인 경우

[그림 8-16] CPFSK 신호의 시간에 따른 위상 변화

MSK 변조

CPFSK에서 h=0.5인 경우, 식 (8.23)은 식 (8.24)로부터 다음과 같이 됩니다.

$$\begin{aligned}\varphi_i(t) &= A\cos\{\omega_c t+\theta_n+s_n\pi(t-nT_S)/(2T_S)\} \\ &= A\cos[2\pi\{f_c+s_n/(4T_S)\}t-s_n n\pi/2+\theta_n] \\ &= A\cos[2\pi\{f_c+s_n/(4T_S)\}t+\phi_n],\ nT_S\le t<(n+1)T_S\end{aligned} \tag{8.26}$$

여기서 $\phi_n=\theta_n-s_n n\pi/2$, $s_n=-1$이면 주파수는 $f_1=f_c-1/(4T_S)$이 되고, $s_n=1$이면 주파수 $f_2=f_c+1/(4T_S)$이 되므로 BFSK 변조와 유사한 모양이 됩니다. 그리고 두 주파수 차이는 $f_d=f_2-f_1=1/(2T_S)$로 식 (8.22)에서 살핀 FSK에서 주파수 간격이 가장 좁은 형태가 됩니다. 따라서 **식 (8.26)의 파형은 동기 수신 FSK 변조 방식 중 이진 정보를 표현하기 위한 두 주파수의 간격이 가장 좁은 경우이므로 MSK**[Minimum Shift Keying] **변조라고 합니다.**

실제로 MSK는 식 (8.26)에 대해 삼각함수 공식을 이용하여 위상을 분리하고 일반화하면 다음의 OQPSK와 같은 파형으로 표현됩니다.

$$\varphi_i(t)=s_I(t)\cos\left(\frac{\pi t}{2T_S}\right)\cos\omega_c t+s_Q(t)\sin\left(\frac{\pi t}{2T_S}\right)\sin\omega_c t \tag{8.27}$$

여기서 $s_I(t)$와 s_Q(t)는 동상 채널과 이상 채널에 입력되는 이진 정보입니다. 이진 메시지가 d_k(k=0, 1, 2, 3, ⋯)일 때, $(n-1)T_S/2\le t<(n+1)T_S/2$ 구간에서 $s_I(t)=d_n$ (n=0, 2, 4, ⋯), $s_Q(t)=d_n$(n=1, 3, 5, ⋯)입니다.

[그림 8-17]에 이진 정보 d_k가 {1 0 1 0 0 1 0 0}일 때 MSK 변조한 파형을 나타냈습니다. 이 경우 MSK 신호 $\varphi_i(t)$의 위상이 연속으로 변한다는 것을 알 수 있습니다. 이는 OQPSK 변조 신호 파형보다 위상의 변화가 연속적이고 진폭이 일정하므로 HPA의 비선형 효과를 감소시킬 수 있는 것이 장점입니다.

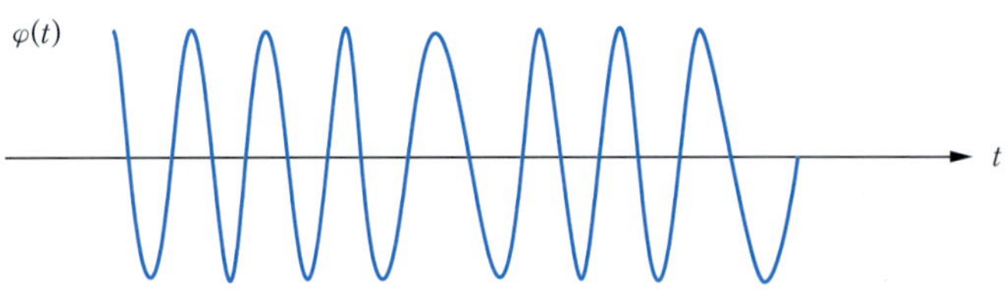

[그림 8-17] 이진 데이터 {1 0 1 0 0 1 0 0}에 대한 MSK 변조 신호의 예

[그림 8-18]은 MSK 변조기의 구조인데, OQPSK와 비슷하지만 펄스 성형 파형이 다르다는 차이점이 있습니다. **CPFSK 변조는 일종의 디지털 FM 변조로서 신호의 진폭을 일정하게 할 수 있어 HPA의 선택에 장점이 있습니다.**

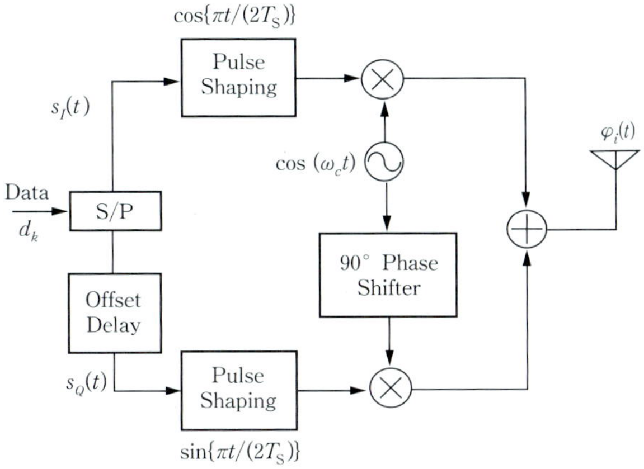

[그림 8-18] MSK 변조기

[그림 8-19]에서 QPSK, OQPSK, MSK 변조의 전력 밀도 함수를 비교했습니다. 각 변조 방식별로 99% 전력 대역폭을 비교하면 MSK는 $B \approx 1.17/T_B$[Hz], QPSK와 OQPSK는 $B \approx 10.3/T_B$[Hz]가 됩니다. 여기서 T_B는 한 비트의 길이입니다. [그림 8-19]에서 주엽main lobe의 폭은 MSK가 넓어서 대역폭이 넓은 것 같지만 부엽의 크기가 빨리 감쇄하여 실제 통신에 필요한 대역폭은 QPSK나 OQPSK 변조보다 좁습니다.

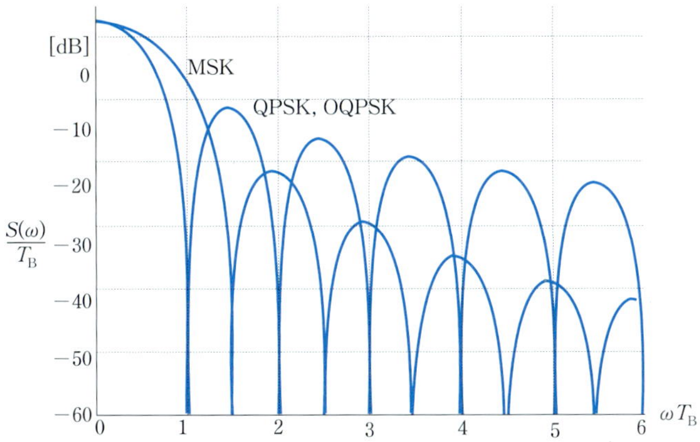

[그림 8-19] QPSK, QPSK, MSK 변조 신호의 전력 밀도 함수

예제 8-5

MSK 변조의 식 (8.26)에서 ϕ_n은 $s_I(t)$에 따라 0 또는 π가 됩니다. 이때 식 (8.26)은 식 (8.27)로 표현됨을 보이세요. ϕ_n이 0 또는 π가 되면 식 (8.26)의 $t=nT_S$에서 파형의 위상은 연속이 됩니다. 그리고 무작위로 나타나는 것은 데이터 s_n의 영향 때문입니다.

풀이

ϕ_n을 0으로 하고 $s_n = \pm 1$이므로 식 (8.26)은

$$\begin{aligned}\varphi_i(t) &= A\cos[2\pi\{f_c + s_n/(4T_S)\}t] \\ &= A\cos\{\pi s_n t/(2T_S)\}\cos\omega_c t - A\sin\{\pi s_n t/(2T_S)\}\sin\omega_c t \\ &= A\cos\{\pi t/(2T_S)\}\cos\omega_c t - As_n\sin\{\pi t/(2T_S)\}\sin\omega_c t\end{aligned}$$

그리고 ϕ_n을 π로 하면 다음과 같습니다.

$$\begin{aligned}\varphi_i(t) &= A\cos[2\pi\{f_c + s_n/(4T_S)\}t + \pi] \\ &= A\cos\{\pi s_n t/(2T_S) + \pi\}\cos\omega_c t - A\sin\{\pi s_n t/(2T_S) + \pi\}\sin\omega_c t \\ &= -A\cos\{\pi t/(2T_S)\}\cos\omega_c t + As_n\sin\{\pi t/(2T_S)\}\sin\omega_c t\end{aligned}$$

그러므로 ϕ_n이 0 또는 π인 경우에 대해 위의 두 식을 일반화하면

$$\varphi_i(t) = \pm A\cos\{\pi t/(2T_S)\}\cos\omega_c t \pm A\sin\{\pi t/(2T_S)\}\sin\omega_c t$$

가 되고, $A=1$이라면

$$\varphi_i(t) = d_I(t)\cos\left(\frac{\pi t}{2T_S}\right)\cos\omega_c t + d_Q(t)\sin\left(\frac{\pi t}{2T_S}\right)\sin\omega_c t$$

입니다. 여기서 $d_I(t)$와 $d_Q(t)$는 −1 또는 +1입니다.

핵심포인트 **FSK 변조의 특징**

FSK 변조에서는 심벌에 따라 반송파 주파수를 달리하며, 심벌 간 신호가 간섭을 일으키지 않아야 합니다. FSK 변조에서 위상이 서서히 변화하도록 한 변조 방식을 CPFSK 변조라고 합니다. 이 방식은 변조된 신호의 파형에서 위상이 급하게 변화하지 않으므로 대역폭이 좁아지는 장점이 있습니다.

GMSK 변조

GMSK^Gaussian Minimum Shift Keying **변조는 2세대 이동통신 방식인 GSM에 사용된 변조 방식으로서 MSK를 변형시킨 변조 방식입니다.** 이진 데이터를 MSK 변조하기 전에 전달 함수가 주파수 영역에서 가우스 함수를 따르는 가우스 필터를 통과시킵니다. 가우스 필터의 주파수 전달 함수는 다음과 같습니다.

$$H(f) = K\exp\left(\frac{\ln 2}{2}\frac{f^2}{B^2}\right) \tag{8.28}$$

여기서 K와 B는 각각 상수와 3[dB] 대역폭입니다. 이 필터는 [그림 8-16]의 위상 트리

가 T_S초마다 마름모꼴로 변화하는 부분을 부드럽게 바꾸는 결과를 얻을 수 있습니다. 이를 통해 스펙트럼의 부엽 부분 크기를 빨리 감소시킬 수 있습니다.

핵심포인트 MSK

MSK 변조는 일종의 동기식 FSK 변조 방식으로, 변조된 파형의 위상이 연속으로 바뀐다는 점이 차이가 있습니다. 이로 인해 주파수 대역폭이 QPSK 방식보다 좁은 장점이 있습니다.

8.7 8-VSB 변조

8-VSB(Vestigial SideBand) 변조는 우리나라와 미국, 캐나다 등에서 사용 중인 HDTV 방송을 위한 디지털 변조 방식입니다. 이 방식의 송신기 구조는 [그림 8-20]과 같습니다. 소스 인코더를 이용하여 압축된 신호가 데이터 난수화기를 거쳐 0과 1이 무작위로 발생되어 넓은 의미의 정상(WSS) 프로세스 신호가 발생하고, 채널 인코더를 거친 이진 정보를 3비트씩 묶어서 여덟 가지 심벌의 하나로 표현하여 전송하는 방식입니다. 변조되기 전 신호는 8-PAM(Pulse Amplitude Modulation) 신호로 표현됩니다. 8-PAM 신호는 전송하려는 8-레벨의 데이터와 +5 또는 −5로 표현되는 동기 신호로 구성되어 있습니다. 8-레벨 심벌은 3비트의 데이터를 −7, −5, −3, −1, +1, +3, +5, +7의 직류 레벨로 구성합니다. 이 값들은 상대적인 크기임에 주의해야 합니다.

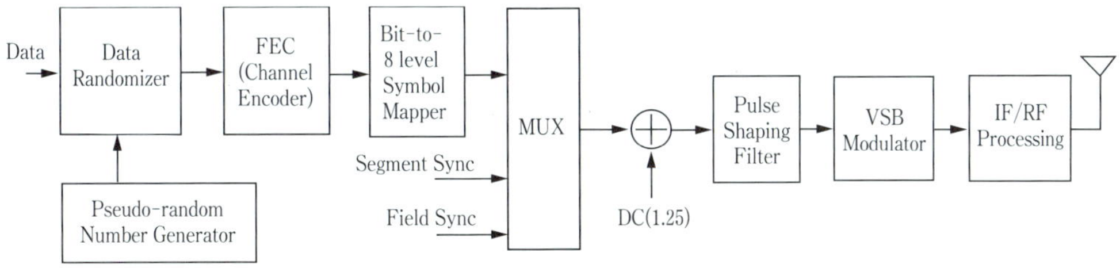

[그림 8-20] 8-VSB 송신기의 구조

8-VSB 변조에는 세그멘트(segment) 동기와 필드(field) 동기 신호가 있습니다. 이는 수신기에서 동기를 위한 신호로 사용됩니다. 이 정보에 1.25의 직류 레벨이 부가되는데 이것을 파일럿이라 합니다. 이 신호가 반송파 신호로 변조되면 정현파가 되므로 수신기에서 반송파 동기에 사용되는 유용한 신호입니다. [그림 8-21]에 전송 데이터의 프레임 구조를 나타냈습니다.

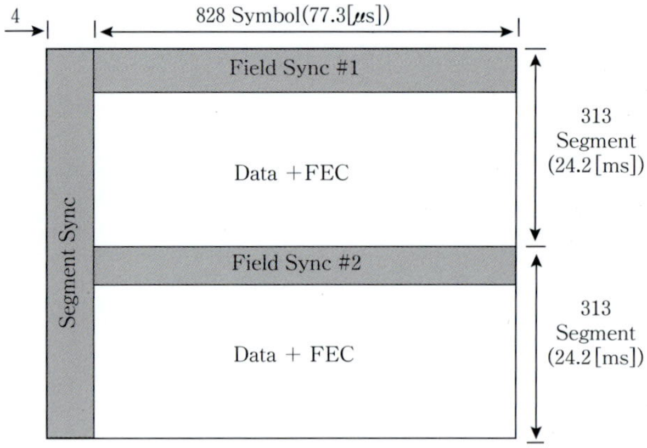

[그림 8-21] 8-VSB의 데이터 프레임 구조

[그림 8-22]는 [그림 8-20]의 8-VSB 변조 부분 블록도를 자세히 나타낸 것입니다. 여기서 심벌의 전송률은 10.76[Msps]이고, 변조된 신호의 반송파 주파수는 5.38[MHz]라고 가정했습니다.

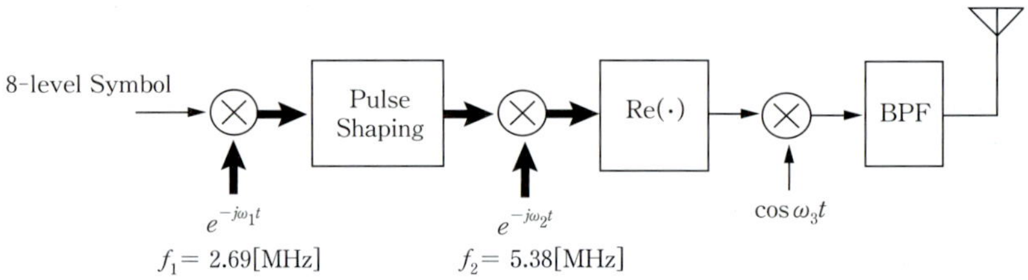

[그림 8-22] 8-VBS 변조기의 송신기 구조

[그림 8-22]에서 8-레벨 PAM 심벌은 복소 주파수 $e^{-j\omega_1 t}$와 믹싱되어 펄스 성형 필터를 거치고 $e^{-j\omega_2 t}$로 재변조되어 실수 부분만을 취합니다. 그리고 최종 반송파 신호 $\cos\omega_3 t$가 믹싱되어 전송됩니다. [그림 8-23]에 8-VSB 송신기 각 부분의 신호와 스펙트럼을 나타냈습니다. [그림 8-23(a)]는 시간에 따라 발생된 8-PAM 심벌을 나타내며, 심벌의 발생률이 10.76[Msps]입니다. [그림 8-23(b)]는 심벌의 시간에 따른 파형과 스펙트럼입니다. 8-PAM 심벌은 무작위로 발생되는 WSS의 특징이 있으므로 백색 잡음처럼 모든 주파수 성분을 가지고 있습니다.

[그림 8-23(c)]는 1.25-레벨의 파일럿 신호를 부가한 후 DC에서 강한 톤 신호가 있음을 알 수 있습니다. 여기서 스펙트럼의 대역은 −5.38 ~ +5.38[MHz]가 됩니다. 또한 원래 심벌이 실수 값이므로 DC를 기준으로 좌우 스펙트럼은 대칭입니다. 따라서 양 또는 음의 주파수 스펙트럼만을 전송해도 별 문제가 없습니다. [그림 8-23(d)]는 원 신호의 주파수를 −2.69[MHz] 이동한 스펙트럼이고, [그림 8-23(e)]는 펄스 성형 필터의 전달 함수로서 나

이퀴스트 주파수 f_N이 2.69[MHz], 롤-오프 계수가 0.1152인 SRRC 파형입니다. [그림 8-23(f)]는 펄스 성형 후의 신호이며, 신호의 성분 중 1/2의 스펙트럼이 사라지게 되었습니다. 즉 [그림 8-23(c)]의 DC 왼쪽 스펙트럼이 사라진 것입니다. [그림 8-23(g)]는 반송파 주파수 2.69[MHz]로 신호를 변조한 파형이며, [그림 8-23(h)]는 [그림 8-23(g)]의 실수부만을 표현한 것으로 실제 채널을 통해 전송되는 신호입니다.

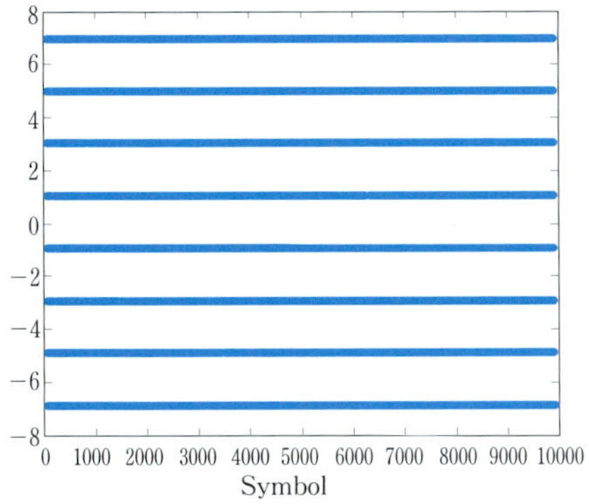

(a) 8-레벨 PAM 신호

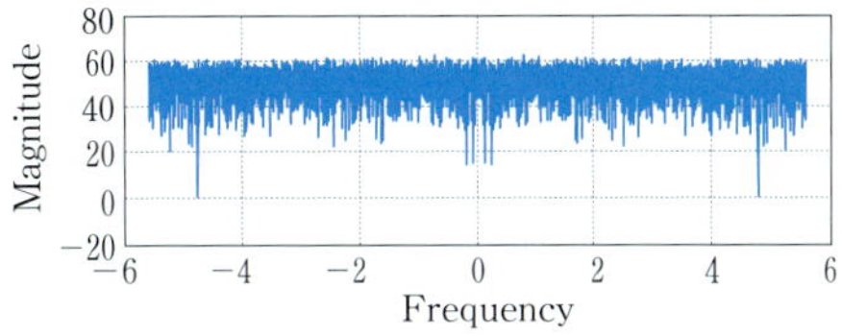

(b) 8-레벨 PAM 신호 스펙트럼

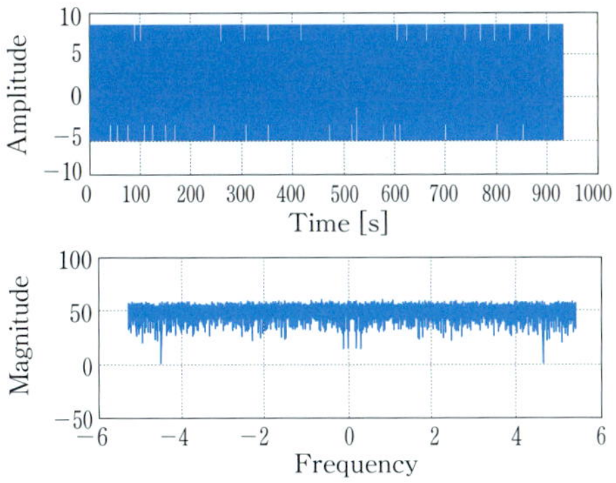

(c) 파일럿 신호 부가 후

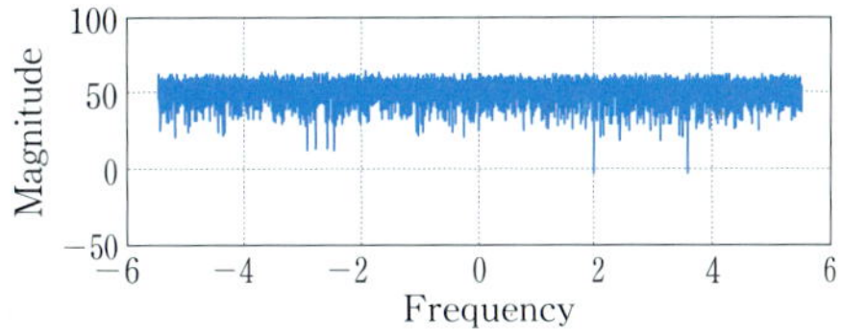

(d) −2.69[MHz] 주파수 이동 후(복소)

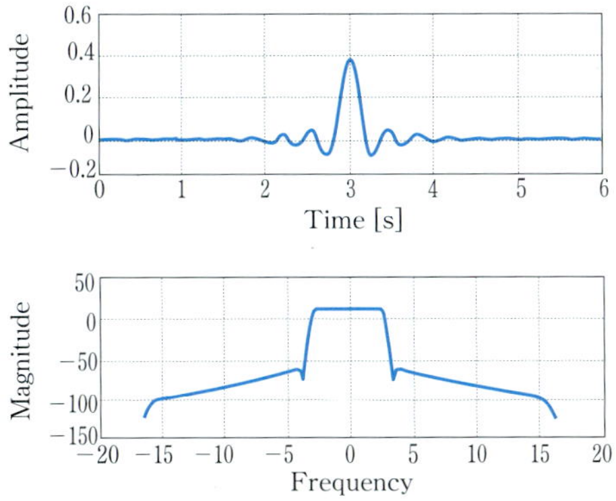

(e) 펄스 성형 필터

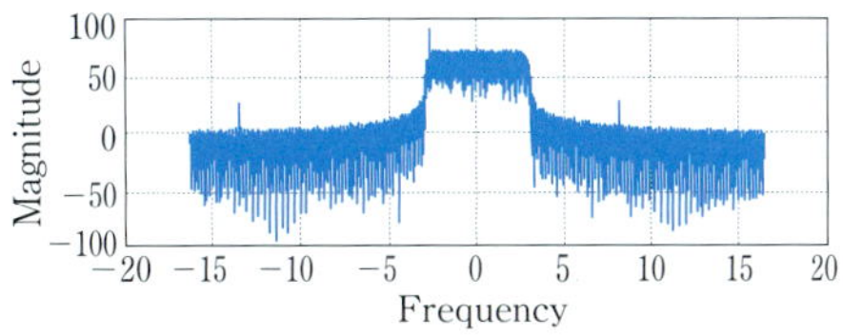

(f) 펄스 성형 후 신호(복소)

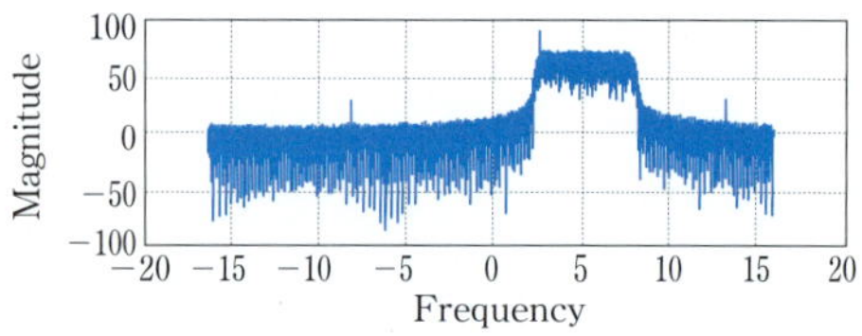

(g) 변조 후 신호(반송파 2.69[MHz])

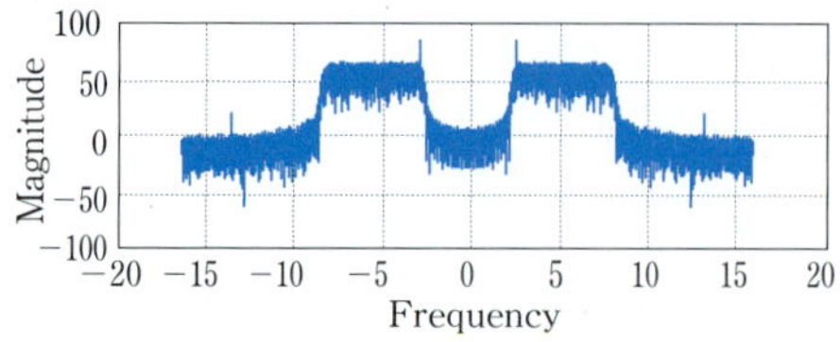

(h) (g)의 실수부

[그림 8-23] 8-VBS 변조기 각 부분의 스펙트럼

[표 8-2] [그림 8-23]의 VSB 신호 파형과 스펙트럼을 얻기 위한 MATLAB 파일

```
% 8-VSB Transmitter
% 8-PAM signal generation
clear all
no_data=10000; %number of symbols
Ts=1/10.76; % Symbol interval
data_rand=rand(1,no_data);
symbol=(data_rand)*8;
symbol=floor(symbol)*2-7;
figure(1)
plot(symbol+i*0,'.') % Constellation
figure(2)
plotspec(symbol, Ts);

% Pilot insertion
symbol=symbol+1.25;
figure(3)
plotspec(symbol,Ts);

% Frequehcy shift by -2.69
f1=2.69;
[m,n]=size(symbol);
n_time=1:n;

c=cos(2*pi*f1*n_time*Ts);
inphase=c.*symbol;
s=-sin(2*pi*f1*n_time*Ts);
qphase=s.*symbol;
sig1=inphase+sqrt(-1)*qphase;
```

```
figure(4)
plotspec(sig1,Ts);

% 2 Zero insertion
for i=1:no_data,
    tmp=3*(i-1)+1;
    symbol3(tmp)=sig1(i);
    symbol3(tmp+1)=0;
    symbol3(tmp+2)=0;
end

figure(5)
x=0:3*10.76/8192:3*(10.76-10.76/8192);
plotspec(real(symbol3),Ts/3); grid;
figure(6); plotspec(imag(symbol3),Ts/3); grid;
figure(7); plotspec((symbol3),Ts/3); grid;

% Pulse shaping filtering
psf=rcosfir(0.1152, 16, 6, Ts,'sqrt');
x=0:3*10.76/1024:3*(10.76-10.76/1024);
figure(8); plotspec(psf,Ts/3);

% Pulse shaping filter output
sig2=conv(symbol3,psf);
figure(9)
x=0:3*10.76/8192:3*(10.76-10.76/8192);
plotspec(real(sig2),Ts/3);
figure(10); plotspec(imag(sig2),Ts/3);
figure(11); plotspec(sig2,Ts/3);

[m,n]=size(sig2);
n_time=1:n;
f1=5.38;
c=cos(2*pi*f1*n_time*Ts/3);
inphase=c.*sig2;
s=sin(2*pi*f1*n_time*Ts/3);
```

```
qphase=s.*sig2;
sig3=inphase+sqrt(-1)*qphase;

figure(8)
x=0:3*10.76/8192:3*(10.76-10.76/8192);
figure(12); plotspec(real(sig3),Ts/3);
figure(13); plotspec(imag(sig3),Ts/3);
figure(14); plotspec(sig3,Ts/3);

% plotspec(x,Ts) plots the spectrum of the signal x
% Ts = time (in seconds) between adjacent samples in x

function plotspec(x,Ts)

N=length(x);                              % length of the signal x
t=Ts*(1:N);                               % define a time vector
ssf=(-N/2:N/2-1)/(Ts*N);                  % frequency vector
fx=fft(x(1:N));                           % do DFT/FFT
fxs=fftshift(fx);                         % shift it for plotting
a=max(abs(fxs));
%fxs=fxs/a;
subplot(2,1,1), plot(t,x), grid           % plot the waveform
xlabel('seconds'); ylabel('amplitude')    % label the axes
subplot(2,1,2), plot(ssf,20*log10(abs(fxs))), grid      % plot magnitude spectrum
xlabel('frequency'); ylabel('magnitude') % label the axes
```

예제 8-6

심벌률이 10.76[Msps]인 8-VSB 변조에 대한 다음 문제를 푸세요.

(a) 이 시스템의 비트율을 구하세요.

(b) 8-PAM 신호를 변조하여 통과 대역에서 BPF를 이용해서 8-VSB 변조 신호를 생성하는 송신기의 블록도를 제시하세요.

풀이

(a) 8-VSB는 3비트씩 묶어서 한 심벌로 표현되므로 비트율이 32.28[Mbps]입니다.

(b) 먼저 3비트 정보를 8-레벨의 PAM 심벌로 매핑합니다. 그리고 이 심벌들을 나이퀴스트 조건을 만족하는 펄스 성형 파형으로 바꾼 후 변조를 수행합니다. 변조된 신호의 스펙트럼은 반송파를 중심으로 대칭성을 가집니다. 그러므로 8-PAM 변조기 출력의 한쪽 측파대만을 통과시키는 BPF를 거쳐 원하는 8-VSB 스펙트럼을 얻을 수 있습니다. 이를 그림으로 나타내면 다음과 같습니다.

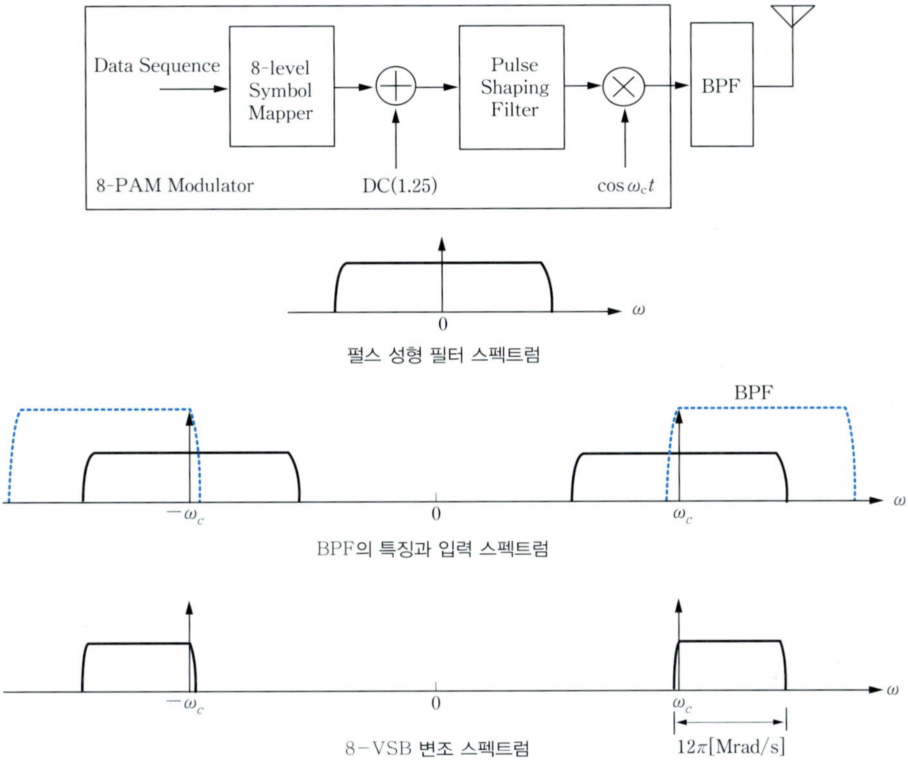

[그림 8-22]는 기저 대역에서 복소 신호 처리를 통해 VSB 스펙트럼을 형성했습니다. 그러나 이 예제에서는 8-PAM 변조기 출력을 BPF만을 통과시켜도 8-VSB 스펙트럼을 얻을 수 있음을 보여줍니다.

핵심포인트 **8-VSB**

8-VSB 변조는 PAM 변조에서 한쪽 측파대를 전송하지 않는 아날로그 VSB 변조의 디지털 변조 방식입니다.

8.8 OFDM 변조

지금까지 다룬 변조 방식은 메시지 신호 $x(t)$를 하나의 반송파 주파수를 이용하여 주어진 통신 대역으로 이동하고 전송하는 방식입니다. 이러한 변조 방식을 단일 반송파 변조single carrier modulation라고 합니다. 그러나 최근에는 주어진 통신 대역에서 여러 개의 반송파를 이용하여 전송하는 직교 주파수 분할 다중 방식OFDM : Orthogonal Frequency Division Multiplexing 변조 방식이 주목을 받고 있습니다. 단, **OFDM에서는 주어진 대역폭을 반송파의 개수만큼 나누어서 전송합니다. 그러므로 OFDM은 대역폭이 매우 좁은 다수의 단일 반송파 변조를 병렬로 전송하는 것과 마찬가지입니다.** OFDM에서 사용된 각 반송파를 부반송파subcarrier 라고 합니다. 이는 마치 FSK에서 여러 가지 주파수를 사용하는 것과 같은 개념이지만 FSK는 심벌에 따라 반송파 주파수를 선택하여 사용합니다. 반면에 OFDM에서는 할당된 모든 반송파 주파수에 여러 가지 심벌을 실어 동시에 전송합니다.

OFDM은 무선 랜 표준인 IEEE 802.11a, g, n, ac, DABDigital Audio Broadcasting, 4세대 이동통신인 3GPP3rd Generation Partnership Project LTE, 유럽형 지상파 DTV인 DVB-TDigital Video Broadcasting-Terrestrial에 적용된 변조 방식입니다. **OFDM은 다중 경로에 강인한 장점이 있는 방식으로, 최근 대부분의 통신 방식에서는 OFDM 변조의 적용이 일반화되고 있습니다.**

이론적으로 단일 반송파와 다중 반송파 시스템의 수신 성능은 동일합니다. 그러나 OFDM은 전파의 반사에 따른 다중 경로와 특정 주파수 영역에 존재하는 타 신호로 인한 간섭에 매우 강하다는 장점이 있습니다. 한편 OFDM은 수신기에서 도플러 천이 등에 따른 주파수 옵셋과 위상 잡음에 매우 약하다는 단점이 있습니다. 다수의 반송파 신호가 동시에 전달되므로 약간의 주파수 옵셋은 이웃 반송파 신호 간의 간섭을 유발할 수 있기 때문입니다. 또한 다수의 반송파 신호를 동시에 전송함으로써 전송 신호의 최대 전력 대 평균 전송 전력비인 PAPRpeak-to-average power ratio이 매우 크다는 단점도 있습니다. 즉 **송신단에서 보내는 신호의 평균 전력보다 최대 전력이 매우 크기 때문에 송신단 HPA 증폭기에 입력되는 전압 범위가 단일 반송파 변조 방식보다 매우 넓습니다. 이는 송신단에 필요한 HPA 증폭기의 선형성 확보에 불리한 점이며, 송신단 가격 상승의 주요한 원인이 됩니다.**

다중 경로가 수신 심벌에 미치는 영향

다중 경로 환경에서 OFDM이 더 유리한 이유를 알기 위해 이 현상을 시간과 주파수의 관점에서 살펴보겠습니다. [그림 8-24]에 하나의 송신 심벌이 다중 경로 채널을 거치면서 출력에 다수의 심벌을 유발하는 왜곡 현상을 나타냈습니다. [그림 8-24(b)]에서는 한 심벌의 길이가 짧은 두 개의 심벌 S1과 S2가 전송되었을 때, 먼저 보낸 심벌 S1이 다중 경로 현상에 따라 S2와 중첩되어 수신기에서 S2의 판단을 어렵게 합니다. 반면에 [그림 8-24(c)]와 같이 한 심벌의 길이가 채널의 최대 지연 시간보다 긴 경우에서는 채널을 통과한 이후 비록 S1과 S2가 중첩되지만, 이웃 심벌의 영향을 받지 않는 심벌 간 간섭ISI : Inter Symbol Interference이 없는 구간이 발생합니다. 단, 자신의 심벌이 중첩되어 심벌의 크기와 위상의 변형이 일어납니다. 그러나 채널의 특성만 알고 있다면 ISI 프리 영역의 수신 신호로부터 원래 심벌을 복원할 수 있습니다.

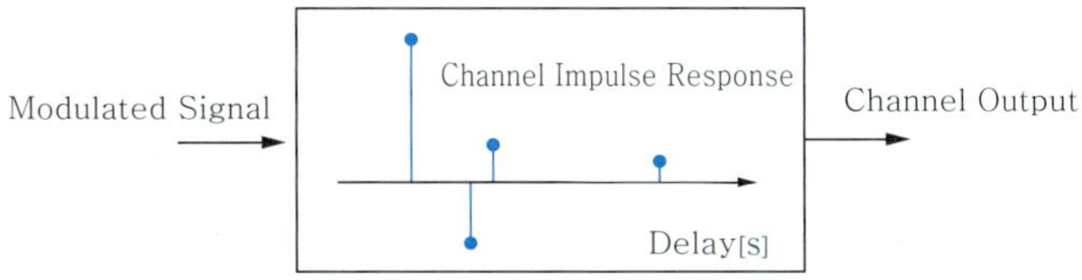

(a) 시간 영역 채널의 전달 함수

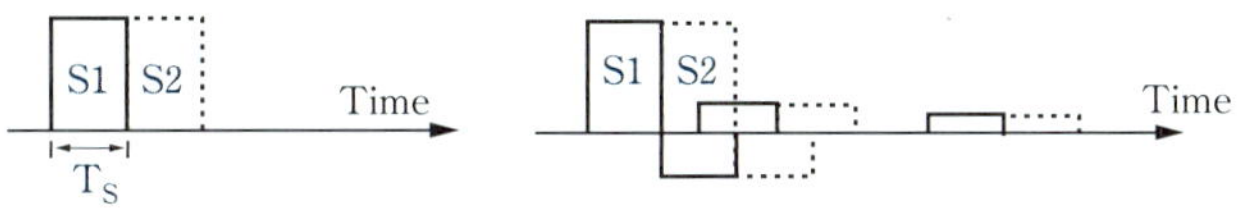

(b) 짧은 심벌이 전송된 경우의 채널 입출력 심벌

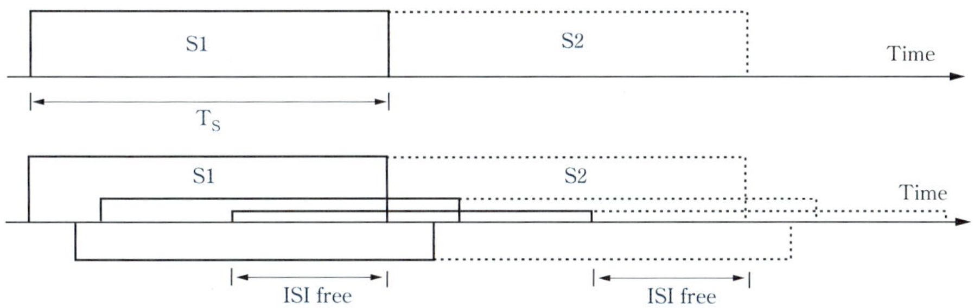

(c) 긴 심벌이 전송된 경우의 채널 입출력 심벌

[그림 8-24] 다중 경로 채널에 대한 영향

[표 8-3]에 디지털 TV의 성능 분석에 많이 사용되고 있는 '브라질 C 채널'의 지연 특성을 정리했습니다. 우리나라 HDTV의 심벌 간격은 93[ns](=1/10.76[MHz])로 하나의 송신 심벌이 다중 경로를 거치면서 마치 여러 번 전송된 것처럼 나타납니다. 그러므로 이전 또는 이후에 보낸 심벌과 중첩되어 송신 신호에 왜곡이 생긴다는 것을 알 수 있습니다. 이와 같이 연속으로 보낸 송신 심벌이 서로 중첩을 일으키는 현상을 심벌 간 간섭이라고 합니다.

[표 8-3] 브라질 C 채널의 전달 특성

경로	진폭[dB]	진폭	지연 [μs]
0	−2.8	0.72	0.0
1	0.0	1.00	0.089
2	−3.8	0.65	0.419
3	−0.1	0.99	1.506
4	−2.5	0.75	2.233
5	−1.3	0.86	2.799

다중 경로는 주파수 영역에서 진폭의 빠른 변화로 나타나는데 이것을 페이딩fading이라고 합니다. [그림 8-25(a), (b)]에 '브라질 C 채널' 주파수 영역에서의 크기와 위상 전달 함수를 나타냈습니다. 채널의 주파수 특성에서부터 주파수가 다른 정현파에 대해 출력의 진폭과 위상이 매우 다르게 변화함을 알 수 있습니다. 이는 다중 경로가 주파수에 따라 증폭과 위상을 다르게 변화시키기 때문입니다. 그러므로 통신 대역을 아주 좁은 대역의 다수로 나누어 신호를 전송한다면 각 반송파별로 이득과 위상의 변화만을 유발하게 됩니다. 그러므로 수신기에서 수신하는 각 반송파별 신호의 이득과 위상에 대한 변화만을 보상하면 됩니다. [표 8-4]에 단일 반송파 시스템과 다중 반송파 시스템의 특징을 비교했습니다.

[표 8-4] 단일 반송파 시스템과 다중 반송파 시스템

단일 반송파 시스템	다중 반송파 시스템
• 다중 경로(주파수 페이딩 채널)에 약하다. • 한 심벌의 전송 기간이 짧다. • 수신기에서 다중 경로 현상을 상쇄하기 위해 수신기에 복잡한 등화기를 채택한다. • PAPR 특징이 좋다.	• 부반송파별 한 심벌의 길이가 길고, 주파수 영역에서는 협대역이므로 다중 경로 페이딩이 단순한 이득과 위상의 변화만 유발하여, 각 부반송파 신호에 대한 이득과 위상 보상을 통해 다중 경로 현상을 극복할 수 있다. • 부반송파별 심벌 전송률을 달리할 수 있다. • 반송파 주파수 오차에 매우 민감하다. • PAPR이 좋지 않다.

[그림 8-25(c), (d)]는 통신 채널의 입력으로 1[MHz]와 1.45[MHz]의 정현파를 '브라질 C 채널'에 통과시켰을 때 파형의 변화를 보여줍니다. 각 주파수에서 채널의 이득과 위상 변화에 따라 1[MHz] 신호가 매우 작아지고 1.45[MHz] 신호는 증폭되었음을 알 수 있습니다. 그러므로 정보를 특정 주파수의 정현파와 변조하여 보낸다면 채널의 특성에 따라서 정현파의 크기와 위상이 변형되어 수신됩니다. 그러므로 특정 주파수 정현파의 크기와 위상의 변화 정도를 미리 알고 있다면 수신기에서 송신 정보를 복원할 수 있습니다. 통신에서는 데이터를 보내기 전 미리 알고 있는 신호를 보내어 신호의 왜곡 정도를 파악할 수 있습니다.

요약하면 OFDM은 매우 좁은 대역 내에서 다수의 정현파를 이용하여 정보를 동시에 전송하는 방식입니다. 정현파로 정보를 표현하려면 $\varphi_i(t) = a_i \cos\omega_i t$의 형태로 변조해야 하는

데, a_i는 반송파 ω_i에 실린 심벌입니다. 이때 정현파와 같이 매우 좁은 주파수 대역을 차지하려면 매우 긴 시간 동안 전송되어야 합니다. 실제로 보내진 정현파의 길이가 τ[s]일때, 이 신호는 $(a_i \cos\omega_i t)\,\mathrm{rect}\,(t/\tau)$의 형태가 되므로 펄스의 길이 τ를 길게 해주어야 합니다. 그래야 정현파에 가까운 좁은 대역을 차지하는 스펙트럼을 얻을 수 있습니다.

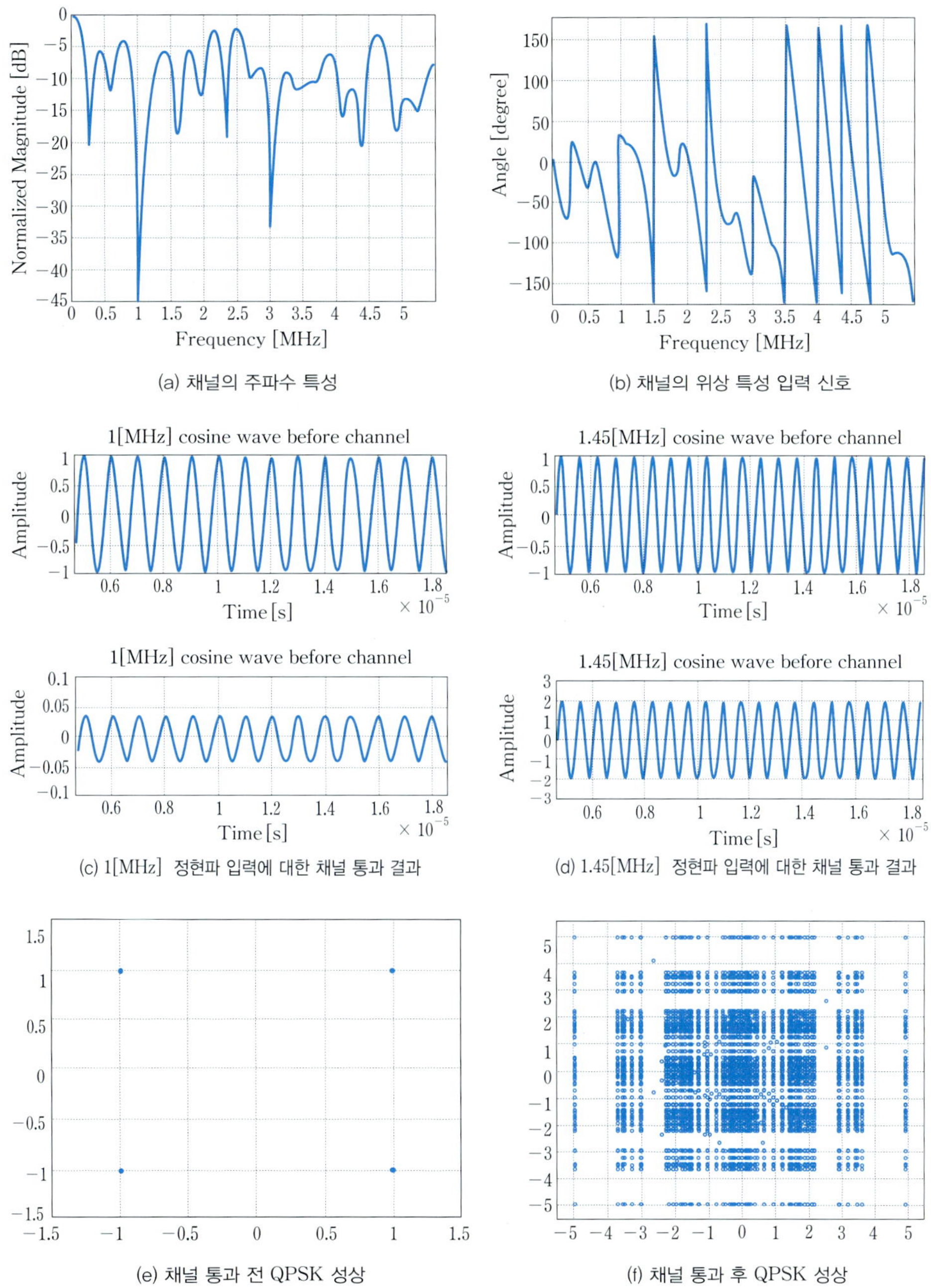

(a) 채널의 주파수 특성

(b) 채널의 위상 특성 입력 신호

(c) 1[MHz] 정현파 입력에 대한 채널 통과 결과

(d) 1.45[MHz] 정현파 입력에 대한 채널 통과 결과

(e) 채널 통과 전 QPSK 성상

(f) 채널 통과 후 QPSK 성상

[그림 8-25] '브라질 C' 다중 경로 채널의 주파수 특성과 입출력 신호

다중 경로의 영향을 심각하게 받는 단일 반송파 변조

심벌 간격이 93[ns]인 [그림 8-25(e)]의 단일 반송파 QPSK 신호를 '브라질 C 채널'에 통과시키면 수신 잡음이 없는 환경에서 [그림 8-25(f)]와 같은 성상을 수신기에서 얻습니다. **이 성상은 심벌 간 간섭으로 전송 신호가 무엇인지 판단할 수 없는데, 이를 수신기에서 극복하는 기술을 등화라 하고 이 역할을 하는 것을 등화기**[equalizer]**라고 합니다.** 단일 반송파 변조에서는 등화기의 구현이 다중 반송파 변조보다 매우 복잡합니다.

OFDM 시스템의 구조

[그림 8-26]은 OFDM 송수신기의 블록도입니다. OFDM 시스템은 이진 데이터를 심벌로 바꾸는 심벌 매핑기를 거쳐 N개의 데이터를 모은 후, 순서대로 서로 다른 반송파 주파수 $k\omega_N(k=0,\ 1,\ \cdots,\ N-1)$으로 변조를 수행하고 결과를 모두 더합니다. 일반적으로 [그림 8-26]과 같이 QAM 변조를 수행합니다. 그리고 최종 변조 주파수 ω_c를 이용하여 이 신호를 변조함으로써 OFDM 신호를 생성합니다. 여기서 최종 변조 주파수 이전에 인가된 각 반송파 주파수를 부반송파라고 합니다. [그림 8-26]의 심벌 매핑기 출력에서 심벌 발생 간격이 T_S[s]일 때, 매 심벌이 N개의 QAM 변조기에 입력됩니다. 그러므로 각 QAM 변조기에 실리는 신호는 NT_S[s]마다 새로운 심벌이 입력됩니다. OFDM에서는 심벌 매핑기 출력을 심벌이라고 하기보다는 샘플이라고 하며, NT_S[s]마다 발생하는 N개의 부반송파 신호가 더해진 것을 한 심벌이라고 하는 것이 일반적입니다. 단일 반송파 시스템에서는 각 심벌이 T_S[s]마다 전송되지만, OFDM에서는 NT_S[s]마다 병렬로 N개의 주파수가 서로 다른 정현파가 발생하므로, 각 부반송파의 관점에서는 주파수가 $1/N$로 좁아지게 됩니다.

[그림 8-26]의 심벌 X_n은 BPSK, QPSK, QAM 등 다양한 형태의 성상을 채택할 수 있고, 각 부반송파별로 다른 형태의 성상을 선택할 수 있습니다. 만약 특정 주파수 대역에서 전달 특성이 좋지 않을 경우에 BPSK와 같은 간단한 성상을 사용하고, 전달 특성이 우수한 대역에서는 QAM과 같은 주파수 효율적인 성상을 사용하는 것은 전체 전송률을 향상할 수 있는 방법입니다.

OFDM 복조기는 반송파를 복원하여 기저 대역 신호로 바꾸고 각 부반송파별로 복조를 수행하여 원래의 심벌을 복원합니다. OFDM 송신기의 변조된 신호 $\varphi(t)$는

$$
\begin{aligned}
\varphi(t) &= \sum_{n=0}^{N-1}\{a_n p(t)\cos(\omega_c+n\omega_N)t+b_n p(t)\sin(\omega_c+n\omega_N)t\} \\
&= \mathrm{Re}\left[\sum_{n=0}^{N-1} d_n p(t)\, e^{j\omega_c t+n\omega_N t}\right] \qquad (8.29) \\
&= \mathrm{Re}\left[\sum_{n=0}^{N-1} d_n p(t)\exp\left(-j\frac{2\pi nt}{NT_S}\right)e^{j\omega_c t}\right],\ 0\le t<NT_S,\ \omega_N=\frac{2\pi}{NT_S}
\end{aligned}
$$

와 같이 표현되고, $p(t)$는 펄스 성형 필터의 전달 함수입니다. [그림 8-26]의 심벌 매퍼 출력에서 심벌의 발생률은 $F_S=1/T_S$이고, 이를 N개의 QAM 변조기에 순서대로 입력하면 각 부반송파 QAM 변조기 관점에서는 F_S/N가 되어 심벌의 길이가 N배만큼 길어진 효과를 얻습니다. 이 덕분에 [그림 8-24(c)]와 같이 ISI 자유 영역을 확보하여 수신기에서 심벌의 복구가 쉬워집니다.

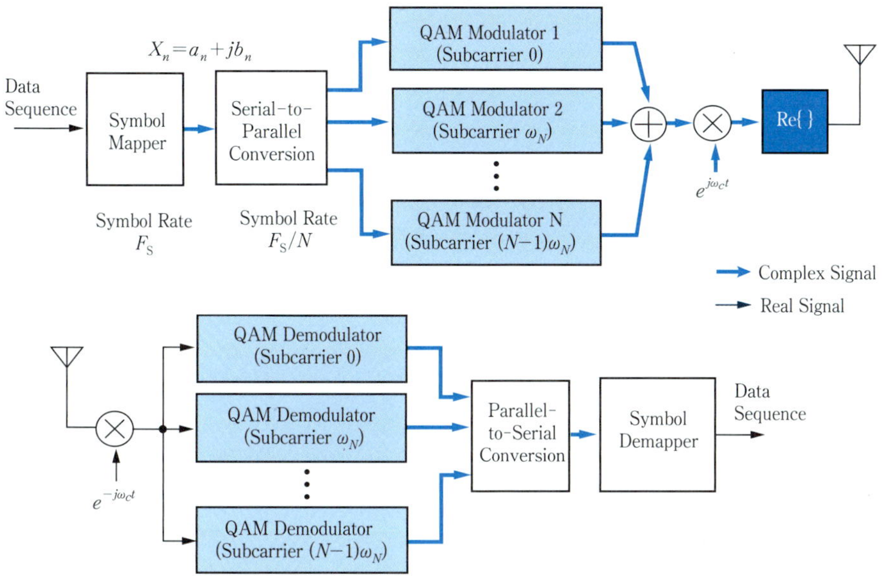

[그림 8-26] OFDM 송수신기의 블록도

예제 8-7

OFDM 시스템에서 256개의 QPSK 변조기를 병렬로 사용하고 있을 때 다음 문제를 푸세요.

(a) 이 시스템에서 한 심벌 기간 동안 전송되는 비트 수를 구하세요.

(b) 통신 대역으로 5[MHz]가 할당된 경우, 각 QPSK 변조기에 할당된 대역폭과 OFDM 시스템의 최대 전송률을 구하세요.

(c) (b)에서 단일 반송파 QPSK일 경우, 한 심벌의 길이와 OFDM 시스템에서 한 심벌의 길이를 구하세요.

풀이

(a) 이상적인 채널 환경에서 한 심벌 구간 동안에 전송되는 데이터의 개수는 $256\times2=512$비트입니다.

(b) 5[MHz]를 256개의 QPSK 변조기가 나누어 사용하므로 각 변조기당 5[MHz]/256 =19.53[kHz]가 할당됩니다. 그러므로 QPSK 시스템에서 이상적인 나이퀴스트 파형을 사

용할 때 최대 전송률이 19.53[ksps]이므로 256개의 송신기가 전송하는 심벌률은 256× 19.53[ksps]이고 약 5[Msps]가 됩니다. QPSK 성상을 사용하므로 최대 비트율은 약 10[Mbps]입니다.

(c) 5[MHz] 대역에서 이상적인 QPSK 시스템의 데이터 전송률은 5[Msps]이므로 한 심벌의 길이는 0.2[μs]입니다. 그러나 (b)에서 구한 OFDM 시스템의 경우는 1/19.53[k]=51.2[μs]로 단일 반송파 시스템의 256배 길이가 됩니다.

핵심포인트 **OFDM 변조의 특징**

OFDM 변조는 다수의 QAM 변조기를 동시에 활용하여 데이터를 활용하는 것입니다. 이때 병렬로 보내는 정보는 서로 다른 반송파를 이용하여 전송하며, 각 반송파 간 간섭을 일으키지 않는 직교성이 있습니다. 그리고 OFDM은 다중 경로에 의한 페이딩 현상을 잘 극복할 수 있다는 것도 장점입니다.

Chapter 08 연습문제

8.1 다음 설명 중 잘못된 것을 바르게 고치세요.

(a) 디지털 변조에서는 몇 개의 비트를 묶어서 하나의 레벨로 표현한 심벌로 바꾸어 전송합니다.

(b) QAM 성상은 심벌을 복소수로 표현하며, 하나의 심벌이 많은 비트를 나타낼 경우 데이터 전송 속도가 빨라집니다.

8.2 다음 설명 중 잘못된 것을 바르게 고치세요.

(a) QPSK는 이웃 성상과 위상 변화가 π, OQPSK는 $\pi/2$만큼 변화가 가능하여 HPA를 이용하여 신호를 증폭할 경우, QPSK가 OQPSK보다 선형성이 더 높은 HPA를 요구합니다.

(b) 동일한 심벌당 에너지를 할당한 경우, 16-QAM 변조는 QPSK 변조보다 성상의 간격이 가깝기 때문에 수신기에서 에러 확률이 높아집니다.

8.3 다음 설명 중 잘못된 것을 바르게 고치세요.

(a) $\pi/4$-DQPSK 변조 방식은 동기식 수신기가 비동기식 수신기에 비해 SNR 성능이 약 3[dB] 우수합니다. 이는 위상 판별기에서 잡음의 전력이 동기식 방식보다 비동기식 방식이 크기 때문입니다.

(b) $\pi/4$-DQPSK 변조 방식은 빠르게 변화하는 이동통신 환경에서 도플러 천이가 발생할 때, 수신기에서 반송파를 추적할 필요 없이 간단하게 송신 심벌을 판단할 수 있는 변조 방식입니다.

8.4 다음 설명 중 잘못된 것을 바르게 고치세요.

(a) BFSK 변조에서 송신 비트에 따른 신호의 주파수 차가 $f_1 - f_2 = 1/T_S$[Hz]가 되면 수신 성능이 나빠집니다.

(b) FSK 변조에서 각 심벌의 길이가 길수록 [그림 8-15]의 펄스 주파수 폭이 좁아져서 송신에 필요한 대역폭이 좁아지게 됩니다.

8.5 다음 설명 중 잘못된 것을 바르게 고치세요.

(a) MSK 변조는 OQPSK 변조와 QPSK 변조에서 한쪽 축으로 입력되는 신호가 지연되어 변조됩니다. 그리고 MSK와 OQPSK의 펄스 성형 파형은 동일합니다.

(b) MSK 변조는 CPFSK 변조의 일종으로 위상의 급격한 변화가 일어나지 않기 때문에 변조 신호의 진폭이 많이 변화하지 않습니다.

8.6 다음 설명 중 잘못된 것을 바르게 고치세요.

(a) 8-VSB 변조 신호는 수신기에서 샘플링을 시작하는 위치 선택에 도움을 주기 위해 파일럿 톤을 전송합니다.

(b) 8-VSB 변조는 QPSK와 같이 복소 성상을 가지고 있습니다.

8.7 다음 설명 중 잘못된 것을 바르게 고치세요.

(a) OFDM 변조는 기존의 QAM 변조기를 병렬로 여러 개 붙여서 전송하는 방식입니다. 그러므로 주어진 통신 대역을 QAM 변조기의 수만큼 나누어 사용합니다.

(b) OFDM 변조는 다중 경로의 길이가 심벌의 길이보다 길기만 하면 수신기에서 ISI가 없는 부분을 확보할 수 있으므로 송신 심벌을 복구하기가 쉽습니다.

8.8 메시지 비트열이 '100111'이라고 할 때 QPSK, OQPSK, MSK의 위상 궤적을 그리고 각 그림에서 문제점을 지적하세요.

8.9 QPSK 변조기에 입력된 신호의 심벌이 '00', '01', '11', '10'일 때, 각 심벌의 변조 파형을 코사인 파형 형태로 나타내세요. 단, 진폭은 A이고, 펄스 파형은 구형파입니다.

8.10 10[kHz]의 대역폭을 가진 16-PSK 전송 시스템의 최대 비트 전송 속도bit rate를 구하세요.

8.11 1000개의 부반송파를 사용하는 OFDM 시스템이 1[MHz]의 대역을 사용한다고 가

정하고 다음 문제를 푸세요.

(a) 만약 16-QAM 심벌을 전송한다면 몇 비트 정보를 전송할 수 있습니까?

(b) 한 개 부반송파의 심벌 전송률을 구하고, 각 부반송파의 간격을 구하세요.

8.12 10[MHz]의 대역폭과 16개의 부반송파를 사용하고 대역폭 효율이 0.8[bps/Hz]인 OFDM 시스템이 있습니다. 전송 데이터는 16-QAM에 의해 변조되었을 때, 이 시스템의 심벌 전송률을 구하세요.

8.13 QPSK, OQPSK, $\pi/4$-DQPSK의 성상도를 표현하고, $\pi/4$-DQPSK 방식의 동기식 검파와 비동기식 검파의 차이를 설명하세요.

8.14 64-QAM과 256-QAM의 변조 에러 확률을 구하세요. 심벌 에너지 E_S와 비트 에너지 E_b를 이용하여 두 가지로 표현하세요.

8.15 M-QAM으로 변조하여 이진 신호를 AWGN 채널을 통해 전송할 때 신호 전송률이 128000[bit/s]입니다. 변조 레벨 M이 2, 16, 32일 때, 각 경우에 대해 수신기에서 요구하는 신호 전력과 최소 대역폭을 구하세요. 이때 AWGN의 PSD는 10^{-8} [W/Hz]이고, 요구하는 비트 에러율은 10^{-7}보다 작습니다.

8.16 QAM 변조 시스템에서 비트 전송률이 2400[bps] 또는 심벌 전송률이 1200[sps]일 때, AWGN 채널에서 비트 에러율 10^{-5}을 달성하기 위한 E_b/N_0를 구하세요.

8.17 MATLAB QPSK 성상 신호를 생성하고 $P_e < 2Q(\sqrt{E_S/N_0})$임을 MATLAB으로 확인하세요. 반송파를 적용하지 않고 기저 대역에서 성능을 판단하세요. 단, QPSK 변조에서 SNR은 $S/N = 2E_b/N_0$의 관계를 가집니다. 신호 전력 S는 비트 에너지 E_b[W], 비트율 R_b[bps]일 때, $S = E_b R_b$로 표현됩니다. 그리고 통신 대역폭이 W [Hz]일 때 잡음 전력은 $N = N_0 W$ 입니다. 다음을 만족하는 MATLAB M-파일을 작성하세요.

(a) E_b/N_0를 0에서부터 14[dB]까지 1[dB] 단위로 QPSK 수신 신호를 발생시키세요. 단, 잡음과 QPSK 성상은 모두 균일 분포 랜덤 신호로 발생시키세요.

(b) (a)에서 만든 복소 신호를 신호의 위상에 따라 판단하고 잡음이 없는 원신호와 비교하여 심벌 에러율을 구하세요.

(c) (b)의 결과와 QPSK 심벌 에러식 $2Q(\sqrt{E_S/N_0})$를 동시에 그림으로 나타내고 서로 일치하는지 확인하세요.

8.18 MATLAB 이진 데이터 [1 0 1 0 0 1 0 0]에 대한 MSK 변조 파형 [그림 8–17]을 구하는 MATLAB 프로그램을 작성하세요. 이때, $s_I(t)\cos\{\pi t/(2T_S)\}$, $s_Q(t)\sin\{\pi t/(2T_S)\}$, $s_I(t)\cos\{\pi t/(2T_S)\}(\cos\omega_c t), s_Q(t)\sin\{\pi t/(2T_S)\}(\sin\omega_c t)$와 $\varphi(t)$를 그림으로 나타내세요. 단, T_S와 ω_c는 임의로 정하세요.

[1] F. G. Stremler, 『Introduction to Communication Systems, 3rd Ed.』, Addison–Wesley, 1990

[2] S. Haykin, M. Moher, 『An Introduction to Analog and Digital Communications, 2nd Ed.』, Wiley, 2007

[3] B. P. Lathi, A. Ding, 『Modern Digital and Analog Communication Systems, 4th Ed.』, Oxford University Press, 2009

[4] A. B. Carlson, P. B. Crilly, J. C. Rutledge, 『Communication Systems : An Introduction to Signals and Noise in Electrical Communication, 4th Ed.』, McGraw–Hill, 2002

[5] J. G. Proakis, M. Salehi, 『Essentials of Communication System Engineering』, Pearson, 2005

[6] L. E. Frenzel, Jr., 『Communication Electronics : Basic Skills in Electricity and Electronics) 』, McGraw–Hill, 1989

[7] H. Hsu, 『Analog and Digital Communications (Schaum's Outlines), 2nd Ed.』, McGraw–Hill, 2003

[8] 김경미, 허영태, 『FM방송 · 부가서비스를 위한 측정 방법 연구』, 국립전파연구원, 2006

[9] I. A. Glover, P. M. Grant, 『Digital Communications, 2nd Ed.』, Pearson, 2004

[10] L. W. Couch II, 『Digital and Analog Communication Systems, 4th Ed.』, Prentice Hall, 1997

[11] B. Sklar, 『Digital Communications : Fundamentals and Applications, 2nd Ed.』, Prentice Hall, 2001

[12] J. Proakis, 『Digital Communications, 4th Ed.』, McGraw–Hill, 2000

[13] J. R. Barry, E. A. Lee, D. G. Messerschmitt, 『Digital Communication, 3rd Ed.』, Kluwer Academic Publishers, 2003

[14] J. Kurzweil, 『An Introduction to Digital Communications』, Wiley, 2000

[15] F. Xiong, 『Digital Modulation Techniques』, Artech House, 2000

[16] S. R. Martin, 『Tests of ATSC 8–VSB Reception Performance of Consumer Digital Television Receivers』, Federal Communications Commission, 2005

[17] Analog Devices., Inc, 『CN0275: Complete Broadband Video–over–UTP Driver and Receiver Solution for RGB, YPbPr, and More』

[18] *http://www.minicircuits.com/app/VCO15–20.pdf*

[19] *http://www.analog.com/en/circuits-from-the-lab/cn0275/vc.html*

주요용어

1장

2장

❸장

❹장

주요용어

❺장

❻장

7장

8장

찾아보기

찾아보기